土木工程类高水平专业群系列教材

高等职业教育土建类新形态一体化数字教材

建设工程监理

（第 2 版）

主　编　魏应乐　夏　璐　乔守江

副主编　张新丰　黄　昭　汤发明　刘　杨

主　审　刘先春

中国水利水电出版社

www.waterpub.com.cn

·北京·

内 容 提 要

本书根据现行《全国监理工程师资格考试大纲》及《建设工程监理规范》(GB/T 50319—2013)的要求，全面系统地介绍了建设工程监理的相关知识。在内容编排上，本书注重理论联系实际，利用案例突出对实际问题的分析；在能力训练上，本书通过对案例的解析，强调对监理技能的培养。本书共分10章，主要内容包括建设工程监理基本知识、监理人员与监理企业、建设工程项目投资控制、建设工程项目质量控制、建设工程项目进度控制、建设工程项目安全监理、建设工程项目合同管理与风险管理、建设工程监理的信息管理与资料管理、建设工程项目组织协调、建设工程监理规划与监理实施细则。

本书主要作为高职高专土建类专业的监理课程教材，也可作为相关专业人员的参考书。

图书在版编目(CIP)数据

建设工程监理 / 魏应乐，夏璐，乔守江主编. -- 2版. -- 北京 : 中国水利水电出版社，2022.7
土木工程类高水平专业群系列教材 高等职业教育土建类新形态一体化数字教材
ISBN 978-7-5226-0801-3

Ⅰ. ①建… Ⅱ. ①魏… ②夏… ③乔… Ⅲ. ①建筑工程—监理工作—高等职业教育—教材 Ⅳ. ①TU712.2

中国版本图书馆CIP数据核字(2022)第110095号

书　　名	土木工程类高水平专业群系列教材 高等职业教育土建类新形态一体化数字教材 **建设工程监理(第2版)** JIANSHE GONGCHENG JIANLI
作　　者	主　编　魏应乐　夏　璐　乔守江 副主编　张新丰　黄　昭　汤发明　刘　杨 主　审　刘先春
出版发行	中国水利水电出版社 (北京市海淀区玉渊潭南路1号D座　100038) 网址：www.waterpub.com.cn E-mail：sales@mwr.gov.cn 电话：(010) 68545888(营销中心)
经　　售	北京科水图书销售有限公司 电话：(010) 68545874、63202643 全国各地新华书店和相关出版物销售网点
排　　版	中国水利水电出版社微机排版中心
印　　刷	北京市密东印刷有限公司
规　　格	184mm×260mm　16开本　22.75印张　525千字
版　　次	2014年1月第1版第1次印刷 2022年7月第2版　2022年7月第1次印刷
印　　数	0001—3000册
定　　价	**68.00**元

第2版前言

本教材是在《建设工程监理（普通高等教育“十二五”规划教材）》的基础上进行修订的，本次修订重点突出全面贯彻《习近平新时代中国特色社会主义思想进课程教材指南》，在学生中全面贯彻爱国主义教育，使学生坚定中国特色社会主义道路自信、理论自信、制度自信、文化自信，大力弘扬爱岗敬业甘于奉献勇于创新的时代精神、工匠精神。每章以开篇的“学习重点”、“引例”和“实际工程案例”等内容中，融入课程思政教学内容，从而大大提高学生综合分析问题、解决问题的能力，用课程思政赋能学生成为一名热爱中国共产党、热爱人民的德智体美劳全面发展的社会主义建设者和接班人。

教材内容上紧跟近年来我国建设监理行业不断颁布、修订的相关法律、法规和标准，尽可能展示建设工程监理理论、实践的最新成果。本教材在书中有关知识点处插入二维码，通过扫描二维码，可以查看相应的图文和视频等内容，节约了搜索、整理学习资料的时间，帮助学习者理解知识和拓展学习内容。

本教材依据高等职业教育土建类专业人才培养目标，使学生能够系统地掌握建设工程监理的相关知识、基本理论和方法，突出实现“三控制”监理目标；突出学生职业岗位能力的培养，以专业知识、职业技能、综合素质培养为课程目标，紧密结合职业资格能力中相关的考核要求确定本书内容。

与第一版相比，本教材在以下内容方面进行了较大修改：

(1) 将第一版的第三章“建设工程目标控制”重新编写为“建设工程项目投资控制、建设工程项目质量控制、建设工程项目进度控制”；增加了建设工程项目合同管理的内容，与第一版的第六章“建筑工程风险管理”合并，重新编写为“建设工程项目合同管理与风险管理”；增加了建设工程项目资料管理的内容，与第一版的第八章“建筑工程监理信息管理”合并，重新编写为“建设工程项目信息管理与资料管理”；删除第一版的第九章“国外工程项目管理相关情况介绍”。

2. 根据现行《全国监理工程师资格考试大纲》及《建设工程监理规范》（GB/T 50319—2013）的要求，更新、精炼了原教材内容，重新编写了问答题，增加了部分应用案例、复习思考题，强化了学生工程监理的理论联系实际，注重实践能力的要求。

本书由安徽水利水电职业技术学院魏应乐、夏璐、乔守江任主编，合肥科技职业学院张新丰、广州市广州工程建设监理有限公司黄昭、安徽禹尧工程建设有限公司汤发明、安徽水利水电职业技术学院刘杨任副主编。全书由魏应乐整理并统稿，由安徽水利水电职业技术学院刘先春任主审。具体分工如下：广州市广州工程建设监理有限公司季美红编写了第1章、第2章，安徽水利水电职业技术学院夏璐编写了第4章、第5章，安徽水利水电职业技术学院乔守江编写了第3章、第9章，广州市广州工程建设监理有限公司黄昭编写了第6章，合肥科技职业学院张新丰编写了第7章，安徽龙飞工程建设监理咨询有限公司杨婷编写了第8章，安徽禹尧工程建设有限公司汤发明编写了第10章，安徽水利水电职业技术学院刘杨参与课程思政策划工作。

本书在修订过程中，吸收了国内外众多专家的最新研究成果，大量引用了有关文献和资料，在此对有关作者表示衷心的感谢。由于编者水平有限，加之时间仓促，书中难免存在疏漏，恳请广大读者批评指正。

编　者

2022年5月

课件

第1版前言

自我国的建设工程监理制度1988年开始试行以来，相继经历了试点与稳定发展两个阶段。进入20世纪90年代中期，我国建设工程监理在理论和实践两个方面都有了较快的发展，取得了明显的成效和宝贵的经验，而且与建设工程监理相关的多部法律法规相继出台。近年来随着我国工程建设监理事业的不断深入与发展，社会对于监理人员的需求量大大增加。为了与社会主义现代化建设人才要求和建筑业发展要求相适应，特别是为了适应加入世界贸易组织（WTO）之后新形势对监理行业的要求，及时了解国际上与我国建设工程监理相关的最新动态，培养出具有综合职业能力的高级应用型人才，我们组织相关力量编写了本教材。

与目前已经出版的其他统编教材相比，本教材在编写过程中着重体现了以下几个特点。

1. 以最新颁布的法律法规及相关文件为依据。本教材编写时以全国人大、国务院及住建部最新颁布的法律、法规、条例、规范、规定为依据，使教材的理论内容与目前国内最新的国标及部颁标准相吻合。另外，在教材编写时还参考了最新全国注册监理工程师资格考试大纲，使教材内容与《大纲》要求尽量贴近，从而为学生的再教育和再发展打下坚实的基础。

2. 教材编写充分遵循了通用性与实用性相结合及易教易学的原则。考虑到本教材主要适用对象为高职院校的在校生，因而围绕“以服务为宗旨、以就业为导向”的教育方针，针对高职院校学生的特点，同时结合近几年我国监理行业的发展趋势，在理论阐述的基础上，尽量贴近工程监理的实际，从而进一步加深学生对于所学知识的理解和灵活运用所学知识的能力。

3. 教材的内容结构及编辑方式充分体现了“以人为本”的原则。教材每一章除正文外，还增加了每章重点内容概要，以精炼、概括的语言将重点内容进行提炼，从而使章节重点内容更加清晰、明了，便于授课教师准确把握章节重点内容，同时，也利于学生在听课过程中进行记录。

4. 根据我国对于建设工程监理行业监理范围的最新要求，在合同管理、信息管理"二管理"的基础上，新增了"安全生产管理"的有关内容，使教材内容与当前形势结合得更加紧密，同时，也使得全书内容更加完整、充实。

5. 做到理论联系实际。在有关章节后附上了工程案例。

本书共分九章和附录，由安徽水利水电职业技术学院魏应乐、乔守江担任主编，安徽水利水电职业技术学院张胜峰、包海玲担任副主编。本书由安徽水利水电职业技术学院满广生教授担任主审。具体编写分工如下：安徽水利水电职业技术学院魏应乐编写第一章；安徽水利水电职业技术学院乔守江编写第二章、第七章；安徽省濉溪县水利工程有限责任公司陈飞编写第三章及附录 1、2；安徽水利水电职业技术学院张胜峰编写第四章、第六章；安徽省濉溪县水利工程有限责任公司曹宏伟编写第五章及附录 3、4；安徽水利水电职业技术学院包海玲编写第八章、第九章。

安徽方信项目管理有限公司为本书的编撰提出了很多的好建议，安徽审计职业学院刘丽云高级工程师在本书的编撰过程中也提出了很多建设性的意见，在此，一并谨向他们表示衷心的感谢！

本教材在编写过程中参阅了许多相关的书刊和资料，在此也向这些文献的作者表示诚挚的谢意。

由于编者水平有限，写作时间仓促，书中难免存在疏漏和不妥之处，敬请同行专家和读者批评指正。

编　者

2013 年 12 月

“行水云课”数字教材使用说明

“行水云课”水利职业教育服务平台是中国水利水电出版社立足水电、整合行业优质资源全力打造的“内容”＋“平台”的一体化数字教学产品。平台包含高等教育、职业教育、职工教育、专题培训、行水讲堂五大版块，旨在提供一套与传统教学紧密衔接、可扩展、智能化的学习教育解决方案。

本套教材是整合传统纸质教材内容和富媒体数字资源的新型教材，它将大量图片、音频、视频、3D动画等教学素材与纸质教材内容相结合，用以辅助教学。读者可通过扫描纸质教材二维码查看与纸质内容相对应的知识点多媒体资源，完整数字教材及其配套数字资源可通过移动终端APP、“行水云课”微信公众号或中国水利水电出版社“行水云课”平台查看。

内页二维码具体标识如下：

- ▶ 为微课视频
- 3D 为三维动画
- Ⓣ 为试题及答案
- ◉ 为课件
- Ⓟ 为文档

线上教学与配套数字资源获取途径如下：

- 手机端

关注“行水云课”公众号→搜索“图书名”→封底激活码激活→学习或下载

- PC端

登录“xingshuiyun. com”→搜索“图书名”→封底激活码激活→学习或下载

数字资源索引

序号	资源号	资源名称	类型	页码
1		课件	ⓐ	前言
2	1.1	《建设工程监理范围和规模标准规定》	Ⓟ	4
3	1.2	《中华人民共和国建筑法》	Ⓟ	7
4	1.3	《中华人民共和国招标投标法》	Ⓟ	7
5	1.4	《中华人民共和国民法典》第三编合同	Ⓟ	7
6	1.5	《中华人民共和国安全生产法》	Ⓟ	7
7	1.6	《建设工程质量管理条例》	Ⓟ	7
8	1.7	《建设工程安全生产管理条例》	Ⓟ	7
9	1.8	《注册监理工程师管理规定》	Ⓟ	7
10	1.9	《危险性较大的分部分项工程安全管理规定》	Ⓟ	8
11	1.10	《建设工程监理规范》(GB/T 50319—2013)	Ⓟ	8
12	1.1	第1章案例答案	Ⓣ	21
13	1.12	第1章参考答案	Ⓣ	25
14	2.1	《工程监理企业资质管理规定》	Ⓟ	38
15	2.2	《必须招标的工程项目规定》	Ⓟ	44
16	2.3	第2章案例答案	Ⓣ	50
17	2.4	第2章参考答案	Ⓣ	52
18	3.1	第3章案例答案	Ⓣ	94
19	3.2	第3章参考答案	Ⓣ	98
20	4.1	港珠澳大桥简介	Ⓟ	99
21	4.2	施工企业质量管理体系标准相关知识	Ⓟ	114
22	4.3	图纸会审具体内容	Ⓟ	115
23	4.4	第4章案例答案	Ⓣ	149
24	4.5	第4章参考答案	Ⓣ	152
25	5.1	第5章案例答案	Ⓣ	182
26	5.2	第5章参考答案	Ⓣ	186
27	6.1	第6章参考答案	Ⓣ	243
28	7.1	《建设工程施工合同(示范文本)》(GF—2017—0201)	Ⓟ	251
29	7.2	第7章案例答案	Ⓣ	262

续表

序号	资源号	资源名称	类型	页码
30	7.3	第 7 章参考答案	Ⓣ	265
31	8.1	第 8 章案例答案	Ⓣ	285
31	8.2	第 8 章参考答案	Ⓣ	288
32	9.1	第 9 章案例答案	Ⓣ	304
33	9.2	第 9 章参考答案	Ⓣ	311
33	10.1	第 10 章案例答案	Ⓣ	343
34	10.2	第 10 章参考答案	Ⓣ	347

目　录

第 2 版前言

第 1 版前言

“行水云课”数字教材使用说明

数字资源索引

第 1 章　建设工程监理基本知识 …… 1

1.1　建设工程监理概述 …… 2

1.2　建设工程监理相关法律法规与政策规定 …… 6

1.3　工程建设程序及组织实施模式 …… 11

1.4　建设工程监理实施的原则与程序 …… 17

1.5　案例 …… 20

复习思考题 …… 22

第 2 章　监理人员与监理企业 …… 26

2.1　监理人员 …… 27

2.2　工程监理企业 …… 36

2.3　案例 …… 49

复习思考题 …… 50

第 3 章　建设工程项目投资控制 …… 53

3.1　建设工程项目投资控制概述 …… 54

3.2　相关服务阶段的投资控制 …… 62

3.3　施工阶段投资控制 …… 78

3.4　工程项目变更内容与价款的确定 …… 85

3.5　案例 …… 91

复习思考题 …… 94

第4章　建设工程项目质量控制 …… 99
4.1　质量管理与质量控制 …… 100
4.2　建设工程项目质量的形成过程和影响因素 …… 102
4.3　工程质量控制原理 …… 104
4.4　建设工程项目质量控制系统 …… 109
4.5　建设工程项目施工阶段质量控制 …… 114
4.6　工程项目质量政府监督 …… 132
4.7　工程质量事故的特点、等级划分及处理 …… 133
4.8　统计分析方法在工程质量控制中的应用 …… 140
4.9　案例 …… 145
复习思考题 …… 149
第5章　建设工程项目进度控制 …… 153
5.1　建设工程项目进度控制概述 …… 154
5.2　建设工程项目进度控制的内容 …… 158
5.3　建设工程项目进度计划的编制和调整方法 …… 162
5.4　施工阶段监理工程师进度控制的主要工作内容 …… 176
5.5　案例 …… 180
复习思考题 …… 182
第6章　建设工程项目安全监理 …… 187
6.1　建设工程项目安全监理概述 …… 188
6.2　建设工程项目安全事故的分类和处理 …… 199
6.3　建设工程安全监理的程序、方式方法和主要内容 …… 202
6.4　常规危大工程监理检查要点和日常安全管理的监理工作清单 …… 213
6.5　案例 …… 233
复习思考题 …… 239
第7章　建设工程项目合同管理与风险管理 …… 244
7.1　合同与合同管理 …… 245
7.2　建设工程监理合同管理 …… 249
7.3　建设工程施工合同管理 …… 251
7.4　建设工程索赔管理 …… 255
7.5　建设工程风险管理与保险 …… 258
7.6　案例 …… 260
复习思考题 …… 262
第8章　建设工程监理的信息管理与资料管理 …… 266
8.1　项目监理机构的信息管理 …… 267
8.2　项目监理机构的资料管理 …… 272

8.3　案例 ………………………………………………………………………… 285
复习思考题 ……………………………………………………………………… 285
第 9 章　建设工程项目组织协调 …………………………………………… 289
9.1　建设工程组织协调概述 ………………………………………………… 290
9.2　项目监理机构组织协调的工作内容 …………………………………… 295
9.3　项目监理机构组织协调的方法 ………………………………………… 299
9.4　案例 ……………………………………………………………………… 301
复习思考题 ……………………………………………………………………… 304
第 10 章　建设工程监理规划与监理实施细则 ……………………………… 313
10.1　建设工程监理规划系列文件 ………………………………………… 314
10.2　建设工程监理规划 …………………………………………………… 315
10.3　建设工程监理实施细则 ……………………………………………… 334
10.4　案例 …………………………………………………………………… 341
复习思考题 ……………………………………………………………………… 343
参考文献 ……………………………………………………………………… 348

第1章 建设工程监理基本知识

学习重点

- 掌握建设工程监理的概念。
- 熟悉建设工程监理的性质。
- 熟悉建设工程监理相关的法律法规。

知识目标	技能素养	思政元素
熟悉建设工程监理的含义、性质及发展趋势	熟练应用监理概念，理解监理的性质，从而把握监理行业发展方向，与世界接轨	努力学习 社会责任 世界情怀
掌握建设工程的建设程序，掌握建设工程监理实施的原则与程序	依据建设程序开展监理工作，依据监理原则程序化、规范化开展监理工作	专业能力 职业精神 科学精神
了解建设工程监理相关法律法规、标准规范	能初步将法律法规、标准规范应用到监理实践中	社会责任

引　例

中华民族具有5000多年的文明历史，创造了博大精深的中华文化，为人类文明进步作出了不可磨灭的贡献。古人留下无数伟大工程遗产，如世界最大规模的宫殿建筑群——北京故宫，世界古代水利建筑明珠——灵渠，中国最大的一尊摩崖石刻造像——乐山大佛，世界年代最久且仍在使用的水利工程——都江堰，世界上现存规模最大、内容最丰富的佛教艺术地——敦煌莫高窟，世界最大、最神秘的帝王陵墓——秦始皇陵，世界最长的人工运河——京杭大运河，世界最长的军事防御工程——万里长城等。这些工程规模宏大、工艺精湛，无不体现了古代劳动人民的聪明智慧和高超的建筑技艺，至今还发挥着经济效益和社会效益。这些宏伟工程项目的成功建造，必然有高水平的项目管理活动相配套，否则就很难获得成功。

1.1　建设工程监理概述

1.1.1　工程监理行业发展变革

建设工程监理制产生的背景：从中华人民共和国成立至 20 世纪 80 年代，我国固定资产投资基本上是由国家财政统一安排计划，由国家统一拨款。一项建设工程，由建设单位自行组成筹建机构，自行管理。重大建设工程，从相关单位抽调人员组成建设工程指挥部，由其进行管理。投资“三超”、工期延长的现象较为普遍。20 世纪 80 年代我国进行改革开放的新时期，国务院决定在基本建设和建筑业领域采取一些重大的改革措施，例如，投资有偿使用（即“拨改贷”）、投资包干责任制、投资主体多元化、工程招标投标制等。建设部于 1988 年发布了《关于开展建设监理工作的通知》，明确提出要建立建设监理制度。建设工程监理制于 1988 年开始试点，5 年后逐步推开，1997 年《中华人民共和国建筑法》以法律制度的形式作出规定，国家推行建设工程监理制度，从而使建设工程监理在全国范围内进入全面推行阶段。

工程监理行业的发展，大致可以分为三个阶段：1988—1992 年的试点阶段，1993—1995 年的稳步发展阶段，1996 年至今的全面推行阶段。

试点阶段：1988 年 7 月 25 日，建设部发布《关于开展建设监理工作的通知》，标志着我国工程监理事业的正式开始。

1988 年 11 月 28 日，建设部发布《关于开展建设监理试点工作的若干意见》，决定在北京、天津、上海、深圳、南京、宁波、沈阳、哈尔滨八个城市和水电、公路系统进行试点工作，并就试点工作提出要求。

稳步发展阶段：1993 年年底，全国已有 28 个省、直辖市、自治区及国务院 20 个工业、交通等部门先后开展了工程监理工作。

1995 年 10 月，建设部、国家工商行政管理局印发《工程建设监理合同（示范文本）》(GF－95－0202)，规范了监理单位与业主的权责利关系。1995 年 12 月，建设部、国家计划委员会颁布《工程建设监理规定》。

全面推行阶段：从 1996 年开始，我国工程监理制度进入全面推行阶段，“一法两条例”即《中华人民共和国建筑法》（以下简称《建筑法》）和《建设工程质量管理条例》《建设工程安全生产管理条例》的颁布，以法律法规形式确定了工程监理的地位。

1.1.2　建设工程监理的概念及相关要点

1.1.2.1　建设工程监理的概念

建设工程监理是指工程监理单位受建设单位委托，根据法律法规、工程建设标准、勘察设计文件及合同，在施工阶段对建设工程质量、造价、进度进行控制，对合同、信息进行管理，对工程建设相关方关系进行协调，并履行建设工程安全生产管理法定职责的服务活动。

建设单位（业主、项目法人）是工程监理任务的委托方，工程监理单位是监理任务的受托方。工程监理单位在建设单位的委托授权范围内从事专业化服务活动。与国际上一般的工程咨询服务不同，工程监理是一项具有中国特色的工程建设管理制度。目前的工程监理不仅定位于工程施工阶段，而且法律法规将工程质量、安全生产管理方面的责任赋予工程监理单位。

1.1.2.2 建设工程监理概念要点

1. 建设工程监理行为主体

《建筑法》第三十一条明确规定，实行监理的建筑工程，由建设单位委托具有相应资质条件的工程监理单位监理。工程监理的行为主体是工程监理单位。

建设工程监理不同于建设行政主管部门的监督管理。后者的行为主体是政府部门，它具有明显的强制性，是行政性的监督管理，它的任务、职责、内容不同于建设工程监理。同样，建设单位自行管理、工程总承包或施工总承包单位对分包单位的监督管理都不是工程监理。

2. 建设工程监理实施的前提

《建筑法》第三十一条明确规定，建设单位与其委托的工程监理单位应当订立书面委托监理合同。也就是说，工程监理的实施需要建设单位的委托和授权。工程监理单位只有与建设单位以书面形式订立建设工程监理合同，明确监理工作的范围、内容、服务期限和酬金，以及双方义务、违约责任后，才能在规定的范围内实施监理。工程监理单位在委托监理的工程中拥有一定管理权限，是建设单位授权的结果。

3. 建设工程监理实施依据

（1）适用的法律、行政法规及部门规章。内容包括《建筑法》、《中华人民共和国招标投标法》（以下简称《招标投标法》）、《中华人民共和国安全生产法》（以下简称《安全生产法》）、《中华人民共和国民法典》第三编合同（以下简称《民法典》第三编合同）、《建设工程质量管理条例》、《建设工程安全生产管理条例》、《建设工程监理范围和规模标准规定》等法律法规，以及地方性法规等。

（2）与工程有关的标准。内容包括有关工程技术标准、规范、规程及《建设工程监理规范》（GB/T 50319—2013）等。

（3）建设工程勘察设计文件。勘察设计文件既是工程施工的重要依据，也是工程监理的主要依据，包括批准的可行性研究报告、建设项目选址意见书、建设用地规划许可证、建设工程规划许可证、批准的施工图设计文件、施工许可证等。

（4）建设工程监理合同以及建设单位与第三方签订的与实施工程有关的其他合同。建设工程监理合同是施工监理的直接依据，建设单位与施工单位签订的施工合同、与设备材料供应商签订的采购合同等也是工程监理的重要依据。

4. 建设工程监理实施范围

建设工程监理定位于工程施工阶段，工程监理单位受建设单位委托，按照建设工程监理合同的约定，在工程勘察、设计、保修等阶段提供的服务活动称为相关服务。工程监理单位可以拓展自身经营范围，为建设单位提供投资决策综合性咨询、工程建设全过程咨询服务及为政府提供监理巡查服务等。

5. 建设工程监理的中心工作

建设工程监理是一项具有中国特色的工程建设管理制度。工程监理单位的基本职责是在建设单位委托授权范围内，通过合同管理和信息管理，以及协调工程建设相关方关系，控制建设工程质量、投资和进度三大目标；同时，还需履行建设工程安全生产管理的法定职责，这是《建设工程安全生产管理条例》赋予工程监理单位的社会责任。综上所述，建设工程监理的中心任务是“三控制三管理一协调”。

6. 建设工程监理范围和规模标准

1.1 ℗
《建设工程监理范围和规模标准规定》

根据2001年建设部颁布的《建设工程监理范围和规模标准规定》（86号部令），规定了必须实行监理的建设工程项目的具体范围和规模标准。下列建设工程必须实行监理。

（1）国家重点建设工程。依据《国家重点建设项目管理办法》所确定的对国民经济和社会发展有重大影响的骨干项目。

（2）大中型公用事业工程。项目总投资额在3000万元以上的供水、供电、供气、供热等市政工程项目，科技、教育、文化等项目，体育、旅游、商业等项目，卫生、社会福利等项目，其他公用事业项目。

（3）成片开发建设的住宅小区工程。建筑面积在5万m^2以上的住宅建设工程。

（4）利用外国政府或者国际组织贷款、援助资金的工程。包括使用世界银行、亚洲开发银行等国际组织贷款资金的项目，使用国外政府及其机构贷款资金的项目，使用国际组织或者国外政府援助资金的项目。

（5）国家规定必须实行监理的其他工程。项目总投资额在3000万元以上关系社会公共利益、公众安全的交通运输、水利建设、城市基础设施、生态环境保护、信息产业、能源等基础设施项目，学校、影剧院、体育场馆项目。

1.1.3 建设工程监理的性质

《建筑法》第三十四条规定“工程监理单位应当根据建设单位的委托，客观、公正地执行监理任务。工程监理单位与被监理工程的承包单位以及建筑材料、建筑构配件和设备供应单位不得有隶属关系或者其他利害关系。”《建设工程监理规范》（GB/T 50319—2013）明确要求，工程监理单位应公平、独立、诚信、科学地开展建设工程监理与相关服务活动。建设工程监理性质可概括为服务性、科学性、独立性和公平性四个方面。

1.1.3.1 服务性

建设工程监理具有服务性，是从它的业务性质方面定性的。建设工程监理的主要方法是规划、控制、协调，主要任务是控制建设工程的投资、进度和质量，最终应当达到的基本目的是协助建设单位在计划的目标内将建设工程建成投入使用。这就是建设工程监理的管理服务的内涵。

工程监理企业既不直接进行设计，也不直接进行施工；既不向建设单位承包造价，也不参与承包商的利益分成。在工程建设中，监理人员利用自己的知识、技能和经验、信息以及必要的试验、检测手段，为建设单位提供管理和技术服务。工程监理企业不能完全取代建设单位的管理活动。它不具有工程建设重大问题的决策权，只能在授权范围内代表建设单位进行管理。建设工程监理的服务对象是建设单位。监理服务是按照委托监理合同的规定进行的，是受法律约束和保护的。

1.1.3.2 科学性

科学性是由建设工程监理要达到的基本目的决定的。建设工程监理以协助建设单位实现其投资目的为己任，力求在计划的目标内建成工程。面对工程规模日趋庞大，环境日益复杂，功能、标准要求越来越高，新技术、新工艺、新材料、新设备不断涌现，参加建设的单位越来越多，市场竞争日益激烈，风险日渐增加的情况下，只有采用科学的思想、理论、方法和手段才能驾驭工程建设。

科学性主要表现在：工程监理企业应当由组织管理能力强、工程建设经验丰富的人员担任领导，应当有足够数量的、有丰富管理经验和应变能力的监理工程师组成骨干队伍，要有一套健全的管理制度，要有现代化的管理手段，要掌握先进的管理理论、方法和手段，要积累足够的技术、经济资料和数据，要有科学的工作态度和严谨的工作作风，实事求是、创造性地开展工作。

1.1.3.3 独立性

按照独立性要求，工程监理单位应当严格地按照有关法律、法规、规章、工程建设文件、工程建设技术标准、建设工程委托监理合同、有关的建设工程合同等的规定实施监理；在委托监理的工程中，与被监理的承包单位以及建筑材料、建筑构配件和设备供应单位不得有隶属关系和其他利害关系；在开展工程监理的过程中，必须建立自己的组织，按照自己的工作计划、程序、流程、方法、手段，根据自己的判断，独立地开展工作。

1.1.3.4 公平性

公平性是社会公认的职业道德准则，是监理行业能够长期生存和发展的基本职业道德准则。在开展建设工程监理的过程中，工程监理企业应当排除各种干扰，客观、公正地对待监理的委托单位和承建单位。特别是当这两方发生利益冲突或者矛盾时，工程监理企业应以事实为依据，以法律和有关合同为准绳，在维护建设单位的合法权益时，不损害施工单位的合法权益。例如，在调解建设单位和施工单位之间的争议，处理工程索赔和工程延期，进行工程款支付控制以及竣工结算时，应当尽量客观、公正地对待建设单位和施工单位。

1.1.4 工程监理行业改革发展方向

监理本身就是改革开放的产物，监理的发展过程也是改革开放的过程。所以，监理工程师要坚定不移地走改革开放之路。改革发展的关键是创新。

(1) 进一步明确监理定位和职责。“监理”一词，顾名思义，一是监督，二是管理。监督是政府监管职能的延伸，是体现社会责任、法律责任和政府关注的重点。管理则是为业主提供有价值的服务。监理工程师既要和政府紧密联系，协助配合政府承担监管的一些专业工作，又要为业主提供优质高效的服务。监督和管理并不冲突，监理行业今后要“两条腿”走路，两者并重，不可偏废。

(2) 推进行业转型升级，发展全过程工程咨询。全过程工程咨询是监理企业转型升级科学发展的方向。有条件的监理单位在做好施工阶段监理的基础上，要向上下游拓展服务领域，为业主提供覆盖工程建设全过程的项目管理服务以及包括前期咨询、招标代理、造价咨询、现场监督等多元化的“菜单式”工程咨询服务。企业还可通过兼并重组等方式提高企业整体能力和水平。

(3) 加强科技创新。监理企业要加强技术创新能力和管理创新能力，提升创新增值服务，延伸核心竞争力。

(4) 提高 BIM 等信息化技术应用水平。BIM 的应用，对于监理转型升级来说，是具有战略意义的一项工程。监理企业应发挥自身优势，以 BIM 应用为切入点，全面掌握工程建设全过程信息，才有利于掌控全局，为业主和项目提供科学、高效、全面的服务，才能实现监理行业一直追求的高端服务的价值。

(5) 加快推进行业诚信体系建设。监理行业应着力打造行业诚信体系，加快市场主体信用信息平台建设，完善市场主体信用信息记录，建立信用信息共享机制，积极推动地方、行业信息系统建设及互联互通，构建市场主体信息公示系统，实行信息公开。

(6) 打造学习型组织，培养高素质人才。监理是智力服务型行业。要引进培养留住人才，向人才要效益，在实践中不断提升企业管理水平和能力，同时借鉴国外先进管理理念，与企业实际相结合，推动企业的可持续发展。

(7) 积极拓展监理业务，在政府购买服务中发挥作用。2020 年 6 月住房和城乡建设部市场监管司发布了《关于征求政府购买监理巡查服务试点方案（征求意见稿）意见的函》，通知中有如下规定。

1) 试点目标：探索工程监理服务转型，试点地区通过开展政府购买监理巡查服务试点，培育一批具备巡查服务能力的工程监理企业。

2) 服务定位：监理巡查服务是以工程重大风险控制为主线，采用飞检、巡检等工作方式，对建设项目重要部位、关键风险点进行监测检测和判定，并提出处理建议。主要服务内容包括：市场主体合法、合约有效性识别，危大工程（危险性较大的分部分项工程）巡查，特种设备、关键部位监测、检测，项目交竣工验收建议等。

(8) 抓住“一带一路”的国家战略机遇，主动参与国际市场的竞争，提升企业的国际竞争力。

1.2　建设工程监理相关法律法规与政策规定

建设工程监理相关法律、行政法规是建设工程监理的法律依据。此外，有关工程监理的部门规章和规范性文件，以及地方性法规、地方政府规章及规范性文件，行业标准、地方标准和团体标准等，也是建设工程监理的法律依据和工作指导。

1.2.1 与建设工程监理有关的建设工程法律规章

1.2.1.1 法律

(1)《中华人民共和国建筑法》。

(2)《中华人民共和国招标投标法》。

(3)《中华人民共和国民法典》第三编合同。

(4)《中华人民共和国安全生产法》。

(5)《中华人民共和国政府采购法》。

(6)《中华人民共和国消防法》。

(7)《中华人民共和国人民防空法》。

(8)《中华人民共和国防震减灾法》。

1.2.1.2 行政法规

(1)《生产安全事故应急条例》。

(2)《安全生产许可证条例》。

(3)《建设工程质量管理条例》。

(4)《建设工程安全生产管理条例》。

(5)《民用建筑节能条例》。

(6)《建设工程勘察设计管理条例》。

1.2.1.3 部门规章

(1)注册监理工程师管理规定。

(2)《工程监理企业资质管理规定》。

(3)《房屋建筑工程和市政基础设施工程竣工验收备案管理暂行办法》。

(4)《房屋建筑工程质量保修办法》。

(5)《实施工程建设强制性标准监督规定》。

(6)《建设工程监理范围和规模标准规定》。

(7)《房屋建筑和市政基础设施工程施工招标投标管理办法》。

(8)《建筑工程施工许可证管理办法》。

(9)《房屋建筑和市政基础设施工程施工分包管理办法》。

(10)《建筑施工企业安全生产许可证管理规定》。

(11)《民用建筑节能管理规定》。

(12)《危险性较大的分部分项工程安全管理规定》。

1.2.2 《建设工程监理规范》(GB/T 50319—2013)

为了规范建设工程监理与相关服务行为，提高建设工程监理与相关服务水平，2013年5月修订后发布的《建设工程监理规范》(GB/T 50319—2013)共分9章和3个附录，主要内容包括：总则，术语，项目监理机构及其设施，监理规划及监理实施细则，工程质量、造价、进度控制及安全生产管理的监理工作，工程变更、索赔及施工合同争议处理，监理文件资料管理，设备采购与设备监造，相关服务等。

1.2 ℗
《中华人民共和国建筑法》

1.3 ℗
《中华人民共和国招标投标法》

1.4 ℗
《中华人民共和国民法典》第三编合同

1.5 ℗
《中华人民共和国安全生产法》

1.6 ℗
《建设工程质量管理条例》

1.7 ℗
《建设工程安全生产管理条例》

1.8 ℗
《注册监理工程师管理规定》

1.2.2.1　总则

（1）为规范建设工程监理与相关服务行为，提高建设工程监理与相关服务水平，制定本规范。

（2）本规范适用于新建、扩建、改建建设工程监理与相关服务活动。

（3）实施建设工程监理前，建设单位应委托具有相应资质的工程监理单位，并以书面形式与工程监理单位订立建设工程监理合同，合同中应包括监理工作的范围、内容、服务期限和酬金，以及双方的义务、违约责任等相关条款。

在订立建设工程监理合同时，建设单位将勘察、设计、保修阶段等相关服务一并委托的，应在合同中明确相关服务的工作范围、内容、服务期限和酬金等相关条款。

（4）工程开工前，建设单位应将工程监理单位的名称，监理的范围、内容和权限及总监理工程师的姓名书面通知施工单位。

（5）在建设工程监理工作范围内，建设单位与施工单位之间涉及施工合同的联系活动，应通过工程监理单位进行。

（6）实施建设工程监理应遵循下列主要依据：

1）法律法规及工程建设标准；

2）建设工程勘察设计文件；

3）建设工程监理合同及其他合同文件。

（7）建设工程监理应实行总监理工程师负责制。

（8）建设工程监理宜实施信息化管理。

（9）工程监理单位应公平、独立、诚信、科学地开展建设工程监理与相关服务活动。

（10）建设工程监理与相关服务活动，除应符合本规范外，尚应符合国家现行有关标准的规定。

1.9 ℗

《危险性较大的分部分项工程安全管理规定》

1.10 ℗

《建设工程监理规范》(GB/T 50319—2013)

1.2.2.2　术语

《建设工程监理规范》解释了工程监理单位、建设工程监理、相关服务、项目监理机构、总监理工程师、总监理工程师代表、专业监理工程师、监理员、监理规划、监理实施细则、工程计量、旁站、巡视、平行检验、见证取样、工程延期、工期延误、工程临时延期批准、工程最终延期批准、监理日志、监理月报、设备监造、监理文件资料建设工程监理常用术语。

1.2.2.3　项目监理机构及其设施

《建设工程监理规范》明确了项目监理机构人员构成和职责及监理设施的提供。

1.2.2.4　监理规划及监理实施细则

（1）监理规划应结合工程实际情况，明确项目监理机构的工作目标，确定具体的监理工作制度、内容、程序、方法和措施。

（2）监理实施细则应符合监理规划的要求，并应具有可操作性。

1.2.2.5 工程质量、造价、进度控制及安全生产管理的监理工作

1. 一般规定

（1）项目监理机构应根据建设工程监理合同约定，遵循动态控制原理，坚持预防为主的原则，制定和实施相应的监理措施，采用旁站、巡视和平行检验等方式对建设工程实施监理。

（2）监理人员应熟悉工程设计文件，并应参加建设单位主持的图纸会审和设计交底会议，会议纪要应由总监理工程师签认。

（3）工程开工前，监理人员应参加由建设单位主持召开的第一次工地会议，会议纪要应由项目监理机构负责整理，与会各方代表应会签。

（4）项目监理机构应定期召开监理例会，并组织有关单位研究解决与监理相关的问题。项目监理机构可根据工程需要，主持或参加专题会议，解决监理工作范围内工程专项问题。

监理例会以及由项目监理机构主持召开的专题会议的会议纪要，应由项目监理机构负责整理，与会各方代表应会签。

（5）项目监理机构应协调工程建设相关方的关系。项目监理机构与工程建设相关方之间的工作联系，除另有规定外宜采用工作联系单形式进行。

（6）项目监理机构应审查施工单位报审的施工组织设计，符合要求时，应由总监理工程师签认后报建设单位。项目监理机构应要求施工单位按已批准的施工组织设计组织施工。施工组织设计需要调整时，项目监理机构应按程序重新审查。

（7）总监理工程师应组织专业监理工程师审查施工单位报送的工程开工报审表及相关资料；设计交底和图纸会审已完成，施工组织设计已由总监理工程师签认，施工单位现场质量、安全生产管理体系已建立，管理及施工人员已到位，施工机械具备使用条件，主要工程材料已落实下，总监理工程师签署审核意见，并应报建设单位批准后，总监理工程师签发工程开工令。

（8）分包工程开工前，项目监理机构应审核施工单位报送的分包单位资格报审表，专业监理工程师提出审查意见后，应由总监理工程师审核签认。

（9）项目监理机构宜根据工程特点、施工合同、工程设计文件及经过批准的施工组织设计对工程风险进行分析，并宜提出工程质量、造价、进度目标控制及安全生产管理的防范性对策。

2. 工程质量控制

主要工作内容：工程开工前，项目监理机构应审查施工单位现场的质量管理组织机构、管理制度及专职管理人员和特种作业人员的资格；总监理工程师应组织专业监理工程师审查施工单位报审的施工方案；专业监理工程师应审查施工单位报送的新材料、新工艺、新技术、新设备的质量认证材料和相关验收标准的适用性；专业监理工程师应检查、复核施工单位报送的施工控制测量成果及保护措施；专业监理工程师应对施工单位在施工过程中报送的施工测量放线成果进行查验；专业监理工程师应检查施工单位为本工程提供服务的试验室；审查施工单位报送的用于工程的材料、构配件、设备的质量证明文件，并应按有关规定、建设工程监理合同约定，对用于工程的

材料进行见证取样、平行检验；专业监理工程师应审查施工单位定期提交影响工程质量的计量设备的检查和检定报告；根据工程特点和施工单位报送的施工组织设计，确定旁站的关键部位、关键工序，安排监理人员进行旁站，并应及时记录旁站情况；对工程施工质量进行巡视；对施工质量进行平行检验；对施工单位报验的隐蔽工程、检验批、分项工程和分部工程进行验收；处置施工质量问题、质量缺陷、质量事故；审查施工单位提交的单位工程竣工验收报审表及竣工资料，组织工程竣工预验收；编写工程质量评估报告；参加工程竣工验收。

3. 工程造价控制

主要内容：进行工程计量和付款签证；建立月完成工程量统计表，对实际完成量与计划完成量进行比较分析，发现偏差的，应提出调整建议，并应在监理月报中向建设单位报告；进行竣工结算款审核。

4. 工程进度控制

主要内容：审查施工单位报审的施工总进度计划和阶段性施工进度计划；检查施工进度计划的实施情况；比较分析工程施工实际进度与计划进度，预测实际进度对工程总工期的影响。

5. 安全生产管理的监理工作

主要内容：将安全生产管理的监理工作内容、方法和措施纳入监理规划及监理实施细则；审查施工单位现场安全生产规章制度的建立和实施情况，并应审查施工单位安全生产许可证及施工单位项目经理、专职安全生产管理人员和特种作业人员的资格，同时应核查施工机械和设施的安全许可验收手续；审查施工单位报审的专项施工方案，超过一定规模的危险性较大的分部分项工程的专项施工方案，应检查施工单位组织专家进行论证、审查的情况，以及是否附具安全验算结果；巡视检查危险性较大的分部分项工程专项施工方案实施情况；发现工程存在安全事故隐患时，应签发监理通知单，要求施工单位整改；情况严重时，应签发工程暂停令，并应及时报告建设单位。施工单位拒不整改或不停止施工时，应及时向有关主管部门报送监理报告。

1.2.2.6　工程变更、索赔及施工合同争议处理

《建设工程监理规范》规定，项目监理机构应依据建设工程监理合同约定进行施工合同管理，处理工程暂停及复工、工程变更、索赔及施工合同争议、解除等事宜。施工合同终止时，项目监理机构应协助建设单位按施工合同约定处理施工合同终止的有关事宜。

（1）工程暂停及复工。主要内容：总监理工程师签发工程暂停令的权力和情形，暂停施工事件发生时的监理职责，工程复工申请的批准或指令。

（2）工程变更。主要内容：施工单位提出的工程变更处理程序，工程变更的计价原则、计价方法或价款。

（3）费用索赔。主要内容：及时收集、整理有关工程费用的原始资料，处理费用索赔的依据和程序，审核索赔是否满足条件。

（4）工程延期及工期延误。主要内容：处理工程延期要求的程序，批准施工单位

工程延期要求应满足条件，施工单位因工程延期提出费用索赔时的监理职责，发生工期延误时的监理职责。

(5) 施工合同争议。主要内容：处理合同争议时的监理工作程序、内容、职责。

(6) 施工合同解除。

1) 因建设单位原因导致施工合同解除时，项目监理机构的职责。

2) 因施工单位原因导致施工合同解除时，项目监理机构的职责。

3) 因非建设单位、施工单位原因导致施工合同解除时，项目监理机构的职责。

1.2.2.7 监理文件资料管理

监理文件应包括下列主要内容：勘察设计文件、建设工程监理合同及其他合同文件；监理规划、监理实施细则；设计交底和图纸会审会议纪要；施工组织设计、(专项) 施工方案、施工进度计划报审文件资料；分包单位资格报审文件资料；施工控制测量成果报验文件资料；总监理工程师任命书，工程开工令、暂停令、复工令，开工或复工报审文件资料；工程材料、构配件、设备报验文件资料；见证取样和平行检验文件资料；工程质量检查报验资料及工程有关验收资料；工程变更、费用索赔及工程延期文件资料；工程计量、工程款支付文件资料；监理通知单、工作联系单与监理报告；第一次工地会议、监理例会、专题会议等会议纪要；监理月报、监理日志、旁站记录；工程质量或生产安全事故处理文件资料；工程质量评估报告及竣工验收监理文件资料；监理工作总结。

1.3 工程建设程序及组织实施模式

工程建设程序是建设投资决策和实施过程客观规律的反映，是建设工程科学决策和顺利实施的重要保证，工程监理必须遵循工程建设程序。全过程工程咨询、工程总承包及建筑师负责制是我国目前着力推行的工程建设组织实施模式，工程监理单位及监理工程师需要适应新模式下工程监理职责的履行。

1.3.1 工程建设程序

工程建设程序是指建设工程从策划、决策、设计、施工，到竣工验收、投入生产或交付使用的整个建设过程中，各项工作必须遵循的先后顺序。按照工程建设内在规律，每一项建设工程都要经过投资决策和建设实施两个发展时期。这两个发展时期又可分为若干阶段，各阶段之间存在着严格的先后次序，可以进行合理交叉，但不能任意颠倒次序。

1.3.1.1 投资决策阶段工作内容

建设工程投资决策阶段工作内容主要包括项目建议书和可行性研究报告的编制和审批。

1. 编报项目建议书

项目建议书是拟建项目单位向政府投资主管部门提出的要求建设某一项目的建议文件，是对工程项目建设的轮廓设想。项目建议书的主要作用是推荐一个拟建项目，论述其建设的必要性、建设条件的可行性和获利的可能性，供政府投资主管部门选择并确定是否进行下一步工作。

对于政府投资项目，项目建议书按要求编制完成后，应根据建设规模和限额划分分别报送有关部门审批。项目建议书获批后，可以进行详细的可行性研究报告，但并不表明项目非上不可，批准的项目建议书不是项目的最终决策。

2. 编报可行性研究报告

可行性研究是指在项目决策之前，通过调查、研究、分析与项目有关的工程、技术、经济等方面的条件和情况，对可能的多种方案进行比较论证，同时对项目建成后的经济效益进行预测和评价的一种投资决策分析研究方法和科学分析活动。

凡经可行性研究未通过的项目，不得进行下一步工作。

1.3.1.2　建设实施阶段工作内容

建设工程实施阶段的工作内容主要包括勘察设计、建设准备、施工安装、生产准备及竣工验收。对于生产性工程项目，在施工安装后期，还需要进行生产准备工作。

1. 勘察设计

(1) 工程勘察。工程勘察通过对地形、地质及水文等要素的测绘、勘探、测试及综合评定，提供工程建设所需的基础资料。工程勘察需要对工程建设场地进行详细论证，保证建设工程合理进行，促使建设工程取得最佳的经济效益、社会效益和环境效益。

(2) 工程设计。工程设计工作一般划分为两个阶段，即初步设计和施工图设计。重大工程和技术复杂工程，可根据需要增加技术设计阶段。

1) 初步设计。初步设计是根据批准的可行性研究报告和设计基础资料，对工程进行系统研究，概略计算，作出总体安排，拿出具体实施方案。目的是在指定的时间、空间等限制条件下，在总投资控制的额度内和质量要求下，作出技术上可行、经济上合理的设计和规定，并编制工程总概算。

初步设计不得随意改变批准的可行性研究报告所确定的建设规模、产品方案、工程标准、建设地址和总投资等控制目标。如果初步设计提出的总概算超过可行性研究报告总投资的10%以上，或者其他主要指标需要变更时，应说明原因和计算依据，并重新向原审批单位报批可行性研究报告。

2) 技术设计。技术设计应根据初步设计和更详细的调查研究资料编制，以进一步解决初步设计中的重大技术问题，如工艺流程、建筑结构、设备选型及数量确定等，使工程设计更具体、更完善，技术指标更合理。

3) 施工图设计。根据初步设计或技术设计的要求，结合工程现场实际情况，完整地表现建筑物的外形、内部空间的分割、结构体系、构造状况以及建筑群的组成和周围环境的协调。施工图设计还包括各种运输、通信、管道系统、建筑设备的设计。在工艺方面，应具体确定各种设备的型号、规格及各种非标准设备的制造加工图。

(3) 施工图设计文件的审查或审批。

以房屋建筑和市政基础设施工程为例，根据《房屋建筑和市政基础设施工程施工图设计文件审查管理办法》（住房和城乡建设部令第 13 号），建设单位应当将施工图送施工图审查机构审查。施工图审查机构对施工图审查的内容包括：

1）是否符合工程建设强制性标准。

2）地基基础和主体结构的安全性。

3）消防安全性。

4）人防工程（不含人防指挥部工程）防护安全性。

5）是否符合民用建筑节能强制性标准，对执行绿色建筑标准的项目，还应当审查是否符合绿色建筑标准。

6）勘察设计企业和注册执业人员以及相关人员是否按规定在施工图上加盖相应的图章和签字。

7）法律、法规、规章规定必须审查的其他内容。

任何单位或者个人不得擅自修改审查合格的施工图。确需修改的，凡涉及上述审查内容的，建设单位应当将修改后的施工图送原审查机构审查。对于交通运输等基础设施工程，施工图设计文件则实行审批或审核制度。

2. 建设准备

（1）建设准备的工作内容。工程项目在开工建设之前要切实做好各项准备工作，其主要内容包括：

1）征地、拆迁和场地平整。

2）完成施工用水、用电、通信、道路等接通工作。

3）组织招标、选择工程监理单位、施工单位及设备、材料供应商。

4）准备必要的施工图纸。

5）办理工程质量监督和施工许可手续。

（2）工程质量监督手续的办理。建设单位在办理施工许可证之前应当到规定的工程质量监督机构办理工程质量监督注册手续。办理质量监督注册手续时需提供下列资料：

1）施工图设计文件审查报告和批准书。

2）中标通知书和施工、监理合同。

3）建设单位、施工单位和监理单位工程项目的负责人和机构组成。

4）施工组织设计和监理规划（监理实施细则）。

5）其他需要的文件资料。

（3）施工许可证的办理。

从事各类房屋建筑及其附属设施的建造、装修装饰和与其配套的线路、管道、设备的安装，以及城镇市政基础设施工程的施工，建设单位在开工前应当向工程所在地县级以上人民政府建设主管部门申请领取施工许可证。必须申请领取施工许可证的建筑工程未取得施工许可证的，一律不得开工。

3. 施工安装

建设工程具备开工条件并取得施工许可后才能开始土建工程施工和机电设备安装。

按照规定，建设工程新开工时间是指工程设计文件中规定的任何一项永久性工程第一次正式破土开槽的开始日期。不需要开槽的工程，以正式开始打桩的日期作为开工日期。铁路、公路、水库等需要进行大量土石方工程的，以开始进行土石方工程施工的日期作为正式开工日期。工程地质勘察、平整场地、旧建筑物拆除、临时建筑、施工用临时道路和水、电等工程开始施工的日期不能算作正式开工日期。分期建设的工程分别按各期工程开工的日期计算，如二期工程应根据工程设计文件规定的永久性工程开工的日期计算。

施工安装活动应按照工程设计要求、施工合同及施工组织设计，在保证工程质量、工期、成本及安全、环保等目标的前提下进行。

4. 生产准备

对于生产性工程项目而言，生产准备是工程项目投产前由建设单位进行的一项重要工作。生产准备是衔接建设和生产的桥梁，是工程项目建设转入生产经营的必要条件。建设单位应适时组成专门机构，做好生产准备工作，确保工程项目建成后能及时投产。

生产准备的主要工作内容包括：组建生产管理机构，制定管理有关制度和规定；招聘和培训生产人员，组织生产人员参加设备的安装、调试和工程验收工作；落实原材料、协作产品、燃料、水、电、气等的来源和其他需协作配合的条件，并组织工装、器具、备品、备件等的制造或订货等。

5. 竣工验收

建设工程按设计文件的规定内容和标准全部完成，并按规定将施工现场清理完毕后，达到竣工验收条件时，建设单位即可组织工程竣工验收。工程勘察、设计、施工、监理等单位应参加工程竣工验收。工程竣工验收要审查工程建设的各个环节，审阅工程档案、实地查验建筑安装工程实体，对工程设计、施工和设备质量等进行全面评价。不合格的工程不予验收。对遗留问题要提出具体解决意见，限期落实完成。

工程竣工验收是投资成果转入生产或使用的标志，也是全面考核工程建设成果、检验设计和施工质量的关键步骤。工程竣工验收合格后，建设工程方可投入使用。

建设工程自竣工验收合格之日起即进入工程质量保修期（缺陷责任期）。建设工程自办理竣工验收手续后，发现存在工程质量缺陷的，应及时修复，费用由责任方承担。

1.3.2 工程建设组织实施模式

建筑业作为国民经济支柱产业的作用不断增强，为促进经济增长、缓解社会就业压力、推进新型城镇化建设、保障和改善人民生活、决胜全面建成小康社会作出了重要贡献。在取得成绩的同时，建筑业依然存在发展质量和效益不高的问题，集中表现为发展方式粗放、劳动生产率低、高耗能高排放、市场秩序不规范、建筑品质总体不高、工程质量安全事故时有发生等，与人民群众日益增长的美好生活需要相比仍有一定差距。建筑业迫切需要树立新发展思路，从“量”的扩张转向“质”的提升，走出一条内涵集约式发展新路。国家提出完善工程建设组织模式：推广工程总承包模式、发展全过程工程咨询服务、推行建筑师负责制。

1.3.2.1 工程总承包

工程总承包是指承包单位按照与建设单位签订的合同，对工程设计、采购、施工或者设计、施工等阶段实行总承包，并对工程的质量、安全、工期和造价等全面负责的工程建设组织实施方式。

以装配式建筑为重点，国家鼓励和引导建设内容明确、技术方案成熟的工程项目优先采用工程总承包模式，政府投资工程应完善建设管理模式，带头推行工程总承包。在工程总承包项目推进全过程BIM技术应用，促进技术与管理设计与施工深度融合。

1. 工程总承包模式的特点

(1) 有利于缩短建设工期。采用工程总承包模式，工程设计、采购及施工任务均由总承包单位负责，可使工程设计、采购与施工之间的衔接得到极大改善。有些施工和采购准备工作可与设计工作同时进行或搭接进行，从而可缩短建设工期。

(2) 便于较早确定工程造价。采用工程总承包模式，建设单位与总承包单位之间通常签订总价合同。总承包单位负责工程总体控制，有利于减少工程设计变更，有利于将工程造价控制在预算范围内，减少建设单位工程造价失控的风险。

(3) 有利于控制工程质量。在工程总承包模式下，总承包单位通常会将部分专业工程分包给其他承包单位。由于总承包单位与分包单位之间通过分包合同建立了责、权、利关系，这样就会在承包单位内部增加工程质量监控环节，工程质量既有分包单位的自控，又有总承包单位的监督管理。

(4) 工程项目责任主体单一。由总承包单位负责工程设计和施工，可减少工程实施中的争议和索赔发生。工程设计与施工责任主体合一，能够激励总承包单位更加注重提高工程项目的整体质量和效益。

(5) 可减轻建设单位合同管理负担。采用工程总承包模式，与建设单位直接签订合同的参建方减少，合同结构简单，可大量减少建设单位协调工作量，合同管理工作量也大大减少。

但由于工程总承包单位的选择范围小，同时因工程总承包的责任重、风险大，为应对工程实施风险，总承包单位通常会提高报价，最终导致工程总承包合同价会较高。

2. 工程总承包模式适用条件

(1) 对于建设内容明确、技术方案成熟的工程，建设单位能给予投标人充分的资料和时间，以便使投标人能够仔细研究“业主需求”。

(2) 建设单位或其代表有权监督总承包单位工作，但不能过分干预总承包单位工作，也不要审批大多数施工图纸。

(3) 采用总价合同，因而工程的期中支付款应由建设单位直接按合同约定支付，可按月支付，也可按阶段支付，但不需要先由监理工程师审查工程量和总承包单位结算报告，再签发工程款支付证书。

1.3.2.2 全过程工程咨询服务

1. 全过程工程咨询的含义

所谓全过程工程咨询，是指工程咨询方综合运用多学科知识、工程实践经验、现代科学技术和经济管理方法，采用多种服务方式组合，为委托方在项目投资决策、建设实施阶段提供阶段性或整体解决方案的智力性服务活动。

这里的“工程咨询方”，可以是具备相应资质和能力的一家咨询单位，也可以是多家咨询单位组成的联合体。“委托方”可以是投资方、建设单位，也可能是项目使用或运营单位。这种全过程工程咨询不仅强调投资决策、建设实施全过程，甚至延伸至运营维护阶段，而且强调技术、经济和管理相结合的综合性咨询。

根据《国家发展改革委员会、住房和城乡建设部关于推进全过程工程咨询服务发展的指导意见》（发改投资规〔2019〕515号），全过程工程咨询服务内容包括投资决策综合性咨询和工程建设全过程咨询。

（1）投资决策综合性咨询。投资决策综合性咨询是指综合性工程咨询单位接受投资者委托，就投资项目的市场、技术、经济、生态环境、能源、资源、安全等影响可行性的要求，结合国家、地区、行业发展规则及相关重大专项建设规划、产业政策、技术标准及相关审批要求进行分析研究和论证，为投资者提供决策依据和建议，其目的是为减少分散专项评价评估，避免可行性研究论证碎片化。

（2）工程建设全过程咨询。工程建设全过程咨询是指由一家咨询企业或多家咨询企业组成联合体，为建设单位提供招标代理、勘察、设计、监理、造价、项目管理等全过程咨询服务，满足建设单位一体化服务需求，增强工程建设过程的协同性。全过程工程咨询企业可以为委托方提供项目决策策划、项目建议书和可行性研究报告编制，项目实施总体策划，项目管理，报批报建管理，勘察及设计管理、规划及设计优化，工程监理，招标代理，造价咨询，后评价和配合审计等咨询服务，也可包括规划和设计等活动。

2. 全过程工程咨询的特点

与传统“碎片化”咨询相比，全过程工程咨询具有以下三大特点：

（1）咨询服务范围广。全过程工程咨询服务覆盖面广，主要体现在两个方面：①从服务阶段看，全过程工程咨询覆盖项目投资决策、建设实施（设计、招标、施工）全过程集成化服务、有时还会包括运营维护阶段咨询服务；②从服务内容看，全过程工程咨询包含技术咨询和管理咨询，而不只是侧重于管理咨询。

（2）强调智力性策划。全过程工程咨询单位要运用工程技术、经济学、管理学、法学等多学科知识和经验，为委托方提供智力服务，如投资机会研究、建设方案策划和比选、融资方案策划、招标方案策划、建设目标分析论证等。

（3）实施多阶段集成。全过程工程咨询服务并不是将各个阶段简单相加，而是要通过多阶段集成化咨询服务，为委托方创造价值。全过程工程咨询要避免工程项目要素分阶段独立运作而出现漏洞和制约，要综合考虑项目质量、安全、环保、投资、工期等目标以及合同管理、资源管理、信息管理、技术管理、风险管理、沟通管理等要素之间的相互制约和影响关系，从技术经济角度实现综合集成。

1.3.2.3　建筑师负责制

1. 建筑师负责制概念

以担任民用建筑工程项目设计主持人或设计总负责人的注册建筑师（以下称为建

筑师）为核心的设计团队，依托所在的设计企业为实施主体，依据合同约定，对民用建筑工程全过程或部分阶段提供全寿命周期设计咨询管理服务，最终将符合建设单位要求的建筑产品和服务交付给建设单位的一种工作模式，为建筑师负责制。

2. 建筑师的服务内容

建筑师依托所在设计企业，依据合同约定，可以提供工程建设全过程或部分以下服务内容。

（1）参与规划：参与城市修建性详细规划和城市设计，统筹建筑设计和城市设计协调统一。

（2）提出策划：参与项目建议书、可行性研究报告与开发计划的制定，确认环境与规划条件、提出建筑总体要求、提供项目策划咨询报告、概念性设计方案及设计要求任务书，代理建设单位完成前期报批手续。

（3）完成设计：完成方案设计、初步设计、施工图技术设计和施工现场设计服务。

（4）监督施工：代理建设单位进行施工招投标管理和施工合同管理服务，对总承包商、分包商、供应商和指定服务商履行监管职责，监督工程建设项目按照设计文件要求进行施工，协助组织工程验收服务。

（5）指导运维：组织编制建筑使用说明书，督促、核查承包商编制房屋维修手册，指导编制使用后维护计划。

（6）更新改造：参与制定建筑更新改造、扩建与翻新计划，为实施城市修补、城市更新和生态修复提供设计咨询管理服务。

（7）辅助拆除：提供建筑全寿命期提示制度，协助专业拆除公司制定建筑安全绿色拆除方案等。

1.4 建设工程监理实施的原则与程序

1.4.1 建设工程监理实施原则

1.4.1.1 公平、独立、自主的原则

监理工程师在建设工程监理中必须尊重科学，尊重事实，组织各方协同配合，维护有关各方的合法权益，因此必须坚持公平、独立、自主的原则。建设单位与承包单位虽然都是独立运行的经济主体，但他们追求的经济目标有差异，各自的行为也有差别，监理工程师应在接受委托监理合同约定的权、责、利关系的基础上，协调各方的一致性，即只有按合同的约定建成工程项目建设单位才能实现投资的目的，承包单位也才能实现自己生产的价值，获取利润。

1.4.1.2 权责一致的原则

监理工程师履行其职责而从事的监理活动，是根据建设工程监理有关规定和受建设单位的委托和授权而进行的。监理工程师承担的职责应与建设单位授予的权限相一致，即建设单位向监理工程师的授权应能保证其正常履行监理职责为原则。

建设工程监理活动的客观主体是承包单位的活动，但监理工程师与承包单位之间并无经济合同关系。监理工程师之所以能行使监理权，主要依赖建设单位的授权。这种权力的授予，除体现在建设单位与监理单位之间签订的建设监理合同外，还应作为建设单位与承包单位之间工程承包合同的合同条件。因此，监理工程师在明确建设单位提出的监理目标和监理工作内容的要求后，应与建设单位协商相应的授权，达成共识后，明确反映在委托监理合同和工程项目的承包合同中。据此，监理工程师才能开展监理活动。

总监理工程师代表监理企业全面履行建设工程监理合同，承担合同中确定的监理企业向建设单位所承担的义务和责任。因此，在监理合同实施中，监理企业应给予总监理工程师充分的授权。

1.4.1.3　总监理工程师负责制的原则

《建设工程监理规范》规定，建设工程监理实行总监理工程师负责制。因此，总监理工程师是项目监理机构的核心，其工作的好坏直接影响项目监理目标的实现。总监理工程师是工程项目监理责任、权力和利益的主体。

1.4.1.4　严格监理、热情服务的原则

总监理工程师在处理监理工程师与承包单位的关系以及建设单位与承包单位之间的利益关系时，一方面应坚持严格按合同办事，严格监理；另一方面，也应当立场公平，为建设单位提供热情服务。

严格监理，就是监理人员严格按照国家政策、法规、规范、标准和合同控制项目的目标，严格把关，依照既定的程序和制度，认真履行职责，建立良好的工作作风。

国际咨询工程师联合会（Fédération Internationale Des Ingénieurs Conseils，FIDIC）指出：“监理工程师必须为建设单位提供热情的服务，并应运用合理的技能，谨慎而勤奋地工作。”由于建设单位对工程建设业务不可能完全精通，监理工程师应按监理合同的要求多方位、多层次地为建设单位提供良好的服务，维护建设单位的正当权益。

1.4.1.5　综合效益的原则

建设工程监理活动既要考虑建设单位的经济效益，也必须考虑与社会效益和环境效益的有机统一。建设工程监理活动虽经建设单位的委托和授权才能进行，但监理工程师应首先严格遵守国家的建设管理法律法规、技术标准等，以高度负责的态度和责任感，既要对建设单位负责，为其谋求最大的经济利益；又要对国家和社会负责，以取得最佳的综合效益。

1.4.1.6　实事求是的原则

在监理工作中，监理工程师应尊重事实。监理工程师的任何指令、判断应以事实为依据，有证明、检验、试验资料等。

1.4.2　建设工程监理实施程序

1.4.2.1　组建项目监理机构

工程监理单位在参与工程监理投标、承接工程监理任务时，根据建设工程规模、性质、建设单位对建设工程监理的要求，可选派符合总监理工程师任职资格要求的人

员主持该项工作。在签订建设工程监理合同时，该主持人即可作为总监理工程师在工程监理合同中予以明确。

工程监理单位实施监理时，应在施工现场派驻项目监理机构，项目监理机构的组织形式和规模，可根据建设工程监理合同约定的服务内容、服务期限，以及工程特点、规模、技术复杂程度、环境等因素确定。

总监理工程师由工程监理单位法定代表人书面任命，负责履行建设工程监理合同，主持项目监理机构工作，是监理项目的总负责人，对内向工程监理单位负责，对外向建设单位负责。

总监理工程师应根据监理大纲和签订的建设工程监理合同确定项目监理机构人员及岗位职责，并在监理规划和具体实施计划执行中进行及时调整。

1.4.2.2 收集工程监理有关资料

项目监理机构应收集工程监理有关资料，作为开展监理工作的依据。这些资料包括如下几类。

（1）反映工程项目特征的有关资料。主要包括：工程项目的批文，规划部门关于规划红线范围和设计条件的通知，土地管理部门关于准予用地的批文，批准的工程项目可行性研究报告或设计任务书，工程项目地形图，工程勘察成果文件，工程设计图纸及有关说明等。

（2）反映当地工程建设政策、法规的有关资料。主要包括：关于工程建设报建程序的有关规定，当地关于拆迁工作的有关规定，当地有关建设工程监理的有关规定，当地关于工程建设招标投标的有关规定，当地关于工程造价管理的有关规定等。

（3）反映工程所在地区经济状况等建设条件的资料。主要包括：气象资料，工程地质及水文地质资料，交通运输（包括铁路、公路、航运）系统的供给能力、时间及价格等资料，供水、供电、供热、供燃气、通信系统的容（用）量、价格等资料，勘察设计单位状况、土建、安装施工单位状况，建筑材料及构件、半成品的生产、供应情况，进口设备及材料的到货口岸、运输方式等。

（4）类似工程项目建设情况的有关资料。主要包括：类似工程项目投资方面的有关资料，类似工程项目建设工期方面的有关资料，类似工程项目的其他技术经济指标等。

1.4.2.3 编制监理规划及监理实施细则

监理规划是项目监理机构全面开展建设工程监理工作的指导性文件。监理实施细则是针对某一专业或某一方面建设工程监理工作的操作性文件。

1.4.2.4 规范化地开展监理工作

项目监理机构应按照建设工程监理合同约定，依据监理规划及监理实施细则规范化地开展建设工程监理工作。建设工程监理工作的规范化体现在以下几个方面：

（1）工作的时序性。工程监理各项工作都应按一定的逻辑顺序开展，使建设工程监理工作能有效地达到目的而不至于造成工作状态的无序和混乱。

（2）职责分工的严密性。建设工程监理工作是由不同专业、不同层次的专家群体共同完成的，他们之间严密的职责分工是协调进行建设工程监理工作的前提和实现建设工程监理目标的重要保证。

（3）工作目标的确定性。在职责分工的基础上，每一项监理工作的具体目标都应确定，完成的时间也应有明确的限定，从而能通过书面资料对建设工程监理工作及其效果进行检查和考核。

1.4.2.5　参与工程竣工验收

建设工程施工完成后，项目监理机构应在正式验收前组织工程竣工预验收，在预验收中发现的问题，应及时与施工单位沟通，提出整改要求。项目监理机构应参加由建设单位组织的工程竣工验收，签署工程监理意见。

1.4.2.6　向建设单位提交建设工程监理文件资料

建设工程监理工作完成后，项目监理机构应向建设单位提交在监理合同文件中约定的建设工程监理文件资料。如合同中未作明确规定，一般应向建设单位提交：工程变更资料、监理指令性文件、各类签证等文件资料。

1.4.2.7　进行监理工作总结

建设工程监理工作完成后，项目监理机构应及时从两方面进行监理工作总结。

（1）向建设单位提交的监理工作总结。主要内容包括：工程概况，项目监理机构，建设工程监理合同履行情况，监理工作成效，监理工作中发现的问题及其处理情况，监理任务或监理目标完成情况评价，由建设单位提供的供项目监理机构使用的办公用房、车辆、试验设施等的清单，表明建设工程监理工作终结的说明，其他说明和建议等。

（2）向工程监理单位提交的监理工作总结。主要内容包括：建设工程监理工作的成效和经验，可以是采用某种监理技术、方法，或采用某种经济措施、组织措施，或如何处理好与建设单位、施工单位关系，以及其他工程监理合同执行方面的成效和经验；建设工程监理工作中发现的问题、处理情况及改进建议。

1.5　案例

【案例1.1】

1. 背景材料

某业主开发建设一栋20层综合办公大楼，委托甲监理公司进行该工程施工阶段的监理工作。经过工程招标，业主选择了乙建筑公司总承包该工程的施工任务。乙建筑公司自完成了该大楼主体结构的施工，在获得业主许可后，将水电、暖通工程分包给丙安装公司，装饰工程分包给丁装修公司。在该工程监理中，监理单位进行了如下工作：

（1）总监理工程师组建了项目监理机构，设立了总监办公室。

（2）总监理工程师组织制定了监理规划，明确了监理机构的工作任务，任务之一是做好与业主、承包商的协调工作。

（3）总监理工程师在编制监理规划时，制定了旁站监理方案，明确了旁站监理的范围和旁站监理人员的职责。

（4）结合工程实际，监理机构积极进行了风险管理。

2. 问答题

分析上述案例指出：

(1) 实施监理活动的意义。

(2) 并描述监理活动的依据与主要工作。

启示：作为一名合格的监理工程师，既要熟练掌握专业知识和有关法律法规，还要懂经济、会管理、能协调，具备复合型人才的素质。如何成长为复合型人才？那就要求我们树立吃苦耐劳的精神，不断学习、开拓创新。

【案例 1.2】

某工程，施工过程中发生如下事件。

事件 1：总监理工程师主持编写项目监理规划后，在建设单位主持的第一次工地会议上报送建设单位代表，并介绍了项目监理规划的主要内容，会议结束时，建设单位代表要求项目监理机构整理会议纪要，总监理工程师以“谁主持会议谁整理”为由，拒绝整理。

事件 2：现浇钢筋混凝土构件拆模后，出现蜂窝、麻面等质量缺陷，总监理工程师立即向施工单位下达了《工程暂停令》，随后提出了质量缺陷的处理方案，要求施工单位整改。

事件 3：专业监理工程师巡视时发现，施工单位未按批准的大跨度屋盖模板支撑体系专项施工方案组织施工，随即报告总监理工程师。总监理工程师征得建设单位同意后，及时下达了《工程暂停令》，要求施工单位停工整改。为赶工期，施工单位未停工整改仍继续施工。于是，总监理工程师书面报告了政府有关主管部门。书面报告发出的当天，屋盖模板支撑体系整体坍塌，造成人员伤亡。

事件 4：按施工合同约定，施工单位选定甲分包单位承担装饰工程施工，并签订了分包合同。装饰工程施工过程中，因施工单位资金周转困难，未能按分包合同约定支付甲分包单位的工程款。为了不影响工期，甲分包单位向项目监理机构提出了支付申请。项目监理机构受理并征得建设单位同意后，即向甲分包单位签发了支付证书。

分析上述案例，试回答：

(1) 事件 1 中，总监理工程师的做法有哪些不妥之处写出正确做法。

(2) 事件 2 中，总监理工程师的做法有哪些不妥之处写出正确做法。

(3) 根据《建设工程安全生产管理条例》，事件 3 中施工单位和监理单位是否应承担责任说明理由。

(4) 事件 4 项目监理机构做法的不妥之处，并说明理由。

启示：监理工程师在监理工作过程中，依据国家有关法律法规、有关标准和规范，把监理工作的每个环节都要做深、做细、做透、做到极致，控制一切可能存在的风险，每一个小的工作细节都可能导致监理目标的失败，没有精益求精的工匠精神，是难以确保监理工作 100%的成功。我们必须要把严谨细致、精益求精、深耕细作的工匠精神融入工作中，不断向万无一失、尽善尽美的极致工作挑战。

1.11

第 1 章案例答案

复习思考题

一、单选题

1. 建设工程监理是指工程监理单位（　　）。

A. 代表建设单位对施工承包单位进行的监督管理

B. 代表工程质量监督机构对施工质量进行的监督管理

C. 代表政府主管部门对施工承包单位进行的监督管理

D. 代表总承包单位对分包单位进行的监督管理

2. 根据《建筑法》，关于建筑安全生产管理的说法，正确的是（　　）。

A. 房屋拆除应当具备保证安全条件的施工单位承担

B. 需要临时停水、停电的，施工单位应办理申请批准手续

C. 涉及承重结构变动的装修工程，施工单位应事前委托设计单位提出设计方案

D. 施工单位负责收集与施工现场相关的地下管线资料，并对管线采取保护措施

3. 根据《建设工程监理范围和规模标准规定》，下列工程中，不属于必须实行监理工程范围是（　　）。

A. 4万m^2住宅建设工程

B. 亚洲开发银行贷款工程

C. 总投资3000万元以上的大中型市政工程

D. 总投资3000万元以上的基础设施工程

4. 关于全过程咨询的说法，正确的是（　　）。

A. 全过程工程咨询是一项新的制度

B. 全过程工程咨询不包含投资决策综合性咨询

C. 全过程工程咨询包含技术咨询和管理咨询

D. 全过程工程咨询是项目管理的一种新形式

5. 根据《建设工程监理规范》，项目监理机构在施工单位自检的同时，按有关规定、建设工程监理合同约定对同一检验项目进行的检测试验活动称为（　　）。

A. 见证取样

B. 跟踪检验

C. 平行检验

D. 重新检验

6. 根据《建设工程监理规范》，工程监理单位受建设单位委托进行工程勘察管理时，工程勘察成果评估报告应由（　　）组织编制。

A. 总监理工程师

B. 评估专家组组长

C. 工程勘察项目负责人

D. 建设单位项目负责人

7. 根据《建设工程监理规范》，需经建设单位书面同意的情形是（　　）。

A. 工程监理单位任命总监理工程师

B. 工程监理单位调换总监理工程师

C. 工程监理单位调换专业监理工程师

D. 总监理工程师调配监理人员

8. 关于建设工程监理合同说法，正确的是（　　）。

A. 建设工程监理合同的标的是服务

B. 建设工程监理合同是建设工程合同

C. 建设工程监理合同分为通用条款和专用条款两部分

D. 建设工程监理合同双方应是具有法人资格的企事业单位

9. 根据《建设工程监理规范》，不需由总监理工程师签认的报审表是（　　）。

A. 分包单位资格报审表

B. 分项工程报验、报审表

C. 施工进度计划报审表

D. 工程临时延期报审表

10. 根据《建筑法》，建设单位应当自领取施工许可证之日起（　　）个月内开工。因故不能按期开工的，应当向发证机关申请延期。

A. 1

B. 2

C. 3

D. 6

11. 根据《建设工程监理规范》，项目监理机构发现工程施工存在安全隐患并通知施工单位停工整改，施工单位拒不整改（或不停止施工）时，项目监理机构应及时进行的工作是（　　）。

A. 签发监理通知单

B. 报告监理单位

C. 报告建设单位

D. 向有关主管部门报送监理报告

12. 关于建设程序中各阶段工作的说法，错误的是（　　）。

A. 在初步设计或技术设计的基础上进行施工图设计，使其达到施工安装的要求

B. 工程开始拆除旧建筑物和搭建临时建筑物即可算作工程正式开工

C. 生产准备阶段是由建设阶段转入生产经营阶段的重要衔接阶段

D. 竣工验收阶段是考核建设成果、检验设计和施工质量的关键步骤

13. 根据《建设工程监理规范》，总监理工程师应及时签发工程暂停令的情形是（　　）。

A. 施工单位采用的施工工艺不当造成的工程质量问题

B. 施工单位未按审查通过的工程设计文件施工

C. 施工单位施工中存在安全事故隐患

D. 施工单位未按施工方案施工，大幅增加工程费用

14. 关于工程项目质量、造价、进度三大目标的说法，正确的是（　　）。

A. 项目三大目标之间是对立关系

B. 项目三大目标控制的重点是纠正偏差

C. 不同项目的三大目标可具有不同的优先等级

D. “自上而下、层层保证”是项目三大目标控制的基础

15. 根据《建设工程安全生产管理条例》，对于达到一定规模危险性较大的分部分项工程，编制的专项施工方案除应附具安全验算结果外，应经（　　）签字后方可实施。

A. 施工单位法定代表人、监理单位法定代表人

B. 施工单位技术负责人、监理单位技术负责人

C. 施工单位技术负责人、总监理工程师

D. 施工项目技术负责人、总监理工程师

二、多选题

1. 根据《建设工程监理规范》，需要由施工单位项目经理签字并加盖施工单位公章的报审表有（　　）。

A. 工程开工报审表

B. 工程复工报审表

C. 工程款支付申请表

D. 工程临时或最终延期报审表

E. 单位工程竣工验收报审表

2. 根据《生产安全事故报告和调查处理条例》，事故发生单位对生产安全事故负有责任的处罚，正确的有（　　）。

A. 发生轻微事故的，处1万元以上5万元以下的罚款

B. 发生一般事故的，处10万元以上20万元以下的罚款

C. 发生较大事故的，处30万元以上100万元以下的罚款

D. 发生重大事故的，处50万元以上200万元以下的罚款

E. 发生特别重大事故的，处200万元以上500万元以下的罚款

3. 根据《建设工程安全生产管理条例》，对于（　　）的行为，责令限期改正，逾期未改正的，责令停业整顿，并处以10万元以上30万元以下的罚款。

A. 监理单位发现安全事故隐患未及时要求施工单位整改或暂时停止

B. 设备出租单位出租未经安全性能检测的机械设备和施工机具及配件

C. 施工单位施工前未对有关安全施工的技术要求作出详细说明

D. 施工单位在施工现场临时搭建的建筑物不符合安全使用要求

E. 施工单位在施工组织设计中未编制安全技术措施或专项施工方案

4. 根据《民法典》第三编合同，关于合同效力的说法，正确的有（　　）。

A. 因未办理批准手续而影响合同生效的，合同中履行报批义务条款相应失效

B. 超越经营范围订立的合同，不得仅以超越经营范围确认合同无效

C. 因重大过失造成对方财产损失的，合同免责条款无效

D. 造成对方人身损害的，合同免责条款无效

E. 合同被撤销的，合同中有关解决争议方法的条款相应失效

5. 根据《建设工程监理规范》，下列监理工作文件中，需要工程监理单位技术负责人审批签字后报送建设单位的有（　　）。

A. 监理规划

B. 旁站方案

C. 第一次工地会议记录

D. 工程质量评估报告

E. 工程暂停令

三、问答题

1. 什么是工程监理？

2. 国家实行强制监理的工作范围有哪些？

3. 与建设工程监理密切的法律法规有哪些？

4. 工程建设主要程序有哪些？

5. 建设工程监理具体有哪些性质？

1.12

第1章参考答案

第2章 监理人员与监理企业

学习重点

- 熟悉监理工程师执业资格考试、注册管理。
- 掌握工程监理企业资质、资质分类及相应许可的业务范围。
- 掌握监理企业与建设单位、承包单位之间关系。
- 掌握监理人员岗位职责。

知识目标	技能素养	思政元素
了解注册监理工程师考试、注册、执业、继续教育相关规定，了解工程监理企业经营活动基本准则	各类监理人员持证上岗，依法取得监理业务	职业规划 个人成长 终身学习 法律意识
熟悉监理人员岗位职责，掌握监理企业与建设单位、承包单位之间关系	监理人员理解自己的岗位职责和权利义务：依法取得监理业务	专业能力 诚实守信 社会平等
掌握工程监理企业资质分类及相应资质许可的业务范围，熟悉工程监理招标投标业务	深刻领会监理企业资质构成要素，在资质许可的范围内承揽监理业务	遵纪守法 科学发展 实战能力

引　　例

中国尊（中信大厦），由中信集团投资建设，位于北京商务中心区核心区 Z15 地块，是北京市地标建筑。建筑外形仿照中国传统礼器“尊（樽）”进行设计，内部有全球首创超 500m 的 Jump Lift 跃层电梯。该项目用地面积 11478m^2，总建筑面积 43.7 万 m^2，建筑总高 528m，建筑层数地上 108 层、地下 7 层（不含夹层），可容纳 1.2 万人办公。

2014 年，中国尊（北京中信大厦）被评为“中国当代十大建筑”。在中国尊建设过程中，监理企业的监理工程师们发挥了重要作用，对工程的质量、进度和投资目标进行了有效的控制，保证了工程按质、按时地投入使用。

“中国尊”建设者们以“绣花功夫”在设计理念、建造技术、施工组织、管理模式等方面进行了一系列创新，各种新材料、新工艺、新设备、新技术在中国尊建设中层出不穷，项目创造了 8 项世界之最、15 项目国内纪录。工程设计、施工和管理水平都走在了世界前列。这种精益求精的工匠精神，开拓精神，值得我们每位监理同志学习。

当代大学生们，既要认真学习，又要脚踏实地，认真做好每一件小事，胸怀远大理想，为实现中华民族伟大复兴的中国梦而努力奋斗。

2.1 监理人员

工程监理企业承揽监理工作，成立项目监理机构。项目监理机构岗位设置为总监理工程师、总监理工程师代表、专业监理工程师和监理员，各岗位均应由具有相应职业资格或职业技术水平并具有工程实践经验的监理人员担任。

2.1.1 监理人员职业资格

总监理工程师：由工程监理单位法定代表人书面任命，负责履行建设工程监理合同，主持项目监理机构工作的注册监理工程师。

总监理工程师代表：经工程监理单位法定代表人同意，由总监理工程师书面授权，代表总监理工程师行使其部分职责和权力，具有工程类注册执业资格或具有中级及以上技术职称、3 年及以上工程实践经验并经监理业务培训的人员。

专业监理工程师：由总监理工程师授权，负责实施某一专业或某一岗位的监理工作，有相应监理文件签发权，具有工程类注册执业资格或具有中级及以上专业技术职称、2 年及以上工程实践经验并经监理业务培训的人员。

监理员：从事具体监理工作，具有中专及以上学历并经过监理业务培训的人员。

2.1.2 监理人员职业操守

（1）监理人员应热爱祖国，拥护中国共产党的领导，维护国家的荣誉和利益；应遵守国家的法律法规、行业自律公约及有关管理规定，自觉践行社会主义核心价值观。

（2）监理人员应具有实事求是、诚实守信的良好品德，讲信誉，守承诺，有担当，能自我约束，遵循“公平、独立、诚信、科学”的准则开展监理工作；热爱监理事业，秉承工匠精神，维护职业信誉和尊严，不同时受聘于两个或两个以上单位从事监理活动，不转借、出租、伪造、涂改或以其他形式非法转让证书及其他有关资信证明，塑造监理行业良好形象。

（3）监理人员应取得相应资格证书或培训合格证书，并在规定的执业范围和从业单位业务范围内开展工作，履行合同义务和岗位职责，严格执行国家和行业各项工程建设标准、规范和规程等，提供专业化服务；不与参建各方相互串通、弄虚作假、降低工程质量，不以个人名义承揽业务，不以权谋私，不收受被监理单位及利益相关方的任何礼金、礼品、有价证券等，不将不合格的建设工程、建筑材料、建筑构配件和设备按照合格签字，维护业主权益和公共利益。

（4）监理人员应有良好的团队协作意识，不诋毁他人声誉，不损害他人利益，尊重他人，互帮互助，加强沟通交流，与项目参建各方建立良好的关系；积极参加业务培训，不断更新技术知识，拓展专业结构范围，不抄袭他人监理成果，不盗用他人技术信息，尊重知识产权，立足实践，自主创新，提升自身综合服务能力。

（5）监理人员应遵守保密规定，履行保密义务，行使保密权利，不泄露所监理工程各方认为需要保密的事项，严守在工作中接触的国家秘密和他人的商业、技术秘密；关心监理行业发展，积极参加行业活动，为行业发展出谋划策。

2.1.3 注册监理工程师

注册监理工程师是指通过职业资格考试取得中华人民共和国监理工程师职业资格证书，并经注册后从事建设工程监理及相关业务活动的专业技术人员。

2.1.3.1 职业资格考试

（1）监理工程师职业资格考试全国统一大纲、统一命题、统一组织。

（2）监理工程师职业资格考试设置基础科目和专业科目。

（3）住房和城乡建设部牵头组织，交通运输部、水利部参与，拟定监理工程师职业资格考试基础科目的考试大纲，组织监理工程师基础科目命审题工作。

住房和城乡建设部、交通运输部、水利部按照职责分工分别负责拟定监理工程师职业资格考试专业科目的考试大纲，组织监理工程师专业科目命审题工作。

（4）人力资源社会保障部负责审定监理工程师职业资格考试科目和考试大纲，负责监理工程师职业资格考试考务工作，并会同住房和城乡建设部、交通运输部、水利部对监理工程师职业资格考试工作进行指导、监督、检查。

（5）人力资源社会保障部会同住房和城乡建设部、交通运输部、水利部确定监理工程师职业资格考试合格标准。

（6）凡遵守中华人民共和国宪法、法律、法规，具有良好的业务素质和道德品行，具备下列条件之一者，可以申请参加监理工程师职业资格考试：

1）具有各工程大类专业大学专科学历（或高等职业教育），从事工程施工、监理、设计等业务工作满4年。

2）具有工学、管理科学与工程类专业大学本科学历或学位，从事工程施工、监理、设计等业务工作满3年。

3）具有工学、管理科学与工程一级学科硕士学位或专业学位，从事工程施工、监理、设计等业务工作满2年。

4）具有工学、管理科学与工程一级学科博士学位。

经批准同意开展试点的地区，申请参加监理工程师职业资格考试的，应当具有大学本科及以上学历或学位。

（7）监理工程师职业资格考试合格者，由各省、自治区、直辖市人力资源社会保障行政主管部门颁发中华人民共和国监理工程师职业资格证书（或电子证书）。该证书由人力资源社会保障部统一印制，住房和城乡建设部、交通运输部、水利部按专业类别分别与人力资源社会保障部用印，在全国范围内有效。

（8）各省、自治区、直辖市人力资源社会保障行政主管部门会同住房和城乡建设、交通运输、水利行政主管部门应加强学历、从业经历等监理工程师职业资格考试资格条件的审核。对以贿赂、欺骗等不正当手段取得监理工程师职业资格证书的，按照国家专业技术人员资格考试违纪违规行为处理规定进行处理。

（9）监理工程师职业资格考试设《建设工程监理基本理论和相关法规》《建设工程合同管理》《建设工程目标控制》《建设工程监理案例分析》4个科目。其中《建设工程监理基本理论和相关法规》《建设工程合同管理》为基础科目，《建设工程目标控制》《建设工程监理案例分析》为专业科目。

（10）监理工程师职业资格考试专业科目分为土木建筑工程、交通运输工程、水利工程3个专业类别，考生在报名时可根据实际工作需要选择。其中，土木建筑工程专业由住房和城乡建设部负责；交通运输工程专业由交通运输部负责；水利工程专业由水利部负责。

（11）监理工程师职业资格考试分4个半天进行。

（12）监理工程师职业资格考试成绩实行4年为一个周期的滚动管理办法，在连续的4个考试年度内通过全部考试科目，方可取得监理工程师职业资格证书。

（13）已取得监理工程师一种专业职业资格证书的人员，报名参加其他专业科目考试的，可免考基础科目。考试合格后，核发人力资源社会保障部门统一印制的相应专业考试合格证明。该证明作为注册时增加执业专业类别的依据。免考基础科目和增加专业类别的人员，专业科目成绩按照2年为一个周期滚动管理。

（14）具备以下条件之一的，参加监理工程师职业资格考试可免考基础科目：

1）已取得公路水运工程监理工程师资格证书。

2）已取得水利工程建设监理工程师资格证书。

申请免考部分科目的人员在报名时应提供相应材料。

（15）符合监理工程师职业资格考试报名条件的报考人员，按当地人事考试机构规定的程序和要求完成报名。参加考试的人员凭准考证和有效证件在指定的日期、时间和地点参加考试。

中央和国务院各部门所属单位、中央管理企业的人员按属地原则报名参加考试。

（16）考点原则上设在直辖市、自治区首府和省会城市的大、中专院校或者高考定点学校。

监理工程师职业资格考试原则上每年一次。

（17）坚持考试与培训分开的原则。凡参与考试工作（包括命题、审题与组织管理等）的人员，不得参加考试，也不得参加或者举办与考试内容相关的培训工作。应考人员参加培训坚持自愿原则。

（18）考试实施机构及其工作人员，应当严格执行国家人事考试工作人员纪律规定和考试工作的各项规章制度，遵守考试工作纪律，切实做好从考试试题的命制到使用等各环节的安全保密工作，严防泄密。

（19）对违反考试工作纪律和有关规定的人员，按照国家专业技术人员资格考试违纪违规行为处理规定处理。

（20）参加原监理工程师执业资格考试并在有效期内的合格成绩有效期顺延，按照 4 年为一个周期管理。《建设工程监理基本理论和相关法规》《建设工程合同管理》《建设工程质量、投资、进度控制》《建设工程监理案例分析》科目合格成绩分别对应《建设工程监理基本理论和相关法规》《建设工程合同管理》《建设工程目标控制》《建设工程监理案例分析》科目。

2.1.3.2　注册

（1）国家对监理工程师职业资格实行执业注册管理制度。取得监理工程师职业资格证书且从事工程监理及相关业务活动的人员，经注册方可以监理工程师名义执业。

（2）住房和城乡建设部、交通运输部、水利部按照职责分工，制定相应监理工程师注册管理办法并监督执行。

住房和城乡建设部、交通运输部、水利部按专业类别分别负责监理工程师注册及相关工作。

（3）经批准注册的申请人，由住房和城乡建设部、交通运输部、水利部分别核发《中华人民共和国监理工程师注册证》（或电子证书）。

（4）监理工程师执业时应持注册证书和执业印章。注册证书、执业印章样式以及注册证书编号规则由住房和城乡建设部会同交通运输部、水利部统一制定。执业印章由监理工程师按照统一规定自行制作。注册证书和执业印章由监理工程师本人保管和使用。

（5）住房和城乡建设部、交通运输部、水利部按照职责分工建立监理工程师注册管理信息平台，保持通用数据标准统一。住房和城乡建设部负责归集全国监理工程师注册信息，促进监理工程师注册、执业和信用信息互通共享。

（6）住房和城乡建设部、交通运输部、水利部负责建立完善监理工程师的注册和退出机制，对以不正当手段取得注册证书等违法违规行为，依照注册管理的有关规定撤销其注册证书。

（7）申请注册监理工程师初始注册、延续注册、变更注册、注销注册和注册执业证书遗失破损补办等，按以下要求办理。

1）注册申请表及网上申报要求。

申请注册的申请表分为《中华人民共和国注册监理工程师初始注册申请表》、《中华人民共和国注册监理工程师延续注册申请表》、《中华人民共和国注册监理工程师变更注册申请表》、《中华人民共和国注册监理工程师注销注册申请表》和《中华人民共和国注册监理工程师注册执业证书遗失破损补办申请表》。申请人可进入中华人民共和国住房和城乡建设部网站（www.mohurd.gov.cn），登录“注册监理工程师管理系统”，填写以上申请表，并上报扫描件和电子文档。

2）申报材料要求。

a.初始注册。

取得中华人民共和国监理工程师执业资格证书的申请人，应自证书签发之日起 3 年内提出初始注册申请。逾期未申请者，须符合近 3 年继续教育要求后方可申请初始注册。申请初始注册需在网上提交下列材料：

(a) 本人填写的《中华人民共和国注册监理工程师初始注册申请表》。

(b) 由申请人及聘用单位的代表人分别对申请人社保真实性有效性签字承诺。

(c) 本人近期一寸彩色免冠证件照扫描件。

b. 延续注册。

注册监理工程师注册有效期为3年，注册期满需继续执业的，应符合继续教育要求并在注册有效期届满30日前申请延续注册。在注册有效期届满30日前未提出延续注册申请的，在有效期满后，其注册执业证书和执业印章自动失效，需继续执业的，应重新申请初始注册。

申请延续注册需在网上提交下列材料：

(a) 本人填写的《中华人民共和国注册监理工程师延续注册申请表》。

(b) 由申请人及聘用单位的代表人分别对申请人社保真实性有效性签字承诺。

c. 变更注册。

注册监理工程师在注册有效期内，需要变更执业单位、注册专业等注册内容的，应申请变更注册。

申请办理变更注册手续的，变更注册后仍延续原注册有效期。申请变更注册需在网上提交下列材料：

(a) 本人填写的《中华人民共和国注册监理工程师变更注册申请表》。

(b) 由申请人及聘用单位的代表人分别对申请人社保真实性有效性签字承诺。

(c) 在注册有效期内，变更执业单位的，申请人应提供工作调动证明扫描件（与原聘用单位终止或解除聘用劳动合同的证明文件，或由劳动仲裁机构出具的解除劳动关系的劳动仲裁文件）。

(d) 在注册有效期内，因所在聘用单位名称发生变更的，应在聘用单位名称变更后30日内按变更注册规定办理变更注册手续，并提供聘用单位新名称的营业执照、工商核准通知书扫描件。

d. 注销注册。

按照《注册监理工程师管理规定》要求，注册监理工程师本人和聘用单位需要申请注销注册的，须填写并网上提交《中华人民共和国注册监理工程师注销注册申请表》电子数据，由聘用单位将相应电子文档通过网上报送给省级注册管理机构。被依法注销注册者，当具备初始注册条件，并符合近3年的继续教育要求后，可重新申请初始注册。

e. 注册执业证书遗失破损补办。

因注册执业证书遗失、破损等原因，需补办注册执业证书的，须填写并网上提交《中华人民共和国注册监理工程师注册执业证书遗失破损补办申请表》电子数据和遗失声明扫描件，由聘用单位将相应电子文档通过网上报送给省级注册管理机构。

3) 注册审批程序。

a. 申请人填写注册申请表并打印，签字后将申报材料和相应电子文档交聘用单位。

b. 聘用单位在注册申请表上签署意见并加盖单位印章后，将申请人的申报材料电子版和相应电子文档通过网上报送给省级注册管理机构，同时将申请人纸质申请表和近期一寸彩色免冠证件照报送给省级注册管理机构。

c. 省级注册管理机构在网上接收申请注册材料后，应当在 5 日内将全部申请材料通过网上报送住房和城乡建设部，同时将纸质申请表和照片报送住房和城乡建设部。

对申请注册的材料，省级注册管理机构应进入中华人民共和国住房和城乡建设部网站，登录“注册监理工程师管理系统”，使用管理版进行接收，形成《申请注册监理工程师初始、延续、变更注册汇总表》后上报。

d. 住房和城乡建设部收到省级注册管理机构上报的注册申报材料后，对申请初始注册的，住房和城乡建设部应当自受理申请之日起 20 日内审批完毕并作出书面决定。对申请变更注册、延续注册的，住房和城乡建设部应当自受理申请之日起 10 日内审批完毕并作出书面决定。

申请材料不齐全或者不符合法定形式的，应当在 5 日内一次性告知申请人需要补正的全部内容，待补正材料或补办手续后，按程序重新办理。逾期不告知的，自收到申请材料之日起即为受理。

对准予初始注册的人员，由住房和城乡建设部核发注册执业证书，并核定执业印章编号（注册号）。对准予变更注册、延续注册的人员，核发变更、延续贴条，并核定执业印章编号（注册号）。

e. 各省级注册管理机构负责收回注销注册和破损补办未到注册有效期的注册监理工程师注册执业证书和执业印章，交住房和城乡建设部销毁。

4）其他

a.《中华人民共和国注册监理工程师注册执业证书》由住房和城乡建设部统一制作，执业印章由申请人按照统一格式自行制作。

b. 注册监理工程师与原聘用单位解除劳动关系后申请变更执业单位，原聘用单位有义务协助完成变更手续。若未解除劳动关系或发生劳动纠纷的，应待解除劳动关系或劳动纠纷解决后，申请办理变更手续。

c. 军队系统取得监理工程师执业资格人员申请注册，由中央军委后勤保障部军事设施建设局按照省级注册管理机构的职责，接收申请注册申报材料后，报住房和城乡建设部审批。

2.1.3.3　执业

（1）监理工程师在工作中，必须遵纪守法，恪守职业道德和从业规范，诚信执业，主动接受有关部门的监督检查，加强行业自律。

（2）住房和城乡建设部、交通运输部、水利部按照职责分工建立健全监理工程师诚信体系，制定相关规章制度或从业标准规范，并指导监督信用评价工作。

（3）监理工程师不得同时受聘于两个或两个以上单位执业，不得允许他人以本人名义执业，严禁“证书挂靠”。出租出借注册证书的，依据相关法律法规进行处罚；构成犯罪的，依法追究刑事责任。

（4）监理工程师依据职责开展工作，在本人执业活动中形成的工程监理文件上签章，并承担相应责任。监理工程师的具体执业范围由住房和城乡建设部、交通运输部、水利部按照职责另行制定。

（5）监理工程师未执行法律、法规和工程建设强制性标准实施监理，造成质量安全事故的，依据相关法律法规进行处罚；构成犯罪的，依法追究刑事责任。

（6）取得监理工程师注册证书的人员，应当按照国家专业技术人员继续教育的有关规定接受继续教育，更新专业知识，提高业务水平。

2.1.3.4 继续教育

（1）注册监理工程师在每一注册有效期内应当达到国务院建设主管部门规定的继续教育要求。继续教育作为注册监理工程师逾期初始注册、延续注册和重新申请注册的条件之一。

（2）继续教育分为必修课和选修课，在每一注册有效期内各为48学时。

2.1.3.5 权利和义务

（1）注册监理工程师享有下列权利：

1）使用注册监理工程师称谓。

2）在规定范围内从事执业活动。

3）依据本人能力从事相应的执业活动。

4）保管和使用本人的注册证书和执业印章。

5）对本人执业活动进行解释和辩护。

6）接受继续教育。

7）获得相应的劳动报酬。

8）对侵犯本人权利的行为进行申诉。

（2）注册监理工程师应当履行下列义务：

1）遵守法律、法规和有关管理规定。

2）履行管理职责，执行技术标准、规范和规程。

3）保证执业活动成果的质量，并承担相应责任。

4）接受继续教育，努力提高执业水准。

5）在本人执业活动所形成的工程监理文件上签字、加盖执业印章。

6）保守在执业中知悉的国家秘密和他人的商业、技术秘密。

7）不得涂改、倒卖、出租、出借或者以其他形式非法转让注册证书或者执业印章。

8）不得同时在两个或者两个以上单位受聘或者执业。

9）在规定的执业范围和聘用单位业务范围内从事执业活动。

10）协助注册管理机构完成相关工作。

2.1.3.6 法律责任

（1）隐瞒有关情况或者提供虚假材料申请注册的，建设主管部门不予受理或者不予注册，并给予警告，1年之内不得再次申请注册。

（2）以欺骗、贿赂等不正当手段取得注册证书的，由国务院建设主管部门撤销其注册，3 年内不得再次申请注册，并由县级以上地方人民政府建设主管部门处以罚款，其中没有违法所得的，处以 1 万元以下罚款；有违法所得的，处以违法所得 3 倍以下且不超过 3 万元的罚款；构成犯罪的，依法追究刑事责任。

（3）违反本规定，未经注册，擅自以注册监理工程师的名义从事工程监理及相关业务活动的，由县级以上地方人民政府建设主管部门给予警告，责令停止违法行为，处以 3 万元以下罚款；造成损失的，依法承担赔偿责任。

（4）违反本规定，未办理变更注册仍执业的，由县级以上地方人民政府建设主管部门给予警告，责令限期改正；逾期不改的，可处以 5000 元以下的罚款。

（5）注册监理工程师在执业活动中有下列行为之一的，由县级以上地方人民政府建设主管部门给予警告，责令其改正，没有违法所得的，处以 1 万元以下罚款，有违法所得的，处以违法所得 3 倍以下且不超过 3 万元的罚款；造成损失的，依法承担赔偿责任；构成犯罪的，依法追究刑事责任：

1）以个人名义承接业务的。

2）涂改、倒卖、出租、出借或者以其他形式非法转让注册证书或者执业印章的。

3）泄露执业中应当保守的秘密并造成严重后果的。

4）超出规定执业范围或者聘用单位业务范围从事执业活动的。

5）弄虚作假提供执业活动成果的。

6）同时受聘于两个或者两个以上的单位，从事执业活动的。

7）其他违反法律、法规、规章的行为。

（6）有下列情形之一的，国务院建设主管部门依据职权或者根据利害关系人的请求，可以撤销监理工程师注册：

1）工作人员滥用职权、玩忽职守颁发注册证书和执业印章的。

2）超越法定职权颁发注册证书和执业印章的。

3）违反法定程序颁发注册证书和执业印章的。

4）对不符合法定条件的申请人颁发注册证书和执业印章的。

5）依法可以撤销注册的其他情形。

（7）县级以上人民政府建设主管部门的工作人员，在注册监理工程师管理工作中，有下列情形之一的，依法给予处分；构成犯罪的，依法追究刑事责任：

1）对不符合法定条件的申请人颁发注册证书和执业印章的。

2）对符合法定条件的申请人不予颁发注册证书和执业印章的。

3）对符合法定条件的申请人未在法定期限内颁发注册证书和执业印章的。

4）对符合法定条件的申请不予受理或者未在法定期限内初审完毕的。

5）利用职务上的便利，收受他人财物或者其他好处的。

6）不依法履行监督管理职责，或者发现违法行为不予查处的。

2.1.4　监理人员岗位职责

2.1.4.1　总监理工程师的职责

（1）总监理工程师应履行以下职责：

1）确定项目监理机构人员及其岗位职责。

2）组织编制监理规划，审批监理实施细则。

3）根据工程进展及监理工作情况调配监理人员，检查监理人员工作。

4）组织召开监理例会。

5）组织审核分包单位资格。

6）组织审查施工组织设计、（专项）施工方案。

7）审查工程开复工报审表，签发工程开工令、暂停令和复工令。

8）组织检查施工单位现场质量、安全生产管理体系的建立及运行情况。

9）组织审核施工单位的付款申请，签发工程款支付证书，组织审核竣工结算。

10）组织审查和处理工程变更。

11）调解建设单位与施工单位的合同争议，处理工程索赔。

12）组织验收分部工程，组织审查单位工程质量检验资料。

13）审核施工单位的竣工申请，组织工程竣工预验收，组织编写工程质量评估报告，参与工程竣工验收。

14）参与或配合工程质量安全事故的调查和处理。

15）组织编写监理月报、监理工作总结、组织整理监理文件资料。

（2）总监理工程师不得将下列工作委托给总监理工程师代表：

1）组织编制监理规划，审批监理实施细则。

2）根据工程进展及监理工作情况调配监理人员。

3）组织审查施工组织设计、（专项）施工方案。

4）签发工程开工令、暂停令和复工令。

5）签发工程款支付证书，组织审核竣工结算。

6）调解建设单位与施工单位的合同争议，处理工程索赔。

7）审查施工单位的竣工申请，组织工程竣工预验收，组织编写工程质量评估报告，参与工程竣工验收。

8）参与或配合工程质量安全事故的调查和处理。

2.1.4.2 专业监理工程师岗位职责

（1）参与编制监理规划，负责编制监理实施细则。

（2）审查施工单位提交的涉及本专业的报审文件，并向总监理工程师报告。

（3）参与审核分包单位资格。

（4）指导、检查监理员工作，定期向总监理工程师报告本专业监理工作实施情况。

（5）检查进场的工程材料、构配件、设备的质量。

（6）验收检验批、隐蔽工程、分项工程，参与验收分部工程。

（7）处置发现的质量问题和安全事故隐患。

（8）进行工程计量。

（9）参与工程变更的审查和处理。

（10）组织编写监理日志，参与编写监理月报。

（11）收集、汇总、参与整理监理文件资料。

（12）参与工程竣工预验收和竣工验收。

2.1.4.3　监理员的岗位职责

（1）检查施工单位投入工程的人力、主要设备的使用及运行状况。

（2）进行见证取样。

（3）复核工程计量有关数据。

（4）检查工序施工结果。

（5）发现施工作业中的问题，及时指出并向专业监理工程师报告。

2.2　工程监理企业

工程监理企业是指依法成立并取得建设主管部门颁发的工程监理企业资质证书，从事建设工程监理与相关服务活动的机构。

工程监理企业应始终坚持以人民为中心，牢固树立新发展理念，以建筑业供给侧结构性改革为主线，推动建筑业高质量发展。以依法监理、高效服务为原则，创新和完善工程监理机制，提升施工现场监理水平，保障工程质量安全和投资效益。

2.2.1　工程监理企业组织形式

根据《中华人民共和国公司法》（2018 修正）（以下简称《公司法》），公司制工程监理企业主要有两种形式：有限责任公司和股份有限公司。

2.2.1.1　有限责任公司

1. 公司设立条件

有限责任公司由 50 个以下股东出资设立，应当具备下列条件：

（1）股东符合法定人数。

（2）有符合公司章程规定的全体股东认缴的出资额。

（3）股东共同制定公司章程。

（4）有公司名称，建立符合有限责任公司要求的组织机构。

（5）有公司住所。

2. 公司注册资本

有限责任公司的注册资本为在公司登记机关登记的全体股东认缴的出资额。

法律、行政法规以及国务院决定对有限责任公司注册资本实缴、注册资本最低限额另有规定的，从其规定。

3. 公司组织机构

（1）股东会。有限责任公司股东由全体股东组成。股东会是公司的权力机构，依照《公司法》行使职权。

（2）董事会。有限责任公司设董事会，其成员为 3～13 人；但是，股东人数较少或者规模较小的有限责任公司，可以设一名执行董事，不设董事会。执行董事可以兼任公司经理。

（3）经理。有限责任公司可以设经理，由董事会决定聘任或者解聘。经理对董事会负责，行使公司管理职权。

（4）监事会。有限责任公司设立监事会，其成员不得少于3人。股东人数较少或者规模较小的有限责任公司，可以设1～2名监事，不设监理会。

2.2.1.2 股份有限公司

股份有限公司的设立，可以采取发起设立或者募集设立的方式。发起设立是指由发起人认购公司应发行的全部股份而设立的公司。募集设立是指由发起人认购公司应发行股份的一部分，其余股份向社会公开募集或者向特定对象募集而设立公司。

1. 公司设立条件

设立股份有限公司，应当有2人以上200人以下为发起人，其中须有半数以上的发起人在中国境内有住所。设立股份有限公司，应当具备下列条件：

（1）发起人符合法定人数。

（2）有符合公司章程规定的全体发起人认购的股本总额或者募集的实收股本总额。

（3）股份发行、筹办事项符合法律规定。

（4）发起人制订公司章程，采用募集方式设立的经创立大会通过。

（5）有公司名称，建立符合股份有限公司要求的组织机构。

（6）有公司住所。

2. 公司注册资本

股份有限公司采取发起设立方式设立的，注册资本为在公司登记机关登记的全体发起人认购的股本总额。在发起人认购的股份缴足前，不得向他人募集股份。股份有限公司采取募集方式设立的，注册资本为在公司登记机关登记的实收股本总额。法律、行政法规以及国务院决定对股份有限公司注册资本实缴、注册资本最低限额另有规定的，从其规定。

3. 公司组织机构

（1）股东大会。股份有限公司股东大会由全体股东组成。股东大会是公司的权力机构，依照《公司法》行使职权。

（2）董事会。股份有限公司设董事会，其成员为5～19人。董事会成员中可以有公司职工代表。董事会中的职工代表由公司职工通过职工代表大会、职工大会或者其他形式民主选举产生。

（3）经理。股份有限公司设经理，由董事会决定聘任或者解聘。公司董事会可以决定由董事会成员兼任经理。

（4）监事会。股份有限公司设监事会，其成员不得少于3人。

（5）上市公司组织机构有特别规定。上市公司设独立的董事和董事会秘书。

2.2.2 工程监理企业的资质等级

工程监理企业资质分为综合资质、专业资质。专业资质按照工程性质和技术特点划分为若干工程类别。

综合资质不分级别。专业资质分为甲级、乙级，其中，房屋建筑、水利水电、公路和市政公用专业资质可设立丙级。

2.1 《工程监理企业资质管理规定》

2.2.2.1　工程监理企业的资质等级标准

（1）具有独立法人资格且具有符合国家有关规定的资产。

（2）企业技术负责人应为注册监理工程师，并具有 15 年及以上从事工程建设工作的经历或者具有工程类高级职称。

（3）具有 5 个及以上工程类别的专业甲级工程监理资质。

（4）注册监理工程师不少于 60 人，注册造价工程师不少于 5 人，一级注册建造师、一级注册建筑师、一级注册结构工程师或者其他勘察设计注册工程师合计不少于 15 人次。

（5）企业具有完善的组织结构和质量管理体系，有健全的技术、档案等管理制度。

（6）企业具有必要的工程试验检测设备。

（7）申请工程监理资质之日前一年内没有《工程监理企业资质管理规定》第十六条禁止的行为。

（8）申请工程监理资质之日前一年内没有因本企业监理责任造成重大质量事故。

（9）申请工程监理资质之日前一年内没有因本企业监理责任发生三级以上工程建设重大安全事故或者发生两起以上四级工程建设安全事故。

2.2.2.2　专业资质标准

1. 甲级

（1）具有独立法人资格且具有符合国家有关规定的资产。

（2）企业技术负责人应为注册监理工程师，并具有 15 年及以上从事工程建设工作的经历或者具有工程类高级职称。

（3）注册监理工程师、注册造价工程师、一级注册建造师、一级注册建筑师、一级注册结构工程师或者其他勘察设计注册工程师合计不少于 25 人次；其中，相应专业注册监理工程师不少于《专业资质注册监理工程师人数配备表》（表 2.1）中要求配备的人数，注册造价工程师不少于 2 人。

（4）企业近 2 年内独立监理过 3 个以上相应专业的二级工程项目，但是，具有甲级设计资质或一级及以上施工总承包资质的企业申请本专业工程类别甲级资质的除外。

（5）企业具有完善的组织结构和质量管理体系，有健全的技术、档案等管理制度。

（6）企业具有必要的工程试验检测设备。

（7）申请工程监理资质之日前一年内没有《工程监理企业资质管理规定》第十六条禁止的行为。

（8）申请工程监理资质之日前一年内没有因本企业监理责任造成重大质量事故。

（9）申请工程监理资质之日前一年内没有因本企业监理责任发生三级以上工程建设重大安全事故或者发生两起以上四级工程建设安全事故。

2. 乙级

(1) 具有独立法人资格且具有符合国家有关规定的资产。

(2) 企业技术负责人应为注册监理工程师，并具有10年及以上从事工程建设工作的经历。

(3) 注册监理工程师、注册造价工程师、一级注册建造师、一级注册建筑师、一级注册结构工程师或者其他勘察设计注册工程师合计不少于15人次。其中，相应专业注册监理工程师不少于《专业资质注册监理工程师人数配备表》(表2.1) 中要求配备的人数，注册造价工程师不少于1人。

(4) 有较完善的组织结构和质量管理体系，有技术、档案等管理制度。

(5) 有必要的工程试验检测设备。

(6) 申请工程监理资质之日前一年内没有《工程监理企业资质管理规定》第十六条禁止的行为。

(7) 申请工程监理资质之日前一年内没有因本企业监理责任造成重大质量事故。

(8) 申请工程监理资质之日前一年内没有因本企业监理责任发生三级以上工程建设重大安全事故或者发生两起以上四级工程建设安全事故。

3. 丙级

(1) 具有独立法人资格且具有符合国家有关规定的资产。

(2) 企业技术负责人应为注册监理工程师，并具有8年及以上从事工程建设工作的经历。

(3) 相应专业的注册监理工程师不少于《专业资质注册监理工程师人数配备表》(表2.1) 中要求配备的人数。

(4) 有必要的质量管理体系和规章制度。

(5) 有必要的工程试验检测设备。

表2.1　专业资质注册监理工程师人数配备表　单位：人

序号	工程类别	甲级	乙级	丙级
1	房屋建筑工程	15	10	5
2	冶炼工程	15	10	
3	矿山工程	20	12	
4	化工石油工程	15	10	
5	水利水电工程	20	12	5
6	电力工程	15	10	
7	农林工程	15	10	
8	铁路工程	23	14	
9	公路工程	20	12	5
10	港口与航道工程	20	12	
11	航天航空工程	20	12	

续表

序号	工程类别	甲级	乙级	丙级
12	通信工程	20	12	
13	市政公用工程	15	10	5
14	机电安装工程	15	10	

注　表中各专业资质注册监理工程师人数配备是指企业取得本专业工程类别注册的注册监理工程师人数。

2.2.3　工程监理企业资质相应许可的业务范围

2.2.3.1　综合资质

可以承担所有专业工程类别建设工程项目的工程监理业务。

2.2.3.2　专业资质

（1）专业甲级资质：可承担相应专业工程类别建设工程项目的工程监理业务。

（2）专业乙级资质：可承担相应专业工程类别二级以下（含二级）建设工程项目的工程监理业务。

（3）专业丙级资质：可承担相应专业工程类别三级建设工程项目的工程监理业务。

2.2.4　工程资质申请和审批

（1）申请综合资质、专业甲级资质的，可以向企业工商注册所在地的省、自治区、直辖市人民政府住房和城乡建设主管部门提交申请材料。

省、自治区、直辖市人民政府住房和城乡建设主管部门收到申请材料后，应当在5日内将全部申请材料报审批部门。

国务院住房和城乡建设主管部门在收到申请材料后，应当依法作出是否受理的决定，并出具凭证；申请材料不齐全或者不符合法定形式的，应当在5日内一次性告知申请人需要补正的全部内容。逾期不告知的，自收到申请材料之日起即为受理。

国务院住房和城乡建设主管部门应当自受理之日起20日内作出审批决定。自作出决定之日起10日内公告审批结果。其中，涉及铁路、交通、水利、通信、民航等专业工程监理资质的，由国务院住房和城乡建设主管部门送国务院有关部门审核。国务院有关部门应当在15日内审核完毕，并将审核意见报国务院住房和城乡建设主管部门。

组织专家评审所需时间不计算在上述时限内，但应当明确告知申请人。

（2）《住房和城乡建设部办公厅关于进一步做好建设工程企业资质告知承诺制审批有关工作的通知》（建办市〔2020〕59号）规定从2021年1月1日起，在全国范围内对房屋建筑工程、市政公用工程监理甲级资质实行告知承诺制审批，建筑工程、市政公用工程施工总承包一级资质继续实行告知承诺制审批，涉及上述资质的重新核定事项不实行告知承诺制审批。实施建设工程企业资质审批权限下放试点的地区，上述企业资质审批方式由相关省级住房和城乡建设主管部门自行确定。

（3）告知承诺制审批流程：

1）申请。企业通过建设工程企业资质申报软件或本地省级住房和城乡建设主管部门资质申报系统，按要求填报企业资质申请信息生成电子数据包（须包含企业法定代表人承诺书），由省级住房和城乡建设主管部门上传至住房和城乡建设部企业资质审批系统。

2）受理。住房城乡和建设部行政审批集中受理办公室通过资质审批系统在线受理企业告知承诺申请事项，并出具受理凭证。

3）公示。企业告知承诺申请事项及填报的人员、业绩项目等信息在住房和城乡建设部门户网站公示，接受监督，公示期为10个工作日。

4）审批。住房城乡和建设部依据企业填报的资质申请信息和全国建筑市场监管公共服务平台人员、项目信息进行审批。

5）公告。对企业填报信息符合资质标准要求且在公示期内未被举报的企业，住房和城乡建设部按规定办理资质核准公告。

6）核查。对企业申报业绩项目通过遥感卫星照片比对、组织实地核查、委托省级住房和城乡建设主管部门抽查等方式进行核查。

（4）专业乙级、丙级资质由企业所在地省、自治区、直辖市人民政府住房和城乡建设主管部门审批。

专业乙级、丙级资质和事务所资质许可。延续的实施程序由省、自治区、直辖市人民政府住房和城乡建设主管部门依法确定。

省、自治区、直辖市人民政府住房和城乡建设主管部门应当自作出决定之日起10日内，将准予资质许可的决定报国务院住房和城乡建设主管部门备案。

（5）工程监理企业资质证书分为正本和副本，每套资质证书包括一本正本，四本副本。正、副本具有同等法律效力。

工程监理企业资质证书的有效期为5年。

工程监理企业资质证书由国务院住房城乡建设主管部门统一印制并发放。

（6）企业申请工程监理企业资质，在资质许可机关的网站或审批平台提出申请事项，提交专业技术人员、技术装备和已完成业绩等电子材料。

（7）资质有效期届满，工程监理企业需要继续从事工程监理活动的，应当在资质证书有效期届满60日前，向原资质许可机关申请办理延续手续。

对在资质有效期内遵守有关法律、法规、规章、技术标准，信用档案中无不良记录，且专业技术人员满足资质标准要求的企业，经资质许可机关同意，有效期延续5年。

（8）工程监理企业在资质证书有效期内名称、地址、注册资本、法定代表人等发生变更的，应当在工商行政管理部门办理变更手续后30日内办理资质证书变更手续。

涉及综合资质、专业甲级资质证书中企业名称变更的，由国务院住房和城乡建设主管部门负责办理，并自受理申请之日起3日内办理变更手续。

前款规定以外的资质证书变更手续，由省、自治区、直辖市人民政府住房和城乡建设主管部门负责办理。省、自治区、直辖市人民政府住房和城乡建设主管部门应当自受理申请之日起 3 日内办理变更手续，并在办理资质证书变更手续后 15 日内将变更结果报国务院住房和城乡建设主管部门备案。

（9）申请资质证书变更，应当提交以下材料：

1）资质证书变更的申请报告。

2）企业法人营业执照副本原件。

3）工程监理企业资质证书正、副本原件。

工程监理企业改制的，除前款规定材料外，还应当提交企业职工代表大会或股东大会关于企业改制或股权变更的决议、企业上级主管部门关于企业申请改制的批复文件。

（10）工程监理企业不得有下列行为：

1）与建设单位串通投标或者与其他工程监理企业串通投标，以行贿手段谋取中标。

2）与建设单位或者施工单位串通弄虚作假、降低工程质量。

3）将不合格的建设工程、建筑材料、建筑构配件和设备按照合格签字。

4）超越本企业资质等级或以其他企业名义承揽监理业务。

5）允许其他单位或个人以本企业的名义承揽工程。

6）将承揽的监理业务转包。

7）在监理过程中实施商业贿赂。

8）涂改、伪造、出借、转让工程监理企业资质证书。

9）其他违反法律法规的行为。

（11）工程监理企业合并的，合并后存续或者新设立的工程监理企业可以承继合并前各方中较高的资质等级，但应当符合相应的资质等级条件。

工程监理企业分立的，分立后企业的资质等级，根据实际达到的资质条件，按照《工程监理企业资质管理规定》的审批程序核定。

（12）企业需增补工程监理企业资质证书的（含增加、更换、遗失补办），应当持资质证书增补申请及电子文档等材料向资质许可机关申请办理。遗失资质证书的，在申请补办前应当在公众媒体刊登遗失声明。资质许可机关应当自受理申请之日起 3 日内予以办理。

2.2.5　工程监理企业经营活动基本准则

工程监理企业从事建设工程监理活动，应当遵循“守法、诚信、公正、科学”的准则。

2.2.5.1　守法

守法，即遵守国家的法律法规。对于工程监理企业来说，守法即是要依法经营，主要体现在：

（1）工程监理企业只能在核定的业务范围内开展经营活动。

工程监理企业的业务范围，是指填写在资质证书中、经工程监理资质管理部门审查确认的主项资质和增项资质。核定的业务范围包括两方面：一是监理业务的工程类别；二是承接监理工程的等级。

（2）工程监理企业不得伪造、涂改、出租、出借、转让、出卖《资质等级证书》。

（3）建设工程监理合同一经双方签订，即具有法律约束力，工程监理企业应按照合同的约定认真履行，不得无故或故意违背自己的承诺。

（4）工程监理企业离开原住所地承接监理业务，要自觉遵守当地人民政府颁发的监理法规和有关规定，主动向监理工程所在地的省、自治区、直辖市建设行政主管部门备案登记，接受其指导和监督管理。

（5）遵守国家关于企业法人的其他法律、法规的规定。

2.2.5.2 诚信

诚信，即诚实守信用。这是道德规范在市场经济中的体现。它要求一切市场参加者在不损害他人利益和社会公共利益的前提下，追求自己的利益，目的是在当事人之间的利益关系和当事人与社会之间的利益关系中实现平衡，并维护市场道德秩序。诚信原则的主要作用在于指导当事人以善意的心态、诚信的态度行使民事权利，承担民事义务，正确地从事民事活动。

加强企业信用管理，提高企业信用水平，是完善我国工程监理制度的重要保证。企业信用的实质是解决经济活动中经济主体之间的利益关系。它是企业经营理念、经营责任和经营文化的集中体现。信用是企业的一种无形资产，良好的信用能为企业带来巨大效益。我国是世界贸易组织的成员，信用将成为我国企业走出去，进入国际市场的身份证。它是能给企业带来长期经济效益的特殊资本。监理企业应当树立良好的信用意识，使企业成为讲道德、讲信用的市场主体。

工程监理企业应当建立健全企业的信用管理制度。信用管理制度主要有：①建立健全合同管理制度；②建立健全与业主的合作制度，及时进行信息沟通，增强相互间的信任感；③建立健全监理服务需求调查制度，这也是企业进行有效竞争和防范经营风险的重要手段之一；④建立企业内部信用管理责任制度，及时检查和评估企业信用的实施情况，不断提高企业信用管理水平。

2.2.5.3 公正

公正，是指工程监理企业在监理活动中既要维护业主的利益，又不能损害承包商的合法利益，并依据合同公平合理地处理业主与承包商之间的争议。工程监理企业要做到公正，必须做到以下几点：

（1）要具有良好的职业道德。

（2）要坚持实事求是。

（3）要熟悉有关建设工程合同条款。

（4）要提高专业技术能力。

（5）要提高综合分析判断问题的能力。

2.2.5.4 科学

科学，是指工程监理企业要依据科学的方案，运用科学的手段，采取科学的方法开展监理工作。工程监理工作结束后，还要进行科学的总结。实施科学化管理主要体现在如下几方面。

1. 科学的方案

工程监理的方案主要是指监理规划。其内容包括：工程监理的组织计划，监理工作的程序，各专业、各阶段监理工作内容，工程的关键部位或可能出现的重大问题的监理措施等。在实施监理前，要尽可能准确地预测出各种可能的问题，有针对性地拟定解决办法，制定出切实可行、行之有效的监理实施细则，使各项监理活动都纳入计划管理的轨道。

2. 科学的手段

实施工程监理必须借助于先进的科学仪器才能做好监理工作，如各种检测、试验、化验仪器、摄录像设备及计算机等。

3. 科学的方法

监理工作的科学方法主要体现在监理人员在掌握大量的、确凿的有关监理对象及其外部环境实际情况的基础上，适时、妥帖、高效地处理有关问题，解决问题要用事实说话、用书面文字说话、用数据说话；要开发、利用计算机软件辅助工程监理。

2.2.6 建设工程监理招标投标

2.2.6.1 监理业务取得的基本方式

2.2 ℗
《必须招标的工程项目规定》

建设工程监理与相关服务可以由建设单位直接委托，也可以通过招标方式委托。但是法律法规规定招标的，建设单位必须通过招标方式委托。因此，建设工程监理招投标是建设单位委托监理与相关服务工作和工程监理单位承揽监理与相关服务工作的主要方式。

2.2.6.2 建设工程监理招标方式和程序

1. 建设工程监理招标方式

建设工程监理招标可分为公开招标和邀请招标两种方式。建设单位应根据法律法规、工程项目特点、工程监理单位的选择空间及工程实施的急迫程度等因素合理选择招标方式，并按规定程序向招投标监督管理部门办理相关招标手续，接受相应的监督管理。

公开招标是指建设单位以招标公告的方式邀请不特定工程监理单位参加投标，向其发售监理招标文件，按照招标文件规定的评标方法、标准，从符合投标资格要求的投标人中优选中标人，并与中标人签订建设工程监理合同的过程。国有资金占控股或者主导地位等依法必须进行监理招标的项目，应当采用公开招标方式委托监理任务。公开招标属于非限制性竞争招标。

邀请招标是指建设单位以投标邀请书方式邀请特定工程监理单位参加投标，向其发售招标文件，按照招标文件规定的评标方法、标准，从符合投标资格要求的投标人中优选中标人，并与中标人签订建设工程监理合同的过程。邀请招标属于有限竞争性招标，也称为选择性招标。

2. 建设工程监理招标程序

建设工程监理招标一般包括招标准备，发出招标公告或投标邀请书，组织资格审查，编制和发售招标文件，组织现场踏勘，召开投标预备会，编制和递交投标文件，开标、评标和定标，签订建设工程监理合同等程序。

2.2.6.3 建设工程监理投标工作内容和策略

1. 建设工程监理投标工作内容

工程监理单位的投标工作内容包括投标决策、投标策划、投标文件编制、参加开标及答辩、投标后评估等内容。

(1) 建设工程监理投标决策。所谓投标决策，主要包括两方面内容：一是决定是否参与竞标；二是如果参加投标，应采取什么样的投标策略。投标决策的正确与否，关系到工程监理单位能否中标及中标后的经济效益。

(2) 建设工程监理投标策划。建设工程监理投标策划是指从总体上规划建设工程监理投标活动的目标、组织、任务分工等，通过严格的管理过程，提高投标效率和效果。

(3) 编制建设工程监理投标文件。建设工程监理投标文件反映了工程监理单位的综合实力和完成监理任务的能力，是招标人选择工程监理单位的主要依据之一。投标文件编制质量的高低，直接关系到中标可能性的大小，因此，如何编制好建设工程监理投标文件是工程监理单位投标的首要任务。

(4) 参加开标及答辩。参加开标是工程监理单位需要认真准备的投标活动，应按时参加开标，避免废标情况。工程监理单位要充分做好答辩前准备工作，包括仪容仪表、自信心、表达力、知识储备、对项目的了解程度等，答辩时沉着应对。

(5) 投标后评估。投标后评估是对投标全过程的分析和总结。投标后评估要全面评价投标决策是否正确，影响因素和环境条件是否分析全面，重难点和合理化建议是否有针对性，总监理工程师及项目监理机构成员人数、资历及组织机构设置是否合理，投标报价预测是否准确，参加开标和总监理工程师答辩准备是否充分，投标过程组织是否到位等。

2. 建设工程监理投标策略

(1) 深入分析影响监理投标的因素。深入分析影响投标的因素是制定投标策略的前提。可将能影响投标决策的因素大致分为“正常因素”和“非正常因素”两大类。其中，“非正常因素”主要指受各种人为因素影响而出现的“假招标”“权力标”“陪标”“低价抢标”等，这均属于违法行为，应予以禁止。对于正常因素，主要包括分析建设单位、分析投标人自身、分析竞争对手、分析环境和条件。

(2) 把握和深刻理解招标文件精神。把握和深刻理解招标文件精神是制定投标策略的基础。工程监理单位必须详细研究招标文件，吃透其精神，才能在编制投标文件中全面、最大限度、实质性地响应招标文件的要求。

(3) 有条件的情况下，组织制作标书人员（最好总监参与监理大纲的编制）进行现场勘探、熟悉图纸，这样制作出的标书内容全面、重点突出、针对性强。

(4) 选择有针对性的监理投标策略。由于招标内容不同、投标人不同，所采取的投标策略也不相同，投标人可根据实际情况选择以下一种或几种：以信誉和口碑取胜，以缩短工期等承诺取胜，以附加服务取胜，适应长远发展的策略等。

（5）充分重视项目监理机构的合理设置。招标人特别注重项目监理机构的设置和人员配备情况。工程监理单位必须选派与工程要求相适应的总监理工程师，配备专业齐全、结构合理的现场监理人员。

（6）重视提出合理化建议。投标人可就工程监理工作提出合理化建议。招标人往往会比较关心投标人此部分内容，借此了解投标人的专业技术能力、管理水平以及投标人对工程的熟悉程度和关注程度等，从而提升招标人对工程监理单位承担和完成监理任务的信心。

（7）有效地组织项目监理团队答辩。项目监理团队答辩的关键是总监理工程师的答辩，而总监理工程师是否成功答辩已成为招标人和评标委员会选择工程监理单位的重要依据。因此，有效地组织总监理工程师及项目监理团队答辩已成为促进投标策略实现的有力措施，可以大大提升工程监理单位的中标率。

2.2.6.4　工程监理费的计算方法

1. 工程监理费的构成

建设工程监理费是指业主依据委托监理合同支付给监理企业的监理酬金。它是构成工程概（预）算的一部分，在工程概（预）算中单独列支。建设工程监理费由直接成本、间接成本、税金和利润 4 部分构成。

（1）直接成本。

直接成本是指监理企业履行委托监理合同时所发生的成本。主要包括：

1）监理人员和监理辅助人员的工资、奖金、津贴、补助、附加工资等。

2）用于监理工作的常规检测工器具、计算机等办公设施的购置费和其他仪器、机械的租赁费。

3）用于监理人员和辅助人员的其他专项开支，包括办公费、通信费、差旅费、书报费、文印费、会议费、医疗费、劳保费、保险费、休假探亲费等。

4）其他费用。

（2）间接成本。

间接成本是指全部业务经营开支及非工程监理的特定开支，具体内容包括：

1）管理人员、行政人员以及后勤人员的工资、奖金、补助和津贴。

2）经营性业务开支，包括为招揽监理业务而发生的广告费、宣传费、有关合同的公证费等。

3）办公费，包括办公用品、报刊、会议、文印、上下班交通费等。

4）公用设施使用费，包括办公使用的水、电、气，环卫、保安等费用。

5）业务培训费、图书、资料购置费。

6）附加费，包括劳动统筹、医疗统筹、福利基金、工会经费、人身保险、住房公积金、特殊补助等。

7）其他费用。

（3）税金。

税金是指按照国家规定，工程监理企业应缴纳的各种税金总额，如营业税、所得税、印花税等。

（4）利润。

利润是指工程监理企业的监理活动收入扣除直接成本、间接成本和各种税金之后的余额。

2. 监理费的计算方法

监理费的计算方法，招投标项目根据招标文件中计算方式来确定，直接指定项目由业主与工程监理企业协商确定。监理费的计算方法主要如下。

（1）按建设工程投资的百分比计算法。

这种方法是按照工程规模的大小和所委托监理工作的繁简，以建设工程投资的一定百分比来计算。这种方法比较简便，业主和工程监理企业均容易接受，也是国家制定监理取费标准的主要形式。采用这种方法的关键是确定计算监理费的基数。新建、改建、扩建工程以及较大型的技术改造工程所编制的工程概（预）算就是初始计算监理费的基数。工程结算时，再按实际工程投资进行调整。当然，作为计算监理费基数的工程概（预）算仅限于委托监理的工程部分。

（2）工资加一定比例的其他费用计算法。

这种方法是以项目监理机构监理人员的实际工资为基数乘上一个系数而计算出来的。这个系数包括了应有的间接成本和税金、利润等。一般情况下有些房地产企业采用这种方法。

（3）按时计算法。

这种方法是根据委托监理合同约定的服务时间（计算时间的单位可以是小时，也可以是工作日或月），按照单位时间监理服务费来计算监理费的总额。单位时间的监理服务费一般是以工程监理企业员工的基本工资为基础，加上一定的管理费和利润（税前利润）。采用这种方法时，监理人员的差旅费、资料费以及试验和检验费、交通费等均由业主另行支付。

这种计算方法主要适用于临时性的、短期的监理业务，或者不宜按工程概（预）算的百分比等其他方法计算监理费的监理业务。由于这种方法在一定程度上限制了工程监理企业潜在效益的增加，因而，单位时间内监理费的标准比工程监理企业内部实际的标准要高得多。

（4）固定价格计算法。

这种方法是指在明确监理工作内容的基础上，业主与监理企业协商一致确定的固定监理费，或监理企业在投标中以固定价格报价并中标而形成的监理合同价格。当工作量有所增减时，一般也不调整监理费。这种方法适用于监理内容比较明确的中小型工程监理费的计算，业主和工程监理企业都不会承担较大的风险。如住宅工程的监理费，可以按单位建筑面积的监理费乘以建筑面积确定监理总价。

2.2.6.5 工程监理企业在竞争承揽监理业务中应注意的事项

（1）严格遵守国家的法律、法规及有关规定，遵守监理行业职业道德，不参与恶性压价竞争活动，严格履行委托监理合同。

（2）严格按照批准的经营范围承接监理业务，特殊情况下，承接经营范围以外的监理业务时，需向资质管理部门申请批准。

（3）承揽监理业务的总量要视本单位的力量而定，不得在与业主签订监理合同后，把监理业务转包给其他工程监理企业，或允许其他企业、个人以本监理企业的名义挂靠承揽监理业务。

（4）对于监理风险较大的建设工程，可以联合几家工程监理企业组成联合体共同承担监理业务，以分担风险。

2.2.7　建设工程监理企业与工程建设各方的关系

2.2.7.1　建设单位与监理企业的关系

建设单位与监理企业是法人之间的一种平等的委托合同关系，是委托与被委托、授权与被授权的关系。

1. 建设单位与监理企业之间是委托与被委托合同关系

建设单位与监理企业订立工程建设监理合同，建设单位是买方，监理企业是卖方，即建设监理企业要为建设单位提供高智能服务、维护建设单位的合法权益，同时也不能损害承包单位的合法权益。

2. 建设单位与监理企业之间是法律平等关系

建设单位和监理企业都是建筑市场中的主体，不分主次，是平等的，这种平等的关系主要体现在经济地位和工作关系两个方面。

（1）都是市场经济中独立的法人。不同行业的企业法人，只有经营的性质、业务范围不同，而没有主次之分。即使是同一个行业，各独立的企业法人之间（子公司除外），也只有大小之别、经营种类的不同，不存在从属关系。

（2）都是建筑市场中的主体。建设单位可以委托这一家监理企业，也可以委托另一家监理企业。同样，监理企业可以接受委托，也可以不接受委托。一旦委托与被委托的关系建立后，双方只是按照约定的条款，各自履行义务，各自行使权利，各自取得应得的利益。可以说，两者在工作关系上仅是委托与被委托。监理企业仅按照委托的要求开展工作，对建设单位负责，并不受建设单位的领导，建设单位对监理企业的人力、财力、物力等方面没有任何支配权、管理权。

3. 建设单位与监理企业之间是授权与被授权关系

监理企业接受委托之后，建设单位就把一部分工程项目建设的管理权授予监理企业，如工程建设组织协调工作的主持权、设计质量和施工质量以及建筑材料与设备质量的确认权与否决权、工程量与工程价款支付的确认权与否决权、工程建设进度和建设工期的确认权与否决权以及围绕工程项目建设的各种建议权等。建设单位往往留有工程建设规模和建设标准的决定权、对承包单位的选定权、与承包单位订立合同的鉴认权以及工程竣工后或分阶段的验收权等。

2.2.7.2　监理企业与承包单位的关系

承包单位主要是指直接与建设单位签订建设工程勘察合同、设计合同、材料设备供应合同或施工合同的单位。

监理企业和承包单位之间是平等的，这种平等的关系主要体现在都是为了完成工程建设任务而承担一定的责任上。双方承担的具体责任虽然不同，但在性质上都属于

"出卖产品"的一方，相对于建设单位来说，两者的角色、地位是一样的。无论是监理企业还是承包单位，都是在工程建设的法律法规、标准规范等条款的制约下开展工作，两者之间不存在领导与被领导的关系。

监理企业与承包单位之间是监理与被监理的工作关系。监理企业与承包单位之间没有签订任何经济合同，但是监理企业与建设单位签有监理合同，承包单位与建设单位签有建设工程承发包合同，而且在签订的合同中注明，承包单位必须接受建设单位委托的监理企业的监理。监理企业依据建设单位的授权，就有了监督管理承包商履行工程建设承包合同的权利和义务，据此监理企业对承办单位的工程建设活动实行监督管理。

2.3 案例

【案例 2.1】

1. 背景材料

某监理单位承担了一项大型石油化工工程项目施工阶段的监理任务，合同签订后，监理单位任命了总监理工程师。总监理工程师上任后计划重点落实三件事：一是落实监理组织机构建设，并绘制监理组织机构设立与运行程序图；二是落实各类人员工作职责；三是落实监理规划编制工作。其中，所要落实的各类人员的工作职责如下。

（1）确定项目监理机构人员的分工和岗位职责。

（2）主持编写项目监理规划、审批项目监理实施细则，并负责组织项目监理机构的日常工作。

（3）审查分包单位的资质，并提出审核意见。

（4）主持监理工作会议，签发项目监理机构的文件和指令。

（5）主持或参与工程质量事故的调查。

（6）组织编写并签发监理月报、监理工作阶段报告、专题报告和项目监理工作总结。

（7）检查承包单位投入工程项目的人力、材料、主要设备及其使用、运行状况，并做好检查记录。

（8）负责本专业分项工程验收及隐蔽工程验收。

（9）负责本专业的工程计量工作，审核工程计量的数据和原始凭证；做好监理日记和有关的监理记录。

（10）审查承包单位提交的涉及本专业的计划、方案、申请、变更，并向总监理工程师提出报告。

（11）核查进场材料、设备、构配件的原始凭证、检测报告等质量证明文件及其质量情况，根据实际情况，必要时对进场材料、设备、构配件进行平行检验，合格时予以签认。

（12）按设计图及有关标准，对承包单位的工艺过程或施工工序进行检查和记录，对加工制作及工序施工质量检查结果进行记录。

2. 问答题

(1) 案例中所列监理职责哪些属于总监理工程师的职责？

(2) 哪些属于监理工程师的职责？

(3) 哪些属于监理员的职责？

启示：开展建设工程监理工作，监理人员既要有明确的任务分工，又要密切合作，齐心协力才能完成目标任务。为此，监理人要坚定地做到爱岗敬业、团结奉献，去提升自己的职业素养。

【案例 2.2】

1. 背景材料

政府投资的某工程，某监理单位承担了该工程施工招标代理和施工监理任务，该工程采用无标底公开招标方式确定了G单位为施工中标单位。工程实施中发生了下列事件。

事件 1：开工前，总监理工程师召开了第一次工地会议，并要求 G 单位及时办理施工许可证，确定工程水准点、坐标控制点，按政府有关规定及时办理施工噪声和环境保护相关手续。

事件 2：开工前，设计单位组织召开了设计交底会。会议结束后，总监理工程师整理了一份“设计修改建议书”，提交给设计单位。

事件 3：施工开始前，G 单位向专业监理工程师报送了“施工测量放线报验表”，并附有测量放线控制成果及保护措施。专业监理工程师复核了控制桩的校核成果和保护措施后，即予以签认。

2. 问答题

(1) 指出事件 1 中总监理工程师做法的不妥之处，写出正确做法。

(2) 指出事件 2 中设计单位和总监理工程师做法的不妥之处，写出正确做法。

(3) 事件 3 中，专业监理工程师还应检查、复核哪些内容？

2.3

第 2 章案例答案

启示：新时代监理工程师要认真学习，切实履行监理职责；要不断提高业务能力，做到精益求精，去圆满完成各项任务。

复习思考题

一、单选题

1. 根据《监理工程师职业资格制度规定》，具有各工程大类专业大学专科学历(或高等职业教育)，从事工程施工、监理、设计等业务工作满（　　）年者，可以申请参加监理工程师职业资格考试。

A. 2

B. 4

C. 5

D. 6

2. 根据《工程监理企业资质管理规定》，综合资质工程监理企业须具有（　　）个以上工程类别的专业甲级工程监理资质。

A. 6

B. 5

C. 4

D. 3

3. 根据《注册监理工程师管理规定》，注册监理工程师的注册（　　）。

A. 不分专业

B. 按专业注册，每人只能申请 1 个专业

C. 按专业注册，每人最多可以申请 2 个专业

D. 按专业注册，每人可以申请 3 个专业

4. 工程监理企业经调查分析决定投标后，首先要明确的内容是（　　）。

A. 投标程序

B. 投标目标

C. 投标策略

D. 投标方式

5. 下列工程监理费用计取方法中，适用于临时性、短期监理（咨询）业务活动的是（　　）。

A. 建设投资百分比法

B. 工程建设强度法

C. 监理（咨询）人员工时法

D. 监理（咨询）服务内容法

二、多选题

1. 根据《注册监理工程师管理规定》，注册监理工程师的权利有（　　）。

A. 通过继续教育提高执业水准

B. 保管和使用本人的注册证书和执业印章

C. 使用注册监理工程师称谓

D. 在规定范围内从事执业活动

E. 保守在执业中知悉的商业、技术秘密

2. 关于注册监理工程师的说法，正确的是（　　）。

A. 国家对监理工程师职业资格实行执业注册管理制度

B. 监理工程师注册是政府对工程监理执业人员实行市场准入控制的有效手段

C. 住房和城乡建设部、交通运输部、水利部按专业类别分别负责监理工程师注册工作

D. 取得监理工程师职业资格证书且从事工程监理工作的人员，方可以注册监理工程师名义执业

E. 取得监理工程师职业资格证书且经注册的人员，方可以注册监理工程师名义执业

3. 守法是工程监理企业经营活动的基本准则之一，主要内容为（　　）。

A. 在核定的业务范围内开展经营活动

B. 以善意的心态行使民事权利、承担民事义务

C. 按照监理合同的约定认真履行职责

D. 承接监理业务的总量视本单位的力量而定

E. 不以其他工程监理企业的名义承揽监理业务

4. 监理工程师应当履行的义务包括（　　）。

A. 保证执业活动成果质量，并承担相应责任

B. 在规定范围内从事执业活动

C. 不收受被监理单位的任何礼金

D. 接受继续教育，努力提高执业水准

E. 不得同时在两个或两个以上单位受聘或执业

5. 总监理工程师不得将下列（　　）工作委托给总监理工程师代表。

A. 组织编制监理规划，审批监理实施细则

B. 根据工程进展及监理工作情况调配监理人员

C. 组织审查施工组织设计、(专项）施工方案

D. 签发工程开工令、暂停令和复工令

E. 签发工程款支付证书，组织审核竣工结算

三、问答题

1. 监理工程师资格考试科目及报考条件的规定是什么？

2. 监理工程师初始注册、延续注册有何规定？

3. 工程监理企业经营活动准则是什么？

4. 监理人员职业操守有哪些？

5. 总监理工程师岗位职责是什么？

2.4

第 2 章参考答案

第3章
建设工程项目投资控制

学习重点

- 掌握建设工程投资控制的原理。
- 掌握监理人员投资控制的任务。
- 掌握建设工程施工阶段的投资控制。

知识目标	技能素养	思政元素
了解建设工程投资概念及特点，了解决策、设计阶段投资控制	能够做好决策、设计阶段投资控制工作	职业自豪感 职业素养 努力学习
熟悉工程投资控制基本原理，熟悉工程变更价款的确定	能够运用建设工程投资控制原理完成投资控制的主要任务，能够完成施工阶段投资变更价款的确定	科学精神 专业能力 求真务实
掌握施工阶段监理投资控制，掌握施工阶段监理人员投资控制工作内容	根据所掌握的工程投资控制理论、方法和手段，熟练控制投资目标	社会责任 科学精神 工匠精神

引　例

鲁布革水电站于1981年6月被列为国家重点项目。该项目总投资8.9亿元，其中含世界银行贷款1.454亿美元（年息8%，偿还期20年）。项目总装机容量60万kW，年发电量27.5kW·h，为地下长引水洞梯级电站，包括堆石大坝及首部枢纽工程、长9.4km的引水隧洞系统工程和地下发电厂房系统工程三大子系统。项目工期紧，地下开挖量和混凝土浇筑量大，场地狭窄，近万人队伍聚集在不到10km的狭窄山道之中，施工组织协调困难。

鲁布革引水隧洞工程进行国际招标。在中国、日本、挪威、意大利、美国、德国、南斯拉夫、法国8国承包商的竞争中，日本大成公司报价8463万元中标，而工程标底为14958万元，比标底低了43%！大大节约了工程投资。

1986年10月30日，经过项目管理人员的不懈努力，隧洞全线贯通，工程质量优良，工期比合同计划提前了5个月，工程投资就引水隧洞工程节约了43%。

项目管理人员和工人师傅们几年如一日，扎根深山默默奉献。敬业精神是工匠精神的延伸与拓展，不仅在专业方面，更多地体现在我们毕业生作为工作者在所从事的事业中大大小小各方面的专注态度。一个民族的复兴不仅需要强大的物质力量，也需要强大的精神力量。土建类职业施工现场的工作条件恶劣，需要技术技能人才具备很强的环境适应能力以及韧性与忍耐能力，而这些综合起来，就是需要土建工程师们具备很强的工匠精神、献身精神和敬业精神。

3.1 建设工程项目投资控制概述

3.1.1 建设工程项目投资的概念

建设工程项目总投资是指为完成工程项目建设并达到使用要求或生产条件，在建设期内预计或实际投入的全部费用总和。生产性建设工程项目总投资包括建设投资、建设期利息和流动资金三部分，非生产性建设工程项目总投资包括建设投资和建设期利息两部分。其中建设投资和建设期利息之和对应于固定资产投资。

建设投资，由设备及工器具购置费、建筑安装工程费、工程建设其他费用、预备费（包括基本预备费和涨价预备费）组成。

设备及工器具购置费，是指按照建设工程设计文件要求，建设单位（或其委托单位）购置或自制达到固定资产标准的设备和新、扩建项目配置的首套工器具及生产家具所需的费用。设备及工器具购置费由设备原价、工器具原价和运杂费（包括设备成套公司服务费）组成。在生产性建设工程中，设备及工器具投资主要表现为其他部门创造的价值向建设工程中的转移，但这部分投资是建设工程项目投资中的积极部分，它占项目投资比重的提高，意味着生产技术的进步和资本有机构成的提高。

建筑安装工程费，是指建设单位用于建筑和安装工程方面的投资，由建设工程费和安装工程费两部分组成。建设工程费是指建设工程涉及范围内的建筑物、构筑物、场地平整、道路、室外管道铺设、大型土石方工程费用等。安装工程费是指主要生产、辅助生产、公用工程等单项工程中需要安装的机械设备、电气设备、专用设备、仪器仪表等设备的安装及配件工程费，以及工艺、供热、供水等各种管道、配件、闸门和供电外线安装工程费用等。

工程建设其他费用，是指未纳入以上两项的，根据设计文件要求和国家有关规定应由项目投资支付的、为保证工程建设顺利完成和交付使用后能够正常发挥效用而发生的一些费用。工程建设其他费用可分为三类：第一类是建设用地费，包括土地征用及迁移补偿费和土地使用权出让金；第二类是与项目建设有关的费用，包括建设单位管理费、勘察设计费、研究试验费、建设工程监理费等；第三类是与未来企业生产经营有关的费用，包括联合试运转费、生产准备费、办公和生活家具购置费等。

固定资产投资可分为静态投资部分和动态投资部分。静态投资部分由建筑安装工程费、设备及工器具购置费、工程建设其他费和基本预备费构成。动态投资部分，是指在建设期内，因建设期利息和国家新批准的税费、汇率、利率变动以及建设期价格变动引起的固定资产投资增加额，包括涨价预备费和建设期利息。

工程造价，一般是指一项工程预计开支或实际开支的全部固定资产投资费用，在这个意义上工程造价与固定资产投资的概念是一致的。因此，在讨论固定资产投资时，经常使用工程造价这个概念。需要指出的是，在实际应用中工程造价还有另一种含义，那就是指工程价格，即为建成一项工程，预计或实际在土地市场、设备市场、技术劳务市场及承包市场等交易活动中所形成的建筑安装工程的价格和建设工程的总价格。

3.1.2 建设工程项目投资的特点

建设工程项目投资的特点是由建设工程项目的特点决定的。

3.1.2.1 建设工程项目投资数额巨大

建设工程项目投资数额巨大，动辄上千万、数十亿。建设工程项目投资数额巨大的特点使它关系到国家、行业或地区的重大经济利益，对国计民生也会产生重大的影响。从这一点也说明了建设工程投资管理的重要意义。

3.1.2.2 建设工程项目投资差异明显

每个建设工程项目都有其特定的用途、功能、规模，每项工程的结构、空间分割、设备配置和内外装饰都有不同的要求，工程内容和实物形态都有其差异性。同样的工程处于不同的地区或不同的时段在人工、材料、机械消耗上也有差异。所以，建设工程项目投资的差异十分明显。

3.1.2.3 建设工程项目投资需单独计算

每个建设工程项目都有专门的用途，所以其结构、面积、造型和装饰也不尽相同。即使是用途相同的建设工程项目，技术水平、建筑等级和建筑标准也有所差别。建设工程项目还必须在结构、造型等方面适应项目所在地的气候、地质、水文等自然条件，这就使建设工程项目的实物形态千差万别。再加上不同地区构成投资费用的各种要素的差异，最终导致建设工程项目投资的千差万别。因此，建设工程项目只能通过特殊的程序（编制估算、概算、预算、合同价、结算价及最后确定竣工决算等），就每个项目单独计算其投资。

3.1.2.4 建设工程项目投资确定依据复杂

建设工程项目投资的确定依据繁多，关系复杂。在不同的建设阶段有不同的确定依据，且互为基础和指导。如预算定额是概算定额（指标）编制的基础，概算定额（指标）又是估算指标编制的基础；反过来，估算指标又控制概算定额（指标）的水平，概算定额（指标）又控制预算定额的水平。这些都说明了建设工程项目投资确定依据复杂的特点。

3.1.2.5 建设工程项目投资确定层次繁多

凡是按照一个总体设计进行建设的各个单项工程汇集的总体即为一个建设工程项

目。在建设工程项目中凡是具有独立的设计文件、竣工后可以独立发挥生产能力或工程效益的工程为单项工程，也可将它理解为具有独立存在意义的完整的工程项目。各单项工程又可分解为各个能独立施工的单位工程。考虑到组成单位工程的各部分是由不同工人用不同机具和材料完成的，又可以把单位工程进一步分解为分部工程。还可按照不同的施工方法、构造及规格，把分部工程更细致地分解为分项工程。需分别计算分部分项工程投资、单位工程投资、单项工程投资，最后才能汇总形成建设工程项目投资。可见建设工程项目投资的确定层次繁多。

3.1.2.6　建设工程项目投资需动态跟踪调整

每个建设工程项目从立项到竣工都有一个较长的建设期，在此期间都会出现一些不可预料的变化因素，对建设工程项目投资产生影响。如工程设计变更，设备、材料、人工价格变化，国家利率、汇率调整，因不可抗力因素或因承包方、发包方原因造成的索赔事件出现等，必然要引起建设工程项目投资的变动。所以，建设工程项目投资在整个建设期内都属于不确定的，需随时进行动态跟踪、调整，直至竣工决算后才能真正确定建设工程项目投资。

3.1.3　建设工程投资控制原理

所谓建设工程投资控制，就是在投资决策阶段、设计阶段、发包阶段、施工阶段以及竣工阶段，把建设工程投资控制在批准的投资限额以内，随时纠正发生的偏差，以保证项目投资管理目标的实现，以求在建设工程中能合理使用人力、物力、财力，取得较好的投资效益和社会效益。

3.1.3.1　投资控制的动态原理

投资控制是项目控制的主要内容之一。投资控制原理如图3.1所示，这种控制是动态的，并贯穿于项目建设的始终。

（1）这个流程应每两周或一个月循环进行，图3.1表达的含义如下：

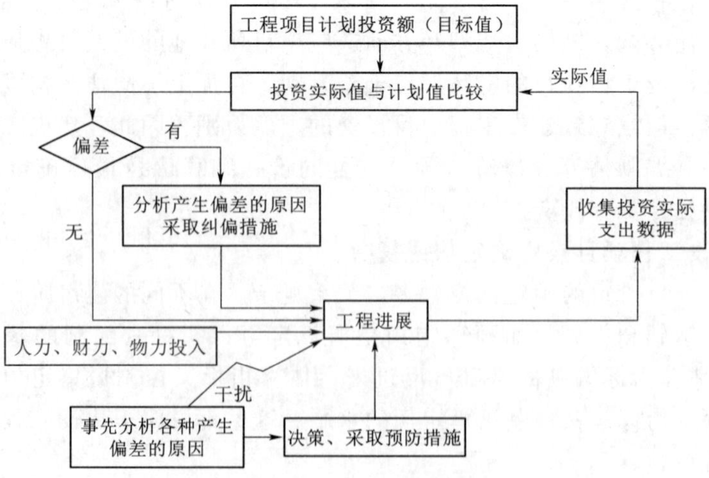

图3.1　投资控制原理图

1）项目投入，即把人力、物力、财力投入到项目实施中。

2）在工程进展过程中，必定存在各种各样的干扰，如恶劣天气、设计出图不及时等。

3）收集实际数据，即对项目进展情况进行评估。

4）把投资目标的计划值与实际值进行比较。

5）检查实际值与计划值有无偏差，如果没有偏差，则项目继续进展，继续投入人力、物力和财力等。

6）如果有偏差，则需要分析产生偏差的原因，采取控制措施。

（2）在这一动态控制过程中，应着重做好以下几项工作：

1）对计划目标值的论证和分析。实践证明，由于各种主观和客观因素的制约，项目规划中的计划目标值有可能是难以实现或不尽合理的，需要在项目实施的过程中或合理调整，或细化和精确化。只有项目目标是正确合理的，项目控制方能有效。

2）及时对项目进展做出评估，即收集实际数据。没有实际数据的收集，就无法清楚项目的实际进展情况，更不可能判断是否存在偏差。

3）采取控制措施以确保投资控制目标的实现。

3.1.3.2 投资控制的目标

控制是为确保目标的实现而服务的，一个系统若没有目标，就不需要、也无法进行控制。目标的设置应是很严肃的，应有科学的依据。

工程项目建设过程是一个周期长、投入大的生产过程，建设者在一定时间内拥有的经验知识是有限的，不但常常受到科学条件和技术条件的限制，而且也受到客观过程的发展及其表现程度的限制，因而不可能在工程建设伊始，就设置一个科学的、一成不变的投资控制目标，而只能设置一个大致的投资控制目标，这就是投资估算。随着工程建设实践、认识、再实践、再认识，投资控制目标一步步清晰、准确，这就是设计概算、施工图预算、承包合同价等。也就是说，投资控制目标的设置应是随着工程项目建设实践地不断深入而分阶段设置，具体来讲，投资估算应是建设工程设计方案选择和进行初步设计的投资控制目标，设计概算应是进行技术设计和施工图设计的投资控制目标，施工图预算或建安工程承包合同价则应是施工阶段投资控制的目标。有机联系的各个阶段目标相互制约，相互补充，前者控制后者，后者补充前者，共同组成建设工程投资控制的目标系统。

目标要既有先进性又要有实现的可能性，目标水平要能激发执行者的进取心和充分发挥他们的工作能力，挖掘他们的潜力。若目标水平太低，如对建设工程投资高估冒算，则对建造者缺乏激励性，建造者亦没有发挥潜力的余地，目标形同虚设；若水平太高，如在建设工程立项时投资就留有缺口，建造者一再努力也无法达到，使工程投资控制成为一纸空文。

3.1.3.3 投资控制的措施

为了有效地控制建设工程投资，应从组织、技术、经济、合同与信息管理等多方面采取措施。从组织上采取措施，包括明确项目组织结构，明确投资控制者及其任务，以使投资控制有专人负责，明确管理职能分工；从技术上采取措施，包括重视设计多方案选择，严格审查监督初步设计、技术设计、施工图设计、施工组织设计，深入技术领域研究节约投资的可能性；从经济上采取措施，包括动态地比较投资的实际值和计划值，严格审核各项费用支出，采取节约投资的奖励措施等。

应该看到，技术与经济相结合是控制投资最有效的手段。长期以来，在我国工程建设领域，技术与经济相分离。许多国外专家指出，中国工程技术人员的技术水平、工作能力、知识面，跟外国同行相比，几乎不分上下，但他们缺乏经济观念。国外的技术人员时刻考虑如何降低工程投资，但中国技术人员则把它看成与已无关的财会人员的职责。而财会、概预算人员的主要责任是根据财务制度办事，他们往往不熟悉工程知识，也较少了解工程进展中的各种关系和问题，往往单纯地从财务制度角度审核费用开支，难以有效地控制工程投资。为此当前迫切需要解决的是以提高项目投资效益为目的，在工程建设过程中把技术与经济有机结合，要通过技术比较、经济分析和效果评价，正确处理技术先进与经济合理两者之间的对立统一关系，力求在技术先进条件下的经济合理，在经济合理的基础上技术先进，把控制工程项目投资观念渗透到各个阶段中。

由于建设工程的投资主要发生在施工阶段，在这一阶段需要投入大量的人力、物力、财力等，是工程项目建设费用消耗最多的时期，浪费投资的可能性比较大。因此，监理单位应督促承包单位精心地组织施工，挖掘各方面潜力，节约资源消耗，仍可以取得节约投资的明显效果。参建各方对施工阶段的投资控制应给予足够的重视，仅仅靠控制工程款的支付是不够的，应从组织、经济、技术、合同等多方面采取措施，控制投资。

项目监理机构在施工阶段投资控制的具体措施如下：

1. 组织措施

（1）在项目监理机构中落实从投资控制角度进行施工跟踪的人员、任务分工和职能分工。

（2）编制本阶段投资控制工作计划和详细的工作流程图。

2. 经济措施

（1）编制资金使用计划，确定、分解投资控制目标。对工程项目造价目标进行风险分析，并制定防范性对策。

（2）进行工程计量。

（3）复核工程付款账单，签发付款证书。

（4）在施工过程中进行投资跟踪控制，定期进行投资实际支出值与计划目标值的比较：发现偏差、分析产生偏差的原因，采取纠偏措施。

（5）协商确定工程变更的价款。审核竣工结算。

（6）对工程施工过程中的投资支出做好分析与预测，经常或定期向建设单位提交项目投资控制及其存在问题的报告。

3. 技术措施

（1）对设计变更进行技术经济比较，严格控制设计变更。

（2）继续寻找通过设计挖潜节约投资的可能性。

(3) 审核承包人编制的施工组织设计，对主要施工方案进行技术经济分析。

4. 合同措施

(1) 做好工程施工记录，保存各种文件图纸，特别是注有实际施工变更情况的图纸，注意积累素材，为正确处理可能发生的索赔提供依据。参与处理索赔事宜。

(2) 参与合同修改、补充工作，着重考虑它对投资控制的影响。

3.1.4 建设工程投资控制的主要任务

3.1.4.1 国外项目咨询机构在建设工程投资控制中的主要任务

近几十年来，各工业发达国家在工程建设中实行咨询制度已成为通行的惯例，并形成了许多不同的形式，其中影响最大的有两类主体，即项目管理咨询公司（PM）和工料测量师行（QS）。

1. 项目管理咨询公司

项目管理咨询公司是在欧洲和美国广泛实行的建设工程咨询机构，其国际性组织是国际咨询工程师联合会（FIDIC）。该组织于1980年所制定的IGRA1980PM文件，是用于咨询工程师与业主之间订立委托咨询的国际通用合同文本。该文本明确指出咨询工程师的根本任务是：进行项目管理，在业主所要求的进度、质量和投资的限制性分析；项目的财务管理；与项目有关的技术转让；项目的资源管理；环境对项目影响之内完成项目。咨询工程师可向业主提供的咨询服务范围包括以下8个方面：①项目的经济可行性分析；②项目的财务管理；③与项目有关的技术转让；④项目的资源管理；⑤环境对项目影响的评估；⑥项目建设的工程技术咨询；⑦物资采购与工程发包；⑧施工管理。其中涉及项目投资控制的具体任务是：项目的投资效益分析（多方案），初步设计时的投资估算，项目实施时的预算控制，工程合同的签订和实施监控，物资采购，工程量的核实，工时与投资的预测，工时与投资的核实，有关控制措施的制定，发行企业债券，保险审议，其他财务管理等。

2. 工料测量师行

在英联邦国家，负责项目投资控制的通常是工料测量师。公司开办人称为合伙人，他们是公司的所有者，在法律上代表公司，在经济上自负盈亏，并亲自进行管理。合伙人本身必须是经过英国皇家测量师协会授予称号的工料测量师，如果一个人只拥有资金而不是工料测量师，则不能当工料测量师行合伙人。英联邦国家的基本建设程序一般分为两大阶段，即合同签订前、后两阶段。工料测量师在工程建设中的主要任务和作用如下。

(1) 在立约前阶段的任务。

1) 在工程建设开始阶段，业主提出建设任务和要求，如建设规模、技术条件和可筹集到的资金等。这时工料测量师要和建筑师、工程师共同研究提出“初步投资建议”，对拟建项目做出初步的经济评价，并和业主讨论在工程建设过程中工料测量师行的服务内容、收费标准，同时着手一般准备工作和今后行动计划。

2) 在可行性研究阶段，工料测量师根据建筑师和工程师提供的建设工程的规模、场址、技术协作条件，对各种拟建方案制定初步估算，有的还要为业主估算竣工后的经营费用和维护保养费，从而向业主提交估价和建议，以便业主决定项目执行方案，确保该方案在功能上、技术上和财务上的可行性。

3）在方案建议（有的称为总体建议）阶段，工料测量师按照不同的设计方案编制估算书，除反映总投资额外，还要提供分部工程的投资额，以便业主能确定拟建项目的布局、设计和施工方案。工料测量师还应为拟建项目获得当局批准而向业主提供必要的报告。

4）在初步设计阶段，根据建筑师、工程师草拟的图纸，制定建设投资分项初步概算。根据概算及建设程序，制定资金支出初步估算表，以保证投资得到最有效地运用，并可作为确定项目投资限额使用。

5）在详细设计阶段，根据近似的工料数量及当时的价格，制定更详细的分项概算，并将它们与项目投资限额相比较。

6）对不同的设计及材料进行成本研究，并向建筑师、工程师或设计人员提出成本建议，协助他们在投资限额范围内设计。

7）就工程的招标程序，合同安排、合同内容方面提供建议。

8）制定招标文件，工料清单、合同条款、工料说明书及投标书，供业主招标或供业主与选定的承包人议价。

9）研究并分析收回的投标，包括进行详尽的技术及数据审核，并向业主提交对各项投标的分析报告。

10）为总承包单位及指定供货单位或分包单位制定正式合同文件。

（2）在立约后阶段的任务。

1）工程开工后，对工程进度进行估计，并向业主提出中期付款的建议。

2）工程进行期间，定期制定最终成本估计报告书，反映施工中存在的问题及投资的支付情况。

3）制定工程变更清单，并与承包人达成费用上增减的协议。

4）就考虑中的工程变更的大约费用，向建筑师提供建议。

5）审核及评估承包人提出的索赔，并进行协商。

6）与工程项目顾问团的其他成员（建筑师、工程师等）紧密合作，在施工阶段严格控制成本。

7）审核工程竣工结算。该结算是工程最终成本的详细说明。

8）回顾分析项目管理和执行情况。

工料测量师行受雇于业主，根据工程规模的大小、难易程度，按总投资0.5%～3%收费，同时对项目投资控制负有重大责任。如果项目建设成本最后在缺乏充足正当理由情况下超支较多，业主付不起，则将要求工料测量师行对建设成本超支额及应付银行贷款利息进行赔偿。所以测量师行在接受项目投资控制委托，特别是接受工期较长、难度较大的项目投资控制委托时，都要买专业保险，以防估价失误时因对业主进行赔偿而破产。由于工料测量师在工程建设中的主要任务就是对项目投资进行全面系统的控制，因而他们被誉为“工程建设的经济专家”和“工程建设中管理财务的经理”。

3.1.4.2 我国项目监理机构在建设工程投资控制中的主要工作

投资控制是我国建设工程监理的一项主要任务，贯穿于监理工作的各个环节。根据《建设工程监理规范》（GB/T 50319—2013）的规定，工程监理单位要依据法律法规、工程建设标准、勘察设计文件及合同，在施工阶段对建设工程进行造价控制。同时，工程监理单位还应根据建设工程监理合同的约定，在工程决策、勘察、设计、保修等阶段为建设单位提供相关服务工作。

1. 施工阶段投资控制的主要工作

（1）进行工程计量和付款签证。

1）专业监理工程师对施工单位在工程款支付报审表中提交的工程量和支付金额进行复核，确定实际完成的工程量，提出到期应支付给施工单位的金额，并提出相应的支持性材料。

2）总监理工程师对专业监理工程师的审查意见进行审核，签认后报建设单位审批。

3）总监理工程师根据建设单位的审批意见，向施工单位签发工程款支付证书。

4）总监理工程师对专业监理工程师的审查意见进行审核，签认后报建设单位审批。

（2）对完成工程量进行偏差分析。

项目监理机构应建立月完成工程量统计表，对实际完成量与计划完成量进行比较分析，发现偏差的，应提出调整建议，并在监理月报中向建设单位报告。

（3）审核竣工结算款。

1）专业监理工程师审查施工单位提交的竣工结算款支付申请，提出审查意见。

2）总监理工程师对专业监理工程师的审查意见进行审核，签认后报建设单位审批，同时抄送施工单位，并就工程竣工结算事宜与建设单位、施工单位协商；达成一致意见的，根据建设单位审批意见向施工单位签发竣工结算款支付证书；不能达成一致意见的，应按施工合同约定处理。

（4）处理施工单位提出的工程变更费用。

1）总监理工程师组织专业监理工程师对工程变更费用及工期影响作出评估。

2）总监理工程师组织建设单位、施工单位等共同协商确定工程变更费用及工期变化，会签工程变更单。

3）项目监理机构可在工程变更实施前与建设单位、施工单位等协商确定工程变更的计价原则、计价方法或价款。

4）建设单位与施工单位未能就工程变更费用达成协议时，项目监理机构可提出一个暂定价格并经建设单位同意，作为临时支付工程款的依据。工程变更款项最终结算时，应以建设单位与施工单位达成的协议为依据。

（5）处理费用索赔。

1）项目监理机构应及时收集、整理有关工程费用的原始资料，为处理费用索赔提供证据。

2）审查费用索赔报审表。需要施工单位进一步提交详细资料时，应在施工合同约定的期限内发出通知。

3）与建设单位和施工单位协商一致后，在施工合同约定的期限内签发费用索赔报审表，并报建设单位。

4）当施工单位的费用索赔要求与工程延期要求相关联时，项目监理机构可提出费用索赔和工程延期的综合处理意见，并与建设单位和施工单位协商。

5）因施工单位原因造成建设单位损失，建设单位提出索赔时，项目监理机构应与建设单位和施工单位协商处理。

2. 相关服务阶段投资控制的主要工作

（1）决策阶段。

1）投资估算编制。

2）融资方案研究。

3）工程项目财务分析和经济分析报告编制。

4）PPP 项目物有所值与财政承受能力论证等。

（2）工程勘察设计阶段。

1）协助建设单位编制工程勘察设计任务书和选择工程勘察设计单位，并应协助签订工程勘察设计合同。

2）审核勘察单位提交的勘察费用支付申请表，以及签发勘察费用支付证书。

3）审核设计单位提交的设计费用支付申请表，以及签认设计费用支付证书。

4）审查设计单位提交的设计成果，并应提出评估报告。

5）审查设计单位提出的新材料、新工艺、新技术、新设备在相关部门的备案情况。必要时应协助建设单位组织专家评审。

6）审查设计单位提出的设计概算、施工图预算，提出审查意见。

7）分析可能发生索赔的原因，制定防范对策。

8）协助建设单位组织专家对设计成果进行评审。

9）根据勘察设计合同，协调处理勘察设计延期、费用索赔等事宜。

（3）工程保修阶段。

1）对建设单位或使用单位提出的工程质量缺陷，工程监理单位应安排监理人员进行检查和记录，并应要求施工单位予以修复，同时应监督实施，合格后应予以签认。

2）工程监理单位应对工程质量缺陷原因进行调查，并应与建设单位、施工单位协商确定责任归属。对非施工单位原因造成的工程质量缺陷，应核实施工单位申报修复工程费用，并签认工程款支付证书。

3.2　相关服务阶段的投资控制

3.2.1　建设项目决策阶段的投资控制

3.2.1.1　建设项目决策阶段投资控制的意义

（1）建设项目投资决策是选择和决定投资行为方案的过程，是对拟建项目的必要性和可行性进行技术经济分析论证，对不同建设方案进行技术经济比较做出判断和决定的过程。监理工程师在建设项目决策阶段的投资控制，主要体现在建设项目可行性研究阶段协助建设单位直接进行项目的投资控制，以保证项目投资决策的合理性。

建设项目决策阶段，进行项目建议书以及可行性研究报告的编制，除了论证项目在技术上是否先进、适用、可靠以外，还包括论证项目在财务上是否盈利，在经济上是否合理。决策阶段的主要任务就是找出技术经济统一的最优方案，而要实现这一目标，就必须做好拟建项目方案的投资控制工作。

（2）在工程项目决策阶段，监理工程师根据建设单位提供的建设工程的规模、场址、协作条件等，对各种拟建方案进行固定资产投资估算，有时还要估算项目竣工后的经营费用和维护费用，从而向建设单位提交投资估算和建议，以便建设单位对可行方案的决策，确保建设方案在功能上、技术上和财务上的可行性，确保项目的合理性。

具体而言，通过可行性研究阶段投资估算的合理确定、最佳投资方案的优选，达到资源的合理配置，促使建设项目的科学决策。反之，投资方案确定不合理，就会造成项目决策失误。另外，决策阶段所确定的投资额是否合理，直接影响到整个项目设计、施工等后续阶段的投资合理性，决策阶段所确定的投资额作为整个项目的限额目标、对于建设项目后续设计概算、设计预算、承包合同价、结算价、竣工决算都有直接影响。

通过监理工程师在决策阶段的投资控制，确定出合理的投资估算、优选出可行方案，为建设单位进行项目决策提供依据，并为建设项目主管部门审批项目建议书、可研报告及投资估算提供基础资料，也为项目规划、设计、招投标、设备购置、资金筹措等提供了重要依据。

3.2.1.2 监理工程师在建设工程项目决策阶段投资控制的工作

工程项目决策阶段的可行性研究运用多种科学手段综合论证一个工程项目在技术上是否先进、适用、可靠，在经济上是否合理，在财务上是否盈利，为投资决策提供科学依据。投资者为了排除真实性，减少风险，一般都要委托咨询、设计等部门进行可行性研究，委托监理单位进行可行性研究的管理或对可行性报告的审查。

监理工程师在可行性研究决策阶段进行监理工作，主要是通过编制、审查可行性研究报告实现的。其具体任务主要是审查拟建项目投资估算的正确性与投资方案的合理性，在可行性研究阶段进行投资控制，主要应围绕对投资估算的审查和投资方案的分析、比选进行。

1. 对投资估算的审查

（1）审查投资估算基础资料的正确性。对建设项目进行投资估算，咨询单位、设计单位或项目管理公司等投资估算编制单位一般要事先确定拟建项目的基础数据资料，如项目的拟建规模、生产工艺设备构成、生产要素市场价格行情、同类项目历史经验数据，以及有关投资造价指标、指数等，这些资料的准确性、正确性直接影响到投资估算的准确性。监理工程师应对其逐一进行分析。

对拟建项目的生产能力，应审查其是否符合建设单位投资意图，通过直接向建设单位咨询、调查的方法即可判断其是否正确。对于生产工艺设备的构成可对相关设备制造厂或供货商进行咨询。对于同类项目历史经验数据及有关投资造价指标、指数等资料的审查可参照已建成同类型项目，或尚未建成但设计方案已经批准，图纸已经会审，设计概预算已经审查通过的资料作为拟建项目投资估算的参考资料。同时还应对拟建项目生产要素市场价格行情等进行准确判断，审查所套用指标与拟建项目差异及调整系数是否合理。

（2）审查投资估算所采用方法的合理性。投资估算的方法有很多，有静态投资估算方法和动态投资估算方法。静态、动态投资估算又分别有很多方法，究竟选用何种方法，监理工程师应根据投资估算的精确度要求以及拟建项目技术经济状况的已知情况来决定。

在项目建议书、初步可行性研究阶段，对投资估算精度允许偏差较大时，可用单位生产能力估算法、资金周转率法等。

在已知拟建项目生产规模，并有同类型项目建设经验数据时，可用生产规模指数估算法，但要注意生产规模指数的取值、调价系数等的差异。

当拟建项目生产工艺流程及其技术比较明确、设备组成比较明确时，可运用比例估算法。

2. 对项目投资方案的审查

对项目投资方案的审查，主要是通过对拟建项目方案进行重新评价，看原可行性研究报告编制部门所确定的方案是否为最优方案。监理工程师对投资方案进行审查时，应做好如下工作。

（1）列出实现建设单位投资意图的各个可行方案，并尽可能地做到不遗漏。因为遗漏的方案如果是最优方案，那么将会直接影响到可行性研究工作质量与投资效果。

（2）熟悉建设项目方案评价的方法，包括项目财务评价、国民经济评价方法，以及评价内容、评价指标及其计算，评价准则等，要求监理工程师对拟建项目建设前期、建设时期、建成投产使用期全过程项目的费用支出和收益以及全部财务状况进行了解、弄清各阶段项目财务现金流量，利用动态、静态方法计算出各种可行性方案的评价指标，进行财务评价，监理工程师对方案的审查、比选、确定最优方案的过程就是实现建设项目方案技术与经济统一的过程，也同时做到了投资的合理确定和有效控制。

3.2.2　设计阶段的投资控制

工程设计是可行性研究报告经批准后，工程开始施工前，设计单位根据已批准的设计任务书，为具体实现拟建项目的技术、经济要求，拟定建筑、安装及设备制造等所需的计划、图纸、数据等技术文件的工作。一般工程项目分为初步设计和施工图设计两阶段进行设计，大型和技术复杂的工程项目可在两阶段之间增加技术设计阶段。

按我国现行有关规定、建设项目初步设计阶段应编制初步设计概算，技术设计阶段编制修正概算、施工图设计阶段编制施工图预算，设计概算不得突破已经批准的投资估算，施工图预算不得超过批准的设计概算。这就为设计阶段监理工程师进行投资控制明确了目标和任务。为实现这一目标，监理工程师在设计阶段进行投资控制的工作主要包括以下内容。

3.2.2.1 设计标准与标准化设计

设计标准是国家经济建设的重要技术规范，不仅是建设工程规模、内容、建造标准、安全、预期使用功能的要求，而且是降低造价、控制工程投资的依据，同时提供了设计所必要的指数、定额。执行了设计标准，就保证了设计方案的正确性、投资的合理性。

标准化设计又称定型设计、通用设计，是工程建设标准化的组成部分，各类工程建设的构件、配件、零部件、通用的建筑物、构筑物、公用设施等，只要有条件的都应该实施标准化设计。标准化设计是经过多次反复实践加以检验和补充完善的，所以能较好地贯彻国家技术经济政策，密切结合自然条件和技术发展水平，合理利用能源充分考虑施工生产、使用、维修的要求，既经济又优质。在工程设计中采用标准设计可促进工业化水平、加快工程进度、节约材料、降低建设投资。监理工程师建议设计单位推行标准化设计，是设计阶段做好投资控制工作的一项重要工作。

3.2.2.2 限额设计

（1）限额设计的概念。限额设计就是按照批准的投资估算控制初步设计及其概算，按照批准的初步设计概算控制施工图设计及预算，即将上阶段设计审定的投资额和工程量先行分解到各专业，然后再分解到各单位工程和分部工程、各专业在保证使用功能的前提下，按分配的投资限额控制设计，严格控制技术设计和施工图设计的不合理变更，以保证总投资不被突破。监理工程师应事先确定或明确设计各阶段、各专业、各单位、各分部工程的限额设计目标，并依此对设计各阶段、各专业投资额进行控制。

（2）限额设计的实施，限额设计控制工程投资可以从两个角度入手，一种是按照限额设计过程从前往后依次进行控制，称为纵向控制；另一种途径是对设计单位及其内部各专业、科室及设计人员进行考核，实施奖惩，进而保证设计质量的一种控制方法，称为横向控制。横向控制首先必须明确各设计单位以及设计单位内部各专业科室对限额设计所负的责任，将工程投资按专业进行分配，并分段考核，下段指标不得突破上段指标，责任落实越接近于个人，效果越明显，并赋予责任者履行责任的权利。其次，要建立健全奖惩制度。设计人员在保证工程安全和不降低工程功能的前提下，采用新技术、新工艺、新材料、新设备节约了投资的，设计单位应根据节约投资的大小，对设计人员进行奖励；因设计人员设计错误、漏项或扩大规模、提高标准而导致工程静态投资超支，要视其超支比例扣减相应比例的设计费。

（3）限额设计控制要点。

1）严格按建设程序办事。限额设计的前提是严格按建设程序办事，根据这一思想，限额设计的做法是将设计任务书的投资额作为初步设计投资的控制限额，将初步设计概算投资额作为施工图设计的投资控制限额，以施工图预算作为按施工图施工投资的依据。

2）在投资决策阶段，要提高投资估算的准确性，据此确定限额设计。为了适应限额设计的要求，在可行性研究阶段就要树立限额设计观念，充分收集资料，提出多种方案，认真进行技术经济分析和论证，从中选出技术先进、经济合理的方案作为最优方案，并以批准的可行性研究报告和下达的设计任务书中的投资估算额，作为控制设计概算的限额。

3）充分重视、认真对待每个设计环节及每项专业设计。在满足功能要求的前提下，每个设计环节和每项专业设计都应按照国家的有关政策规定、设计规范和标准进行，注意它们对投资的影响。在投资限额确定的前提下，通过优化设计满足设计要求的途径很多，这就要求设计人员善于思考，在设计中多做经济分析，发现偏离限额时立即改变设计。

4）加强设计审核。设计单位和监理单位有关部门和人员必须做好审核工作，既要审核技术方案，又要审核投资指标；既要控制总投资，又要控制分部分项工程投资，要把审核设计文件作为动态投资控制的一项重要措施。

5）建立设计单位内部经济责任制。设计单位要进行全员的经济控制、必须在目标分解的基础上，科学地确定投资限额，然后把责任落实到每个人身上。建立设计质量保证体系时，必须把投资经济指标作为设计质量控制的内容之一。

6）施工图设计应尽量吸收施工单位人员的意见，使之符合施工要求。施工图设计交底会审后，进行一次性洽商修改，以尽量减少施工过程中的设计变更，避免造成投资失控。

3.2.2.3　设计方案优化

在设计过程中，为保证设计方案既满足技术要求、使用功能要求，又经济合理，要对设备工艺流程、建筑、结构、水、电、暖、卫、设备等各可行方案进行技术经济分析，从中选出最佳方案。监理工程师协助建设单位做好设计方案优选或直接参与设计方案优选的工作，这也是建设项目设计阶段投资控制的重要工作。

设计方案的优化，除上述通过推行标准设计，实施限额设计的做法外，也可通过设计招标或设计方案竞选的途径优化设计方案，还可通过运用价值工程优化设计方案。

（1）通过设计招标和设计方案竞选优化设计方案，建设单位首先就拟建工程项目的设计任务通过新闻媒介、报刊、信息网络等发布公告，吸引设计单位参加设计招标或设计方案竞选，以获得众多的设计方案：然后组织专家评定小组，采用科学合理的方法，按照消防及环保等要求综合评定各设计方案的优劣，从中选择最优方案，或将各方案的可取之处进行组合，提出最佳方案。

（2）运用价值工程优化设计方案。价值工程是建筑设计、施工中有效降低工程成本的科学方法。价值工程是对所研究对象的功能与费用进行系统分析，不断创新，提高研究对象的价值的一种技术经济分析方法，其目的是以研究对象的最低寿命周期成本可靠地实现使用者所需的功能，以获取最佳的综合效益。在设计阶段应用价值工程进行投资控制的步骤如下：

1）对象选择。在设计阶段应用价值工程控制工程投资，应以对投资控制影响较大的项目作为价值工程的研究对象。因此，经常应用ABC分析法，将设计方案的投资分解并分成A，B，C三类。A类投资比重大，品种数量少，是实施价值工程的重点。

2）功能分析。分析研究对象具有哪些功能，各项功能之间的关系如何。

3）功能评价。评价各项功能，确定功能评价系数，并计算实现各项功能的实际成本是多少，从而计算各项功能的价值系数。价值系数小于1的，应该在功能水平不变的条件下降低成本，或在成本不变的条件下，提高功能水平。价值系数大于1的，如果是重要的功能，应该提高成本，保证重要功能的实现；如果该项功能不重要，可以不做改变。

4）分配目标成本。根据限额设计的要求，确定研究对象的目标成本，并以功能评价系数为基础，将目标成本分摊到各项功能上，与各项功能的实际成本进行对比，确定成本改进期望值，成本改进期望值大的，应首先重点改进。

5）方案创新及评价。根据价值分析结果及目标成本分配结果的要求，提出各种方案，并应用加权评分法选出最优方案，使设计方案更加合理。

3.2.2.4 设计概算的审查

在初步设计阶段进行投资控制，除做好设计方案审查工作外，还应对设计概算进行审查以保证初步设计概算不超过投资估算。监理工程师对设计概算的审查，有利于合理分配投资资金，加强投资计划管理，有助于合理确定和有效控制工程投资，有利于促进概算编制单位严格执行国家有关概算编制规定和费用标准，有利于促进设计的技术先进性与经济合理性，有利于为建设项目投资的落实提供可靠的依据。

1. 审查设计概算的编制依据

审查设计概算编制依据的合法性，即编制是否经过国家或授权机关批准，审查设计概算编制依据的时效性，即编制概算所依据的定额、指标、价格、取费标准等是不是现行有效的，审查设计概算编制依据的适用范围，即所依据的定额、价格、指标、取费标准等是否符合工程项目所在地、所在行业的实际情况等。

2. 审查设计概算编制的内容

(1) 审查设计概算的编制是否符合国家的建设方针、政策，是否根据工程所在地的自然条件编制。

(2) 审查建设规模（投资规模、生产能力等）、建设标准（用地指标、建筑标准等）、配套工程、设计定额等是否符合原批准的可行性研究报告或立项批文的标准。对总概算投资超过批准投资估算10%以上的，应查明原因，重新上报审批。

(3) 审查编制方法、计价依据和程序是否符合现行规定，包括定额或指标的适用范围和调整方法是否正确，进行定额或指标的补充时，要求补充定额的项目划分、内容组成、编制原则等要与现行的定额精确一致。

(4) 审查工程量计算是否正确。审查工程量的计算是否根据初步设计图纸、概算定额、工程量计算规则和施工组织设计的要求进行，有无多算、重算和漏算，尤其对工程量大、投资大的项目要重点审查。

(5) 审查材料用量和价格。审查主要材料如钢材、水泥、木材等的用量数据是否正确，材料预算价格是否符合工程所在地的价格水平，材料价差调整是否符合现行规定及其计算是否正确等。

(6) 审查设备规格、数量和配置是否符合设计要求，是否与设备清单相一致，设备预算价格是否真实，设备原价和运杂费的计算是否正确，非标准设备原价的计价方法是否符合规定，进口设备的各项费用的组成及其计算程序、方法是否符合国家主管部门的规定。

(7) 审查建筑安装工程的各项费用的计取是否符合国家或地方有关部门的现行规定，计算程序和取费标准是否正确。

(8) 审查综合概算、总概算的编制内容、方法是否符合现行规定和设计文件的要求，有无设计文件外项目，有无将非生产性项目以生产性项目形式列入。

(9) 审查总概算文件的组成内容是否完整地包括了建设项目从筹建到竣工投产为止的全部费用组成。

(10) 审查工程建设其他各项费用。按国家和地区规定逐项审查，不属于总概算范围的费用项目不能列入概算。审查费率或计取标准是否按国家、行业有关部门规定计算，有无随意列项，有无多列、交叉计列和漏项等。

(11) 审查项目的"三废"治理。拟建项目必须同时安排废水、废气、废渣的治理方案和投资，对于未作安排、漏项或多算、重算的项目，要按国家有关规定核实投资，以满足"三废"排放标准。

(12) 审查技术经济指标。技术经济指标计算方法和程序是否正确，综合指标和单项指标与同类型工程指标相比，是偏高还是偏低，其原因是什么并予纠正。

(13) 审查投资经济效果。设计概算是初步设计经济效果的反映，要按照生产规模、工艺流程、产品品种和质量，从企业的投资效益和投产后的运营效益全面分析是否达到了技术先进可靠、经济合理的要求。

3. 审查设计概算的编制深度

(1) 审查编制说明。审查编制说明，可以检查概算的编制方法、深度和编制依据等重大原则问题，若编制说明有差错，具体概算必有差错。

(2) 审查概算编制深度，一般大中型项目的设计概算，应有完整的编制说明和"三级概算"(即建设项目总概算表、单项工程综合概算表、单位工程概算表)，并按有关规定的深度进行编制，审查是否符合规定的"三级概算"，各级概算的编制、核对、审核是否按规定签署，有无随意简化、有无把"三级概算"简化为"二级概算"，甚至"一级概算"。

(3) 审查概算的编制范围，审查概算编制范围及具体内容是否与主管部门批准的建设项目范围及具体工程内容一致；审查分期建设项目的建筑范围及具体工程内容有无重复交叉，是否重复计算或漏算；审查其他费用应列的项目是否符合规定，静态投资、动态投资和经营性项目铺底流动资金是否分别列出等。

4. 审查设计概算的方法

采用适当的方法审查设计概算是确保审查质量、提高审查效率的关键，常用的方法有以下几种。

(1) 对比分析法。对比分析法中对比要素有建设规模、标准与立项批文对比，工程数量与设计图纸对比，综合范围、内容与编制方法、规定对比，各项取费与规定标准对比，材料、人工单价与统一信息对比，引进设备、技术投资与报价要求对比，技术经济指标与同类工程对比等，对比分析法即通过以上对比，发现设计概算存在的主要问题和偏差。

(2) 查询核实法。查询核实法是对一些关键设备和设施、重要装置、引进工程图纸不全、难以核算的较大投资进行多方查询核对、逐项落实的方法，包括以下几项：主要设备的市场价向设备供应部门或招标机构查询核实；重要生产装置、设施向同类企业（工程）查询了解；引进设备价格及有关税费向进出口公司调查落实；复杂的建筑安装工程向同类工程的建设、承包、施工单位征求意见，深度不够或不清楚的问题直接向原概算编制人员、设计者询问清楚。

(3) 联合会审法。联合会审前，可采取多种形式分头审查，包括设计单位自审、主管、建设、承包单位初审，监理工程师评审，邀请同行专家预审，审批部门复审等，经层层审查把关后，由有关单位和专家进行联合会审。

3.2.2.5 施工图预算的审查

(1) 审查施工图预算的内容。审查施工图预算，重点是施工图预算的工程量计算是否准确，定额消耗量、单价套用是否合理，各项取费标准是否符合现行规定等。

(2) 审查施工图预算的方法。审查施工图预算的方法很多，主要有全面审查法、标准预算审查法、分组计算审查法、对比审查法、筛选审查法、重点审查法、利用手册审查法等。

1) 逐项审查法。又称全面审查法，就是按预算定额顺序或施工的先后顺序、逐一地全部进行审查的方法。此方法的优点是全面、细致，经审查的工程预算差错比较少，质量比较高；缺点是审查工作量相对比较大，对于一些工程量较小、工艺比较简单的工程，或编制工程预算的技术力量比较薄弱的，可采用全面审查法。

2) 标准预算审查法。标准预算审查法指对于利用标准图纸或通用图纸施工的工程，先集中力量，编制标准预算，以此为标准审查预算的方法。按标准图纸设计成通用图纸施工的工程一般上部结构及其做法相同，可集中力量细审一份预算或编制一份预算，作为这种标准图纸的标准预算，或用这种标准图纸的工程量为标准，对照审查，而对局部不同的部分做单独审查即可。这种方法的优点是审查时间短、效果好、好定案；缺点是只适应按标准图纸设计的工程，适用范围小。

3) 分组计算审查法。分组计算审查法是一种加快审查工程量速度的方法，具体做法是把预算中的项目划分为若干组，并把相邻且有一定内在联系的项目编为一组，审查或计算同一组中某个分项工程量、利用工程量间具有相同或相似计算基础的关系，判断同组中其他几个分项工程量计算准确程度的方法。

例如，土建工程中将底层建筑面积、地面面层、地面垫层、楼面面层、楼面找平层、楼板体积、天棚抹灰、天棚刷浆、屋面层等编为一组，先把底层建筑面积、楼（地）面面积计算出来，而楼面找平层、顶棚抹灰、刷白的工程量与楼（地）面面积相同；垫层工程量等于地面面积乘以垫层厚度；空心楼板工程量由楼面工程量乘以楼板的折算厚度计算；底层建筑面积加挑檐面积，乘以坡度系数（平屋面不乘）就是屋面工程量；底层建筑面积乘以坡度系数（平屋面不乘）再乘以保温层的平均厚度为保温层工程量。

4）对比审查法。对比审查法是用已建成工程的预算或虽未建成但已审查修正的工程预算对比审查拟建类似工程预算的一种方法。对比审查法，一般有以下几种情况，应根据工程的不同条件，区别对待。

a. 两个工程采用同一个施工图，但基础部分和现场条件不同。其新建工程基础以上部分可采用对比审查法，不同部分可分别采用相应的审查方法进行审查。

b. 两个工程设计相同，但建筑面积不同。根据两个工程建筑面积之比与两个工程分部分项工程量之比基本一致的特点，可审查新建工程各分部分项工程的工程量；或者用两个工程每平方米建筑面积造价以及每平方米建筑面积的各分部分项工程量，进行对比审查，如果基本相同，说明新建工程预算是正确的，反之，说明新建工程预算有问题，监理工程师应找出差错原因，加以更正。

c. 两个工程的面积相同，但设计图纸不完全相同时，可把相同的部分，如厂房中的柱子、屋架、屋面、围护结构等进行工程量的对比审查，不能对比的分部分项工程按图纸计算。

【案例3.1】 某拟建办公楼的设计图纸与本地一刚建好的办公楼图纸基本相同，仅是将原来的两间小办公室合并为一个大会议室，已建办公楼隔墙为M5轻质混凝土填充墙，宽4.5m，高3.18m，厚0.365m，造价192元/m^3。已知已建教学楼±0.00以上的施工图预算中人料机费用为2700万元，拟建办公楼的±0.00以上的施工图预算中人料机费用为2699万元，试用对比审查法进行审查。

解： 计算原隔墙所需的人料机费用：

$$4.5\times3.18\times0.365\times192=1003(\text{元})$$

由于去掉了隔墙，拟建办公楼±0.00以上的施工图预算中人料机费用为

$$2700-0.1003=2699.89(\text{万元})$$

5）筛选审查法。筛选审查法是统筹法的一种，也是一种对比审查方法。建设工程虽然有建筑面积和高度的不同，但是它们的各分部分项工程的工程地址、造价、用工量在每个单位面积上的数值变化不大，把这些数据加以汇集、优选、归纳为工程量、造价、用工3个单方基本指标，并注明其适用的建筑标准。这些基本值犹如“筛子孔”，用来筛选各分部分项工程，筛下去的就不审查了，没有筛下去的就意味着此分部分项的单位建筑面积数值不在基本值范围之内，应对该分部分项工程详细审查。当所审查的预算的建筑面积标准与“基本值”所适用的标准不同时就要对其进行调整。

筛选审查法的优点是简单易懂，便于掌握，审查速度和发现问题快。但解决差错和分析其原因需要继续审查，因此，此方法适用于住宅工程或不具备全面审查条件的工程。

6）重点审查法。重点审查法是抓住工程预算的重点进行审查的方法，审查的重点一般是工程量大或投资较多的工程、结构复杂的工程、补充单位估价表、各项费用的计取（计费基础、取费标准等）。

（3）审查施工图预算的步骤。

1）做好审查前的准备工作，包括熟悉施工图纸、了解预算包括的范围、弄清预算采用的单位估价表。

2）选择合适的审查方法，按相应的内容审查。由于各工程项目规模、工程所处地区自然、技术、经济条件存在差异，繁简程度不同，工程项目施工方法和施工承包单位情况不一样，所编工程预算的质量也不同，因此，需选择适当的审查方法进行审查。

3）调整预算。对工程施工图预算进行审查以后，如果不存在问题，监理工程师批准其作为签订合同、工程施工、结算的依据；如果发现需要进行增加或核减的，经与编制单位协商，统一意见后，进行相应的修正。

在设计阶段，监理工程师通过上述各项具体工作，达到初步设计不超投资估算、施工图预算不超设计概算的投资控制目标。

建设项目总预算的编制费用是各单项工程的费用汇总，以及经计算的工程建设其他费、预备费和建设期利息和铺底流动资金汇总而成。三级预算编制中总预算由综合预算和工程建设其他费、预备费、建设期利息及铺底流动资金汇总而成，计算公式如下：

总预算＝单项工程施工图预算＋工程建设其他费＋预备费＋建设期利息＋铺底流动资金

【案例 3.2】 某建设项目在设计阶段对项目的工程造价做出以下预测：单项建设工程预算之和为 54000 万元，设备购置费 68850 万元，设备安装费按设备购置费的 15％计算。建设期贷款利息 4185 万元，工程建设其他费用 9150 万元，基本预备费费率为 8％，涨价预备费 11295 万元，铺底流动资金 2000 万元。试按三级预算编制出该项目的总预算。

解： 设备安装费＝68850×15％＝10327.5(万元)

单项设备与安装工程预算＝68850＋10327.5＝79177.5(万元)

基本预备费＝(54000＋79177.5＋9150)×8％＝11386.2(万元)

项目总预算＝54000＋79177.5＋9150＋11295＋11386.2＋4185＋2000
＝171193.7(万元)

3.2.3 施工招投标阶段的投资控制

施工招投标阶段是优选施工承包单位的阶段。监理工程师协助建设单位做好招投标阶段的工作，选择能满足工程建设质量、安全、投资、工期目标的施工承包单位，使工程建设目标的实现从施工主体资格的控制上得到保证，也就为在项目施工实施阶段投资的有效控制奠定了基础。

根据我国目前建设工程项目管理制度及委托监理项目的具体情况，在施工招投标阶段委托监理单位进行项目管理的监理工程师，可协助建设单位或者由建设单位委托的招标代理机构直接参与施工招投标阶段的有关投资控制工作。

3.2.3.1 招投标的组织、协调工作

在施工招投标阶段，监理工程师应当在建设单位的授权范围内对工程施工招标程序、招标工作、合同安排、合同内容等方面提供建议或直接参与其具体工作。

1. 建设项目招标程序及具体工作

（1）招标的准备工作。建设项目招标前，建设单位应当办理有关的审批手续、确定招标方式以及标段合理划分等。

1）确定招标方式。按照现行法律、法规规定，建设工程项目招标分为公开招标和邀请招标两种方式，国有资金占控股或者主导地位的依法必须进行招标的项目，应当公开招标，但经国家发展改革委或者省、自治区、直辖市人民政府依法批准可以进行邀请招标的和重点建设项目除外。但有下列情形之一的，可以邀请招标：技术复杂、有特殊要求或者受自然环境限制，只有少量潜在投标人可供选择；采用公开招标方式的费用占项目合同金额的比例过大。

2）标段的划分。一个工程项目应当作为整体进行招标。但是，对于大型的项目，作为一个整体进行招标会大大降低招标的竞争性，因为符合招标条件的潜在投标人数量太少，这时就应当将招标项目划分成若干个标段分别进行招标。但也不能将标段划分得太小，太小的标段将失去对实力雄厚的潜在投标人的吸引力。建设项目的施工招标，一般可以将一个项目分解为单位工程及特殊专业工程分别招标，但不允许将单位工程肢解为分部、分项工程进行招标。

（2）招标公告或投标邀请书的编制与发布。建设单位采用公开招标方式的，应当发布招标公告；采用邀请招标方式的，向 3 个以上具备承担招标项目的能力、资信良好的特定法人或者其他组织发出参加投标的邀请。

（3）资格预审。资格预审是建设单位在招标开始之前或开始初期，由建设单位对申请参加投标的潜在投标人进行资质条件、业绩、信誉、技术、资金等多方面情况进行资格审查。只有在资格预审中被认定为合格的潜在投标人（或投标人）才可以参加投标。资格预审应排除那些不合格的投标人，进而降低建设单位的采购成本，提高招标工作的效率。

对投标人资格审查的重点是专业资格审查，建设单位可以根据招标项目和潜在投标人的情况，采用资格后审。

（4）编制和发售招标文件。招标文件应包括项目的技术要求、对投标人资格审查的标准、投标报价要求和评标标准等所有实质性要求和条件以及拟签合同的主要条款。因招标文件中提出的各项要求，对整个招标工作乃至承发包双方都有约束力，因此，监理工程师应根据建设单位的要求、工程项目的具体情况等认真、细致地编制。

1）招标文件的内容应当包括下列内容。

a. 投标须知。

b. 招标工程的技术要求和设计文件。

c. 采用工程量清单招标的，应当提供工程量清单。

d. 投标函的格式及附录。

e. 拟签订合同的主要条款。

f. 要求投标人提交的其他材料。

2）当编制施工招标文件时，下列有关事项将作为监理工程师投资控制工作的重点。

a. 招标文件中说明评标原则和评标办法。

b. 投标价格中，一般结构不太复杂或工期在12个月以内的工程，可采用固定价格，考虑一定的风险系数。结构较复杂或大型工程，工期在12个月以上的，采用调整价格。价格的调整方法及调整范围应当在招标文件中明确。

c. 在招标文件中应明确投标价格计算依据，如工程计价类别，执行的概预算定额及费用定额，执行的人工、材料、机械设备政策性调整文件，材料、设备计价方法及采购、运输、保管的责任，工程量清单等。

d. 如果建设单位对工期有特殊要求，比国家定额工期缩短较大幅度时，在招标文件中应规定赶工措施费的计算要求。

e. 材料、设备的采购、运输、保管的责任应在招标文件中明确，如建设单位提供材料或设备，应列明材料或设备名称、品种或型号、数量，提供日期和交货地点等，还应在招标文件中明确建设单位提供材料或设备计价和结算退款等方法。

f. 实行工程量清单计价招标的项目，应执行《建设工程工程量清单计价规范》(GB 50500—2013)（以下简称《清单计价规范》）。根据施工图纸计算编制工程量清单，提供给投标单位作为投标报价的基础，并在招标文件中，按《清单计价规范》的要求编制相关的工程计量和支付合同条款。

招标文件一般发售给通过资格预审、获得投标资格的投标人。

(5) 现场考察与召开标前会议。

(6) 投标。在投标人进行投标的过程中，监理工程师应对投标人提交投标响应文件的时间是否在规定的日期内，以及是否符合招标文件规定的份数和密封要求等进行审核把关。

(7) 开标、评标和定标。监理工程师应协助建设单位在规定的时间、地点进行开标、评标和定标工作，参加评标的监理工程师应客观、公正地评标，并帮助建设单位制定评标原则、评标方法，组建评标委员会，定标以后帮助建设单位起草、发送中标通知书。

2. 建设项目合同安排、合同内容

招投标工作结束后，应在规定的时间内，按招标文件规定的要求进行合同签订安排，确定合同的类型、选择合同格式、起草合同条款等。

(1) 以付款方式进行划分，建设工程施工合同类型，分为3种。

1) 总价合同。总价合同指在合同中确定一个完成项目的总价，施工承包单位据此完成项目全部内容的合同。这种合同类型能够使建设单位在评标时易于确定报价最低的投标人作为中标人，易于进行支付计算，但仅适用于工程量不太大且能精确计算、工期较短、技术不太复杂、风险不大的项目。这种合同类型要求建设单位提供详细而全面的施工图设计文件，施工承包单位能准确计算工程量。

2) 单价合同。实行工程量清单计价招标项目，施工承包单位在投标时，按招标文件提供的工程量清单项目确定其综合单价，签订合同所采用的就是单价合同。这种类型适用范围比较宽，其风险可以得到合理的分摊，一般建设单位承担工程量的风险，施工承包单位承担价格的风险。这类合同能够成立的关键在于双方对单价和工程量计算方法的确认，在合同履行中需要注意的问题是双方对实际工程量计量的确认。

3）成本加酬金合同。成本加酬金合同是建设单位向施工承包单位支付工程项目的实际成本，并按事先约定的某一种方式支付酬金的合同类型。在这类合同中，建设单位需承担项目实际发生的一切费用，因而也就承担了项目的全部风险；而施工承包单位由于无风险，其报酬往往也较低。

（2）建设工程施工合同类型的选择。以付款方式不同划分的合同类型，在选择时应考虑如下因素：

1）项目规模和工期长短。如果项目的投资建设规模较小、工期较短，则合同类型的选择余地较大，总价合同、单价合同及成本加酬金合同都可选择。如果项目投资建设规模大、工期长，则项目的风险也大，合同履行的不可预测因素也多，这种情况下不宜采用总价合同。

2）项目的竞争情况。如果在某一时期和某一地点，愿意承包某一项目的投标人较多，则建设单位拥有较多的主动权，可按照总价合同、单价合同、成本加酬金合同的顺序进行选择。如果愿意承包项目的投标人较少，则施工承包单位拥有的主动权较大，可以尽量选择施工承包单位愿意采用的合同类型。

3）项目的复杂程度。项目的复杂程度高，则意味着对施工承包单位的技术水平要求高并且项目风险较大。此时，施工承包单位对合同的选择有较大的主动权，总价合同被选用的可能性较小；如果项目的复杂程度较低，则建设单位对合同类型的选择拥有较大的主动权。

4）项目的单项工程的明确程度。如果单项工程的类别和工程量都已十分明确，则可选用的合同类型较多，总价合同、单价合同、成本加酬金合同都可以选择。如果单项工程的分类详细而明确，但实际工程量与预计的工程量可能有较大出入，则优先选择单价合同；如果单项工程的分类和工程量都不甚明确，则不能采用单价合同。

5）项目的外部环境因素。项目的外部环境因素包括项目所在地区的政治局势，经济局势因素（如通货膨胀、经济发展速度等），当地劳动力素质，交通、生活条件等。如果项目的外部环境恶劣，则意味着项目的成本高、风险大、不可预测的因素多，施工承包单位很难接受总价合同方式，而较适合采用成本加酬金合同类型。

（3）建设工程施工合同条款。建设工程施工合同条款一般包括合同双方的权利、义务，施工组织设计和工期，施工质量和检验，合同价款与支付，竣工验收与结算，安全施工，专利技术及特殊工艺，文物和地下障碍物，不可抗力事件，保险、担保、工程分包、合同解除、违约责任、争议的解决等，由于工程项目目标的系统性、统一性，所以关于工程建设质量、进度、投资控制的条款都直接、间接影响到建设项目投资及费用。承发包双方签订合同时，可结合建设工程具体情况，根据《建设工程施工合同（示范文本）》（GF—2013—0201）订立合同，并按照法律法规规定和合同约定承担相应的法律责任及合同权利义务。住房和城乡建设部、国家工商行政管理总局制定的《建设工程施工合同（示范文本）》，结合了我国工程建设的实际情况，并借鉴国际上广泛使用的土木工程施工合同，特别是参照了FIDIC土木工程施工合同条件编制发布的，具有广泛的通用性和适用性。

3.2.3.2 编制施工招标文件

施工招标文件的内容除投标人须知、工程图纸、合同条款等内容外，还应制定技术说明书、工程量清单，并使其符合《清单计价规范》的规定，尤其是工程量清单的编制是否正确合理，直接影响到投标单位的投标报价及施工阶段的投资控制。

按照我国现行规定，工程量清单计价已成为招标的主要计价方式，按工程量清单计价方式编制的招标控制价将逐渐取代传统的标底，从而达到杜绝围标、串标，有效控制建设项目投资的作用。

1. 工程量清单概述

工程量清单是载明建设工程分部分项工程项目、措施项目、其他项目的名称和相应数量以及规费、税金项目等内容的明细清单。工程量清单分为以下两类：

（1）招标工程量清单。招标人依据国家标准、招标文件、设计文件以及施工现场实际情况编制的，随招标文件发布供投标报价的工程量清单，包括说明和表格。

（2）已标价工程量清单。构成合同文件组成部分的投标文件中已标明价格，经算术性错误修正（如有）且承包人已确认的工程量清单，包括说明和表格。

2. 工程量清单的作用

（1）在招投标阶段，招标工程量清单为投标人的投标竞争提供了一个平等和共同的基础，工程量清单将要求投标人完成的工程项目及其相应工程实体数量全部列出，为投标人提供拟建工程的基本内容、实体数量和质量要求等信息。这使所有投标人所掌握的信息相同，受到的待遇是客观、公正和公平的。

（2）工程量清单是建设工程计价的依据。在招标投标过程中，招标人根据工程量清单编制招标工程的招标控制价；投标人按照工程量清单所表述的内容，依据企业定额计算投标价格，自主填报工程量清单所列项目的单价与合价。

（3）工程量清单是工程付款和结算的依据，发包人根据承包人是否完成工程量清单规定的内容，以投标时在工程量清单中所报的单价作为支付工程进度款和进行结算的依据。

（4）工程量清单是调整工程量、进行工程索赔的依据。当发生工程变更、索赔、增加新的工程项目等情况时，可以选用或者参照工程量清单中的分部分项工程或计价项目与合同单价来确定变更项目或索赔项目的单价和相关费用。

3.《建设工程工程量清单计价规范》（GB 50500—2013）的构成

现行的《清单计价规范》包括规范条文和附录两部分。规范条文共16章，包括总则、术语、一般规定、工程量清单编制、招标控制价、投标报价、合同价款约定、工程计量、合同价款调整、合同价款期中支付、竣工结算与支付、合同解除的价款结算与支付、合同价款争议的解决、工程造价鉴定、工程计价资料与档案、工程计价表格。

规范条文就适用范围、作用以及计量活动中应遵循的原则、工程量清单编制的规则、工程量清单计价的规则、工程量清单计价格式及编制人员资格等做出了明确规定，附录分为A、B、C、D、E、F、G、H、J、K、L，共计11个，除附录A外，其余为工程计价表格。附录分别对招标控制价、投标报价、竣工结算的编制等使用的表格做出了明确规定。

工程量清单应按统一的项目编码、统一的项目名称、统一的计量单位、统一的工程量计算规则计算填写；特别是在给出工程量清单的过程中，监理工程师要根据工程项目的具体投资、施工图纸、建设单位要求等，将各项目特征、工程内容准确、详细地予以描述。

做好这些工作，不仅为投标人进行投标报价提供了一个明确的投标报价依据，还可以尽量避免施工阶段产生过多的费用索赔，造成合同纠纷。

3.2.3.3　招标控制价的编制与审查

编制招标文件时，视具体合同形式要求，若事先设定招标控制价，监理工程师还应计算或审查招标控制价为评标提供依据。我国目前建设工程施工招标控制价的确定主要采用《清单计价规范》规定的计价方法。

根据建设部第107号部令《建设工程施工发包与承包计价管理办法》的规定，发包价的计算方法分为工料单价法和综合单价法。

1. 工料单价法

工料单价法以分部分项工程量乘以单价后的合计为直接工程费，直接工程费以人工、材料、机械的消耗量及相应的价格确定，直接工程费汇总后另加措施费、间接费、利润、税金生成招标控制价。具体计算时，直接工程费按预算表计算；措施费按规定标准计算；间接费、利润的计算应区分土建工程和安装工程，计算时分别以直接费和人工费加机械费或人工费为计算基础计算；税金按规定的计税基础和税率计算。

2. 综合单价法

综合单价法以分部、分项工程单价为全费用单价。全费用单价经综合计算后生成，其内容包括直接工程费、间接费、利润和税金。项目的综合单价也可按直接工程费、间接费、利润和税金生成全费用价格。各清单项目的合价汇总后，生成招标控制价。

监理工程师对招标控制价的审查主要是审查招标控制价的编制是否真实、准确，招标控制价如有漏洞，应予以调整和修正。审查内容一般包括：计价依据，如工程承包范围、招标文件规定的计价方法及招标文件的其他有关条款；招标控制价组成内容，如工程量清单及其单价组成、直接工程费、间接费、有关文件规定的调价、措施费、利润、税金、主要材料、设备需用数量等；招标控制价的相关费用，如人工、材料、机械台班的市场价格、赶工措施费、现场因素费、不可预见费等。审查招标控制价的方法类似于施工图预算的审查方法。

3.2.3.4　现场考察和召开标前会议

1. 现场考察

如果招标文件中规定建设单位组织投标人在开标前进行现场考察答疑，则监理工程师应做好组织协调工作，让所有的投标人了解现场实际施工条件，了解工程场地和周围情况，向投标人介绍有关现场的情况：施工现场是否达到招标文件规定的条件；施工现场的地理位置和地形、地貌；施工现场的地质、土质、地下水位、水文等情况；施工现场气候条件，如气温、温度、风力、年雨雪量等；现场环境，如交通、饮水、污水排放、生活用地、通信等；工程在施工现场中的位置或布置；临时用地、临时设施的搭建等。介绍现场情况的目的在于让投标人获取认为有必要的信息。为便于投标人提出问题并得到解答，现场考察一般安排在标前会议的前1～2天。

2. 召开标前会议

投标人领取招标文件、图纸和有关技术资料及勘察现场后提出的疑问，建设单位可通过标前会议进行解答。召开标前会议，监理工程师应注意以下几方面的事项。

(1) 标前会议的目的在于澄清招标文件中的疑问，解答投标人对招标文件和勘察现场中所提出的疑惑。投标预备会可安排在发出招标文件7日后28日内举行。

(2) 标前会议由建设单位或委托监理方主持召开，在会议上对招标文件和现场情况做介绍或解释，解答投标单位提出的疑惑，包括书面提出的和口头提出的询问。

(3) 标前会议上应对图纸进行交底和解释。

(4) 标前会议结束后，应整理会议记录和解答内容，尽快以书面形式将问题及解答同时发送给所有获得招标文件的投标人。

(5) 所有参加投标预备会的投标人应签到登记，以证明出席标前会议。

(6) 不论是招标人以书面形式向投标人发放的任何资料文件，还是投标单位以书面形式提出的问题，均以书面形式予以确认。

3.2.3.5 评审投标书

监理工程师应参加开标、评标工作，协助建设单位评审投标书，除了对投标书进行行政性评审外，重点对投标书中技术标部分的保证质量、安全、使用功能的技术、组织措施进行审核，并对照技术标中确定的施工方法、技术、组织措施审查商务标中投标报价的工程量计算是否合理、正确，人工、材料、机械费用，措施费、管理费、风险费用等组价是否合理，并根据“合理低标价”原则选定中标候选人，向建设单位提出建议。

1. 对投标书的评审

监理工程师对投标书的评审可分为初步评审和详细评审，初步评审的内容包括对投标书的符合性评审、技术性评审和商务性评审。

2. 提出评标报告

如果监理工程师直接参加评标，对投标书评标后应编制评标报告，提出中标候选人或直接选定中标人。

评标报告一般包括以下内容：

(1) 基本情况和数据表。

(2) 评标委员会成员名单。

(3) 开标记录。

(4) 符合要求的投标一览表。

(5) 废标情况说明。

(6) 评标标准、评标方法或者评标因素一览表。

(7) 经评审的价格或者评分比较一览表。

(8) 经评审的投标人排序。

(9) 推荐的中标候选人名单与签订合同前要处理的事宜。

(10) 澄清、说明、补正事项纪要。

3.2.3.6　签订施工承包合同

经过评标，确定中标单位后，监理工程师应协助建设单位拟定中标通知书并签订施工商承包合同。编制中标通知书时，应特别标明投标时的合理低标价即为中标价，并说明中标价是签订合同的依据。签订施工承包合同时，在合同条款的选定、合同价格、结算方式、费用索赔等方面要细致斟酌，做到科学、公正、合理。

3.3　施工阶段投资控制

建设项目的投资主要发生在施工阶段，而施工阶段投资控制所受的自然条件、社会环境条件等主、客观因素影响又是最突出的。如果在施工阶段监理工程师不严格进行投资控制工作，将会造成较大的投资损失以及出现整个建设项目投资失控的现象。

3.3.1　施工阶段投资控制的基本原理

由于建设工程项目管理是动态管理的过程，所以监理工程师在施工阶段进行投资控制的基本原理也应该是动态控制的原理。监理工程师在施工阶段进行投资控制的基本原理是把计划投资额作为投资控制的目标值，在工程施工过程中定期地进行投资实际值与目标值的比较，通过比较发现并找出实际支出额与投资控制目标值之间的偏差，然后分析产生偏差的原因，并采取有效措施加以控制，以保证投资控制目标的实现。施工阶段投资控制应包括从工程项目开工直到竣工验收的全过程。

3.3.2　施工阶段投资控制的措施

在施工阶段，监理工程师应从组织、技术、经济、合同等多方面采取措施控制投资。

3.3.2.1　组织措施

组织措施是指从投资控制的组织管理方面采取的措施，包括以下几点。

(1) 在项目监理组织机构中落实投资控制的人员、任务分工和职能分工、权利和责任。

(2) 编制施工阶段投资控制工作计划和详细的工作流程图。

3.3.2.2　技术措施

从投资控制的要求来看，技术措施并不都是因为发生了技术问题才加以考虑的，也可能因为出现了较大的投资偏差而加以应用。不同的技术措施会有不同的经济效果。

(1) 对设计变更进行技术经济比较，严格控制设计变更。

(2) 继续寻找建设设计方案，挖潜节约投资的可能性。

（3）审核施工承包单位编制的施工组织设计，对主要施工方案进行技术经济分析比较。

3.3.2.3 经济措施

（1）编制资金使用计划，确定、分解投资控制目标。

（2）进行工程计量。

（3）复核工程付款账单，签发付款证书。

（4）对工程实施过程中的投资支出做出分析与预测，定期或不定期地向建设单位提交项目投资控制中存在的问题报告。

（5）在工程实施过程中，进行投资跟踪控制，定期地进行投资实际值与计划值的比较，若发现偏差，分析产生偏差的原因，采取纠偏措施。

3.3.2.4 合同措施

合同措施在投资控制工作中主要指索赔管理。在施工过程中，索赔事件的发生是难免的，监理工程师在发生索赔事件后，要认真审查有关索赔依据是否符合合同规定，索赔计算是否合理等。

（1）做好建设项目实施阶段质量、进度等控制工作，掌握工程项目实施情况，为正确处理可能发生的索赔事件提供依据，参与处理索赔事宜。

（2）参与合同管理工作，协助建设单位合同变更管理，并充分考虑合同变更对投资的影响。

3.3.3 施工阶段投资控制工作流程

（1）投资控制流程图如图3.2所示。

（2）工程计量监理工作流程图如图3.3所示。

（3）中期支付监理工作程序如图3.4所示。

（4）最终支付监理工作程序如图3.5所示。

3.3.4 施工阶段投资控制的工作内容

3.3.4.1 确定投资控制目标，编制资金使用计划

施工阶段投资控制目标，一般以招投标阶段确定的合同价作为投资控制目标，监理工程师应对投资目标进行分析、论证，并进行投资目标分解，在此基础上依据项目实施进度，编制资金使用计划，做到控制目标明确，便于实际值与目标值的比较，使投资控制具体化、可实施。

施工阶段投资资金使用计划的编制方法如下：

（1）按项目结构划分编制资金使用计划。根据工程分解结构的原理，一个建设项目可以由多个单项工程组成，每个单项工程还可以由多个单位工程组成，而单位工程又可分解成若干个分部和分项工程。按照不同子项目的投资比例将投资总费用分摊到单项工程和单位工程中去，不仅包括建筑安装工程费用，而且包括设备购置费用和工程建设其他费用，从而形成单项工程和单位工程资金使用计划。在施工阶段，要对各

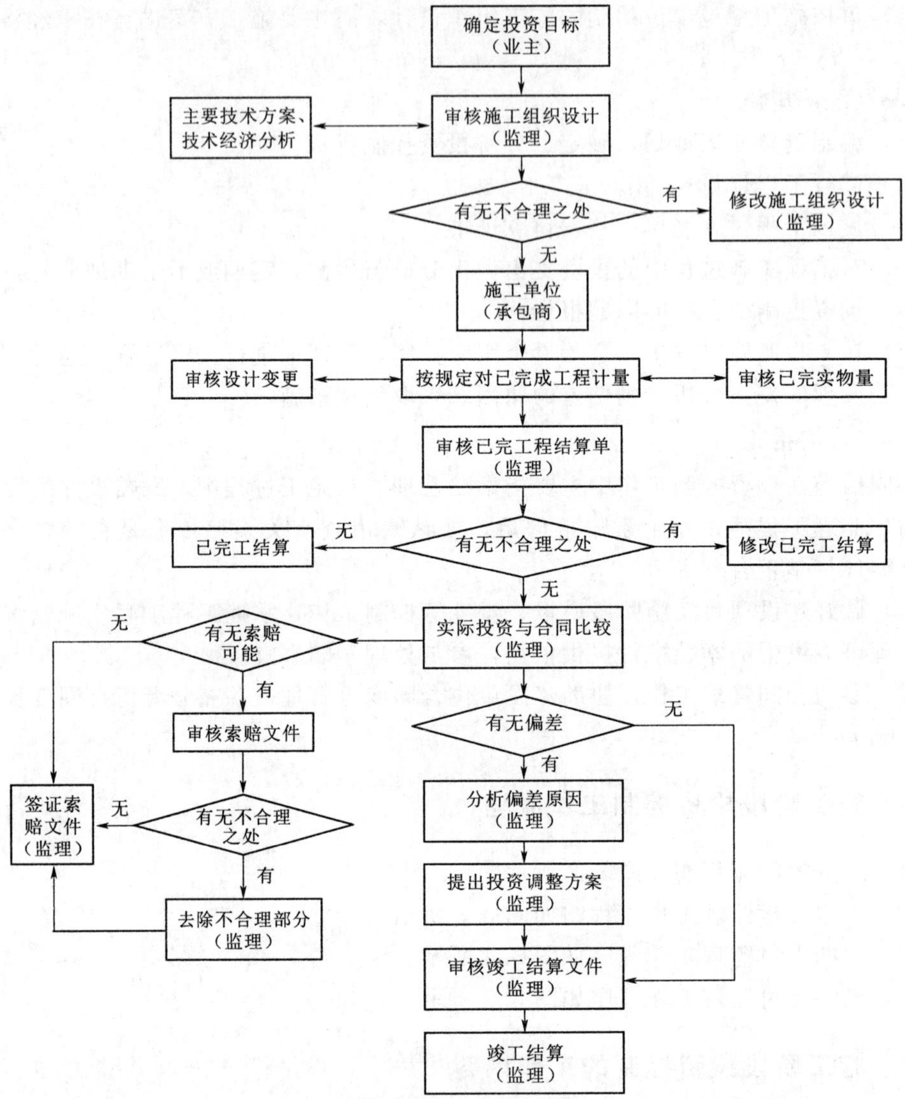

图 3.2　投资控制流程图

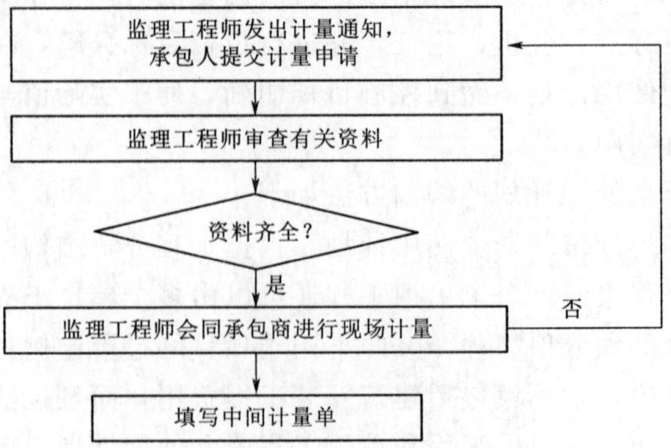

图 3.3　工程计量监理工作流程图

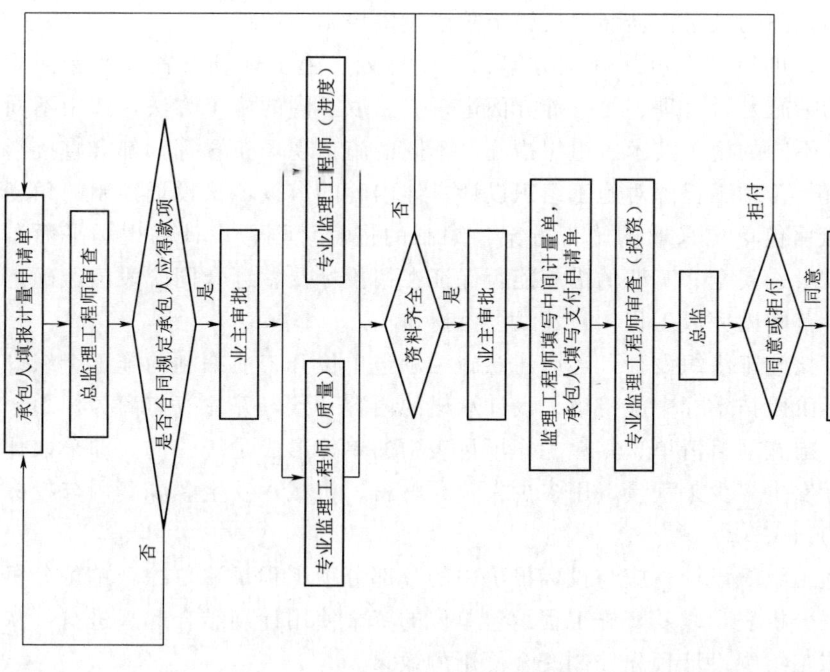

图 3.4 中期支付监理工作程序

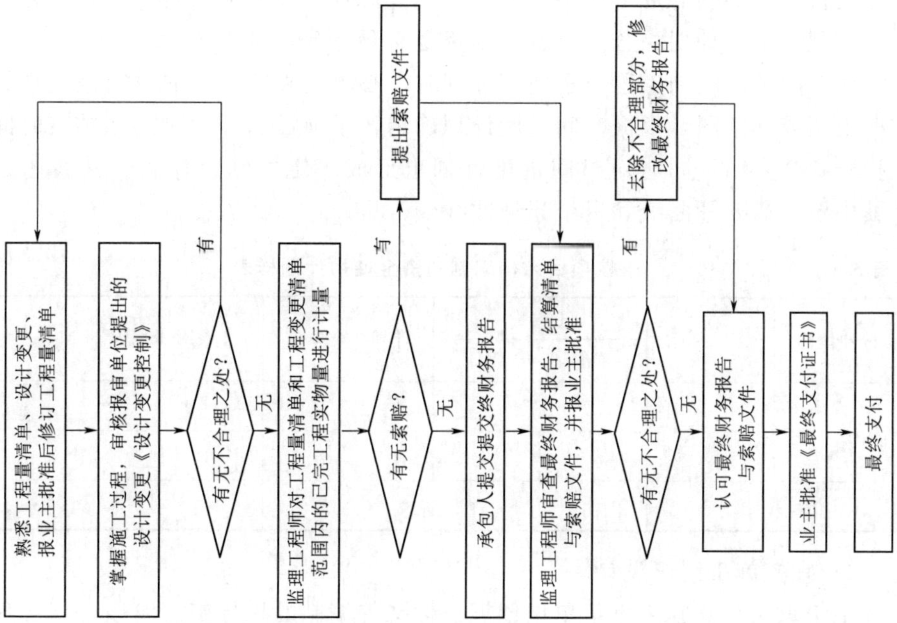

图 3.5 最终支付监理工作程序

单位工程的建筑安装工程费用做进一步的分解，形成具有可操作性的分部、分项工程资金使用计划。

按项目结构编制的资金使用计划表，其栏目有工程分项编码、工程内容、工程量单位、工程数量、计划综合单价、计划资金需要量等，见表3.1。

当按时间进度编制工程资金使用计划时，必须先确定工程的时间进度计划，通常可用横道图或网络图，根据时间进度计划确定各子项目的开始时间和结束时间，安排工程投资资金支出，同时对时间进度计划也形成一定的约束作用。其表达形式有多种，其中资金需要量曲线和资金累计曲线较常见。

表3.1　　按项目结构编制的资金使用计划样表

工程分项编码	工程内容	工程量		计划综合单价	计划资金需要量	合计
		单位	数量			
合计						

3.3.4.2　审核施工组织设计

施工组织设计是施工承包单位依据投标文件编制的指导施工阶段开展工作的技术经济文件。监理工程师审核其保证质量、安全、工期、投资的技术组织方案的合理性、科学性，从而判断主要技术、经济指标的合理性，通过设计控制、修改、优化达到预先控制、主动控制的效果，从而保证施工阶段投资控制的效果。

对施工组织设计的审核，可从施工方案、进度计划、施工现场布置以及保证质量、安全、工期的措施是否合理、可行等方面进行。采取不同的施工方法，选用不同的施工机械设备，不同的施工技术、组织措施，不同的施工现场布置等，都会直接影响到工程建设投资。监理工程师对施工组织设计具体内容的审核，从投资控制的角度讲，就是审核施工承包单位采取的施工方案、编制的进度计划、设计的现场平面布置、采取的保证质量、安全、工期的措施能否保证在招投标及签订合同阶段已经确定的投资额或合同价范围内完成工程项目建设。

在施工阶段审核施工组织设计，还应注意施工承包单位开工前编制的施工组织设计内容应与招投标阶段技术标中施工组织设计承诺的内容一致，并注意与商务标中分部分项工程清单、措施项目清单、零星工作项目表中的单价形成是统一的。即采取什么施工方案，实际发生多少工程量，用多少人工、材料、机械，发生多少费用与投标报价清单是吻合的。

为此，审核施工组织设计，应与投标报价中的分部分项工程量清单综合单价分析表、措施项目费用分析表，以及实施工程承包单位的资金使用计划结合起来进行，从而达到通过审核施工组织设计预先控制资金使用的效果。

开工前，施工单位编制的施工组织设计是否涉及合同价格的调整，应该在施工合同中约定。

3.3.4.3 对施工图预算、进度款及结算的审核

对施工图预算、进度款及结算的审核是投资控制的重要工作。审核施工图预算是对项目的预控，审核进度款是控制阶段拨款，审核结算是最终核定项目的实际投资。目前工程实践中，建设单位委托监理工程师重点审核进度款，而将结算的审核委托给社会审计机构。

3.3.4.4 审核已完工程实物量并计量

审核已完工程实物量，是施工阶段监理工程师做好投资控制的一项最重要的工作。无论建设项目施工合同的签订是工程量清单还是施工图预算加签证等形式，按照合同规定，实际发生的工程量进行工程价款结算是大多数工程项目施工合同所要求的。为此监理工程师应按照合同约定的工程量计算规则、图纸及变更指示等进行计量，并据此审核施工承包单位提交的已完工程结算单，签发付款证书。

工程计量是根据工程设计文件及施工合同约定，项目监理机构对施工单位申报的合格工程的工程量进行的核验。项目监理机构应按下列程序进行工程计量和付款签证：

（1）专业监理工程师对施工单位在工程款支付报审表中提交的工程量和支付金额进行复核，确定实际完成的工程量，提出到期应支付给施工单位的金额，并提出相应的支持性材料。

（2）总监理工程师对专业监理工程师的审查意见进行审核，签认后报建设单位审批。

（3）总监理工程师根据建设单位的审批意见，向施工单位签发工程款支付证书。

工程款支付报审表应按《建设工程监理规范》表 B.0.11 的要求填写，工程款支付证书应按《建设工程监理规范》表 A.0.8 的要求填写。

项目监理机构应编制月完成工程量统计表，对实际完成量与计划完成量进行比较分析，发现偏差的，应提出调整建议，并应在监理月报中向建设单位报告。

施工合同文本关于工程计量的一般规定：施工单位按专用条款约定的时间，向监理工程师报送已完工程量的报告。监理工程师在收到报告后 7 天内按设计图纸核实已完工程量，并在计量前 24 小时通知施工单位，施工单位为计量提供便利条件并派人参加。监理工程师对工程量有异议的，有权要求施工单位进行共同复核或抽样复测。施工单位应协助监理工程师进行复核或抽样复测，并按监理工程师要求提供补充计量资料。施工单位未按监理工程师要求参加复核或抽样复测的，监理工程师复核或修正的工程量视为施工单位实际完成的工程量。监理工程师不按照约定时间通知施工单位，使施工单位不能参加计量的情况，计量结果无效。监理工程师未在收到施工单位提交的工程量报表后的 7 天内完成复核的，施工单位提交的工程量报告中的工程量视为施工单位实际完成的工程量，据此计算工程价款。

3.3.4.5 处理变更索赔事项

在施工阶段，不可避免地会发生工程量变更、工程项目变更、进度计划变更、施工条件变更等情况，也经常会出现索赔事项，直接影响工程项目的投资。科学、合理地处理索赔事件，是施工阶段监理工程师的重要工作。总监理工程师应从项目投资、项目的功能要求、质量和工期等方面审查工程变更的方法，并且

在工程变更实施前与建设单位、施工承包单位协商确定工程变更的价款。专业监理工程师应及时收集、整理有关的施工和监理资料，为处理费用索赔提供证据。监理工程师应加强主动控制，尽量减少索赔，及时、合理地处理索赔，保证投资支出的合理性。

（1）项目监理机构处理费用索赔的依据。

1）国家有关的法律、法规和工程项目所在地的地方性法规。

2）本工程的施工合同文件。

3）国家、部门和地方有关的标准、规范和定额。

4）施工合同履行过程中与索赔事件有关的凭证。

（2）项目监理机构处理费用索赔的程序。

1）施工承包单位在施工合同规定的期限内向项目监理机构提交对建设单位的费用索赔意向通知书。

2）总监理工程师指定专业监理工程师收集与索赔有关的资料。

3）施工承包单位在承包合同规定的期限内向项目监理机构提交对建设单位的费用索赔申请表。

4）总监理工程师初步审查费用索赔申请表，符合费用索赔条件（索赔事件造成了施工承包单位直接经济损失、索赔事件是由于非承包单位的责任发生的）时予以受理。

5）总监理工程师进行费用索赔审查，并在初步确定一个额度后，与承包单位和建设单位进行协商。

6）总监理工程师应在施工合同规定的期限内签署费用索赔审批表，或在施工合同规定的期限内发出要求施工承包单位提交有关索赔报告的进一步详细资料的通知，待收到施工单位提交的详细资料后，按第4）、5）、6）条规定程序进行。

【案例3.3】 某工程项目的施工招标文件中表明该工程采用综合单价计价方式，其中，合同约定，实际完成工作量超过估计工作量15%以上时允许调整单价。原来合同中有A、B两项土方工程，工程量均为16万m^3，土方工程的合同单价为16元/m^3。实际工程量与估计工程量相等。施工过程中，总监理工程师以设计变更通知发布新增土方工程C的指示，该工作的性质和施工难度与A、B工作相同，工程量为32万m^3。总监理工程师与承包单位依据合同约定协商后，确定的土方变更单价为14元/m^3。

问题： 确定承包人提出的上述索赔费用，并说明理由。

解： 承包人的变更费用计算如下：

（1）工程量清单中计划土方＝16＋16＝32（万m^3）；

（2）新增土方工程量＝32万m^3；

（3）按照合同约定，应按原单价计算的新增工程量＝32×15%＝4.8（万m^3）；

（4）新增土方工程款＝4.8万m^3×16元/m^3＋（32－4.8）万m^3×14元/m^3

＝457.6万元

3.3.4.6　实际投资与计划投资比较，及时进行纠偏

专业监理工程师应及时建立月完成工程量和工作量统计表，对实际完成量与计划

完成量进行比较、分析，定期地将实际投资与计划投资（或合同价）作比较，发现投资偏差，计算投资偏差，分析投资偏差产生的原因，制定调整措施，并应在监理月报中向建设单位报告。

投资偏差是指投资计划值与实际值之间存在的差异，即

投资偏差=已完工程实际投资－已完工程计划投资=

已完工程量×实际单价－已完工程量×计划单价

上式中结果为正表示投资增加，结果为负表示投资节约。需要注意的是，与投资偏差密切相关的是进度偏差，在进行投资偏差分析的时候要同时考虑进度偏差，只有进度计划正常的情况下，投资偏差为正值时，表示投资增加；如果实际进度比计划进度超前，单纯分析投资偏差是看不出本质问题的，为此，进行投资偏差分析时往往同时进行进度偏差的计算分析。

进度偏差=已完工程实际时间－已完工程计划时间

投资偏差=拟完工程计划投资－已完工程计划投资=

拟完工程量×计划单价－已完工程量×计划单价

进度偏差计算结果为正值时，表示工期拖延；结果为负值时，表示工期提前。

引起投资偏差的原因，主要包括4个方面：①客观原因，包括人工费涨价、材料费涨价、自然因素、地基因素、交通原因、社会原因、法规变化等；②建设单位原因，包括投资规划不当、组织不落实、建设手续不齐备、未及时付款、协调不佳等；③设计原因，包括设计错误或缺陷、设计标准变更、图纸提供不及时、结构变更等；④施工原因，包括施工组织设计不合理、质量事故、进度安排不当等。从偏差产生的原因看，由于客观原因是无法避免的，因施工原因造成的损失由施工承包单位自己负责。因此，监理工程师投资纠偏的主要对象是由建设单位的原因和设计原因造成的投资偏差。

除上述投资控制工作内容外，监理工程师还应协助建设单位按期提供合格的施工现场、符合要求的设计文件以及应由建设单位提供的材料、设备等，避免索赔事件的发生，造成投资费用增加。工程价款结算时，还应审查有关变更费用的合理性，审查价格调整的合理性等。

3.4 工程项目变更内容与价款的确定

3.4.1 工程项目变更内容

3.4.1.1 变更的范围和内容

工程变更包括设计变更、进度计划变更、施工条件变更以及原招标文件和工程量清单中未包括的“新增工程”。按《中华人民共和国标准施工招标文件（2007年版）》要求，在履行合同中发生以下情形之一，应按照以下规定进行变更：

（1）取消合同中任何一项工作，但被取消的工作不能转由发包人或其他人实施。

（2）改变合同中任何一项工作的质量或其他特性。

（3）改变合同工程的基线、标高、位置或尺寸。

（4）改变合同中任何一项工作的施工时间或改变已批准的施工工艺或顺序。

（5）为完成工程需要追加的额外工作。

3.4.1.2 变更权

在履行合同过程中，经发包人同意，监理人可按约定的变更程序向承包人作出变更指示，承包人应遵照执行。没有监理人的变更指示，承包人不得擅自变更。

3.4.1.3 变更程序

1. 变更的提出

（1）在合同履行过程中，可能发生以上约定变更情形的，监理人可向承包人发出变更意向书。变更意向书应说明变更的具体内容和发包人对变更的时间要求，并附必要的图纸和相关资料。变更意向书应要求承包人提交包括拟实施变更工作的计划、措施和竣工时间等内容的实施方案。发包人同意承包人根据变更意向书要求提交的变更实施方案的，由监理人按约定发出变更指示。

（2）承包人收到监理人按合同约定发出的图纸和文件，经检查认为其中存在约定情形的，可向监理人提出书面变更建议。变更建议应阐明要求变更的依据，并附必要的图纸和说明。监理人收到承包人书面建议后，应与发包人共同研究，确认存在变更的，应在收到承包人书面建议后的14天内作出变更指示。经研究后不同意变更的，应由监理人书面答复承包人。

（3）若承包人收到监理人的变更意向书后认为难以实施此项变更，应立即通知监理人，说明原因并附详细依据。监理人与承包人和发包人协商后确定撤销、改变或不改变原变更意向书。

2. 变更估价

（1）除专用合同条款对期限另有约定外，承包人应在收到变更指示或变更意向书后的14天内，向监理人提交变更报价书，报价内容应根据约定的估价原则，详细开列变更工作的价格组成及其依据，并附必要的施工方法说明和有关图纸。

（2）变更工作影响工期的，承包人应提出调整工期的具体细节。监理人认为有必要时，可要求承包人提交要求提前或延长工期的施工进度计划及相应施工措施等详细资料。

（3）除专用合同条款对期限另有约定外，监理人收到承包人变更报价书后的14天内，根据约定的估价原则，按照商定或确定变更价格。

1）合同约定总监理工程师应对任何事项进行商定或确定时，总监理工程师应与合同当事人协商，尽量达成一致。不能达成一致的，总监理工程师应认真研究后审慎确定。

2）总监理工程师应将商定或确定的事项通知合同当事人，并附详细依据。对总监理工程师的确定有异议的，构成争议，按照合同约定处理。在争议解决前，双方应暂按总监理工程师的确定执行，按照争议地解决的约定对总监理工程师的确定作出修改的，按修改后的结果执行。

3. 变更指示

（1）变更指示只能由监理人发出。

（2）变更指示应说明变更的目的、范围、变更内容以及变更的工程量及其进度和技术要求，并附有关图纸和文件。承包人收到变更指示后，应按变更指示进行变更工作。

3.4.1.4 变更的估价原则

除专用合同条款另有约定外，因变更引起的价格调整按照以下办法处理。

（1）已标价工程量清单中有适用于变更工作的子目的，采用该子目的单价。

（2）已标价工程量清单中无适用于变更工作的子目，但有类似子目的，可在合理范围内参照类似子目的单价，由监理人按商定或确定变更工作的单价。

（3）已标价工程量清单中无适用或类似子目的单价，可按照成本加利润的原则，由监理人按商定或确定变更工作的单价。

3.4.1.5 工程价款价差调整的方法

工程价款价差调整的主要方法有工程造价指数调整法、实际价格调整法、调价文件计算法、调值公式法等。

1. 工程造价指数调整法

这种方法是发包方和承包方采用当时的预算（或概算）定额单价计算出承包合同价，待工程竣工时，根据合理的工期及当地工程造价管理部门所公布的该月度（或季度）的工程造价指数，对原承包合同价予以调整，重点调整那些由于实际人工费、材料费、施工机械费等费用上涨及工程变更因素造成的价差，并对承包商给以调价补偿。

2. 实际价格调整法

由于建筑材料市场采购的范围越来越大，有些地区还规定对钢材、木材、水泥等三材的价格采取按实际价格结算的方法。工程承包商可凭发票按实报销。这种方法方便而准确。

但由于是实报实销，承包商对降低成本不感兴趣，为了避免副作用，地方主管部门需要定期发布最高限价，合同文件中应规定建设单位或工程师有权要求承包商选择更廉价的供应来源。

3. 调价文件计算法

这种方法是承发包双方采取按当时的预算价格承包，在合同工期内，按照工程造价管理部门调价文件的规定，进行抽料补差（在同一价格期内按所完成的材料用量乘以价差）。也有的地方定期发布主要材料供应价格和管理价格，对这一时期的工程进行抽料补差。

4. 调值公式法

根据国际惯例，对建设项目工程价款的动态结算，一般是采用此方法。实际工作中，绝大多数国际工程项目，甲乙双方在签订合同时就明确列出这一调值公式，并以此作为价差调整的计算依据。

建筑安装工程费用价格调值公式一般包括固定部分、材料部分和人工部分。但当

建筑安装工程的规模和复杂性增大时，公式也变得更为复杂。调值公式一般为

$$P=P_0\left(a_0+a_1\frac{A}{A_0}+a_2\frac{B}{B_0}+a_3\frac{C}{C_0}+a_4\frac{D}{D_0}+\cdots\right)$$

式中 P——调值后合同价款或工程实际结算款；

P_0——合同价款中工程预算进度款；

a_0——固定要素，代表合同支付中不能调整的部分占合同总价中的比重；

a_1、a_2、a_3、a_4、…——有关各项费用（如：人工费用、钢材费用、水泥费用、运输费用等）在合同总价中所占比重，$a_0+a_1+a_2+a_3+a_4+\cdots=1$；

A_0、B_0、C_0、D_0、…——投标截止日期前28天的基准日期与a_1、a_2、a_3、a_4、…对应的各项费用的基期价格指数或价格；

A、B、C、D、…——在工程结算月份与a_1、a_2、a_3、a_4、…对应的各项费用的基期价格指数或价格。

运用调值公式进行工程价款价差调整时应注意以下内容：

(1) 固定要素的取值范围通常为0.15～0.35。固定要素与调价余额成反比关系，固定要素相当微小的变化，会引起实际调价时很大的费用变动，所以，承包商在调值公式中采用的固定要素取值要尽可能偏小。

(2) 调值公式中有关的各项费用，只选择用量大、价格高且具有代表性的一些典型人工费和材料费，通常为钢材、木材、水泥、砂石料等，并用它们的价格指数变化综合代表材料费的价格变化，以便尽量与实际情况接近。

(3) 在许多招标文件中要求承包方在投标中提出各部分成本的比重系数，并在价格分析中予以论证。但也有的是由发包方（业主）在招标文件中即规定一个允许范围，由投标人在此范围内选定。

(4) 确定每个品种的系数和固定要素系数，品种的系数要根据该品种价格对总造价的影响程度而定。各品种系数之和加上固定要素系数应等于1。

(5) 各项费用的调整应与合同条款规定相吻合。

(6) 调整时还要注意地点与时点。地点一般指工程所在地或指定的某地市场价格。时点指的是某月某日的市场价格。这里要确定两个时点价格，即签订合同时间某个时点的市场价格（基础价格）和每次支付前的一定时间的时点价格。

3.4.2 工程变更价款确定

在工程项目的实施过程中，由于多方面的情况变更，经常出现工程量变化、施工进度变化，以及发包方与承包方在执行合同中的争执等许多问题。这些问题的产生，一方面是由于勘察设计工作不细，以致在施工过程中发现许多招标文件中没有考虑或估算不准确的工程量，因而不得不改变施工项目或增减工程量；另一方面，是由于发生不可预见的事件，如自然或社会原因引起的停工或工期拖延等。由于工程变更所引起的工程量的变化、承包人的索赔等，都有可能使项目投资超出原来的预算投资，监理工程师必须

严格予以控制，密切注意其对未完工程投资支出的影响及对工期的影响。

3.4.2.1 项目监理机构对工程变更的管理

《建设工程监理规范》（GB/T 50319—2013）指出，正常情况下，在施工阶段设计单位不应主动提出工程变更。承包人提出工程变更的情形有：①图纸出现错、漏、碰、缺等缺陷无法施工；②图纸不便施工，变更后更经济、方便；③采用新材料、新产品、新工艺、新技术的需要；④承包人考虑自身利益，为费用索赔提出工程变更。项目监理机构可按下列程序处理承包人提出的工程变更。

（1）总监理工程师组织专业监理工程师审查承包人提出的工程变更申请，提出审查意见，对涉及工程设计文件修改的工程变更，应由发包人转交原设计单位修改工程设计文件。必要时，项目监理机构应建议发包人组织设计、施工等单位召开论证工程设计文件修改方案的专题会议。

（2）总监理工程师组织专业监理工程师对工程变更费用及工期影响作出评估。

（3）总监理工程师组织发包人、承包人等共同协商确定工程变更费用及工期变化，会签工程变更单。

（4）项目监理机构根据批准的工程变更文件督促承包人实施工程变更。

除承包人提出的工程变更外，发包人可能由于局部调整使用功能，也可能是方案阶段考虑不周而提出工程变更。项目监理机构应对发包人要求的工程变更可能造成的设计修改、工程暂停、返工损失、增加工程造价等进行全面评估，为发包人正确决策提供依据、避免反复和不必要的浪费。

此外，《建设工程工程量清单计价规范》（GB 50500—2013）还规定了因非承包人原因删减合同工作的补偿要求：如果发包人提出的工程变更，因非承包人原因删减了合同中的某项原定工作或工程，致使承包人发生的费用或（和）得到的收益不能被包括在其他已支付或应支付的项目中，也未被包含在任何替代的工作或工程中，则承包人有权提出并得到合理的费用及利润补偿。

3.4.2.2 工程变更价款的确定方法

1. 已标价工程量清单项目或其工程数量发生变化的调整办法

《建设工程工程量清单计价规范》（GB 50500—2013）规定，工程变更引起已标价工程量清单项目或其工程数量发生变化，应按照下列规定调整：

（1）已标价工程量清单中有适用于变更工程项目的，采用该项目的单价；但当工程变更导致该清单项目的工程数量发生变化，且工程量偏差超过15%。此时，调整的原则为：当工程量增加15%以上时，其增加部分的工程量的综合单价应予调低；当工程量减少5%以上时，减少后剩余部分的工程量的综合单价应予调高。

（2）已标价工程量清单中没有适用，但有类似于变更工程项目的，可在合理范围内参照类似项目的单价。

（3）已标价工程量清单中没有适用也没有类似于变更工程项目的，由承包人根据变更工程资料、计量规则和计价办法、工程造价管理机构发布的信息价格和承包人报价浮动率提出变更工程项目的单价，报发包人确认后调整。承包人报价浮动率可按下列公式计算：

1）招标工程。

$$承包人报价浮动率 L=(1-中标价/招标控制价)\times 100\% \quad (3.1)$$

2）非招标工程。

$$承包人报价浮动率 L=(1-报价值/施工图预算)\times 100\% \quad (3.2)$$

（4）已标价工程量清单中没有适用也没有类似于变更工程项目，且工程造价管理机构发布的信息价格缺价的，由承包人根据变更工程资料、计量规则、计价办法和通过市场调查等取得有合法依据的市场价格提出变更工程项目的单价，报发包人确认后调整。

2. 措施项目费的调整

工程变更引起施工方案改变并使措施项目发生变化时，承包人提出调整措施项目费的，应事先将拟实施的方案提交发包人确认，并应详细说明与原方案措施项目相比的变化情况。拟实施的方案经发承包双方确认后执行，并应按照下列规定调整措施项目费：

（1）安全文明施工费按照实际发生变化的措施项目调整，不得浮动。

（2）采用单价计算的措施项目费，按照实际发生变化的措施项目及前述已标价工程量清单项目的规定确定单价。

（3）按总价（或系数）计算的措施项目费，按照实际发生变化的措施项目调整，但应考虑承包人报价浮动因素，即调整金额按照实际调整金额乘以承包人报价浮动率 L [式(3.1）或式（3.2)]计算。如果承包人未事先将拟实施的方案提交给发包人确认，则视为工程变更不引起措施项目费的调整或承包人放弃调整措施项目费的权利。

3. 工程变更价款调整方法的应用

（1）直接采用适用的项目单价的前提是其采用的材料、施工工艺和方法相同，也不因此增加关键线路上工程的施工时间。

例如：某工程施工过程中，由于设计变更，新增加轻质材料隔墙 $1200m^2$，已标价工程量清单中有此轻质材料隔墙项目综合单价，且新增部分工程量在15%以内，就应直接采用该项目综合单价。

（2）采用适用的项目单价的前提是其采用的材料、施工工艺和方法基本类似，不增加关键线路上工程的施工时间，可仅就其变更后的差异部分，参考类似的项目单价由承发包双方协商新的项目单价。

例如：某工程现浇混凝土梁为C25，施工过程中设计调整为C30，此时，可仅将C30混凝土价格替换为C25混凝土价格，其余不变，组成新的综合单价。

（3）无法找到适用和类似的项目单价时，应采用招标投标时的基础资料和工程造价管理机构发布的信息价格，按成本加利润的原则由发承包双方协商新的综合单价。

【案例 3.4】 某工程招标控制价为8413949元，中标人的投标报价为7972282元，承包人报价浮动率为多少？施工过程中，屋面防水采用PE高分子防水卷材（1.5mm），清单项目中无类似项目，工程造价管理机构发布该卷材单价为18元/m^2，则该项目综合单价如何确定？

解：（1）由式（3.2）可得

$$\begin{aligned} L &= (1-7972282/8413949)\times 100\% \\ &= (1-0.9475)\times 100\% \\ &= 5.25\% \end{aligned}$$

(2)查项目所在地该项目定额人工费为 3.78 元,除卷材外的其他材料费为 0.65 元,管理费和利润为 1.13 元。

$$\begin{aligned}该项目综合单价&=(3.78+18+0.65+1.13)\times(1-5.25\%)\\&=23.56\times94.75\%\\&=22.32(元)\end{aligned}$$

发承包双方可按 22.32 元协商确定该项目综合单价。

(4) 无法找到适用和类似的项目单价、工程造价管理机构也没有发布此类信息价格，由发承包双方协商确定。

例如：某合同钻孔桩的工程情况：直径为 1.0m 的共计长 1501m，直径为 1.2m 的共计长 8178m，直径为 1.3m 的共计长 2017m。原合同规定选择直径为 1.0m 的钻孔桩做静载破坏试验。显然，如果选择直径为 1.2m 的钻孔桩做静载破坏试验对工程更具有代表性和指导意义。因此，监理工程师决定变更。但在原工程量清单中仅有直径为 1.0m 静载破坏试验的价格，没有直接或其他可套用的价格供参考。经过认真分析，监理工程师认为，钻孔桩做静载破坏试验的费用主要由两部分构成：一部分为试验费用，另一部分为桩本身的费用。而试验方法及设备并未因试验桩直径的改变而发生变化。因此，可认为试验费用没有增减，费用的增减主要由钻孔桩直径变化而引起的桩本身的费用的变化。直径为 1.2m 的普通钻孔桩的单价。在工程量清单中查询，且地理位置和施工条件相近。因此，采用直径为 1.2m 的钻孔桩做静载破坏试验的费用为：直径为 1.0m 静载破坏试验费＋直径为 1.2m 的钻孔桩的清单价格。此案例就是直接采用合同中工程量清单的单价和价格。

例如：某合同路堤土方工程完成后，发现原设计在排水方面考虑不周，为此发包人同意在适当位置增设排水管涵。在工程量清单上有 100 多道类似管涵，但承包人却拒绝直接从中选择适合的作为参考依据。理由是变更设计提出时间较晚，其土方已经完成并准备开始路面施工，新增工程不但打乱了其进度计划，而且二次开挖土方难度较大，特别是重新开挖用石灰土处理过的路堤，与开挖天然表土不能等同。监理工程师认为承包人的意见可以接受，不宜直接套用清单中的管涵价格。经与承包人协商，决定采用工程量清单上的几何尺寸、地理位置等条件相近的管涵价格作为新增工程的基本单价，但对其中的“土方开挖”一项在原报价基础上按某个系数予以适当提高，提高的费用叠加在基本单价上，构成新增工程价格。此案例就是通过发承包双方协商确定单价和价格。

3.5 案例

【案例 3.5】

背景材料：

某快速干道工程，工程开、竣工时间分别为当年 4 月 1 日和 9 月 30 日。业主根据该工程的特点及项目构成情况，将工程分为 3 个标段。其中第Ⅲ标段造价为 4150 万元，第Ⅲ标段中的预制构件由甲方提供（直接委托构件厂生产）。

该工程施工过程中发生以下事件：

事件1：为了做好该项目的投资控制工作，监理工程师明确了如下投资控制的措施：

(1) 编制资金使用计划，确定投资控制目标。

(2) 进行工程计量。

(3) 审核工程付款申请，签发付款证书。

(4) 审核施工单位编制的施工组织设计，对主要施工方案进行技术经济齐分析。

(5) 对施工单位报送的单位工程质量评定资料进行审核和现场检查，并予以签认。

(6) 审查施工单位现场项目管理机构的技术管理体系和质量保证体系。

事件2：第Ⅲ标段施工单位为C公司，业主与C公司在施工合同中约定：

(1) 开工前业主应向C公司支付合同价25%的预付款，预付款从第3个月开始等额扣还，4个月扣完。

(2) 业主根据C公司完成的工程量（经监理工程师签认后）按月支付工程款，保留金额为合同总额的5%。保留金按每月产值的10%扣除，直至扣完为止。

(3) 监理工程师签发的月付款凭证最低金额为300万元。

第Ⅲ标段各月完成产值见表3.2。

表3.2　　第Ⅲ标段各月完成产值

单位	4月	5月	6月	7月	8月	9月
C公司	480	685	560	430	620	580
构件厂	—	—	275	340	180	—

问题：

1. 事件1中，哪些措施属于投资控制的措施？哪些措施不属于投资控制的措施？

2. 事件2中，支付给C公司的工程预付款是多少？监理工程师在第4、6、7、8月底分别给C公司实际签发的付款凭证金额是多少？

问题解析：

工程的投资控制主要是从前期工作、工程实施过程中、工程完成后三方面进行。建设前期主要是协助业主编制可行性分析报告，形成投资估算，根据有关资料，对各种投资方案进行科学论证，确定最终的估算价等；在实施过程中投资控制主要是审核施工单位编制的施工组织设计、对主要施工方案进行技术经济分析，做好工程计量工作，审核工程付款申请、签发付款证书，动态监控投资偏差，控制工程变更，做好索赔管理等；工程完成后主要是加强工程结算、决算审核等。本案例主要考察工程实施过程中投资控制的内容以及工程价款中期支付的计算。

启示：作为国家注册监理工程师要有严肃、认真的工作情怀、对建设工程投资严格把关、一丝不苟的工作态度，这样才能保护人民的生命、财产及国家的安全。同时，这种对建设工程投资、安全高度负责的精神也会得到业主的肯定。

【案例 3.6】

背景材料：

某实施监理的工程，业主与某承包商按 FIDIC《土木工程施工合同条件》签订了施工合同，在施工合同《专用条件》中双方约定：①本合同系综合单价合同，合同内所含各项目的费率或价格不应考虑变动。除非变更工程项目涉及的款额超过合同总价的 2%，以及在该项目下实施的实际工程量超过或少于暂估工程量清单中所注工程量的 20%以上时，才可变动其费率或价格。②工程有效合同价为 765 万元，计日工单价为 25.0 元/工日，价格调整系数为 1.15，滞留金 8%，工程师签发进度款证书的最小金额为 100 万元。③工程招标书中暂估工程量清单中钢筋混凝土灌注桩的工程量为 $1218.57m^3$，承包商的报价为 764 元/m^3。

该工程实施中发生了如下事件：

事件 1：施工前承包商提出，监理工程师发布变更指令都涉及费用的增减。下列条款会导致合同价的变化，都应由业主支付有关费用：

(1) 根据监理工程师的指示，承包商进行工程量表中没有规定的作业。

(2) 承包商按工程图纸放线并经监理工程师检查，施工中发现放线有误，且非图纸有误，承包商纠正这些差错所需费用。

(3) 发生应由业主承担的风险，承包商根据监理工程师指令进行的清理、补修所需费用。

(4) 监理工程师指示对工程任何部分的形式、数量或质量的变更。

(5) 在缺陷责任期，监理工程师指示承包商进行应负责任的修补费用。

(6) 合同中没有规定，监理工程师指示承包商所进行的与工程有关的工作所发生的费用。

事件 2：在桩基施工前监理工程师签发了由设计单位提出的，业主认可的加密基础钢筋混凝土灌注桩的变更指令。业主发现桩基实际工程量可能会超过暂估工程量的 20%，于是，向监理工程师提出，由于工程变更使某项工作的实际工作量比投标时工程量清单中的暂估工作量超过或减少 20%时，该项目即应调整费率或价格。

事件 3：桩基础施工后经监理工程师检验符合质量要求，并计量确认钢筋混凝土灌注桩的工程量为 $1522.50m^3$。经协商新的单价为 735 元/m^3，桩基完工后承包商提出的结算报表如下：

(1) 永久性工程：1522.50×764＝116.319（万元）。

(2) 桩基设备进出场费：1.5 万元。

(3) 计日工：25 元/工日×450 工日＝1.125（万元）。

(4) 管理费：(116.319＋1.5＋1.135) ×14%＝16.652（万元）。

(5) 已到货材料设备预付款：4 万元。

(6) 本月应得款额：

(116.319＋1.5＋1.125＋16.652＋4) ×（1.15－8%）＝149.368（万元）

经监理工程师对承包商结算报表数据的核实，计日工为 250 个，已运到工地的材料设备预付款为 3.7 万元。

问题：

1. 事件 1 中，承包商的说法是否正确？监理工程师发布的哪些变更指令会导致合同价的变化？

2. 事件 2 中，业主提出实际工作量比暂估工作招标量减小 20%时，该项目即应调整费率或价格的说法是否正确？说明理由。

3. 事件 3 中，桩基工程的单价是否应调整？为什么？

4. 事件 3 中，监理工程师应如何审定该结算报表？说明理由。监理工程师将如何签发付款证书？

问题解析：

本案考核对 FIDIC 合同范本以及《建设工程监理规范》（GB/T 50319—2013）中关于工程量变更导致合同价款调整的规定，要求正确理解合同价款的构成 、调整价的条件以及变更款的计算等。运用这些知识审核结算报表，确认哪些款项是应该支付的以及应该支付多少等。

3.1

第 3 章案例答案

启示：要求监理工程师对 FIDIC 合同范本以及《建设工程监理规范》（GB/T 50319—2013）中关于工程量变更导致合同价款调整的规定，要求正确理解合同价款的构成 、调整价的条件以及变更款的计算等。

复 习 思 考 题

一、选择题

1. 下列费用中，属于工程建设其他费用的是（　　）。

A. 设置及工器具购置费

B. 建设期利息

C. 基本预备案

D. 勘察设计费

2. 下列项目监理机构施工阶段投资控制的措施中，属于技术措施的是（　　）。

A. 审核承包人编制的施工组织设计

B. 复核工程付款账单，签发付款证书

C. 审核竣工结算

D. 编制施工阶段投资控制工作计划

3. 下列费用中，属于建筑安装工程费中检验试验费的是（　　）。

A. 对构件实行一般鉴定、检查所发生的费用

B. 新材料的试验费

C. 建设单位委托检测机构实行检验的费用

D. 对构件实行破坏性试验的费用

4. 建筑安装工程费中工伤保险费的计算基础是（　　）。

A. 定额直接费

B. 定额人工费

C. 定额人工费和机械费

D. 定额人工费和材料费

5. 进口一套机械设备，离岸价（FOB 价）为 40 万美元，国际运费为 5 万美元，国外运输保险费为 1.2 万美元，关税税率为 22%，汇率为 1 美元=6.10 元人民币。则该套机械设备应缴纳的进口关税为（　　）万元人民币。

A. 53.68

B. 55.29

C. 60.39

D. 62.00

6. 下列费用中，属于建设单位管理费的是（　　）。

A. 拆迁补偿费

B. 工程招标费

C. 环境影响评价费

D. 工程保险费

7. 某建设项目从银行贷款 2000 万元，年利率 8%，每季度复利一次，则该贷款的年实际利率为（　　）。

A. 7.76%

B. 8.00%

C. 8.24%

D. 8.56%

8. 下列投资方案经济评论指标中，属于偿债水平指标的是（　　）。

A. 资本金净利润率

B. 投资回收期

C. 利息备付率

D. 内部收益率

9. 某项目初期投资额为 500 万元，此后自第 1 年年末开始每年年末的作业费用为 40 万元，方案的寿命期为 10 年。10 年后的净残值为 0。若基准收益率为 10%，则该项目总费用的现值是（　　）万元。

A. 746.14

B. 834.45

C. 867.58

D. 900.26

10. 某建设项目，第 1～3 年每年年末投入建设资金 500 万元，第 4～8 年每年年末获得利润 800 万元，则该项目的静态投资回收期为（　　）年。

A. 3.87

B. 4.88

C. 4.90

D. 4.96

11. 价值工程中的全寿命周期费用是指（　　）。

A. 生产过程发生的全部成本

B. 从开始使用至报废过程中发生的费用总和

C. 产品存续期的总成本

D. 生产费用、使用费用及维护费用之和

12. 根据功能重要水准选择价值工程对象的方法称为（　　）。

A. 因素分析法

B. ABC分析法

C. 强制确定法

D. 价值指数法

13. 某产品的目标成本为2000元。该产品某零部件的功能重要性系数是0.32，若现实成本为800元，则该零部件成本需要降低（　　）元。

A. 160

B. 210

C. 230

D. 240

14. 下列措施项目中，不作为竞争性费用的是（　　）。

A. 夜间施工增加费

B. 冬雨期施工增加费

C. 安全文明施工费

D. 二次搬运费

15. 下列费用中，应列入其他项目清单的是（　　）。

A. 专业工程暂估价

B. 安全文明施工费

C. 二次搬运费

D. 夜间施工增加费

16. 采用可调总价合同时，发包方承担了（　　）风险。

A. 实物工程量

B. 成本

C. 工期

D. 通货膨胀

17. 根据《建设工程施工合同（示范文本）》（GF—2013—0201），监理人应在收到承包人提交的工程量报告后（　　）天内，完成对工程量报表的审核并发送发包人。

A. 7

B. 14

C. 21

D. 28

18. 某工程原定 2013 年 9 月 20 日竣工，因承包人原因，致使工程延至 2013 年 10 月 20 日竣工。但在 2013 年 10 月因法规的变化导致工程造价增加 120 万元，工程合同价款应（　　）。

A. 调增 60 万元

B. 调增 60 万元

C. 调增 60 万元

D. 不予调整

19. 某分项工程招标工程量清单为 1000m³。施工中因为设计变更调整为 1200m³。该分项工程招标控制价单价为 300 元/m³。投标报价单价为 360 元/m³。根据《建设工程工程量清单计价规范》，该分项工程的结算款为（　　）元。

A. 420000

B. 429000

C. 431250

D. 432000

20. 某分项工程合同价为 6 万元，采用价格指数实行价格调整。可调值部分占合同总价的 70%，可调值部分由 A、B、C 三项成本要素构成，分部占可调值部分的 20%、40%、40%，基准日期价格指数均为 100，结算依据的价格指数分别为 110、95、103，则结算的价款为（　　）万元。

A. 4. 83

B. 6. 05

C. 6. 63

D. 6. 90

21. 根据《建设工程工程量清单计价规范》，当承包人投标报价中材料单价低于基准单价时，施工期间材料单价涨幅以（　　）为基础，超过合同约定的风险幅度值的，其超过部分按实际调整。

A. 投标报价

B. 招标控制价

C. 基准单价

D. 实际单价

22. 某工程在施工过程中，由于不可抗力造成在建工程损失 16 万元。承包方受伤人员医药费 4 万元，施工机具损失 6 万元，施工人员窝工费 2 万元，工程清理修复费 4 万元。承包人即时向项目监理机构索赔申请，并附有相关证明材料。则项目监理机构应批准的补偿金额为（　　）万元。

A. 20

B. 22

C. 24

D. 32

23. 最常用的计算索赔费用的方法是（　　）。

A. 总费用法

B. 修正的总费用法

C. 关键线路法

D. 实际费用法

24. 某工程施工至 2013 年 12 月底，经分析，已完工作预算投资为 100 万元；已完工作实际投资为 115 万元；计划工程预算投资为 110 万元。则该工程的进度偏差为（　　）。

A. 超前 15 万元　　　　B. 延误 15 万元

C. 超前 10 万元　　　　D. 延误 10 万元

3.2

第 3 章参考答案

二、问答题

1. 完成施工阶段投资控制的任务，监理工程师应做好哪些工作？
2. 按子项目分解得到的资金使用计划表，其内容一般包括哪些？
3. 试述时间-投资累计曲线绘制步骤。
4. 施工准备阶段的工程造价控制措施有哪些？
5. 施工阶段的工程造价控制内容有哪些？
6. 试述项目监理机构进行工程计量和工程款支付工作的程序。
7. 竣工阶段的工程造价控制措施有哪些？
8. 试述工程计量的程序。
9. 工程计量的依据有哪些？
10. 工程价款的主要结算方式有哪些？
11. 工程进度款支付过程中，需遵循哪些要求？
12. 工程进度款支付时限是如何规定的？
13. 工程保留金的预留如何进行？
14. 安全施工费用如何支付？
15. 竣工结算方式有哪些？
16. 如何编审工程竣工结算？

第 4 章
建设工程项目质量控制

学习重点

- 掌握建设工程项目施工阶段质量控制内容。
- 掌握建设工程项目施工质量验收。
- 掌握动态控制原理进行质量控制。

知识目标	技能素养	思政元素
了解质量管理、质量控制概念及基本原理，掌握质量控制点设置的原则和质量控制点重点控制的对象	能够运用动态控制原理进行质量控制，能够针对具体工程熟练设置质量控制点	职业自豪感 科学精神 安全意识
熟悉工程质量控制系统的构成、建立及运行相关知识，熟悉工程质量检验分类和质量验收程序	能够完成简单建设工程项目质量控制系统的构成、建立和运行，能够熟练应用质量检验手段对工程质量进行检查验收	职业精神 职业素养
掌握施工生产要素的质量控制及施工过程的作业质量控制	能够完成施工阶段的质量控制、施工质量计划的编制、施工生产要素的质量控制、施工过程的作业质量控制	专业能力 实战能力

引　例

港珠澳大桥是一座连接香港、珠海和澳门的桥隧工程，位于广东省珠江口伶仃洋海域内，为珠江三角洲地区环线高速公路南环段。港珠澳大桥被誉为“现代世界七大奇迹”之一，从设计到建成，前后历时 15 年，抗风能力 16 级、抗震能力 8 级、设计使用寿命 120 年，是桥岛隧交通集群工程。港珠澳大桥是科技工程，也是人心工程，体现了一个国家逢山开路、遇水架桥的奋斗精神，彰显了我国综合国力、自主创新能力。大桥建成通车，进一步坚定了我们对中国特色社会主义的道路自信、理论自信、制度自信、文化自信。

4.1 ℗
港珠澳大桥简介

那么大桥的抗风能力、抗震能力及使用寿命都是较高的。如何通过质量控制去实现大桥工程的质量目标呢?

4.1　质量管理与质量控制

4.1.1　基本概念

4.1.1.1　质量

质量，是指一组固有特性满足要求的程度。即反映产品或服务满足明确或隐含需要能力的特征和特性。也可以说质量是反映实体满足明确和隐含需要的能力的特性总和。

实体是指可单独描述和研究的事物，它几乎涵盖了质量管理和质量保证活动中所涉及的所有对象。所以，实体可以是结果，也可以是过程，是包括了它们的形成过程和使用过程在内的一个整体。

在许多情况下，质量会随时间、环境的变化而改变，这就意味着要对质量要求进行定期评审。质量的“明确”需要是指在合同、标准、规范、图纸、技术文件中已经作出明确规定的要求；质量的“隐含”需要则应加以识别和确定，如人们对实体的期望，公认的、不言而喻的、不必作出规定的“需要”。

4.1.1.2　工程项目质量

工程项目质量是一个广义的质量概念，它由工程实体质量和工作质量两个部分组成，其中，工程实体质量代表的是狭义的质量概念。参照国际标准和我国现行国家标准定义，工程实体质量可描述为“实体满足明确或隐含需要能力的特性之和”。工程实体质量又可称为工程质量，与建设项目的构成相呼应，工程实体质量还通常可分为工序质量、分项工程质量、分部工程质量、单位工程质量和单项工程质量等各个不同的质量层次单元。就工程质量而言，其固有特性包括使用功能、耐久性、适用性、安全性、可靠性、经济性、节能性、美观性和环境协调性等方面，这些特性满足要求的程度越高，质量就越好。

工作质量，是指为了保证和提高工程质量而从事组织管理、生产技术、后勤保障等各方面工作的实际水平。工程建设过程中，按内容组成，工作质量可区分为社会工作质量和生产过程工作质量，其中前者是指围绕质量课题而进行社会调查、市场预测、质量回访等各项有关工作的质量；后者则是指生产工人的职业素质、职业道德教育工作质量、管理工作质量。质量还可具体区分为决策、勘察、设计、施工、回访保修等不同阶段的工作质量。

工程质量与工作质量的两者关系，体现为前者是后者的作用结果，而后者则是前者的必要保证。项目管理实践表明：工程质量的好坏是建筑工程产品形成过程中各阶段各环节工作质量的综合反映，而不是依靠质量检验检查出来的。要保证工程质量就要求项目管理实施方有关部门和人员对决定和影响工程质量的所有因素加以严格控制，即通过良好的工作质量来保证和提高工程质量。

综上所述，工程项目质量是指能够满足用户或社会需要的并由工程合同、有关技术标准、设计文件、施工规范等具体详细设定其适用、使用功能、耐久、节能、安全、经济、美观等特性要求的工程实体质量与工程建设各阶段、各环节的工作质量的总和。

工程项目质量反映了建设工程要适合一定用途，满足用户要求所具备的自然属性，具体内涵包含以下三方面：

(1) 工程项目实体质量。所包括的内容有工序质量、分项工程质量、分部工程质量、单位工程质量和单项工程质量，其中工序质量是创造工程项目实体质量的基础。

(2) 功能和使用价值。从项目的功能和使用价值看，其质量体现在适用性、耐久性、可靠性、安全性、经济性和节能性等方面。这些特性指标直接反映了工程项目的质量。

(3) 工作质量。包括建设、勘察、设计、施工、监理、检测单位的工作质量，可分为生产过程质量和社会工作质量两方面。社会工作质量是工程质量的保证和基础，社会工程质量是各方主体工作质量的综合反映。同时质量管理的主要内容和工作重点是工作质量。将工程质量与管理过程质量整合起来考虑，目的是使建设工程项目做到：满足规范要求，达到项目目的，满足用户要求，让用户满意（应注意有一定的原则，那就是盈利不亏本）。

4.1.2 质量管理

质量管理是指在质量方面指挥、控制组织的协调活动。这些活动通常是包括制定质量方针和质量目标以及质量策划、质量控制、质量保证和质量改进。

(1) 质量方针。由组织的最高管理者正式发布的与该组织总的质量有关的宗旨和方向。它体现了该组织的质量意识和质量追求，施工组织内部的行为准则，体现了顾客的期待和对顾客做出的承诺。常与组织的总方针相一致，并为制定质量目标提供框架。

(2) 质量目标。在质量方面所追求的标准。质量目标通常是依据组织的质量方针制定，并且通常对组织内相关的职能和层次分别规定质量目标。在作业层面，质量目标应是定量的。

(3) 质量策划。质量策划是致力于制定质量目标并规定必要的运行过程和相关资料以实现质量目标。

(4) 质量保证。质量保证是致力于质量要求会得到满意的信任。可将质量保证措施比作预防疾病，是用来提高获得质量好的产品的步骤和管理流程。其目的是将产品一次性地做成功、做正确。

(5) 质量改进。质量改进是致力于增强满足质量要求的能力的循环活动。

4.1.3 质量管理系统

系统的含义是若干有关事物的相互联系，互相制约而构成的有机整体。而质量管理是在质量方面指挥和控制组织的协调活动。

质量管理系统是在质量方面指挥和控制组织的管理体系。另外它也是实施质量方针和质量目标的管理系统，其内容要以满足质量目标的需要为准，是一个有机整体，强调系统性和协调性。它的组成部分是相互关联的。

质量管理系统是组织内部建立的、为实现质量目标所必需的、系统的质量管理模式，是组织的一项战略决策。它将资源与过程结合，以过程管理方法进行系统管理，根据企业特点选用若干体系要素加以组合，一般包括管理活动、资源提供、产品实现以及测量、分析与改进活动相关的全过程，可以理解为涵盖了从确定顾客需求、设计研制、生产、检验、销售、交付之前全过程的策划、实施、监控、纠正与改进活动的要求。一般采用文件化的方式，作为组织内部质量管理工作的要求。

4.1.4　质量控制

质量控制指的是：质量控制属于质量管理的一部分，是致力于满足质量要求的一系列相关活动。

质量控制包括采取的作业技术和管理活动。作业技术是直接产生产品或服务质量的条件，但并不是具备相关作业技术能力，都能产生合格的质量。在社会化大生产条件下，还必须通过科学的管理，来组织和协调作业技术活动的过程，以充分发挥其质量形成能力，实现预期的质量目标。

4.1.5　质量控制与质量管理的关系

质量控制是质量管理的一部分，质量管理是指确立质量方针及实施质量方针的全部职能及工作内容，并对其工作效果进行评价和改进的一系列工作。因此质量控制与质量管理的区别在于质量控制是在明确的质量目标条件下，通过行动方案和资源配置的计划、实施、检查和监督来实现预期目标的过程。

4.2　建设工程项目质量的形成过程和影响因素

建设工程项目从本质上说是一项拟建或在建的建筑产品，它和一般产品具有同样的质量内涵。这些特性是指产品的适用性、耐久性、安全性、经济性、节能性以及与环境的协调性等。由于建筑产品一般是采用单件性筹划、设计和施工的生产组织方式，因此，其具体的质量特性指标是在各建设工程项目的策划、决策和设计过程中进行定义的。在工程管理实践和理论研究中，常把建设工程项目质量的基本特性概括为反映使用功能的质量特性、反映安全可靠的质量特性、反映艺术文化的质量特性、反映建筑环境的质量特性 。

4.2.1　建设工程项目质量的形成过程

建设工程项目质量的形成过程，贯穿于整个工程项目的决策过程和各个工程项目的设计与施工过程，体现了工程项目质量从目标决策、目标细化到目标实现的过程。

质量需求的识别过程：项目决策阶段的质量职能在于识别建设意图和需求，为整个建设项目的质量总目标，以及工程项目内各建设工程项目的质量目标提出明确要求。

质量目标的定义过程：一方面是在工程设计阶段，工程项目设计的任务就是将工程项目的质量目标具体化；另一方面，承包商根据业主对建设工程的质量要求及具体情况来确定工程的总体质量目标。

在质量目标的实现过程中，设计阶段是决定工程质量的关键环节，施工阶段是形成实体质量的决定性环节。在施工阶段质量目标的过程包括施工准备过程和施工作业技术活动过程，其任务是按照质量策划的要求，制定企业或工程项目自控标准，实施目标管理、过程监控、阶段考核、持续改进的方法，严格按图纸施工。正确合理地配备施工生产要素，把特定的劳动对象转化成符合质量标准的建设工程产品。

4.2.2 建设工程项目质量的影响因素

建设工程项目质量的影响因素，主要是指在建设工程项目质量目标策划、决策以及实现过程的各种客观因素和主观因素，归纳起来主要有五个方面，即人（man）、机械（machine）、材料（material）、方法（method）和环境（environment），简称4M1E，如图4.1所示。

4.2.2.1 人员素质

人是生产经营活动的主体，也是工程项目建设的决策者、管理者、操作者。工程建设的规划、决策、勘察、设计、施工与竣工验收等全过程，都是通过人的工作来完成的。人员的素质，即人的文化水平、技术水平、决策能力、管理能力、组织能力、作业能力、控制能力、身体素质及职业道德等，都将直接和间接地对工程质量产生不同程度的影响。因此，建筑行业实行资质管理和各类专业从业人员持证上岗制度是保证人员素质的重要管理措施。

4.2.2.2 机械设备

机械设备可分为两类：一类是指组成工程实体及配套的工艺设备和各类机具，如电梯、泵机、通风设备等，它们构成了建筑设备安装工程或工业设备安装工程，形成完整的使用功能。另一类是指施工过程中使用的各类机具设备，包括大型垂直与横向运输设备、各类操作工具、各种施工安全设施、各类测量仪器和计量器具等，简称施工机具设备，它们是施工生产的手段。工程所用机具设备，其产品质量优劣直接影响工程使用功能质量，其类型是否符合工程施工特点、性能是否先进稳定、操作是否方便安全等，都将影响工程项目的质量。

4.2.2.3 工程材料

工程材料是指构成工程实体的各类建筑材料、构配件、半成品等，它是工程建设的物质条件，是工程质量的基础。工程材料选用是否合理、成品或半成品是否合格、材质是否经过检验、保管使用是否得当等，都将直接影响建设工程的结构强度和刚度，影响工程外表及观感，影响工程的使用功能，影响工程的使用安全。

4.2.2.4 施工方法

施工方法是指工艺方法、操作方法和施工方案。在工程施工中，施工方案是否合理，施工工艺是否先进，施工操作是否正确，都将对工程质量产生重大的影响。采用新技术、新工艺、新方法，不断提高工艺技术水平，是保证工程质量稳定提高的重要因素。

4.2.2.5　环境条件

环境条件是指对工程质量特性起重要作用的环境因素，包括工程的技术环境、作业环境、管理环境和周边环境。技术环境有工程地质、水文、气象等，作业环境有施工作业面大小、防护设施、通风照明和通信条件等，管理环境涉及工程实施的合同环境与管理关系的确定、组织体制及管理制度等，周边环境有工程邻近的地下管线、建（构）筑物等。环境条件往往对工程质量产生特定的影响。加强环境条件管理，辅以必要措施，是控制环境条件影响工程质量的重要保证。

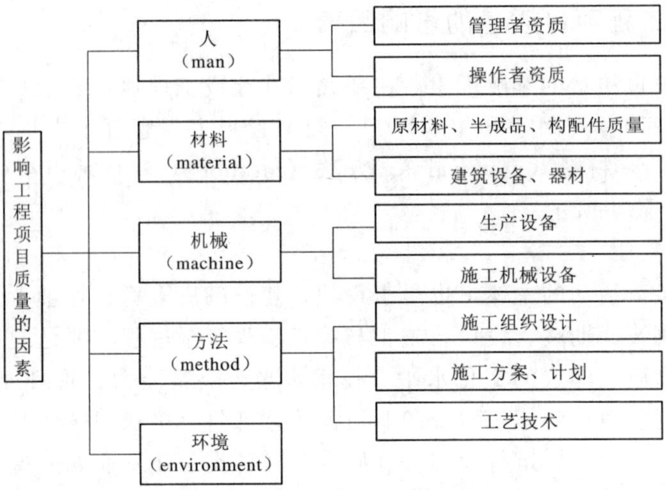

图 4.1　影响工程质量的因素

4.3　工程质量控制原理

4.3.1　工程质量控制原则

（1）坚持质量第一的原则。建设工程质量不仅关系工程的适用性和建设项目投资效果，而且关系到人民群众生命财产的安全。所以，项目监理机构在处理投资、进度、质量三者关系时，应坚持“百年大计，质量第一”，在工程建设中自始至终把“质量第一”作为对工程质量控制的基本原则。

（2）坚持以人为核心的原则。人是工程建设的决策者、组织者、管理者和操作者。工程建设中各单位、各部门、各岗位人员的工作质量水平，都直接和间接地影响工程质量。所以在工程质量控制中，要以人为核心，重点控制人的素质和人的行为，充分发挥人的积极性和创造性，以人的工作质量保证工程质量。

（3）坚持预防为主的原则。工程质量控制应该是积极主动的，应事先对影响质量的各种因素加以控制，不能是消极被动的，不能等出现质量问题再进行处理，以免造成不必要的损失。所以，要重点做好质量的事前控制和事中控制，以预防为主，加强过程和中间产品的质量检查和控制。

（4）以合同为依据，坚持质量标准的原则。质量标准是评价产品质量的尺度，工程质量是否符合合同规定的质量标准要求，应通过质量检验并与质量标准对照。符合质量标准要求的才是合格，不符合质量标准要求的就是不合格，必须返工处理。

（5）坚持科学、公平、守法的职业道德规范的原则。在工程质量控制中，项目监理机构必须坚持科学、公平、守法的职业道德规范，要尊重科学，尊重事实，以数据资料为依据，客观、公平地进行质量问题的处理。

4.3.2 三全控制原理

三全控制原理来自于全面质量管理 TQC（total quality control）的思想，是指企业组织的质量管理应该做到全面、全过程和全员参与。在工程项目质量控制中应用这一原理，对工程项目的质量控制同样具有重要的理论和实践指导意义。

4.3.2.1 全面质量控制

工程项目质量的全面控制可以从纵横两个方面来理解。从纵向的组织管理角度来看，质量总目标的实现依赖于项目组织的上层、中层、基层乃至一线员工的通力协作，其中高层管理能否全力支持与参与，起着决定性的作用。从项目各部门职能间的横向配合来看，要保证和提高工程项目质量必须使项目组织的所有质量控制活动构成为一个有效的整体。广义地说，横向的协调配合包括业主、勘察设计、施工及分包、材料设备供应、监理等相关方。“全面质量控制”就是要求项目各相关方都有明确的质量控制活动内容。当然，从纵向看，各层次活动的侧重点不同：上层管理侧重于质量决策，制订出项目整体的质量方针、质量目标、质量政策和质量计划，并统一组织、协调各部门、各环节、各类人员的质量控制活动；中层管理者要贯彻落实领导层的质量决策，运用一定的方法找到各部门的关键、薄弱环节或必须解决的重要事项，确定出本部门的目标和对策，更好地执行各自的质量控制职能；基层管理则要求每个员工都要严格地按标准、规范进行施工和生产，相互间进行分工合作，互相协助配合，开展群众合理化建议和质量管理小组活动，建立和健全项目的全面质量控制体系。

4.3.2.2 全过程质量控制

任何产品的质量，都有一个产生、形成和实现的过程。从全过程的角度来看，质量产生、形成和实现的整个过程是由多个相互联系、相互影响的环节组成的，每个环节都或轻或重地影响着最终的质量状况。为了保证和提高质量就必须把影响质量的所有环节和因素都控制起来。工程项目的全过程质量控制主要有项目策划与决策过程、勘察设计过程、施工采购过程、施工组织与准备过程、检测设备与计量仪器控制的过程、施工生产的检验试验过程、工程质量的评定过程、工程竣工验收与交付过程以及工程回访维修过程等。全过程质量控制必须体现如下两个思想：

（1）预防为主、不断改进的思想。《建设工程项目管理规范》（GB/T 50326—

2017）中同样强调质量控制应坚持“预防为主”的原则。根据这一基本原理，全面质量控制要求把管理工作的重点，从“事后把关”转移到“事前预防”上来，强调预防为主、不断改进的思想。

（2）为顾客服务的思想。顾客有内部和外部之分，外部的顾客可以是项目的使用者，也可以是工程项目的开发商；内部的顾客是工程项目组织的部门和人员。实行全过程的质量控制要求项目所有各相关利益者都必须树立为顾客服务的思想。内部顾客满意是外部顾客满意的基础。因此，在工程组织内部要树立“下道工序是顾客”“努力为下道工序服务”的思想，使全过程的质量控制一环扣一环，贯穿于项目的整个过程。

4.3.2.3　全员参与控制

全员参与工程项目的质量控制是工程项目各方面、各部门、各环节工作质量的综合反映。其中任何一个环节，任何一个人的工作质量都会不同程度地直接或间接地影响着工程项目的形成质量或服务质量。因此，全员参与质量控制，才能实现工程项目的质量控制目标，形成顾客满意的产品。主要的工作包括：

（1）必须抓好全员的质量教育和培训。

（2）要制定各部门、各级各类人员的质量责任制，明确任务和职权，各司其职，密切配合，以形成一个高效、协调、严密的质量控制工作的系统。

（3）要开展多种形式的群众性质量管理活动，充分发挥广大职工的聪明才智和当家作主的进取精神，采取多种形式激发全员参与的积极性。

4.3.3　PDCA 循环原理

工程项目的质量控制是一个持续过程，首先在提出项目质量目标的基础上，制定质量控制计划，包括实现该计划需采取的措施；然后将计划加以实施，特别要在组织上加以落实，真正将工程项目质量控制的计划措施落实到实处；在实施过程中，还要经常检查、监测，以评价检查结果与计划是否一致；最后对出现的工程质量问题进行处理，对暂时无法处理的质量问题重新进行分析，进一步采取措施加以解决。这一过程的原理是 PDCA 循环。

PDCA 循环又称戴明环，是美国质量管理专家戴明博士首先提出的。PDCA 循环是工程项目质量管理应遵循的科学程序。其质量管理活动的全部过程，就是质量计划的制订和组织实现的过程，这个过程按照 PDCA 循环周而复始地运转着。如图 4.2 所示。

PDCA 由英语单词 plan（计划）、do（实施、执行）、check（检查）和 action（处置、处理）的首字母组成，PDCA 循环就是按照这样的顺序进行质量管理，并且循环不止地进行下去的科学程序。工程项目质量管理活动的运转，离不开管理循环的转动，这就是说，改进与解决质量问题，赶超先进水平的各项工作，都要运用 PDCA 循环的科学程序。不论是提高工程施工质量，还是减少不合格率，都要先提出目标，即质量提高到什么程度，不合格率降低多少？即要有个策划，这个策划不仅包括目标，而且也包括实现这个目标需要采取的措施。策划制定好之后，就要按照计划进行

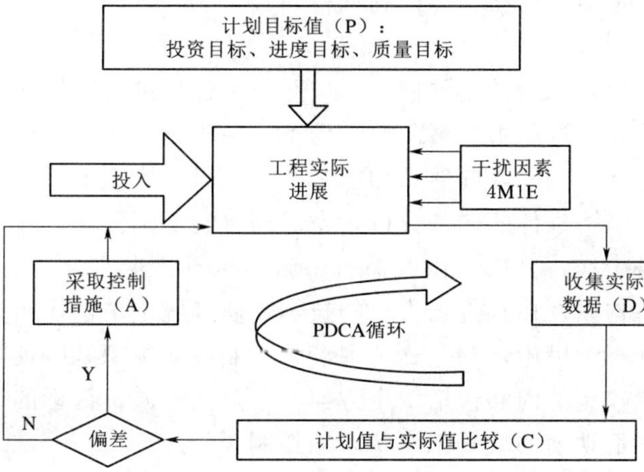

图 4.2 PDCA 循环与目标控制关系图

实施及检查，看看是否实现了预期效果，有没有达到预期的目标。通过检查找出问题和原因后，就是要进行处置活动，将经验和教训制订成标准、形成制度。

在实施以上所述的 PDCA 循环时，工程项目的质量控制要重点做好施工准备、施工、验收、服务全过程的质量监督，抓好全过程的质量控制，确保工程质量目标达到预定的要求，具体措施如下：

（1）分解质量目标。将质量目标逐层分解到分部工程、分项工程乃至检验批。以指标控制为目的，以要素控制为手段，以体系活动为基础，以保证在组织上加以全面落实。

（2）实行质量责任制。项目经理是工程施工质量的第一责任人，各工程队长是本队施工质量的第一责任人，质量保证工程师和责任工程师是各专业质量责任人，各部门负责人要按照职责分工认真履行质量责任。

（3）每周组织一次质量大检查，一切用数据说话，实施质量奖惩，激励施工人员，保证施工质量的自觉性和责任心。

（4）每周召开一次质量分析会，通过各部门、各单位反馈输入各种不合格信息，采取纠正和预防措施，排除质量隐患。

（5）加大质量权威，质检部门及质检人员根据公司质量管理制度可以行使质量否决权。

（6）施工全过程执行业主和有关工程质量管理及质量监督的各种制度和规定，对各部门检查发现的任何质量问题应及时制定整改措施，进行整改，达到合格为止。

4.3.4 工程项目质量控制三阶段原理

工程项目的质量控制，是一个持续的管理过程。从项目的立项到竣工验收属于项目建设阶段的质量控制，项目投产后到项目生命周期结束属于项目生产（或经营）阶段的质量控制。两者在质量控制内容上有较大的不同，但不管是建设阶段的质量控制，还是经营阶段的质量控制，从控制工作的开展与控制对象实施的时间关系来看，均可分为事前控制、事中控制和事后控制三种。

1. 事前控制

事前控制强调质量目标的计划预控，并按照质量计划进行质量活动前的准备工作状态的控制。在工程施工过程中，事前控制的重点在于施工准备工作，且施工准备工作贯穿于施工的全过程：首先，要熟悉和审查工程项目的施工图纸，做好项目建设地点的自然条件、技术经济条件的调查分析，完成项目施工图预算、施工预算和项目的组织设计等技术准备工作；其次，做好器材、施工机具、生产设备的物质准备工作；还要组建项目组织机构以及核查进场人员的技术资质和施工单位的质量管理体系；编制好季节性施工技术组织措施，制定施工现场管理制度，组织施工现场准备方案等。

可以看出，事前控制的内涵包括两个方面，一是注重质量目标的计划预控，二是按质量计划进行质量活动前的准备工作状态的控制。

2. 事中控制

事中控制是指对质量活动的行为进行约束、对质量进行监控，实际上属于一种实时控制。在项目建设的施工过程中，事中控制的重点在工序质量监控上。其他如施工作业的质量监督、设计变更、隐蔽工程的验收和材料检验等都属于事中控制。

概括地说，事中控制是对质量活动主体、质量活动过程和结果所进行的自我约束和监督检查两方面的控制。其关键是增强质量意识，发挥行为主体的自我约束控制能力。

3. 事后控制

事后控制一般是指在输出产品阶段的质量控制，包括对质量活动结果的评价认定和对质量偏差的纠正。如工程项目竣工验收进行的质量控制，即属于工程项目质量的事后控制。项目生产阶段的产品质量检验也属于产品质量的事后控制。

4.3.5　工程质量控制主体

工程质量控制贯穿于工程项目实施的全过程，其侧重点是按照既定目标、准则、程序，使产品和过程的实施保持受控状态，预防不合格的发生，持续稳定地生产合格品。工程质量控制按其实施主体不同，分为自控主体和监控主体。前者是指直接从事质量职能的活动者，后者是指对他人质量能力和效果的监控者。工程质量控制的主体主要包括：

（1）政府的工程质量控制。政府属于监控主体，主要是以法律法规为依据，通过抓工程报建、施工图设计文件审查、施工许可、材料和设备准用、工程质量监督、工程竣工验收备案等主要环节实施监控。

（2）建设单位的工程质量控制。建设单位属于监控主体，工程质量控制按工程质量形成过程进行，建设单位的质量控制包括建设全过程各阶段。

1）决策阶段的质量控制主要是通过项目的可行性研究，选择最佳建设方案，使项目的质量要求符合业主的意图，并与投资目标相协调，与所在地区环境相协调。

2）工程勘察设计阶段的质量控制，主要是要选择好的勘察设计单位，保证工程设计符合决策阶段确定的质量要求，保证设计符合有关技术规范和标准的规定，保证设计文件、图纸符合现场和施工的实际条件，设计深度能满足施工的需要。

3）工程施工阶段的质量控制，一是择优选择能保证工程质量的施工单位，二是择优选择服务质量好的监理单位，委托其严格监督施工单位按设计图纸进行施工，并形成符合合同文件规定质量要求的最终建设产品。

（3）工程监理单位的质量控制。工程监理单位属于监控主体，主要是受建设单位的委托，根据法律法规、工程建设标准、勘察设计文件及合同，制定和实施相应的监理措施，采用旁站、巡视、平行检验和检查验收等方式，代表建设单位在施工阶段对工程质量进行监督和控制，以满足建设单位对工程质量的要求。

（4）勘察设计单位的质量控制。勘察设计单位属于自控主体，是以法律、法规及合同为依据，对勘察设计的整个过程进行控制，包括工作质量和成果文件质量的控制，确保提交的勘察设计文件所包含的功能和使用价值，满足建设单位工程建造的要求。

（5）施工单位的质量控制。施工单位属于自控主体，是以工程合同、设计图纸和技术规范为依据，对施工准备阶段、施工阶段、竣工验收交付阶段等施工全过程的工作质量和工程质量进行控制，以达到施工合同文件规定的质量要求。

4.4 建设工程项目质量控制系统

由于监理服务工作主要在工程项目现场，项目监理机构应针对具体工程项目质量的要求和特点，建立项目质量控制体系。项目质量控制体系应通过监理规划和监理实施细则等做出具体的规定。

4.4.1 建设工程项目质量控制系统的构成

建设工程项目质量控制系统，在实践中可能有多种称谓，不尽一致，常见的称谓有“质量管理体系”“质量管理制度”“质量管理系统”“质量控制网络”“质量管理网络”“质量保证系统”，等等。例如，我国《建设工程监理规范》（GB/T 50319—2013）第5.2.1条规定：“工程开工前，项目监理机构应审查施工单位现场的质量管理组织机构、管理制度及专职管理人员和特种作业人员的资格。”

除承包单位和监理机构外，业主、分包商及供货商的质量责任和控制职能必须纳入工程项目的质量控制系统。因此，此系统无论叫什么名称，其实质的内容和作用都是一致的。需要强调的则是要正确理解这类系统的性质、范围、结构、特点以及建立和运行的原理并加以应用。

4.4.1.1 工程项目质量控制系统的性质

工程项目质量控制系统既不是建设单位的质量管理体系或质量保证体系，也不是工程承包企业的质量管理体系或质量保证体系，而是工程项目目标控制的一个工作系统，具有下列性质：

（1）工程项目质量控制系统是以工程项目为对象，由工程项目实施的总组织者负责建立的面向对象开展质量控制的工作体系。

（2）工程项目质量控制系统是工程项目管理组织的一个目标控制体系，它与项目投资控制、进度控制、安全生产管理等目标控制体系，共同依托于同一项目管理的组织机构。

（3）工程项目质量控制系统根据工程项目管理的实际需要而建立，随着建设工程项目的完成和项目管理组织的解体而消失，因此，是一个一次性的质量控制工作体系，不同于企业的质量管理体系。

4.4.1.2 工程项目质量控制系统的范围

工程项目质量控制系统的范围，包括：按项目范围管理的要求，列入系统控制的建设工程项目构成范围；项目实施的任务范围，即由工程项目实施的全过程或若干阶段进行定义；项目质量控制所涉及的责任主体范围。

1. 系统涉及的工程范围

系统涉及的工程范围，一般根据项目的定义或工程承包合同来确定。具体说可能有以下三种情况：工程项目范围内的全部工程；工程项目范围内的某一单项工程或标段工程；工程项目某单项工程范围内的下个单位工程。

2. 系统涉及的任务范围

工程项目质量控制系统服务于工程项目管理的目标控制，因此，其质量控制的系统职能应贯穿于项目的勘察、设计、采购、施工和竣工验收等各个实施环节，即工程项目全过程质量控制的任务或若干阶段的质量控制任务。工程项目质量控制系统所涉及的质量责任自控主体和他控主体，通常情况下包括有建设单位、设计单位、施工企业、建设工程监理机构、材料设备供应厂商等。这些质量责任和控制主体，在质量控制系统中的地位与作用不同。承担建设工程项目设计、施工或材料设备供货的单位，负有直接的产品质量责任，属质量控制系统中的自控主体；在工程项目实施过程，对各质量责任主体的质量活动行为和活动结果实施监督控制的组织，称质量他控主体，如业主、项目监理机构等。

4.4.1.3 项目质量控制系统的结构

工程项目质量控制系统，一般情况下形成多层次、多单元的结构形态，这是由其实施任务的委托方式和合同结构所决定的。

1. 多层次结构

多层次结构是相对于工程项目系统纵向垂直分解的单项、单位工程项目质量控制子系统。在大中型建设工程项目，尤其是群体工程的建设工程项目，第一层面的质量控制系统应由建设单位的工程项目管理机构负责建立，在委托代建、委托项目管理或实行交钥匙式工程总承包的情况下，应由相应的代建方项目管理机构、受托项目管理机构或工程总承包企业项目管理机构负责建立。第二层面的质量控制系统，通常是指由工程项目的设计总负责单位、施工总承包单位等建立的相应管理范围内的质量控制系统。第三层面及其以下是承担工程设计、施工安装、材料设备供应等各承包单位的现场质量自控系统，或称各自的施工质量保证体系。系统纵向层次机构的合理性是工程项目质量目标、控制责任和措施分解落实的重要保证。

2. 多单元结构

多单元结构是指在工程项目质量控制总体系统下，第二层面的质量控制系统及其以下的质量自控或保证体系可能有多个。这是项目质量目标、责任和措施分解的必然结果。

4.4.1.4　项目质量控制系统的特点

如前所述，工程项目质量控制系统是面向对象而建立的质量控制工作体系，和施工企业或其他组织机构按照《质量管理体系　基础和术语》(GB/T 19000—2016) 标准建立的质量管理体系，有如下的不同点。

1. 建立的目的不同

建设工程项目质量控制系统只用于特定的建设工程项目质量控制，而不是用于施工企业或组织的质量管理，即建立的目的不同。

2. 服务的范围不同

建设工程项目质量控制系统涉及建设工程项目实施过程的所有质量责任主体，而不只是某一个承包企业或组织机构，即服务的范围不同。

3. 控制的目标不同

建设工程项目质量控制系统的控制目标是建设工程项目的质量标准，并非某一具体施工企业或组织的质量管理目标，即控制的目标不同。

4. 作用的时效不同

建设工程项目质量控制系统与建设工程项目管理组织系统相融合；是一次性的质量工作系统，并非永久性的质量管理体系，即作用的时效不同。

5. 评价的方式不同

建设工程项目质量控制系统的有效性一般由建设工程项目管理的，由组织者进行自我评价与诊断，不需进行第三方认证，即评价的方式不同。

4.4.2　建设工程项目质量控制系统的建立

工程项目质量控制系统的建立，实际上就是工程项目质量总目标的确定和分解过程，也是工程项目各参与方之间质量管理关系和控制责任的确立过程。为了保证质量控制系统的科学性和有效性，必须明确系统建立的原则、内容、程序和主体。

4.4.2.1　建立的原则

实践经验表明，建设工程项目质量控制系统的建立，遵循以下原则对于质量目标的总体规划、分解和有效实施控制是非常重要的。

1. 分层次规划的原则

工程项目质量控制系统的分层次规划，是指工程项目管理的总组织者（建设单位或代建制项目管理企业）和承担项目实施任务的各参与单位，分别进行工程项目质量控制系统不同层次和范围的规划。

2. 总目标分解的原则

工程项目质量控制系统总目标的分解，是根据控制系统内工程项目的分解结构，将工程项目的建设标准和质量总体目标分解到各个责任主体，明示于合同条件，由各责任主体制定出相应的质量计划，确定其具体的控制方式和控制措施。

3. 质量责任制的原则

工程项目质量控制系统的建立，应按照建筑法和工程质量管理条例中有关工程质量责任的规定，界定各方的质量责任范围和控制要求。

4. 系统有效性的原则

工程项目质量控制系统，应从实际出发，结合项目特点、合同结构和项目管理组织系统的构成情况，建立项目各参与方共同遵循的质量管理制度和控制措施，并形成有效的运行机制。

4.4.2.2　建立的程序

工程项目质量控制系统的建立过程，一般可按以下环节依次展开工作。

1. 确立系统质量控制网络

首先明确系统各层面的工程质量控制负责人。一般应包括承担项目实施任务的项目经理（或工程负责人）、总工程师，项目监理机构的总监理工程师、专业监理工程师等，以形成明确的项目质量控制责任者的关系网络架构。

2. 制定系统质量控制制度

系统质量控制制度包括质量控制例会制度、协调制度、报告审批制度、质量验收制度和质量信息管理制度等，形成建设工程项目质量控制系统的管理文件或手册，作为承担建设工程项目实施任务各方主体共同遵循的管理依据。

3. 分析系统质量控制界面

工程项目质量控制系统的质量责任界面，包括静态界面和动态界面。一般说静态界面根据法律法规、合同条件、组织内部职能分工来确定。动态界面是指项目实施过程设计单位之间、施工单位之间、设计与施工单位之间的衔接配合关系及其责任划分，必须通过分析研究，确定管理原则与协调方式。

4. 编制系统质量控制计划

工程项目管理总组织者，负责主持编制建设工程项目总质量计划，并根据质量控制系统的要求，部署各质量责任主体编制与其承担任务范围相符的质量计划，并按规定程序完成质量计划的审批，作为其实施自身工程质量控制的依据。

4.4.2.3　建立的主体

按照工程项目质量控制系统的性质、范围和主体的构成，一般情况下其质量控制系统应由建设单位或工程项目总承包企业的工程项目管理机构负责建立。在分阶段依次对勘察、设计、施工、安装等任务进行分别招标发包的情况下，通常应由建设单位或其委托的工程监理企业负责建立，各承包企业根据工程项目质量控制系统的要求，建立隶属于工程项目质量控制系统的设计项目、工程项目、采购供应项目等质量控制子系统，以具体实施其质量责任范围内的质量管理和目标控制。

4.4.3　建筑工程项目质量控制系统的运行

建筑工程项目质量控制系统的建立，为建筑工程项目的质量控制提供了组织制度方面的保证。工程项目质量控制系统的运行，实质上就是系统功能的发挥过程，也是质量活动职能和效果的控制过程。然而，质量控制系统要能有效地运行，还有赖于系统内部的运行环境和运行机制的完善。

4.4.3.1 运行环境

工程项目质量控制系统的运行环境，主要是指以下几方面为系统运行提供支持管理关系、组织制度和资源配置的条件。

1. 工程的合同结构

工程合同是联系工程项目各参与方的纽带，只有在工程项目合同结构合理、质量标准和责任条款明确，并严格进行履约管理的条件下，质量控制系统的运行才能成为各方的自觉行动。

2. 质量管理的资源配置

质量管理的资源配置，包括专职的工程技术人员和质量管理人员的配置，以及实施技术管理和质量管理所必需的设备、设施、器具、软件等物质资源的配置。人员和资源的合理配置是质量控制系统得以运行的基础条件。

3. 质量管理的组织制度

工程项目质量控制系统内部的各项管理制度和程序性文件的建立，为质量控制系统各个环节的运行，提供必要的行动指南、行为准则和评价基准的依据，是系统有序运行的基本保证。

4.4.3.2 运行机制

工程项目质量控制系统的运行机制，是由一系列质量管理制度安排所形成的内在能力。运行机制是质量控制系统的生命，机制缺陷是造成系统运行无序、失效和失控的重要原因。因此，在系统内部的管理制度设计时，必须予以高度的重视，防止重要管理制度的缺失、制度本身的缺陷、制度之间的矛盾等现象出现，才能为系统的运行注入动力机制、约束机制、反馈机制和持续改进机制。

1. 动力机制

动力机制是工程项目质量控制系统运行的核心机制，来源于公正、公开、公平的竞争机制和利益机制的制度设计或安排。这是因为工程项目的实施过程是由多主体参与的价值增值链，只有保持合理的供方及分供方等各方关系，才能形成合力，是工程项目成功的重要保证。

2. 约束机制

没有约束机制的控制系统是无法使工程质量处于受控状态的，约束机制取决于各主体内部的自我约束能力和外部的监控效力。约束能力表现为组织及个人的经营理念、质量意识、职业道德及技术能力的发挥，监控效力取决于建设工程项目实施主体外部对质量工作的推动和检查监督。两者相辅相成，构成了质量控制过程的制衡关系。

3. 反馈机制

运行的状态和结果的信息反馈是对质量控制系统的能力和运行效果进行评价，并及时做出处置提供决策依据。因此，必须有相关的制度安排，保证质量信息反馈的及时和准确，保持质量管理者深入生产第一线，掌握第一手资料，才能形成有效的质量信息反馈机制。

4. 持续改进机制

在工程项目实施的各个阶段，不同的层面、不同的范围和不同的主体间，应用 PDCA 循环原理，即计划、实施、检查和处置的方式展开质量控制，同时必须注重抓好控制点的设置，加强重点控制和例外控制，并不断寻求改进机会、研究改进措施。这样才能保证工程项目质量控制系统的不断完善和持续改进，不断提高质量控制能力和控制水平。

4.2 ℗

施工企业质量管理体系标准相关知识

4.5　建设工程项目施工阶段质量控制

4.5.1　施工阶段质量控制的目标

建设工程项目施工阶段是根据项目设计文件和施工图纸的要求，进入工程实体的形成阶段，所制定的施工质量计划及相应的质量控制措施，都是在这一阶段形成实体的质量或实现质量控制的结果。因此，施工阶段的质量控制是项目质量控制的最后形成阶段，因而对保证工程项目的最终质量具有重大意义。

4.5.1.1　工程项目施工质量控制内容划分

工程项目施工阶段的质量控制从不同的角度来描述，可以有不同的划分，可根据侧重点不同采用适合的划分方法。主要有以下四种。

（1）按工程项目施工质量管理主体划分为政府的工程质量控制、建设单位的工程质量控制（包括决策阶段的质量控制、工程勘察设计阶段的质量控制、工程施工阶段的质量控制）、工程监理单位的质量控制、勘察设计单位的质量控制和施工单位的质量控制。

（2）按工程项目施工阶段划分：施工准备阶段质量控制、施工阶段质量控制和竣工验收阶段质量控制。

（3）按工程项目施工分部工程划分：地基与基础工程的质量控制、主体结构工程的质量控制、屋面工程的质量控制、安装（含给水排水采暖、电气、智能建筑、通风与空调、电梯等）工程的质量控制和装饰装修工程的质量控制。

（4）按工程项目施工要素划分。材料因素的质量控制、人员因素的质量控制、设备因素的质量控制、方案因素的质量控制和环境因素的质量控制。

4.5.1.2　工程项目施工质量控制的目标

项目施工阶段质量控制的目标可分为施工质量控制总目标、建设单位施工质量控制目标、勘察设计单位施工质量控制目标、施工单位施工质量控制目标、监理单位施工质量控制目标。

1. 施工质量控制总目标

施工质量控制总目标就是对工程项目施工阶段的总体质量要求，也是建设项目各参与方一致的责任和目标，即要使工程项目满足有关质量法规和标准、正确配置施工生产要素、采用科学管理的方法，实现工程项目预期的使用功能和质量标准。

2. 建设单位施工质量控制目标

建设单位的施工质量控制目标是通过对施工阶段全过程的全面质量监督管理、协调和决策，保证竣工验收项目达到投资决策时所确定的质量标准。

3. 勘察设计单位施工质量控制目标

勘察设计单位施工阶段的质量控制目标是通过对施工质量的验收签证、勘察设计变更控制及纠正施工中所发现的勘察设计问题，采纳变更设计的合理化建议等，保证验收竣工项目的各项施工结果与最终勘察设计文件所规定的标准一致。

4. 施工单位质量控制目标

施工单位的质量控制目标是通过施工全过程的全面质量自控，保证交付满足施工合同及设计文件所规定的质量标准，包括工程质量创优要求的工程项目产品。

5. 监理单位施工质量控制

监理单位在施工阶段的质量控制目标，是通过审核施工质量文件、报告报表及现场旁站检查、平行检测、施工指令和结算支付控制等手段，监控施工承包单位的质量活动行为，协调施工关系，正确履行工程质量的监督责任，以保证工程质量达到施工合同和设计文件所规定的质量标准。

4.5.1.3 工程施工质量控制的依据

施工质量控制的依据主要指适用于工程项目施工阶段与质量控制有关的、具有指导意义和必须遵守（强制性）的基本文件。大体可以分为以下几类：

1. 国家法颁布的有关质量方面的法律、法规和规章

为了保证工程质量，监督规范建设市场，国家颁布的法律、法规和规章主要有《中华人民共和国建筑法》《建设工程质量管理条例》《建筑工程施工质量验收统一标准》(GB 50300—2013) 等。

2. 工程勘察（测）设计文件、施工图纸及相应的设计变更及修改文件

工程勘测包括工程测量、工程地质和水文地质勘测等内容，工程勘测成果文件为工程项目选址、工程设计和施工提供科学可靠的依据，也是项目监理单位审批工程施工组织设计或施工方案、工程地基基础验收等工程质量控制的重要依据。"按图施工"是施工阶段质量控制的一项重要原则，已批准的设计文件无疑是监理单位进行质量控制的依据。但是从严格质量管理和质量控制的角度出发，监理单位在施工前还应参加项目法人组织的设计交底工作，以达到了解设计意图和质量要求、发现图纸差错和减少质量隐患的目的。

3. 工程合同文件

4.3 图纸会审具体内容

建设工程监理合同、项目法人与其他相关单位签订的合同，包括与施工单位签订的施工承包合同，与材料设备供应单位签订的材料设备采购合同等。监理合同中写有项目法人和监理单位有关质量控制的权利和义务的条款，施工承包合同中写有项目法人和施工单位有关质量控制的权利和义务的条款。项目监理单位既要履行建设工程监理合同条款，又要监督施工单位、材料设备供应单位履行有关工程质量合同条款。因此，项目监理单位人员应熟悉这些相应条款，当发生纠纷时，及时采取协商调解等手段予以解决。合以及有关原材料、半成品、构配件方面的质量标准，以及国家和行业

的现行施工规范、施工工艺规程及验收规范、评定规程等，都是质量控制的重要依据。

4. 已批准的施工组织设计、施工措施计划

施工组织设计是施工单位进行施工准备和指导现场施工的规划性、指导性文件，它详细规定了施工单位应进行的工程施正的现场布置、人员组织配备和施工机具配置，每项工程的技术要求，施工工序和工艺、施工方法及技术保证措施，质量检查方法和技术标准等。施工措施计划是一项专业工程（或部分工程）的施工指导性文件。施工单位在工程开工前，必须提出对于所承包的建设项目的施工组织设计（或施工措施计划），报请监理单位审批。一旦获得批准，它就成为监理单位进行质量控制的重要依据之一。

5. 制造厂提供的设备安装说明书和有关技术标准

制造厂提供的设备安装说明书和有关技术标准，是施工安装单位进行设备安装必须遵循的重要技术文件，也是监理单位对施工单位的设备安装质量进行检查和控制的依据。

4.5.2　施工准备阶段的质量控制

4.5.2.1　质量控制点的设置

1. 质量控制点的概念

质量控制点是指为了保证施工质量而确定的重点控制对象，包括重要工序、关键部位和薄弱环节。质量控制人员在分析项目的特点之后，把影响工序施工质量的主要因素、对工程质量危害大的环节等事先列出来，分析影响质量的原因，并提出相应的措施，以便进行预控的关键点。在国际上质量控制点又根据其重要程度分为见证点（witness point）、停止点（hold point）和旁站点（stand point）。

见证点（或截留点）监督也称为W点监督。凡是列为见证点的质量控制对象，在规定的关键工序（控制点）施工前，施工单位应提前通知监理人员在约定的时间内到现场进行见证和对其施工实施监督。如果监理人员未能在约定的时间内到现场见证和监督，则施工单位有权进行该W点的相应的工序操作和施工。工程施工过程中的见证取样和重要的试验等应作为见证点来处理。监理工程师收到通知后，应按规定的时间到现场见证。对该质量控制点的实施过程进行认真的监督、检查，并在见证表上详细记录该项工作所在的建筑物部位、工作内容、数量、质量等后签字，作为凭证。如果监理人员在规定的时间未能到场见证，施工单位可以认为已获监理工程师认可，有权进行该项施工。

停止点也称为“待检点”或H点监督，是指那些施工过程或工序施工质量不易或不能通过其后的检验和试验而充分得到验证的“特殊工序”。其重要性高于见证点的质量控制点，凡列为停止点的控制对象，要求必须在规定的控制点到来之前通知监理人员对控制点实施监控，如果监理人员未在约定的时间到现场监督、检查，施工单位应停止进入该H点相应的工序，并按合同规定等待监理人员，未经认可不能越过该点继续活动。所有的隐蔽工程验收点都是停止点。另外，某些重要的工序如预应力

钢筋混凝土结构或构件的预应力张拉工序，某些重要的钢筋混凝土结构在钢筋架立后、混凝浇注之前，重要建筑物或结构物的定位放线后，重要的重型设备基础预埋螺栓的定位等均可设置停止点。

旁站点（或S点），是指监理人员在房屋建筑工程施工阶段监理中，对关键部位、关键工序的施工质量实施全过程现场跟班的监督活动，如混凝土灌注、回填土等工序。

2. 控制点选择的一般原则

可作为质量控制点的对象涉及面广，它可能是技术要求高、施工难度大的结构部位，也可能是影响质量的关键工序、操作或某一环节，也可以是施工质量难以保证的薄弱环节，还可能是新技术、新工艺、新材料的部位。具体包括以下内容：

（1）施工过程中的关键工序或环节以及隐蔽工程，如预应力张拉工序、钢筋混凝土结构中的钢筋绑扎工序。

（2）施工中的薄弱环节或质量不稳定的工序、部位或对象，例如地下防水工程、屋面与卫生间防水工程。

（3）对后续工程施工或安全施工有重大影响的工序，例如原配料质量、模板的支撑与固定等。

（4）采用新技术、新工艺、新材料的部位或环节。

（5）施工条件困难或技术难度大的工序，例如复杂曲线模板的放样等。

3. 质量的控制点设置位置（表4.1）

表4.1　质量控制点设置位置

分项工程	质　量　控　制　点
测量定位	标准轴线桩、水平桩、龙门板、定位轴线
地基基础	基坑（槽）尺寸、标高、土质、地基承载力、基础垫层标高，基础位置、尺寸、标高、预留洞孔、预埋件位置、规格、数量，基础墙皮数杆及标高杯底弹线
砌体	砌体轴线，皮数杆，砂浆配合比，预留洞（孔）、预埋件位置，数量，砌块排列
模板	位置、尺寸、标高，预埋件位置，预留洞孔尺寸、位置，模板强度及稳定性，模板内部及湿润情况
钢筋混凝土	水泥品种、强度等级，沙石质量，混凝土配合比，外加剂比例，混凝土振捣，钢筋品种、规格、尺寸、接头、预留洞（孔）及预埋件规格数量和尺寸等，预制构件的吊装等
吊装	吊装设备、吊具、索具、地锚
钢结构	翻样图、放大样、胎模与胎架、链接形式的要点（焊接及残余变形）
装修	材料品质、色彩、各工艺

4. 作为质量控制点重点控制的对象

影响工程施工质量的因素有许多种，对质量控制点的控制重点有以下几方面。

（1）人的行为（第一因素；身体、心理因素；高空恐惧等）。

（2）物的状态（材料性能、施工机械、测量仪器等）。

（3）关键的操作（预应力钢筋张拉工艺操作等）。

（4）技术参数。

（5）施工顺序。

（6）技术间歇。

（7）新工艺、新技术、新材料的应用。

（8）易发生质量通病的工序。

（9）对工程质量影响重大的施工方法。

4.5.2.2　审查施工方案

总监理工程师应组织专业监理工程师审查施工单位报审的施方案，符合要求后应予以签认。施工方案审查的基本内容应包括：①编审程序应符合相关规定；②工程质量保证措施应符合有关标准。

1. 程序性审查

应重点审查施工方案的编制人、审批人是否符合有关权限规定的要求。根据相关规定，通常情况下，施工方案应由项目技术负责人组织编制，并经施工单位技术负责人审批签字后提交项目监理机构。项目监理机构在审批施工方案时，应检查施工单位的内部审批程序是否完善、签章是否齐全，重点核对审批人是否为施工单位技术负责人。

2. 内容性审查

审查施工方案的基本内容是否完整，包括：

（1）工程概况：分部分项工程概况、施工平面布置、施工要求和技术保证条件。

（2）编制依据：相关法律法规、标准、规范及图纸（国标图集）、施工组织设计等。

（3）施工安排：包括施工顺序及施工流水段的确定、施工进度计划、材料与设备计划。

（4）施工工艺技术：技术参数、工艺流程、施工方法、检验标准等。

（5）施工保证措施：组织保障、技术措施、应急预案、监测监控等。

（6）计算书及相关图纸。

应重点审查施工方案是否具有针对性、指导性、可操作性；现场施工管理机构是否建立了完善的质量保证体系，是否明确工程质量要求及标准，是否健全了质量保证体系组织机构及岗位职责、是否配备了相应的质量管理人员；是否建立了各项质量管理制度和质量管理程序等；施工质量保证措施是否符合现行的规范、标准等，特别是与工程建设强制性标准的符合性。

3. 审查的主要依据

主要依据：建设工程施工合同文件及建设工程监理合同，经批准的建设工程项目文件和勘察设计文件，相关法律、法规、规范、规程、标准图集等，以及其他工程基础资料、工程场地周边环境（含管线）资料等。

4.5.2.3　劳动组织与人员资格控制

开工前监理工程师应检查承包单位的人员与组织，其内容包括相关制度是否健全，如各类人员的岗位职责、现场的安全消防规定、紧急情况的应急预案等，并应有措施保证其能贯彻落实。应检查管理人员是否到位、操作人员是否持证上岗，如技术负责人，专职质检人员、安全员、测量人员、材料员、试验员必须是在岗；特殊作业的人员（如电焊工、电工、起重工、架子工、爆破工），是否持证上岗。

4.5.2.4 项目监理机构对工程材料采购的质量控制

1. 业主直接采购的材料设备采购过程中监理工程师的工作方法

此类设备一般少而重要，监理工程师的主要工作如下：

（1）协助业主发布招标公告、编制招标文件，与设计单位充分沟通，明确材料设备技术指标。

（2）协助业主确定入围厂家，发招标文件。

（3）协助业主评标，确定材料供应商。

（4）材料设备进场质量控制。

2. 承包单位采购的材料设备采购过程中监理工程师的工作方法

此类材料设备是监理工程师控制的重点，一般采用内部招标方式采购。所谓内部招标即经过承包单位、业主及监理三方调查并确认入围供应商，由承包单位编制招标文件并发给已确认的入围供应商，承包单位、业主、监理共同评标，确定材料设备限价，初步选定中标单位和备选单位各一个，由承包单位与供应商签订供货合同的材料设备采购方式。

（1）研究设计文件，明确技术指标，承包单位拟定内部招标文件。

（2）进行充分调研，了解市场现状。

（3）承包单位、业主、监理根据调研情况确认入围供应商，一般取3～4家。

（4）承包单位发送内部招标文件，进行小范围招投标。

（5）承包单位、业主、监理共同评标，初步选定中标单位和备选单位各一个，确定材料设备限价。

（6）承包单位拟定备忘录，明确材料设备技术指标及限价，承包单位、业主、监理三方签认。

（7）承包单位与供应商签订供货合同，并将最后确定的供应商报业主、监理。

（8）材料设备进场质量控制。

3. 材料采购中监理工程师的工作要点

（1）分清主次，避免越俎代庖。

（2）采购之前一定要明确材料设备的技术指标。

（3）采用内部招标方式采购材料过程中，业主、监理应充分尊重承包单位的意见，以承包单位为主进行此项工作。

（4）市场调查研究应充分，掌握真实的第一手资料。

（5）确认限价的备忘录中应详细注明材料的技术指标、价格、工程量计算规则等，避免理解发生歧义。同时提供材料样品，监理组封存。

（6）重视进场材料设备的质量控制。

（7）在材料采购中监理工程师追求的总体目标是合理，包括材料的性能价格比合理、承包单位利润合理、供货周期合理等，各项合理指标应优化组合，不可过分追求某一指标，否则将事倍功半。

4.5.3　施工实施阶段质量控制

4.5.3.1　施工阶段质量控制的手段和方法

1. 现场检验

现场检验的方法有目测法、量测法和试验法。

（1）目测法。目测法，即凭借感官进行检查，一般采用看、摸、敲、照等手法对检查对象进行检查。“看”就是根据质量标准要求进行外观检查，例如钢筋有无锈蚀、批号是否正确；水泥的出厂日期、批号、品种是否正确；构配件有无裂缝；清水墙表面是否洁净，油漆或涂料的颜色是否良好、均匀；工人的施工操作是否规范；混凝土振捣是否符合要求等。“摸”就是通过触摸手感进行检查、鉴别，例如油漆的光滑度；浆活是否牢固、不掉粉；模板支设是否牢固；钢筋绑扎是否正确等。“敲”就是运用敲击方法进行声感检查，例如，对墙面瓷砖、大理石镶贴、地砖铺砌等的质量均可通过敲击检查，根据声音虚实、脆闷判断有无空鼓等质量问题。“照”就是通过人工光源或反射光照射，仔细检查难以看清的部位，如构件的裂缝、孔隙等。

（2）量测法。就是利用量测工具或计量仪表，通过实际量测结果与规定的质量标准或规范的要求相对照，从而判断质量是否符合要求。量测的手法可归纳为：靠、吊、量、套。“靠”是用直尺、塞尺检查诸如地面、墙面的平整度等。一般选用 2m 靠尺，在缝隙较大处插入塞尺，测出误差的大小。“吊”是指用铅线检查垂直度。如检测墙、柱的垂直度等。“量”是指用量测工具或计量仪表等检测轴线尺寸、断面尺寸、标高、温度、湿度等数值并确定其偏差，例如室内墙角的垂直度、门窗的对角线、摊铺沥青拌和料的温度等。“套”是指以方尺套方辅以塞尺，检查诸如踏脚线的垂直度、预制构件的方正，门窗口及构件的对角线等。

（3）试验法。通过现场取样，送试验室进行试验，取得有关数据，分析判断其质量是否合格。

1）力学性能试验，如测定抗拉强度、抗压强度、抗弯强度、抗折强度、冲击韧性、硬度、承载力等。

2）物理性能试验，如测定相对密度、密度、含水量、凝结时间、安定性、抗渗性、耐磨性、耐热性、隔音等。

3）化学性能试验，如材料的化学成分（钢筋的磷、硫含量等）、耐酸性、耐碱性、抗腐蚀等。

4）无损测试，如超声波探伤检测、磁粉探伤检测、X 射线探伤检测、γ 射线探伤检测、渗透液探伤检测、低应变检测桩身完整性等。

2. 巡视监理

现场巡视是监理人员最常用的手段之一，通过巡视，一方面掌握正在施工的工程质量情况，另一方面掌握承包单位的管理体系是否运转正常。具体方法是通过目视或常用工具检查施工质量，比如，用百格网检查砌砖的砂浆饱满度、用塌落筒检测混凝土的坍落度、用尺子检测桩机的钻头直径以保证基桩直径等。在施工过程中发现偏差，及时纠正，并指令施工单位处理。

巡视监理是采用定期或不定期的巡视检查。在实施巡视检查时可用两种方法：

（1）巡视检查正在作业的部位或工序，应随时发现问题随时处理。

（2）巡视检查已施工完毕的部位：

1）随机检查已施工完毕的部位。

2）如发现问题，可用量测或检测的方法进行检查。

3. 经量测或检测，不符合要求的处理办法

（1）经返工重做，重新进行验收。

（2）经有资质的检测单位检测鉴定能达到设计要求的，应予以验收。

（3）经有资质的检测单位检测鉴定达不到设计要求、但经原设计单位核算认可能够满足结构安全和使用功能的检验批，可予以验收。

（4）经返修或加固处理的分项、分部工程，虽然改变外形尺寸但仍能满足安全使用要求，可按技术处理方案和协商文件进行验收。

在执行巡视检查后，应按要求填好《巡视监理记录表》。必要时可由监理工程师或总监理工程师签发《巡视监理备忘录》。

4. 支付控制手段

支付手段是业主按监理委托合同赋予监理工程师的控制权。所谓支付控制权就是：对施工承包单位支付任何工程款项，均需由监理工程师开具支付证明书，没有监理工程师签署的支付证书，业主不得向承包方进行支付工程款。而工程款支付的条件之一就是工程质量要达到施工质量验收规范以及合同规定的要求。如果承包单位的工程质量达不到要求的标准，又不能按监理工程师的指示予以处理使之达到要求的标准，监理工程师有权采取拒绝开具支付证书的手段，停止对承包单位支付部分或全部工程款，由此造成的损失由承包单位负责。监理工程师可以使用计量支付控制权来保障工程质量，这是十分有效的控制和约束手段。

5. 指令文件

下达指令性文件是运用监理工程师指令控制权的具体形式。所谓指令文件是表达监理工程师对施工承包单位提出指示和要求的书面文件，用以向施工单位指出施工中存在的问题，提请施工单位注意，以及向施工单位提出要求或指示其做什么或不做什么等的内容。监理工程师的各项指令都应是书面的或有文件记载方为有效，并作为技术文件资料存档。如因时间紧迫，来不及做出正式的书面指令，也可以用口头指令的方式下达给施工单位，但随即应按合同规定及时补充书面文件对口头指令予以确认。在施工过程中，如发现施工方法与方案不符、所使用的材料与设计要求不符、施工质量与规范标准不符、施工进度与合同要求不符等，监理工程师有权下达指令性文件，令其改正。这些文件有："监理通知""工程暂停令"。

6. 旁站监理

旁站监理也是现场监理人员经常采用的一种检查形式。建设部于 2002 年 7 月 17 日发布《房屋建筑工程施工旁站监理管理办法（试行）》，规定了房屋建筑工程施工旁站监理（以下简称旁站监理），是指监理人员在房屋建筑工程施工阶段监理中，对

关键部位、关键工序的施工质量实施全过程现场跟班的监督活动。对房屋建筑工程的关键部位、关键工序，如在基础工程方面包括：土方回填，混凝土灌注桩浇筑，地下连续墙、土钉墙、后浇带及其他结构混凝土、防水混凝土浇筑，卷材防水层细部构造处理，钢结构安装；在主体结构工程方面包括：梁柱节点钢筋隐蔽过程，混凝土浇筑，预应力张拉，装配式结构安装，钢结构安装，网架结构安装，索膜安装等。

旁站监理人员的主要职责是：

（1）检查施工企业现场质检人员到岗、特殊工种人员持证上岗以及施工机械、建筑材料准备情况。

（2）在现场跟班监督关键部位、关键工序的执行施工方案以及工程建设强制性标准情况。

（3）核查进场建筑材料、建筑构配件、设备和商品混凝土的质量检验报告等，并可在现场监督施工企业进行检验或者委托具有资格的第三方进行复验。

（4）做好旁站监理记录和监理日记，保存旁站监理原始资料。监理企业在编制监理规划时，应当制定旁站监理方案，明确旁站监理的范围、内容、程序和旁站监理人员职责等。旁站监理方案应当送建设单位和施工单位各一份，并抄送工程所在地的建设行政主管部门或其委托的工程质量监督机构。

7. 平行检验

平行检验是指项目监理机构利用一定的检查或检测手段，在承包单位自检的基础上，按照一定的比例独立进行检查或检测的活动。

8. 见证取样和送检见证试验

见证取样和送检是指在工程监理人员或建设单位驻工地人员的见证下，由施工单位的现场试验人员对工程中涉及结构安全的试块、试件和材料在现场取样，并送至经过省级以上建设行政主管部门对其计量认证的质量检测单位进行检测的行为。见证试验是指对在现场进行一些检验检测，由施工单位或检测机构进行检测，监理人员全过程进行见证并记录试验检测结果的行为。

根据《房屋建筑工程和市政基础设施工程实行见证取样和送检的规定》，下列试块、试件和材料必须实施见证取样和送检：

（1）用于承重结构的混凝土试块。

（2）用于承重墙体的砌筑砂浆试块。

（3）用于承重结构的钢筋及连接接头试件。

（4）用于承重墙的砖和混凝土小型砌块。

（5）用于拌制混凝土和砌筑砂浆的水泥。

（6）用于承重结构的混凝土中使用的掺加剂。

（7）地下、屋面、厕浴间使用的防水材料。

（8）国家规定必须实行见证取样和送检的其他试块、试件和材料。

4.5.3.2　施工实施阶段生产要素的质量控制

影响工程项目质量控制的因素主要有劳动主体/人员（man）、劳动对象/材料（material）、劳动手段/机械设备（machine）、劳动方法/施工方法（method）和施工环境（environment）五大生产要素，即4M1E。在施工过程中，应事前对这五个方面严加控制。

1. 劳动主体/人员（man）

（1）充分调动人员积极性，发挥人的主导作用。人作为控制的对象，要避免人在工作中的失误；人作为控制的动力，要充分调动人的积极性，发挥人的主导地位。

（2）提高人的工作质量。人的工作质量是工程项目质量的一个重要组成部分，只有首先提高工作质量，才能确保工程质量。提高工作质量的关键在于控制人的素质。人的素质包括：思想觉悟、技术水平、文化修养、心理行为、质量意识、身体条件等方面。要提高人的素质就要加强思想政治教育、劳动纪律教育、职业道德教育、专业技术培训。

（3）建立相应的机制。在施工过程中，尽量改善劳动作业条件，建立健全岗位责任制、技术交底、隐蔽工程检查验收、工序交接检查等的规章制度，运用公平合理、按劳取酬的人力管理机制激励人的劳动热忱。

（4）根据工程实际特点合理用人，严格执行持证上岗制度。结合工程具体特点，从确保工程质量需要出发，从人的技术水平、人的生理缺陷、人的心理行为、人的错误行为等方面来控制人的合理使用。例如，对技术复杂、难度大、精度高的工序或操作，应要求由技术熟练、经验丰富的施工人员来完成；而反应迟钝、应变能力较差的人，则不宜安排其操作快速运动、动作复杂的机械设备；对某些要求必须做到万无一失的工序或操作，则一定要分析人的心理行为，控制人的思想活动，稳定人的情绪；对于具有危险的现场作业，应控制人的错误行为。

此外，在工程质量管理过程中对施工操作者的控制应严格执行持证上岗制度。无技术资格证书的人不允许进入施工现场从事施工活动，对不懂装懂、图省事、碰运气、有意违章的行为必须及时进行制止。

2. 劳动对象/材料（material）

（1）材料质量控制规定。

1）项目经理部应在质量计划确定的合格材料供应人名录中按计划招标采购原材料、成品、半成品和构配件。

2）材料的搬运和储存应按搬运储存规定进行，并应建立台账。

3）项目经理部应对材料、半成品和构配件进行标识。

4）未经检验和已经检验为不合格的材料、半成品和构配件等，不得投入使用。

5）对发包人提供的材料、半成品、构配件等，必须按规定进行检验和验收。

6）监理工程师应对承包人自行采购的材料进行验证。

（2）材料质量控制方法。

材料质量是形成工程实体质量的基础，如使用材料不合格工程质量也一定不达标。加强材料的质量控制是保证和提高工程质量的重要保障，是控制工程质量影响因素的有效措施。材料质量控制包括材料采购、运输，材料检验，材料储存及使用。

1）认真组织材料采购应根据工程特点、施工合同、材料的适用范围、材料的性能要求和价格因素等进行综合考虑。材料采购应根据施工进度计划要求适当提前安排，施工承包企业应根据市场材料信息及材料样品对厂家进行实地考查，同时施工承包企业在进行材料采购时应特别注意将质量条款明确写入材料采购合同。

2）严格材料质量检验。材料质量检验的目的是通过一系列的检测手段，将所取得的材料数据与材料质量标准进行对比，以便在事先判断材料质量的可靠性，再据此决定能否将其用于工程实体。材料质量检验的内容包括：

a. 材料质量标准。材料的质量标准是用以衡量材料质量的尺度，也是作为验收、检验材料质量的依据。不同材料都有自己的质量标准和检验方法。

b. 材料检验的项目。材料检验的项目分为：一般试验项目（通常进行的试验项目），如钢筋要进行拉伸试验、弯曲试验，混凝土要进行表观密度、坍落度、抗压强度试验；其他试验项目（根据需要进行的试验项目），如钢丝的冲击、硬度、焊接件（焊缝金属、焊接接头）的力学性能，混凝土的抗折、抗弯强度、抗冻、抗渗、干缩等试验。材料具体检验项目要根据材料使用条件决定，一般在标准中有明确规定。

c. 材料的取样方法。材料质量检验的取样必须具有代表性，即所采取样品的质量应能代表该批材料的质量。因此，材料取样必须严格按规范规定的部位、数量和操作要求进行。

d. 材料的试验方法。材料质量检查方法分为书面检查、外观检查、理化检查、无损检查。

e. 材料的检验程度。根据材料信息和保证资料的具体情况，质量检验程度分为免检、抽检、全检三种。

免检：对有足够质量保证的一般材料，以及实践证明质量长期稳定且质量保证资料齐全的材料，可免去质量检验过程。

抽检：对材料的性能不清楚或对质量保证资料有怀疑，或对成批产品的构配件，均应按一定比例随机抽样进行检查。

全检：凡进口材料、设备和重要工程部位的材料以及贵重的材料应进行全面的检查。

对材料质量控制的要求：所有材料、制品和构配件必须有出厂合格证和材质化验单，钢筋水泥等重要材料要进行复试，现场配置的材料必须进行试配试验。

3）合理安排材料的仓储保管与使用。在材料检验合格后和使用前，必须做好仓储保管和使用保管，以免因材料变质或误用严重影响工程质量或造成质量事故。如因保管不当造成水泥受潮、钢筋锈蚀，使用不当造成不同直径钢筋混用等。

因此，做好材料保管和使用管理应从以下两个方面进行：一方面施工承包企业应合理调度，做到现场材料不大量积压；另一方面应切实搞好材料使用管理工作，做到不同规格品种材料分类堆放、实行挂牌标志。必要时设专人监督检查，以避免材料混用或把不合格材料用于工程实体中。

3. 劳动手段/机械设备（machine）

机械设备包括施工机械设备和生产工艺设备。

（1）机械设备质量控制规定。

1）应按设备进场计划进行施工设备的准备。

2）现场的施工机械应满足施工需要。

3）应对机械设备操作人员的资格进行确认，无证或资格不符合者，严禁上岗。

（2）施工机械设备的质量控制。

施工机械设备是实现施工机械化的重要物质基础，是现代化施工中必不可少的设备，对工程项目的质量、进度和投资均有直接影响。机械设备质量控制的根本目标就是实现设备类型、性能参数、使用效果与现场条件、施工工艺、组织管理等因素相匹配，并始终使机械保持良好的使用状态。因此，施工机械设备的选用必须结合施工现场条件、施工方法工艺、施工组织和管理等各种因素综合考虑。

施工机械控制包括：

1）施工机械设备的选型。施工机械设备型号的选择应本着因地制宜、因工程制宜、满足需要的原则，既考虑施工的适用性、技术的先进性、操作的方便性、使用的安全性，又要考虑保证施工质量的可靠性和经济性。如在选择挖土机时，应根据土的种类及挖土机的适用范围进行选择。

2）施工机械设备的主要性能参数。施工机械设备的主要机械性能参数是选择机械设备的基本依据。在施工机械选择时应根据性能参数结合工程项目的特点、施工条件和已确定的型号具体进行。如起重机械的选择，其性能参数（起重量、起重高度和起重半径等）必须满足工程的要求，才能保证施工的正常进行。

3）施工机械设备使用操作要求。合理使用机械设备，正确操作是确保工程质量的重要环节。在使用机械设备时应贯彻“三定”和“五好”原则，即“定机、定人、定岗位责任”和“完成任务好、技术状况好、使用好、保养好、安全好”。

（3）生产机械设备的质量控制。

生产机械设备主要控制设备的检查验收、设备的安装质量和设备的试车运转。即要求按设计选择设备；设备进厂后，要按设备名称、型号、规格、数量和清单对照，逐一检查验收；设备安装要符合技术要求和质量标准；试车运转正常能投入使用。因此，对于生产机械设备的检查主要包括以下几个方面：

1）对整体装运的新购机械设备应进行运输质量及供货情况的检查。对有包装的设备，应检查包装是否受损；对无包装的设备，应进行外观的检查及附件、备品的清点；对进口设备，必须进行开箱全面检查，若发现问题应详细记录或照相，及时处理。

2）对解体装运的自组装设备，在对总部件及随机附件、备品进行外观检查后，应尽快进行现场组装、检测试验。

3）在工地交货的生产机械设备，一般都有设备厂家在工地进行组装、调试和生产性试验，自检合格后才提请订货单位复检，待复检合格后，才能签署验收证明。

4）对调拨旧设备的测试验收，应基本达到完好设备的标准。

5）对于永久性和长期性的设备改造项目，应按原批准方案的性能要求，经一定的生产实践考验，并经鉴定合格后才予验收。

6）对于自制设备，在经过6个月生产考验后，按试验大纲的性能指标测试验收，决不允许擅自降低标准。

4. 劳动方法/施工方法（method）

广义的施工方法控制是指对施工承包企业为完成项目施工过程而采取的施工方案、施工工艺、施工组织设计、施工技术措施、质量检测手段和施工程序安排等所进行的控制。狭义的施工方法控制是指对施工方案的控制。施工方案正确与否直接影响工程项目的质量、进度和投资。因此，施工方案的选择必须结合工程实际，从技术、组织、经济、管理等方面出发，做到能解决工程难题，技术可行，经济合理，加快进度，降低成本，提高工程质量。它具体包括确定施工起点流向、确定施工程序、确定施工顺序、确定施工工艺和施工环境。

5. 施工环境（environment）

影响施工质量的环境因素较多，主要有：

（1）自然环境。气温、雨、雪、雷、电、风等。

（2）工程技术环境。工程地质、水文、地形、地震、地下水位、地面水等。

（3）工程管理环境。质量保证体系和质量管理工作制度。

（4）劳动作业环境。劳动组合、作业场所、作业面等，以及前道工序为后道工序提供的操作环境。

（5）经济环境。地质资源条件、交通运输条件、供水供电条件等。

环境因素对施工质量的影响有复杂性、多变性的特点，必须就具体问题具体分析。如气象条件变化无穷，温度、湿度、酷暑、严寒等都直接影响工程质量；又如前一道工序是后一道工序的环境，前一分项工程、分部工程就是后一分项工程、分部工程的环境。因此，对工程施工环境应结合工程特点和具体条件严加控制。尤其是施工现场，应建立文明施工和文明生产的环境，保持材料堆放整齐、道路畅通，工作环境清洁，施工顺序井井有条，为确保质量、安全创造一个良好的施工环境。

4.5.3.3　施工过程的作业质量控制

工程项目是由一系列相互关联、相互制约的作业过程（工序）所构成，控制工程项目施工过程的质量，除施工准备阶段、竣工阶段的质量控制外，重点是必须控制全部作业过程，即各道工序的施工质量。

1. 施工准备阶段的质量控制

施工准备阶段的质量控制属于事前控制内容，主要是指在正式施工前进行的质量控制活动，其重点是做好施工准备工作的同时，做好施工质量预控和对策方案。施工质量预控是指在施工阶段，预先分析施工中可能发生的质量问题和隐患及其产生的原因，采取相应的对策措施进行预先控制，以防止在施工中发生质量问题。这一阶段的控制措施包括：

（1）文件资料的质量控制。

工程项目所在地的自然条件和技术经济条件调查资料应保证客观、真实，详尽、周密，以保证能为施工质量控制提供可靠的依据；施工组织设计文件的质量控制，应要求提出的施工顺序、施工方法和技术措施等能保证质量，同时应进行技术经济分析，尽量做到技术可行、经济合理和质量符合要求；通过设计交底、图纸会审等环节，发现、纠正和减少设计差错，从施工图纸上消除质量隐患，保证工程质量。

（2）采购过程和分包过程的质量控制。

材料设备采购的质量控制包括严格按有关产品提供的程序要求操作；对供方人员资格、供方质量管理体系有要求；建立合格材料、成品和设备供应商的档案库，定期进行考核，从中选择质量、信誉最好的供应商；采购品必须具有厂家批号、出厂合格证和材质化验单，验收入库后还要根据规定进行抽样检验，对进口材料设备和重大工程、关键施工部位所用材料应全部进行检验。

要在资质合格的基础上择优选择分包商；分包商合同需从生产、技术、质量、安全、物质和文明施工等方面最大限度地对分包商提出要求，条款必须清楚、内容详尽；还应对分包队伍进行技术培训和质量教育，帮助分包商提高质量管理水平，从主观和客观两方面把分包商纳入总包的系统质量管理与质量控制体系中，接受总包的组织和协调。

（3）现场准备的质量控制。

建立现场项目组织机构，集结施工队伍并进行入场教育；对现场控制网、水准点、标桩的测量；拟定有关试验、试制和技术进步的项目计划；制定施工现场管理制度等。

2. 施工过程的质量控制

工程项目的施工过程是由若干道工序组成的，因此，施工过程的控制，重点就是施工工序的控制，主要包括4方面的内容：施工工序控制的要求、施工工序控制的程序、施工工序质量控制点的设置和施工工序控制的检验。

（1）施工工序控制的要求。工序质量是施工质量的基础，工序质量也是施工顺利进行的关键。为满足对工序质量控制的要求，在工序管理方面应做到：

1）贯彻预防为主的基本要求，设置工序质量检查点，对材料质量状况、工具设备状况、施工程序、关键操作、安全条件、新材料新工艺的应用、常见质量通病、甚至包括操作者的行为等影响因素列为控制点作为重点检查项目进行预控。

2）落实工序操作质量巡查、抽查及重要部位跟踪检查等方法，及时掌握施工质量总体状况。

3）对工序产品、分项工程的检查应按标准要求进行目测、实测及抽样试验的程序，做好原始记录，经数据分析后，及时作出合格或不合格的判断。

4）对合格工序产品应及时提交监理进行隐蔽工程验收。

5）完善管理过程的各项检查记录、检测资料及验收资料，作为工程验收的依据，并为工程质量分析提供可追溯的依据。

（2）施工工序控制的程序。

1）进行作业技术交底，包括作业技术要领、质量标准、施工依据、与前后工序的关系等。

2）检查施工工序、程序的合理性、科学性，防止工程流程错误，导致工序质量失控。检查内容包括：施工总体流程和具体施工作业的先后顺序，在正常的情况下，要坚持先准备后施工、先深后浅、先土建后安装、先验收后交工等。

3）检查工序施工条件，即每道工序投入的材料，使用的工具、设备及操作工艺及环境条件是否符合施工组织设计的要求。

4）检查工序施工中人员操作程序、操作质量是否符合质量规程的要求。

5）检查工序施工中间产品的质量，即工序质量和分项工程质量。

6）对工序质量符合要求的中间产品（分项工程）及时进行工序验收或隐蔽工程验收。

7）质量合格的工序验收后方可进入下道工序施工。未经验收合格的工序，不得进入下道工序施工。

(3) 施工工序质量控制点的设置。

在施工过程中，为了对施工质量进行有效控制，需要找出对工序的关键或重要质量特性起支配作用的全部活动，对这些支配性要素要加以重点控制。工序质量控制点就是根据支配性要素进行重点控制的要求而选择的质量控制重点部位、重点工序和重点因素。一般来讲，质量控制点是随工程项目类型和特点的不同而不完全相同的，基本原则是选择施工过程中的关键工序、隐蔽工程、薄弱环节、对后续工序有重大影响、施工条件困难、技术难度大等的环节。

(4) 施工工序控制的检验。

施工过程中对施工工序的质量控制效果如何，应在施工单位自检的基础上，在现场对工序施工质量进行检验，以判断工序活动的质量效果是否符合质量标准的要求。

1）抽样。对工序抽取规定数量的样品，或者确定符合规定数量的检测点。

2）实测。采用必要的检测设备和手段，对抽取的样品或确定的检测点进行检测，测定其质量性能指标或质量性能状况。

3）分析。对检验所得的数据，用统计方法进行分析、整理，发现其遵循的变化规律。

4）判断。根据对数据分析的结果，经与质量标准或规定对比，判断该工序施工的质量是否达到规定的质量标准要求。

5）处理。根据对抽样检测的结论，如果符合规定的质量标准的要求，则可对该工序的质量予以确认；如果通过判断，发现该工序的质量不符合规定的质量标准的要求，则应进一步分析产生偏差的原因，并采取相应的措施进行纠正。

4.5.4 施工活动结果的质量控制

要保证最终单位工程产品的合格，必须使每道工序及各个中间产品均符合质量要求。施工活动结果在土建工程中一般有：基槽（基坑）验收，隐蔽工程验收，工序交接，检验批、分项、分部工程验收，单位工程或整个工程项目的竣工验收等。

4.5.4.1 基槽（基坑）验收

基槽（开挖）是地基与基础施工中的一个关键工序，对后续工程质量影响大，一般作为一个检验批进行质量验收，有专用的验收表格。基槽（基坑）开挖质量验收主要涉及地基承载力和地质条件的检查确认，所以基槽开挖验收均要有勘察设计单位的有关人员参加，并请当地或主管质量监督部门参加，经现场检查，测试（或平行检测）确认其地基承载力是否达到设计要求，地质条件是否与设计相符。如相符，则共同签署验收资料，如达不到设计要求或与勘察设计资料不符，则应采取措施进一步处理或变更工程，由原设计单位提出处理方案，经承包单位实施完毕后重新验收。

4.5.4.2 隐蔽工程验收

隐蔽工程验收是指将被后续工程施工所覆盖的分项、分部工程，在隐蔽前所进行的检查验收。由于其检查对象将要被后续工程所覆盖，给以后的检查整改造成障碍，所以它是质量控制的一个关键过程，一般有专用的隐蔽验收表格。隐蔽验收项目应在监理规划中列出，比如，基槽开挖及地基处理，钢筋混凝土中的钢筋工程，埋入结构中的避雷导线，埋入结构中的工艺管线，埋入结构中的电气管线，设备安装的二次灌浆，基础、厕所间、屋顶防水，装修工程中吊顶龙骨及隔墙龙骨，预制构件的焊（连）接，隐蔽的管道工程水压试验或闭水试验，等等。隐蔽工程施工完毕，承包单位应先进行自检，自检合格后，填写《报验申请表》，附上相应的或隐蔽工程检查记录及有关材料证明、试验报告、复试报告等，报送项目监理机构。监理工程师收到报验申请后首先对质量证明资料进行审查，并按规定时间与承包单位的专职质检员及相关施工人员一起到现场检查，如符合质量要求，监理工程师在《报验申请表》及隐蔽工程检查记录上签字确认，准予承包单位隐蔽、覆盖，进入下一道工序施工。否则，指令承包单位整改，整改后，自检合格再报监理工程师复验。

4.5.4.3 工序交接

工序交接是指作业活动中一种作业方式的转换及作业活动效果的中间确认，也包括相关专业之间的交接。通过工序交接的检查验收或办理交接手续，保证上道工序合格后方可进入下道工序，使各工序间和相关专业工程之间形成一个有机整体，也使各工序的相关人员担负起各自的责任。

4.5.4.4 检验批、分项、分部工程验收

检验批、分项、分部工程完成后，承包单位应先自行检查验收，确认合格后向监理工程师提交验收申请，由监理工程师予以检查、确认。如确认其质量符合要求，则予以确认验收。如有质量问题则指令承包单位进行处理，待质量合乎要求后再予以检查验收。对涉及结构安全和使用功能的重要分部工程应进行抽样检测。

4.5.4.5 单位工程或整个工程项目的竣工验收

一个单位工程或整个工程项目完成后，承包单位应先进行竣工自检，自验合格后，向项目监理机构提交《工程竣工报验单》，总监理工程师组织专业监理工程师进行竣工初验。初验合格后，总监理工程师对承包单位的《工程竣工报验单》予以签认，并上报建设单位，同时提出“工程质量评估报告”。由建设单位组织竣工验收。监理单位参加由建设单位组织的正式竣工验收。

1. 初验应检测的内容

（1）审查施工承包单位所提交的竣工验收资料，包括各种质量控制资料、安全和功能检测资料及各种有关的技术性文件等。

（2）审核承包单位提交的竣工图，并与已完工程、有关的技术文件（如图纸、工程变更文件、施工记录及其他文件）对照进行核查。

（3）总监理工程师组织专业监理工程师对拟验收工程项目的现场进行检查，如发

现质量问题应指令承包单位进行处理。

2. 工程质量评估报告

“工程质量评估报告”是监理单位对所监理的工程的最终评价，是工程验收中的重要资料，它由项目总监理工程师和监理单位技术负责人签署。主要包括以下主要内容。

(1) 工程项目建设概况介绍，参加各方的单位名称、负责人。

(2) 工程检验批、分项、分部、单位工程的划分情况。

(3) 工程质量验收标准，各检验批、分项、分部工程质量验收情况。

(4) 地基与基础分部工程中，涉及桩基工程的质量检测和基槽承载力检测的结论，涉及结构安全及使用功能的检测的结论，以及建筑物沉降观测资料。

(5) 施工过程中出现的质量事故及处理情况，以及验收结论。

(6) 结论。本工程项目（单位工程）是否达到合同约定，是否满足设计文件要求，是否符合国家强制性标准及条款的规定。

4.5.5　工程竣工验收备案

我国实行工程竣工验收备案制度。新建、扩建和改建的各类房屋建筑工程和市政基础设施工程的竣工验收，均应按《建设工程质量管理条例》规定进行备案。

(1) 建设单位应当自工程竣工验收合格之日起 15 日内，将工程竣工验收报告和规划、公安消防、环保等部门出具的认可文件或准许使用文件，报建设行政主管部门或者其他相关部门备案。

(2) 备案部门在收到备案文件资料后的 15 日内，对文件资料进行审查，符合要求的工程，在验收备案表上加盖“竣工验收备案专用章”，并将一份退建设单位存档。如审查中发现建设单位在竣工验收过程中，有违反国家有关建设工程质量管理规定行为的，责令停止使用，重新组织竣工验收。

4.5.6　施工质量控制制度

4.5.6.1　《工程建设标准强制性条文》落实制度

工程建设强制性标准是指直接涉及工程质量、安全、卫生及环境保护等方面的工程建设标准强制性条文。工程建设标准强制性条文由国务院建设行政主管部门会同国务院有关行政主管部门确定。工程建设强制性标准分为：工程建设规划阶段强制性标准，工程建设勘察、设计阶段强制性标准，工程建设施工阶段强制性标准。工程建设施工阶段强制性标准又分为：水利工程施工强制性标准，公路工程施工强制性标准，工业与民用建筑施工强制性标准等。凡在我国境内从事新建、扩建、改建等工程建设活动，都必须执行工程建设强制性标准。

建设单位不得明示或暗示施工单位使用不合格的建筑材料、建筑构配件和设备；不得明示或暗示设计单位或者施工单位违反工程建设强制性标准，降低工程质量。

施工单位违反工程建设强制性标准的责令改正，造成工程质量不符合规定的质量标准的，负责返工、修理，并赔偿因此造成的损失；情节严重的，应停业整顿，降低资质等级或者吊销资质证书。

监理单位违反强制性标准规定，将不合格的建设工程以及建筑材料、建筑构配件和设备按照合格签字的责令改正，情节严重的，降低资质等级或者吊销资质证书；有违法所得的，予以没收；造成损失的，承担连带赔偿责任。

4.5.6.2 设计文件、图纸审查制度

图纸会审由建设单位组织，监理单位、设计单位、施工单位参加。未经图纸会审，工程不得开工。

施工过程中由施工单位负责设计的图纸，必须经过监理工程师审查批准，未经监理工程师批准的图纸不得用于工程。

4.5.6.3 设计技术交底制度

在工程施工前，设计单位就审查合格的施工图设计文件向建设单位、施工单位和监理单位作出详细说明。施工图设计交底按主项（装置或单元）分专业集中一次进行，遇有特殊情况，应建设单位要求也可按施工程序分次进行。施工图设计交底会原则上不重复召开，如果由于施工单位变更需要重复开会时，由建设单位和设计单位协商解决。

施工图设计交底有利于进一步贯彻设计意图和修改图纸中的错、漏、碰、缺；帮助施工单位和监理单位加深对施工图设计文件的理解，掌握关键工程部位的质量要求，确保工程质量。不进行设计技术交底，工程不得开工。

4.5.6.4 施工组织设计和安全技术措施审核批准制度

施工单位必须在开工前至少 7 天向项目监理部提交施工组织设计和施工措施。项目监理部分别由负责投资、质量、进度控制的监理工程师进行审核，把审核意见提交总监理工程师。必要时施工单位必须按照监理工程师的要求修改，完善其施工组织设计和施工措施。施工组织设计和施工措施一经批准，不得轻易改变，并作为施工阶段“三控制”（质量控制、进度控制、投资控制）的依据。施工组织设计和施工措施未经批准，工程不得开工。

4.5.6.5 工程开工申请、审批制度

单项或单位工程开工，施工单位应编写单项或单位工程开工报审表，报送监理部审批。开工报告主要内容应包括：施工机构、质检体系、安全体系的建立，劳力安排，材料、机械及检测仪器设备进场情况，水电供应，临时设施的修建，施工方案的准备情况等。并由现场监理员逐项核实并提出审核意见，由总监签批开工报告书和下达开工指令。监理工程师未下达开工令的单项工程或单位工程不得开工。

4.5.6.6 设计图纸的变更处理制度

不论是建设单位、设计单位、监理单位、施工单位提出的设计变更，一般由设计单位完成，监理工程审批，最后由监理工程师发布变更指令。未经监理工程师批准的图纸不得用于工程，监理工程师未发出工程变更指令，工程不得进行变更。

4.5.6.7 隐蔽工程检查验收

隐蔽工程一般应确定为质量控制点的停止点。隐蔽以前，施工单位应根据《工程

质量评定验收标准》进行自检，并将评定资料报监理工程师。施工单位应将需检查的隐蔽工程在隐蔽前3日提出计划报监理工程师，监理工程师应排出计划，通知施工单位。监理工程师应按约定的时间派监理人员到现场进行检查，确定质量符合合同《技术条款》要求，并在检查记录上签字后，施工单位才能进行覆盖。

如果监理人员未及时到现场检查，施工单位不得将隐蔽工程进行覆盖。但由此造成的损失，可向业主提出索赔。

4.5.6.8 工程竣工验收制度

竣工验收的依据是批准的设计文件（包括变更设计）、有关设计施工规范、工程质量验收标准以及合同及协议文件等。施工单位按规定编写和提出验收交接文件是申请竣工验收的必要条件，竣工文件不齐全、不正确不清晰，不能验收交接。施工单位应在验收前将编好的全部竣工文件及绘制的竣工图，提供给监理工程师一份，审查确认完整无误后，报建设单位，其余分发给有关接管、使用单位。

工程没有进行竣工验收，不得签发移交证书、不得交付使用、不支付保留金、不进行完工结算。

4.6 工程项目质量政府监督

4.6.1 工程项目质量政府监督的职能

县级以上地方政府质量监督机构对工程质量监督的依据是国家、地方和各专业建设管理部门颁发的法律、法规及各类规范和强制性标准。其监督的职能包括两大方面：

（1）监督工程建设的各方主体（包括建设单位、施工单位、材料设备供应单位、设计勘察单位和监理单位等）的质量行为是否符合国家法律法规及各项制度的规定，查处违法违规行为和质量事故。

（2）监督检查工程实体的施工质量，尤其是地基基础、主体结构、专业设备安装等涉及结构安全和使用功能的施工质量。

4.6.2 工程项目质量政府监督的内容

政府对工程质量的监督管理以施工许可制度和竣工验收备案制度为主要手段。

4.6.2.1 受理质量监督申报

在工程项目开工前，政府质量监督机构在受理工程质量监督的申报手续时，对建设单位提供的文件资料进行审查，审查合格后签发有关质量监督文件。

4.6.2.2 开工前的质量监督

开工前召开项目参与各方参加首次监督会议，公布监督方案，提出监督要求，并进行第一次监督检查。监督检查的主要内容为工程项目质量控制系统及各施工方的质量保证体系是否已经建立，以及完善的程度。具体内容为：

（1）检查项目各施工方的质保体系，包括组织机构、质量控制方案及质量责任制等制度。

（2）审查施工组织设计、监理规划等文件及审批手续。

（3）检查项目各参与方的营业执照、资质证书及有关人员的资格证书。

（4）检查的结果记录保存。

4.6.2.3 施工期间的质量监督

（1）在工程施工期间，质量监督机构按照监督方案对工程项目施工情况进行不定期的检查。其中在基础和结构阶段每月安排监督检查。检查内容为工程参与各方的质量行为及质量责任制的履行情况、工程实体质量和质保资料的状况。

（2）对工程项目结构主要部位（如桩基、基础、主体结构）除了常规检查外，还要在分部工程验收时，要求建设单位将施工、设计、监理、建设方分别签字的质量验收证明在验收后3天内报监督机构备案。

（3）对施工过程中发生的质量问题、质量事故进行查处；根据质量检查状况，对查实的问题签发"质量问题整改通知单"或"局部暂停施工指令单"，对问题严重的单位也可根据问题情况发出"临时收缴资质证书通知书"等处理意见。

4.6.2.4 竣工阶段的质量监督

政府工程质量监督机构按规定对工程竣工验收备案工作实施监督。

（1）做好竣工验收前的质量复查。对质量监督检查中提出质量问题的整改情况进行复查，了解其整改情况。

（2）参与竣工验收会议。对竣工工程的质量验收程序、验收组织与方法、验收过程等进行监督。

（3）编制单位工程质量监督报告。工程质量监督报告作为竣工验收资料的组成部分提交竣工验收备案部门。

（4）建立工程质量监督档案。工程质量监督档案按单位工程建立；要求归档及时，资料记录等各类文件齐全，经监督机构负责人签字后归档，按规定年限保存。

4.7 工程质量事故的特点、等级划分及处理

4.7.1 工程质量事故的特点

工程质量事故具有复杂性、严重性、可变性和多发性的特点。

4.7.1.1 复杂性

影响工程质量的因素繁多，造成质量事故的原因错综复杂，即使是同一类质量事故，而原因却可能多种多样。所以使得对质量事故进行分析，判断其性质、原因及发展，确定处理方案与措施等都增加了难度。

4.7.1.2 严重性

工程项目一旦出现质量事故，其影响较大。轻者影响施工顺利进行、拖延工期、增加工程费用，重者则会留下隐患成为危险建筑物，影响使用功能或不能使用，更严重的还会引起建筑物的失稳、倒塌，造成人民生命、财产的巨大损失。

4.7.1.3　可变性

许多建筑工程的质量问题出现后，其质量状态并非稳定于发现的初始状态，而是有可能随着时间进程而不断地发展、变化。因此，有些在初始阶段并不严重的质量问题，如不能及时处理和纠正，有可能发展成严重的质量事故。所以，在分析、处理工程质量事故时，一定要注意质量事故的可变性，及时采取可靠的措施，防止事故进一步恶化；或加强观测与试验，取得数据，预测未来发展的趋向。

4.7.1.4　多发性

建筑工程中有些质量事故，在各项工程中经常发生，而成为多发性的质量通病。因此，应采取有效预防措施。

4.7.2　工程质量事故等级划分

依据《关于做好房屋建筑和市政基础设施工程质量事故报告和调查处理工作的通知》(建质〔2010〕111 号)，工程质量事故是指由于建设、勘察、设计、施工、监理等单位违反工程质量有关法律法规和工程建设标准，出现影响工程产生结构安全、重要使用功能等方面的质量缺陷，造成人身伤亡或者重大经济损失的事故。根据工程质量事故造成的人员伤亡或者直接经济损失，工程质量事故分为 4 个等级：

(1) 特别重大事故，是指造成 30 人以上死亡，或者 100 人以上重伤，或者 1 亿元以上直接经济损失的事故。

(2) 重大事故，是指造成 10 人以上 30 人以下死亡，或者 50 人以上 100 人以下重伤，或者 5000 万元以上 1 亿元以下直接经济损失的事故。

(3) 较大事故，是指造成 3 人以上 10 人以下死亡，或者 10 人以上 50 人以下重伤，或者 1000 万元以上 5000 万元以下直接经济损失的事故。

(4) 一般事故，是指造成 3 人以下死亡，或者 10 人以下重伤，或者 100 万元以上 1000 万元以下直接经济损失的事故。

等级划分所称的“以上”包括本数，所称的“以下”不包括本数。

4.7.3　工程质量事故处理

建设工程一旦发生质量事故，除相关行业有特殊要求外，应按照《关于做好房屋建筑和市政基础设施工程质量事故报告和调查处理工作的通告》(建质〔2010〕111 号) 的要求，由各级政府建设行政主管部门按事故等级划分开展相关的工程质量事故调查，明确相应责任单位，提出相应的处理意见。项目监理机构除积极配合做好上述工程质量事故调查外，还应做好由于事故对工程产生的结构安全及重要使用功能等方面的质量缺陷处理工作。为此，项目监理机构应掌握工程质量事故所造成缺陷的处理依据、程序和基本方法。

4.7.3.1　工程质量事故处理依据

进行工程质量事故处理的主要依据有 4 个方面：①相关的法律法规；②具有法律效力的工程承包合同、设计委托合同、材料或设备购销合同以及监理合同或分包合同等合同文件；③质量事故的实况资料；④有关的工程技术文件、资料、档案。

1. 相关法律法规

相关法律法规包括《中华人民共和国建筑法》《建设工程质量管理条例》等。《中华人民共和国建筑法》颁布实施，对加强建筑活动的监督管理，维护市场秩序，保证建设工程质量提供了法律保障。《建设工程质量管理条例》以及相关的配套法规的相继颁布，完善了工程质量及质量事故处理有关的法律法规体系。

2. 有关合同及合同文件

(1) 所涉及的合同文件：工程承包合同（工程总分包合同），勘察合同，设计合同，设备与器材购销合同，监理合同，基坑监测合同等。

(2) 有关合同和合同文件在处理质量事故中的作用是：确定在施工过程中有关各方是否按照合同有关条款实施其活动，借以探寻产生事故的可能原因。例如，施工单位是否在规定时间内通知项目监理机构进行隐蔽工程验收，项目监理机构是否按规定时间实施了检查验收；施工单位在材料进场时，是否按规定或约定进行了检验等。此外，有关合同条款还是界定质量责任的重要依据。

3. 质量事故的实况资料

要搞清质量事故的原因和确定处理对策，首要的是要掌握质量事故的实际情况。有质量事故实况的资料主要来自以下几个方面：

(1) 施工单位的质量事故调查报告。质量事故发生后，施工单位有责任就所发生的质量事故进行周密的调查、研究，掌握其情况，并在此基础上写出调查报告，提交项目监理机构和建设单位。

(2) 若项目监理机构所掌握的质量事故相关资料的内容大致与施工单位调查报告中有关内容相似，可用来与施工单位所提供的情况对照、核实。

4. 有关的工程技术文件、资料和档案

(1) 有关的设计文件，如施工图纸和技术说明等。在处理质量事故中，其作用一方面是可以对照设计文件，核查施工质量是否完全符合设计的规定和要求；另一方面是可以根据所发生的质量事故情况，核查设计中是否存在问题或缺陷，是导致质量事故的原因。

(2) 与施工有关的技术文件、档案和资料。

1) 施工组织设计或施工方案、施工计划。

2) 施工记录、施工日志等。根据它们可以查对发生质量事故时工程施工的情况，如：施工时的气温、降雨、风力、海浪等有关的自然条件，施工人员的情况，施工工艺与操作过程的情况，使用的材料情况，施工场地、工作面、交通等情况，地质及水文地质情况等。借助这些资料可以追溯和探寻事故的可能原因。

3) 有关建筑材料的质量证明资料。例如，材料批次、出厂日期、出厂合格证或检验报告、施工单位抽检或试验报告等。

4) 现场制备材料的质量证明资料。例如，混凝土拌合料的级配、水灰比、坍落度记录，混凝土试块强度试验报告，沥青拌合料配比、出机温度和摊铺温度记录等。

5) 质量事故发生后，对事故状况的观测记录、试验记录或试验报告等。例如，对地基沉降的观测记录，对建筑物倾斜或变形的观测记录，对地基钻探取样记录与试验报告，对混凝土结构物钻取试样的记录与试验报告等。

上述各类技术资料对于分析质量事故原因、判断其发展变化趋势、推断事故影响及严重程度、确定处理措施等都是不可缺少的。

4.7.3.2　工程质量事故处理程序

工程质量事故发生后，监理机构可以按照以下程序进行处理，如图 4.3 所示。

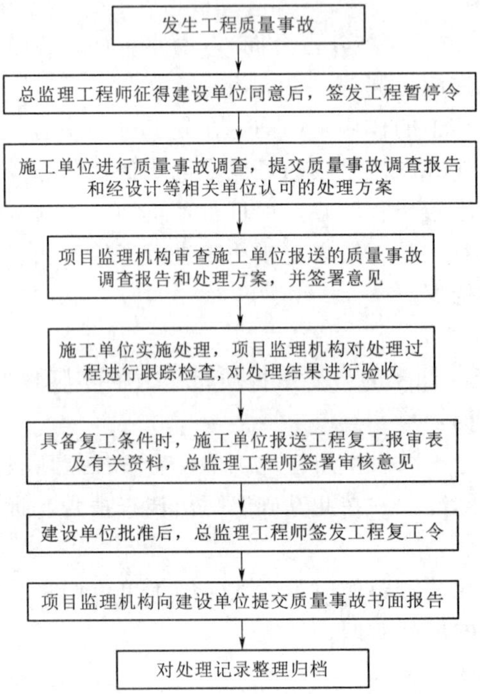

图 4.3　工程质量事故处理程序

（1）工程质量事故发生后，总监理工程师应签发工程暂停令，要求暂停质量事故部位和与其有关联部位的施工，要求施工单位采取必要的措施，防止事故扩大并保护好现场。同时，要求质量事故发生单位迅速按类别和等级向相应的主管部门上报。

（2）项目监理机构要求施工单位进行质量事故调查、分析质量事故产生的原因，并提交质量事故调查报告。对于由质量事故调查组处理的，项目监理机构应积极配合，客观地提供相应证据。

（3）根据施工单位的质量调查报告或质量事故调查组提出的处理意见，项目监理机构要求相关单位完成技术处理方案。质量事故技术处理方案一般由施工单位提出，经原设计单位同意签认，并报建设单位批准。对于涉及结构安全和加固处理等的重大技术处理方案，一般由原设计单位提出。必要时，应要求相关单位组织专家论证，以确保处理方案可靠、可行、保证结构安全和使用功能。

（4）技术处理方案经相关各方签认后，项目监理机构应要求施工单位制定详细的施工方案。项目监理机构对处理过程进行跟踪检查，对处理结果进行验收，必要时应组织有关单位对处理结果进行鉴定。

（5）质量事故处理完毕后，具备工程复工条件时，施工单位提出复工申请，项目监理机构应审查施工单位报送的工程复工报审表及有关资料，符合要求后，总监理工程师签署审核意见，报建设单位批准后，签发工程复工令。

（6）项目监理机构应及时向建设单位提交质量事故书面报告，并应将完整的质量事故处理记录整理归档。质量事故书面报告应包括如下内容：

1）工程及各参建单位名称。

2）质量事故发生的时间、地点、工程部位。

3）事故发生的简要经过、造成工程损伤状况、伤亡人数和直接经济损失的初步估计。

4）事故发生原因的初步判断。

5）事故发生后采取的措施及处理方案。

6）事故处理的过程及结果。

4.7.3.3 工程质量事故处理的基本方法

工程质量事故处理的基本方法包括工程质量事故处理方案的确定及工程质量事故处理后的鉴定验收。其目的是消除质量缺陷，以达到建筑物的安全可靠和正常使用功能及寿命要求，并保证后续施工的正常进行。其一般处理原则是：正确确定事故性质，是表面性还是实质性、是结构性还是一般性、是迫切性还是可缓性；正确确定处理范围，除直接发生部位，还应检查处理事故相邻影响作用范围的结构部位或构件。其处理基本要求是：安全可靠，不留隐患；满足建筑物的功能和使用要求；技术可行，经济合理。

1. 工程质量事故处理方案的确定

工程质量事故处理方案的确定，要以分析事故调查报告中事故原因为基础，结合实地勘查成果，并尽量满足建设单位的要求。因同类和同一性质的事故常可以选择不同的处理方案，在确定处理方案时，应审核其是否遵循一般处理原则和要求，尤其应重视工程实际条件，如建筑物实际状态、材料实测性能、各种作用的实际情况等，以确保做出正确判断和选择。尽管质量事故的技术处理方案多种多样，但根据质量事故的情况可归纳为三种类型的处理方案，监理人员应掌握从中选择最适用处理方案的方法，方能对相关单位上报的事故处理方案做出正确审核结论。

（1）工程质量事故处理方案类型。

1）修补处理。这是最常用的一类处理方案。通常当工程的某个检验批、分项或分部工程的质量虽未达到规定的规范、标准或设计要求，存在一定缺陷，但通过修补或更换构配件、设备后还可达到要求的标准，又不影响使用功能和外观要求，在此情况下，可以进行修补处理。属于修补处理类的具体方案很多，诸如封闭保护、复位纠偏、结构补强、表面处理等。某些事故造成的结构混凝土表面裂缝，可根据其受力情况，仅做表面封闭处理；某些混凝土结构表面的蜂窝、麻面，经调查分析，可进行剔凿、抹灰等表面处理，一般不会影响其使用和外观。

较严重的质量缺陷，可能影响结构的安全性和使用功能，必须按一定的技术方案进行加固补强处理，这样往往会造成一些永久性缺陷，如改变结构外形尺寸，影响一些次要的使用功能等。

2）返工处理。当工程质量未达到规定的标准和要求，存在严重质量缺陷，对结构的使用和安全构成重大影响，且又无法通过修补处理的情况下，可对检验批、分项、分部工程甚至整个工程返工处理。例如，某防洪堤坝填筑压实后，其压实土的干密度未达到规定值，经核算将影响土体的稳定且不满足抗渗能力要求，可挖除不合格土，重新填筑，进行返工处理。对某些存在严重质量缺陷，且无法采用加固补强等修补处理或修补处理费用比原工程造价还高的工程，应进行整体拆除，全面返工。

3）不做处理。某些工程质量缺陷虽然不符合规定的要求和标准构成质量事故，但视其严重情况，经过分析、论证、法定检测单位鉴定和设计等有关单位认可，对工程或结构使用及安全影响不大，也可不做专门处理。通常不用专门处理的情况有以下几种：

a. 不影响结构安全和正常使用。例如，有的建筑物出现放线定位偏差，且严重超过规范标准规定，若要纠正会造成重大经济损失，若经过分析、论证其偏差不影响生产工艺和正常使用，在外观上也无明显影响，可不做处理。又如，某些隐蔽部位结构混凝土表面裂缝，经检查分析，属于表面养护不够的干缩微裂，不影响使用及外观，也可不做处理。

b. 有些质量缺陷，经过后续工序可以弥补。例如，混凝土墙表面轻微麻面，可通过后续的抹灰、喷涂或刷白等工序弥补，亦可不做专门处理。

c. 经法定检测单位鉴定合格。例如，某检验批混凝土试块强度值不满足规范要求，强度不足，在法定检测单位对混凝土实体采用非破损检验方法，测定其实际强度已达规范允许和设计要求值时，可不做处理。对经检测未达要求值，但相差不多，经分析论证，只要使用前经再次检测达到设计强度，也可不做处理。

d. 出现的质量缺陷，经检测鉴定达不到设计要求但经原设计单位核算，仍能满足结构安全和使用功能。例如某结构构件截面尺寸不足，或材料强度不足影响结构承载力，但经按实际检测所得截面尺寸和材料强度复核验算仍能满足设计的承载力的，可不进行专门处理。这是因为一般情况下规范标准给出了满足安全和功能的最低限度要求而设计往往在此基础上留有一定裕量。但这种处理方式实际上是挖掘了设计潜力或降低了设计的安全系数。

不论哪种情况特别是不做处理的质量缺陷，均要备好必要的书面文件，对技术处理方案、不做处理结论和各方协商文件等有关档案资料认真组织签认。对责任方应承担的经济责任和合同中约定的罚款则应正确判定。

（2）选择最适用工程质量事故处理方案的辅助方法。

选择工程质量处理方案，是复杂而重要的工作，它直接关系到工程的质量、费用和工期。处理方案选择不合理，不仅劳民伤财，严重的还会留有隐患，危及人身安全，特别是对需要返工或不作处理的方案，更应慎重对待。下面给出一些可采取的选择工程质量事故处理方案的辅助决策方法。

1）试验验证。即对某些有严重质量缺陷的项目，可采取合同规定的常规试验以外的试验方法进行进一步验证，以便确定缺陷的严重程度。如，公路工程的沥青面层厚度误差超过了规范允许的范围，可采用弯沉试验，检查路面的整体强度等。监理人员可根据对试验验证结果的分析、论证，再研究选择最佳的处理方案。

2）定期观测。有些工程在发现其质量缺陷时，其状态可能尚未达到稳定仍会继续发展，在这种情况下一般不宜过早做出决定，可以进行一段时间的观测，然后再根据情况做出决定。属于这类的质量缺陷有：桥墩或其他工程的基础在施工期间发生沉降超过预计或规定的标准；混凝土表面发生裂缝，并处于发展状态等。有些有缺陷的工程，短期内其影响可能不十分明显，需要较长时间的观测才能得出结论。对此，项目监理机构应与建设单位及施工单位协商，采取留待责任期解决或修改合同、延长责任期的办法。

3）专家论证。对于某些工程质量缺陷，可能涉及的技术领域比较广泛，或问题很复杂，有时仅根据合同规定难以决策，这时可提请专家论证。而用这种办法时，应事先做好充分准备，尽早为专家提供尽可能详尽的情况和资料，以便使专家能够进行较充分、全面和细致地分析、研究，提出切实的意见与建议。实践证明，采取这种方法，对于监理人员正确选择重大工程质量缺陷的处理方案十分有益。

4）方案比较。这是比较常用的一种方法。同类型和同一性质的事故可先设计多种处理方案，然后结合当地的资源情况、施工条件等逐项给出权重进行对比，从而选择具有较好处理效果又便于施工的处理方案。例如，结构构件承载力达不到设计要求，可采用改变结构构造来减少结构内力、结构卸荷或结构补强等不同处理方案，可将其每一方案按经济、工期、效果等指标列项并分配相应权重值，进行对比，辅助决策。

2. 工程质量事故处理的鉴定验收

项目监理机构应通过组织检查和必要的鉴定，并对以下事项进行验收并予以最终确认。质量事故的技术处理是否达到了预期目的，消除了工程质量不合格和工程质量缺陷，是否仍留有隐患等。

（1）检查验收。

工程质量事故处理完成后，项目监理机构在施工单位自检合格的基础上，应严格按施工验收标准及有关规范的规定进行检查，依据质量事故技术处理方案设计要求，通过实际量测，检查各种资料数据进行验收，并应办理验收手续，组织各有关单位会签。

（2）必要的鉴定。

为确保工程质量事故的处理效果，凡涉及结构承载力等使用安全和其他重要性能的处理工作，常需做必要的试验和检验鉴定工作。如果质量事故处理施工过程中建筑材料及构配件保证资料严重缺乏，或对检查验收结果各参与单位有争议时，常见的检验工作有：混凝土钻芯取样，用于检查密实性和裂缝修补效果，或检测实际强度；结构荷载试验，确定其实际承载力；超声波检测焊接或结构内部质量；池、罐、箱柜工程的渗漏检验等。检测鉴定必须委托具有资质的法定检测单位进行。

（3）验收结论。

对所有质量事故无论经过技术处理，通过检查鉴定验收还是不需专门处理的，均应有明确的书面结论。若对后续工程施工有特定要求，或对建筑物使用有一定限制条件，应在结论中提出。验收结论通常有以下几种：

1）事故已排除，可以继续施工。

2）隐患已消除，结构安全有保证。

3）经修补处理后，完全能够满足使用要求。

4）基本上满足使用要求，但使用时应有附加限制条件，例如限制荷载等。

5）对耐久性的结论。

6）对建筑物外观影响的结论。

7）对短期内难以做出结论的，可提出进一步观测检验意见。

对于处理后符合现行国家标准《建筑工程施工质量验收统一标准》（GB 50300—2013）规定的，监理人员应予以验收、确认，并应注明责任方承担的经济责任。对经加固补强或返工处理仍不能满足安全使用要求的分部工程、单位（子单位）工程，应拒绝验收。

4.8 统计分析方法在工程质量控制中的应用

在进行质量控制时，坚持“一切以数据说话”。数据是进行质量管理的基础，用数理统计的方法通过收集、整理质量数据，可以帮助我们分析、发现质量问题，以便及时采取措施进行处理。数理统计方法有：分层法、因果分析图法、排列图法、直方图法、控制图法、相关图法、调查表法等7种。本书简单介绍工程施工中常用的几种方法。

4.8.1 分层法

（1）分层法也称分类法或分组法，是把收集到的数据按统计分析的目的和要求进行分类，通过对数据的整理把质量问题系统化、条理化，以便从中找出规律，发现影响质量因素的一种方法。由于工程质量形成的影响因素多，因此，对工程质量状况的调查和质量问题的分析，必须分门别类地进行，以便准确有效地找出问题及其原因所在，这就是分层法的基本思想。

（2）分层法的关键是调查分析的类别和层次的划分，根据管理需要和统计目的，通常可按照以下分层方法取得原始数据。

1）按施工时间分，如月、日、上午、下午、白天、晚间、季节。

2）按地区部位分，如区域、城市、乡村、楼层、外墙、内墙。

3）按产品材料分，如产地、厂商、规格、品种。

4）按检测方法分，如方法、仪器、测定人、取样方式。

5）按作业组织分，如工法、班组、工长、工人、分包商。

6）按工程类型分，如住宅、办公楼、道路、桥梁、隧道。

7）按合同结构分，如总承包、专业分包、劳务分包。

经过第一次分层调查和分析，找出主要问题的所在以后，还可以针对这个问题再次分层进行调查分析，一直到分析结果满足管理需要为止。层次类别划分越明确、越细致，就越能够准确有效地找出问题及其原因所在。

（3）例题。

1）某钢筋焊接质量调查数据如下：调查点50个，其中不合格的有18个，不合格率为36%。试分析如何提高钢筋焊接质量。

为了查清不合格原因，需要进行分层收集数据。现查明，该批钢筋焊接操作者为三人，焊条由两个厂家提供，因此分别按操作者（表 4.2）、供应焊条厂（表 4.3）及两者综合分层（表 4.4）进行分类。

表 4.2　　按 操 作 者 分 类

操作者	不合格/点	合格/点	不合格率/%
A	5	13	28
B	3	9	25
C	10	10	50
合计	18	32	36

表 4.3　　按供应焊条工厂分类

工　厂	不合格/条	合格/条	不合格率/%
甲	7	13	35
乙	11	19	37
合计	18	32	36

表 4.4　　综合分层分析焊条质量

操作者	焊条质量	甲厂	乙厂	合计
A	不合格	3	2	5
	合格	2	11	13
B	不合格	0	3	3
	合格	5	4	9
C	不合格	4	6	10
	合格	6	4	10
合计	不合格	7	11	18
	合格	13	19	32

从表 4.4 中可以看出，用甲厂的焊条，采取工人 B 的操作方法可使钢筋焊接质量提高。

2）对混凝土工程质量问题进行分析。根据影响因素及各项影响因素所造成的经济损失进行分层，如表 4.5 所示。

表 4.5　　混凝土质量损失分层表

序号	质量问题类型	损失金额/元	所占比率/%
1	混凝土强度不够	1300	54.2
2	麻面、蜂窝	700	29.2
3	露筋、保护层厚度不够	250	10.4
4	预埋件偏移	150	6.2
5	合　计	2400	100

从表 4.5 中可以分析得出，混凝土质量损失的主要原因是混凝土强度不够。

4.8.2　因果分析图法

因果分析图又称特性要因图、鱼刺图、树枝图，是一种逐步深入研究和讨论影响质量问题原因的图示方法。在工程实践中，质量问题产生是由多种原因造成的，这些原因有大有小、有主有次。通过因果分析图，从影响产品质量主要因素出发，分析原因，逐步深入直到找出具体根源。

因果分析图法最终目的是查出并确定主要原因，以便制定对策，解决工程质量问题，从而达到控制质量的目的。

下面以对混凝土质量不合格的主要影响因素“强度不够、蜂窝麻面”的分析为例，如图 4.4 所示，说明因果分析图法的作图步骤和方法。

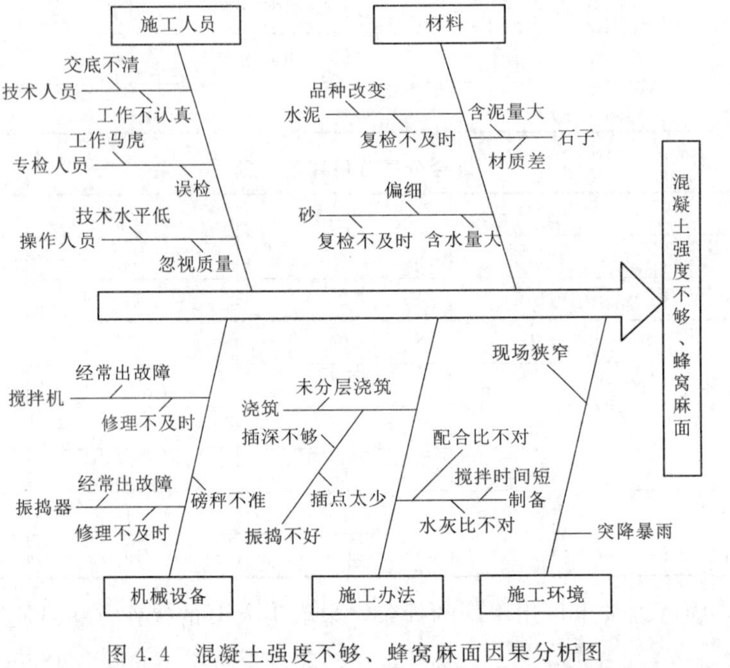

图 4.4　混凝土强度不够、蜂窝麻面因果分析图

（1）明确要分析的对象，即要解决的质量特征“混凝土强度不够、蜂窝麻面”，放在主干箭头的前面。

（2）对原因进行分类，确定影响质量因素的大原因。影响工程质量的因素主要有施工人员、材料、机械设备、施工方法、施工环境 5 大方面。

（3）确定产生质量问题的大原因背后的中原因，中原因背后的小原因，小原因背后更小的原因。

（4）发扬技术民主、反复讨论，补充遗漏的因素。

（5）找出主要原因，做显著记号。

（6）针对主要原因，有的放矢制定对策，并落实到人，限期改正作出对策计划表。

4.8.3　排列图法

排列图法是把影响产品质量的因素由大到小用矩形表示出来，又称巴特列图法或巴氏图法，也称主次因素分析法。

4.8.3.1　排列图的组成

排列图的组成如图 4.5 所示。

（1）两个纵坐标：左纵坐标表示不合格产品件数或造成金额损失数；右纵坐标表示频率（不合格品件数或损失金额的累计百分率）。

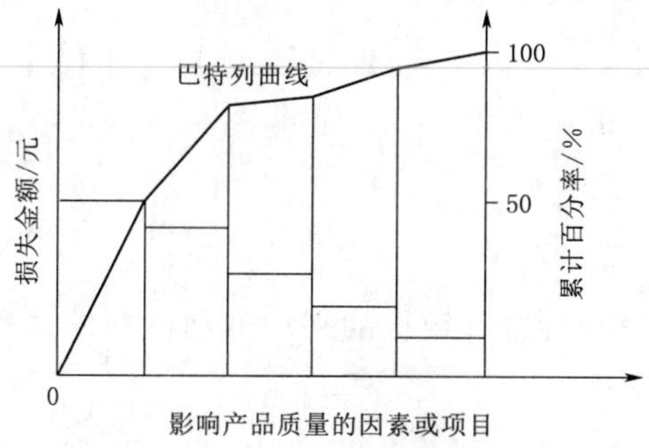

图 4.5　排列图

（2）横坐标：影响产品质量的各因素或项目。按影响质量程度大小，由大到小从左到右排列，底宽相同。每个直方形的高度表示该因素的影响大小。

（3）巴特列曲线：表示各影响因素的累计百分数。根据巴特列曲线将影响因素分为三级：

1）A 类因素累计频率 0～80%，是影响产品质量的主要因素。

2）B 类因素累计频率 80%～90%，是影响产品质量的次要因素。

3）C 类因素累计频率 90%～100%，是影响产品质量的一般因素。

4.8.3.2　作图步骤

（1）收集数据。

（2）整理数据，混凝土质量损失分层见表 4.6。

表 4.6　　混凝土质量损失分层

序号	质量问题类型	损失金额	所占比率/%	累计比率/%
1	混凝土强度不够	1300 元	54.2	54.2
2	麻面、蜂窝	700 元	29.2	83.4
3	露筋、保护层厚度不够	250 元	10.4	93.8
4	预埋件偏移	150 元	6.2	100
5	合　计	2400 元	100	

（3）画坐标图和巴特列曲线，如图 4.6 和图 4.7 所示。

（4）图形分析。

主要因素 A：混凝土强度不够，麻面、蜂窝 0～80%；次要因素 B：露筋、保护层厚度不够 80%～90%；一般因素 C：预埋件偏移 90%～100%。

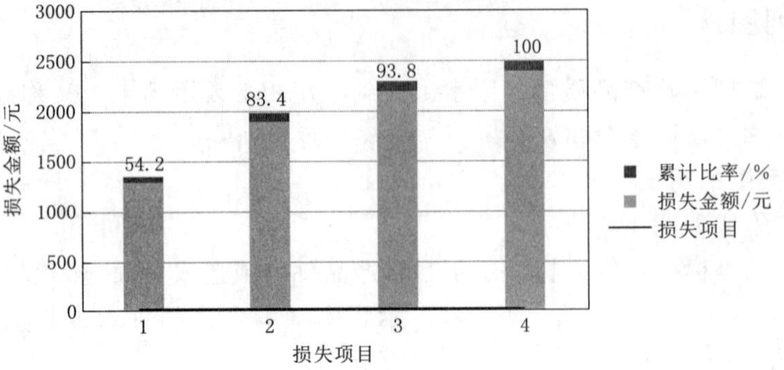

图 4.6　坐标图

4.8.4　直方图法

直方图的分布形状及分布区间宽窄是由质量特性统计数据的平均值和标准偏差所决定的。

4.8.4.1　直方图法的主要用途

(1) 整理统计数据，了解统计数据的分布特征，即数据分布的集中或离散状况，从中掌握质量能力状态。

(2) 观察分析生产过程中质量是否处于正常、稳定和受控状态以及质量水平是否保持在公差允许的范围内。

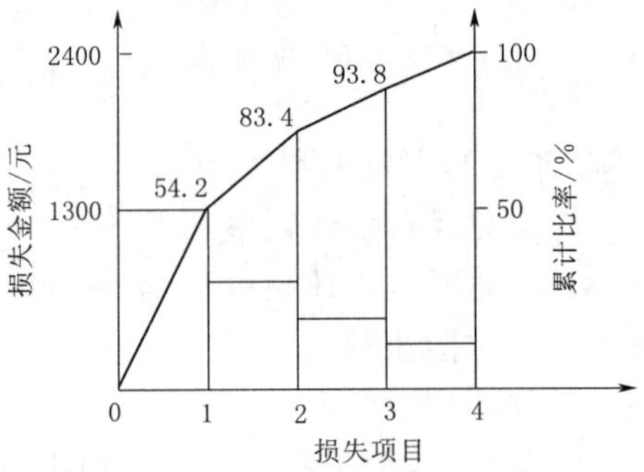

图 4.7　巴特列曲线

4.8.4.2　直方图的观察与分析

正常直方图呈正态分布，其形状特征是中间高、两边低、成对称。正常直方图反映生产过程质量处于正常、稳定状态。数理统计研究证明，当随机抽样方案合理且样本数量足够大时，在生产能力处于正常、稳定状态，质量特性检测数据趋于正态分布。

通过分布位置观察分析，将直方图的分布位置与质量控制标准的上下限范围进行比较分析，如图 4.8 所示，可得出如下结论：

(1) 生产过程的质量正常、稳定和受控，还必须在公差标准上、下界限范围内达到质量合格的要求。只有这样的正常、稳定和受控才是经济合理的受控状态，如图 4.8 (a)（理想型）所示。

(2) 图 4.8 (b)（偏心型）质量特性数据分布偏下限，易出现不合格，在管理上必须提高总体能力。

(3) 图 4.8 (c)（无富余型）质量特性数据的分布宽度边界达到质量标准的上下界限，其质量能力处于临界状态，易出现不合格，必须分析原因，采取措施。

(4) 图 4.8 (d)（能力富余型）质量特性数据的分布居中且边界与质量标准的上下界限有较大的距离，说明其质量能力偏大，不经济。

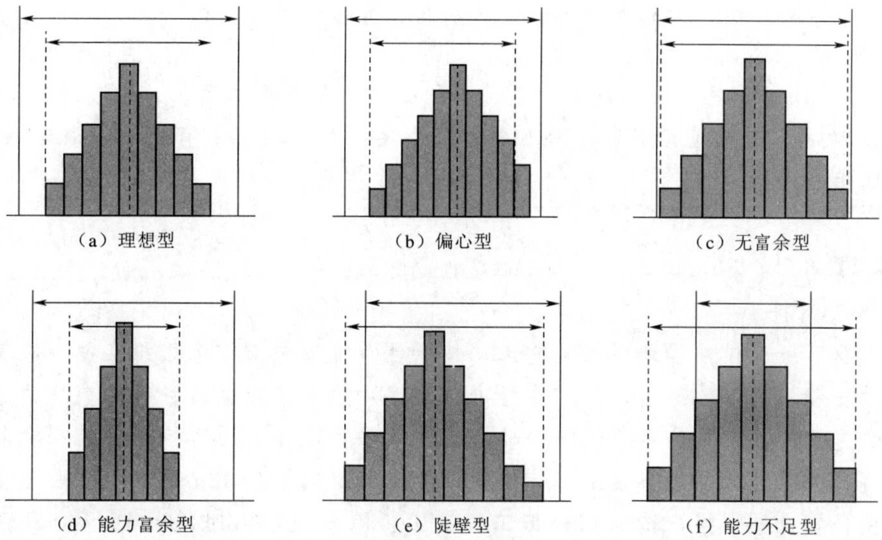

图 4.8　直方图与质量标准上、下限

（5）图 4.8（e）（陡壁型）、图 4.8（f）（能力不足型）的数据分布均已出现超出质量标准的上下界限，这些数据说明生产过程存在质量不合格，需要分析原因，采取措施进行纠偏。

4.9　案例

【案例 4.1】

1. 背景材料

随着社会经济的发展和施工技术的进步，现代工程建设呈现出建设规模不断扩大、技术复杂程度高等特点。近年来，出现了大量建筑规模较大的单体工程和具有综合使用功能的综合性建筑物，几万平方米的建筑比比皆是，10 万平方米以上的建筑也不少。由于这些工程的建设周期长，工程技术建设中可能会出现建设资金不足、部分工程停（缓）建、已建成部分提前投入使用或先将其中部分提前建成并投入使用的情况。加之对规模特别大的工程一次验收也不方便，因此，标准规定，可将此类工程划分为若干个子单位工程进行验收。同时考虑到建筑物内部设施也越来越多样化，按建筑物的主要部位和专业来划分分部工程已不适应当前的要求。因此，为了更加科学地评价工程质量和验收，在分部工程中按相近工程内容和系统划分为若干个子分部工程；每个子分部工程中包括若干个分项工程；每个分项工程中包含着若干个检验批，检验批是工程施工质量验收的最小单位。

2. 问答题

（1）建设工程的施工质量验收可分为哪几个层次的验收？

(2) 各层次的质量验收由哪些人员进行？并说明各层次的质量验收记录的填写人员。

(3) 工程施工质量不符合要求时，应如何处理？

启示：1. 故不积跬步，无以至千里；不积小流，无以成江海。

2. 欲成方圆而随其规矩，则万事之功形矣，而万物莫不有规矩，议言之士，计会规矩也。

【案例 4.2】

1. 背景材料

某工业厂房工程采用地梁基础施工，按照已审批的施工方案组织实施。在第一标段施工过程中，材料已送检。为了在停电（季度）检查保养电路系统之前完成第一标段基础的施工，施工单位负责人未经监理工程师许可，在材料送检还没有得到检验结果时，擅自决定进行混凝土施工。待地梁混凝土浇筑完毕后，发现水泥实验报告中某些检验项目质量不合格，造成该分部工程返工拆除重做，工期延误 16 天，经济损失达 20000 元，并造成一定的信誉影响。

2. 问答题

(1) 施工单位未经监理工程师许可即进行混凝土浇筑施工，该做法是否正确？如果不正确，正确做法是什么？

(2) 为了保证该工业厂房工程质量达到设计和规范要求，施工单位应该对进场原材料如何进行质量控制？

(3) 试阐述材料质量控制的要点是什么？

(4) 材料质量控制的主要内容有哪些？

(5) 如何处理该质量不合格项？

启示：作为监理员要有严肃、认真的工作情怀、对建设工程质量及安全严格把关、一丝不苟的工作态度，这样才能保护人民的生命、财产及国家的安全。同时，这种对建设工程质量、安全高度负责的精神也会得到业主的肯定，在质量问题上会更信任我们的施工企业，为企业的生存与发展奠定了社会基础。

【案例 4.3】

1. 背景材料

为了加强我国与世界各国的政治、经济交往与合作，决定由政府出资在浙宁市修建一个高标准、高质量、供国际高层人员集会活动的国际会议中心。该工程项目位于该市环境幽雅、风景优美的地区。该工程项目已通过招标确定由一家公司 A 总承包并签订了施工合同，还与监理公司 B 签订了委托监理合同，监理机构在该工程项目实施中遇到了以下几种情况：

(1) 该地区地质情况不良，且极为复杂多变，施工可能十分困难，为了保证工程质量，总承包单位A决定将基础工程发包给一个专业基础工程公司C。

(2) 整个工程质量标准要求极高，建设单位要求监理机构要严把所使用的主要材料、设备进场的质量关。

(3) 建设单位还要求监理机构对于主要的工程施工，无论是钢筋混凝土主体结构，还是精美的装饰工程，都要求严格把好每一道工序施工质量关，要达到合同规定的高标准和高质量保证率。

(4) 建设单位要求必须确保所使用的混凝土拌合料、砂浆材料和钢筋混凝土承重结构及承重焊缝的强度达到质量要求的标准。

(5) 在修建沟通该会议中心与该市市区和主干高速公路相衔接的高速公路支线的初期，监理工程师发现承包该路基工程的施工队填筑路基的质量没有达到规定的质量要求。监理工程师指令暂停施工，并要求返工重做。但是承包单位对此拖延，拒不进行返工，并通过有关方面“劝说”监理单位同意不进行返工，双方僵持不下持续很久，影响了工程正常进展。

(6) 在进行某层钢筋混凝土楼板浇筑混凝土施工过程中，土建监理工程师得悉该层楼板钢筋施工虽已经过监理工程师检查认可签证，但其中设计预埋的电气暗管却未通知电气监理工程师检查签证。此时混凝土已浇筑了全部工程量的1/5。

2. 问答题

(1) 监理工程师进行施工过程质量控制的手段主要有哪几个方面？

(2) 针对上述几种情况，监理工程师应当分别运用什么手段以保证质量？请逐项做出回答。

(3) 为了确保作业质量，在出现什么情况下，总监理工程师有权行使质量控制权、下达停工令，及时进行质量控制？

启示：不闻不若闻之，闻之不若见之，见之不若知之，知之不若行之。

【案例4.4】

1. 背景材料

某冶建单位承接了某钢厂办公大楼工程。该工程紧邻主要干道，施工场地比较狭窄。主体地上18层，地下2层，建筑面积32100m^2，基础开挖深度7.5m，低于地下水位。为了确保整个工程的施工质量，按照“预防为主”的原则，施工单位加强每道施工工序的质量控制，工程最终取得较好的质量效果。

2. 问答题

(1) 该项目工序质量控制的内容有哪些？

(2) 针对该工程的工序质量检验包括哪些内容？

(3) 如何确定该工程的质量控制点？

(4) 简述施工质量控制的步骤。

启示：过程决定结果，执行才是正道。

【案例4.5】

1. 背景材料

某工厂建设过程中采用现场预制构件，然后进行吊装。在对薄腹梁下弦钢绞线进行预应力加载中，出现端头混凝土局部压碎现象。施工方在没有通知监理方情况下，自己采取加固措施对薄腹梁进行加固处理，并进行正常吊装，加固花费约5万元，加固后薄腹梁能够正常使用。

2. 问答题

(1) 施工方的做法是否正确，存在哪些问题？

(2) 工程质量事故处理一般程序有哪些？

(3) 按工程质量事故的严重程度划分，属于哪一类事故？

(4) 质量事故处理方案有几类，上述处理方法属于哪几类？

启示：发扬工匠精神，对建设工程质量要做到精益求精，注重细节，追求完美和极致，反复改进产品，使工程质量从99%提高到99.99%。百年大计，质量第一。监理工程师们要严格依法管理，以人为本，保护人民生命、财产安全。

【案例4.6】

1. 背景材料

某监理单位承担了一工业项目的施工监理工作。经过招标，建设单位选择了甲、乙施工单位分别承担A、B标段工程的施工，并按照《建设工程施工合同（示范文本）》分别和甲、乙施工单位签订了施工合同。建设单位与乙施工单位在合同中约定，B标段所需的部分设备由建设单位负责采购。乙施工单位按照正常的程序将B标段的安装工程分包给丙施工单位。在施工过程中，发生了如下事件：

事件1：建设单位在采购B标段的锅炉设备时，设备生产厂商提出由自己的施工队伍进行安装更能保证质量，建设单位便与设备生产厂商签订了供货和安装合同并通知了监理单位和乙施工单位。

事件2：总监理工程师根据现场反馈信息及质量记录分析，对A标段某部位隐蔽工程的质量有怀疑，随即指令甲施工单位暂停施工，并要求剥离检验。甲施工单位称：该部位隐蔽工程已经专业监理工程师验收，若剥离检验，监理单位需赔偿由此造成的损失并相应延长工期。

事件3：专业监理工程师对B标段进场的配电设备进行检验时，发现由建设单位采购的某设备不合格，建设单位对该设备进行了更换，从而导致丙施工单位停工。因此，丙施工单位致函监理单位，要求补偿其被迫停工所遭受的损失并延长工期。

2. 问答题

(1) 在事件1中，建设单位将设备交由厂商安装的做法是否正确？为什么？

(2) 在事件1中，若乙施工单位同意由该设备生产厂商的施工队伍安装该设备，监理单位应该如何处理？

(3) 在事件2中，总监理工程师的做法是否正确？为什么？试分析剥离检验的可能结果及总监理工程师相应的处理方法。

(4) 在事件3中，丙施工单位的索赔要求是否应该向监理单位提出？为什么？对该索赔事件应如何处理？

启示：监理工程师在对待所监理的工程项目时，要做到严格监理，热情服务，认真学习《中华人民共和国民法典》等法律法规，严格依法办事。契约精神是现代法制的灵魂，在社会主义市场经济条件下，契约依然是社会主体参与社会经济交往活动和进行利益交换的最基本、最普遍的形式。我国是社会主义法治国家，必须弘扬诚信精神、契约精神。当代大学生和监理工程师要用契约精神约束自己的行为。

4.4

第4章案例答案

复习思考题

一、选择题

1. 根据《建设工程质量管理条例》，建筑材料、建筑构配件和设备等，未经(　　)签字认可，不得在工程上使用或安装。

A. 建设单位代表

B. 总监理工程师代表

C. 监理工程师

D. 监理员

2. 严重质量事故的调查组由(　　)建设行政主管部门组织。

A. 省、自治区、直辖市级

B. 市、县级

C. 国务院级

D. 地区级

3. 在质量控制中，动态分析方法有(　　)。

A. 排列图法

B. 因果分析图法

C. 直方图法

D. 控制图法

4. 持续改进整体业绩应当是组织的一个永恒的(　　)。

A. 方针

B. 目标

C. 任务

D. 工作

5. 实际抽样检验中，有出现错误判断的可能，第一类错误判断是(　　)。

A. 将合格批判为不合格批

B. 将检验批判为不合格批

C. 将不合格批判为合格批

D. 将检验批判为合格批

6. 质量控制的目的是（　　）。

A. 致力于满足质量要求

B. 致力于提供质量要求得到满足的信任

C. 增强满足质量要求的能力

D. 制定质量目标、规定过程和资源，以实现其目的

7. 按照《质量管理体系基础和术语》（GB/T 19000—2016/ISO 9000：2015）的定义："质量管理是指确立（　　）及实施质量方针的全部职能及工作内容，并对其工作效果进行评价和改进的一系列工作。"

A. 工作计划

B. 发展方向

C. 工程目标

D. 质量方针

8. 按照质量管理的概念，组织必须通过建立（　　）实施质量管理。

A. 规章制度

B. 技术交底

C. 质量管理体系

D. 岗位责任制

9. 实行总分包的工程，分包应按照分包合同约定对其分包工程的质量向总包单位负责，总包单位与分包单位对分包工程的质量承担（　　）。

A. 连带责任

B. 违约责任

C. 违法责任

D. 赔偿责任

10. 如果工程变更涉及结构主体及安全，该工程变更要按有关规定报送施工图（　　）进行审批。

A. 设计行政主管部门

B. 设计审查机构

C. 设计单位

D. 监理机构

11. 技术修改问题，一般可以由专业监理工程师组织承包单位和现场设计单位代表参加，经各方同意后签字并形成纪要，经（　　）批准后实施。

A. 总监理工程师

B. 总工程师

C. 监理工程师

D. 项目技术负责人

12．在正常使用条件下，屋面防水工程和有防水要求的卫生间、房间和外墙面的防渗漏，最低保修期限为（　　）。

A. 3 年

B. 4 年

C. 5 年

D. 6 年

13. 监理工程师对勘察文件的质量控制，首先应检查（　　）。

A. 勘察成果是否满足条件

B. 勘察工作方案

C. 勘察报告

D. 勘察技术档案

14. 在 PDCA 循环中，C 这一环节是指对计划实施过程中进行各种检查，包括作业者的自检、互检和（　　）。

A. 整改

B. 提高

C. 专职管理者专检

D. 消项

15. TQC 即全面质量管理，其基本原理就是强调在企业或组织的最高管理者（　　）的指引下，实行全面、全过程和全员参与的质量管理。

A. 战略目标

B. 发展方向

C. 目标市场

D. 质量方针

16. 在质量方针的指导下，通过制定组织的（　　）、程序性管理文件、质量记录，进而落实组织制度，合理配置各种资源，明确各级管理人员在质量活动中的责任分工与权限的界定，形成组织质量管理体系的运行机制，保证整个体系的有效运行，从而实现质量目标。

A. 方针策略

B. 质量手册

C. 管理文本

D. 财务制度

17. 建设工程的项目质量控制，在工程（　　）招标采购、施工安装、竣工验收等各个阶段，项目相关人员均应围绕着致力于满足业主要求的质量总目标而开展。

A. 勘察设计

B. 规划审批

C. 决算审计

D. 交付使用

18. 由于建筑产品的多样性和（　　）生产的组织方式，决定了各建设工程项目的质量特性和目标的差异，但它们的质量形成过程和影响因素却有共同的规律。

A. 特殊性

B. 单件性

C. 普遍性

D. 一般性

19. 建设工程项目质量的基本特性是指产品的适用性、（　　）、安全性、经济性及环境的适应性等。

A. 经济性

B. 创造性

C. 实际性

D. 可靠性

20. 对（　　）的验收，是整个建筑工程质量验收的基础。

A. 工序

B. 隐蔽工程

C. 分项工程

D. 检验批

二、问答题

4.5

第 4 章参考答案

1. 试述质量、质量管理和质量控制的概念，并指出它们之间的区别与联系。

2. 试述工程质量形成的过程及影响因素。

3. 一般质量分析方法有哪些？

4. 施工阶段质量控制的方法有哪些？

5. 如何建立质量控制系统？

6. 如何设置质量控制点？

7. 旁站监理人员的主要职责有哪些？

8. 建设工程质量验收应如何划分？

9. 建设工程质量不符合要求时应如何处理？

10. 试述建筑工程质量验收程序和组织。

11. 建设工程质量事故如何进行分类？

12. 试述建设工程质量问题的成因。

13. 试述建设工程质量问题处理的程序。

第 5 章
建设工程项目进度控制

学习重点

- 掌握建设工程项目进度控制的内容。
- 掌握建筑工程项目进度计划的编制方法。
- 掌握施工阶段进度控制的监理工作内容。

知识目标	技能素养	思政元素
了解建筑工程项目进度控制的概念、基本原理及任务	能够看懂建设工程项目进度计划系统	科学素养 求真务实 安全意识
掌握工程项目进度控制的具体内容及进度计划的编制和调整方法	能够完成简单建设工程项目进度计划的编制和调整	职业素养 逻辑思维
掌握施工阶段进度控制的监理具体工作内容	能够完成简单建设工程此项目在施工阶段的进度控制工作细则编制，施工进度计划的编制或审核，年、季、月工程综合计划编制。监督简单工程施工进度计划的实施	工匠精神 时代精神 中国梦 团队协作

引　例

武汉蔡甸火神山医院，是在武汉职工疗养院建设一座专门集中收治新型冠状病毒肺炎患者医院。医院总建筑面积 3.39 万 m^2，编设床位 1000 张。2020 年 1 月 25 日火神山医院正式动工，2 月 2 日完工并交付中国人民解放军联勤保障部队，2 月 3 日，进行接收推演，2 月 4 日 9 时 30 分起，正式接收首批新型冠状病毒感染的肺炎确诊患者。如此规模医院以如此速度建成，震惊世界，体现了“中国速度”，更体现了“基建狂魔”的实力。“中国速度”的背后更是建设工程项目的设计密码、组织密码、协作密码、建造技术密码、建设工程项目保障密码以及项目管理（监理）模式创新的综合运用，“中国速度”背后也是“中国实力”的集中体现。让世人惊呼的奇迹背后是工业化装配式建筑建造技术和综合国力。成就中国速度的是中国特色社会主义道路的优越性，是中国智慧和中国力量。世界聚焦中国，中国也要走向世界，在中西对比中，才能真正感受到，中国共产党的强大领导力、凝聚力、号召力，才能认识到中国集中力量办大事的制度优势，才能体会到中国发展对国际社会的积极作用，也才能看清楚“百年未有之大变局”下，中国的机遇和挑战，唯有不忘初心、牢记使命、永远奋斗，才能赢得更加辉煌的未来。

火神山医院的圆满交付，说明该工程在项目计划的制订、项目进度的监督管理、项目风险的规避等方面做出了很好的努力。如何做好这种大型项目的进度控制，成为“基建狂魔”呢？

建设工程项目最重要的是保证工程投资、进度、质量满足合同目标的实现。控制工程项目进度，不仅能够确保工程建设项目按预定的时间交付，及时发挥投资效益，而且有益于维持国家良好的经济秩序。因此，做好工程项目进度控制工作，是顺利达到预定工期及质量目标的重要环节，是工程项目管理过程中很重要的一项内容，也是许多工程降低延期风险的重要保障。

5.1　建设工程项目进度控制概述

5.1.1　建设工程项目进度控制的概念

建设工程项目进度控制是指对工程项目建设各阶段的工作内容、工作程序、持续时间和衔接关系，根据进度总目标及资源优化配置的原则编制计划并付诸实施，然后在进度计划的实施过程中，经常检查实际进度是否按计划要求进行，对出现的偏差情况进行分析，找出出现偏差的主要矛盾，采取补救措施或调整或修改原计划后再付诸实施，如此循环，直至建设工程竣工验收交付使用。

建设项目进度控制是一个动态、循环、复杂的过程，也是一项效益显著的工作，它包括进度目标的分析和论证，在收集资料和调查研究的基础上编制进度计划，并对该进度计划在实施过程中跟踪检查、监测和调整。

对建设工程项目的控制贯穿于项目实施的全过程，而且首先应认识到对项目的控制越早，对计划（标准）的实现越有保障。其次，对控制工作而言，不能只看成是少数人的事情，而应该是全体参与人员的责任。再次，三控制目标是对立统一的关系，在进行进度控制时，应用系统控制原理对进度实施有效控制。最后应该明确要尽力提倡主动控制，即在实施前或偏离前已预测到偏离的可能，主动采取措施，提早防止偏离的发生。

5.1.2　建筑工程项目进度控制的基本原理

5.1.2.1　动态控制原理

工程项目进度控制是一个不断变化的动态过程。在项目开始阶段，实际进度按照计划执行，但由于外界因素的影响，实际进度的执行往往会与计划进度出现偏差产生超前或滞后的现象。这时通过分析偏差产生的原因，采取相应的改进措施，调整原来的计划，使二者在新的起点上重合，并通过发挥建设工程监理的作用，使工程项目继续按照新的计划进行。在一段时间后，实际进度和计划进度又会出现新的偏差。如此，工程进度控制出现了一个动态的调整过程。

5.1.2.2 封闭循环原理

项目进度控制的全过程是一个严格执行进度计划的过程，通过对生产要素的投入、转换、反馈、比较分析、纠正偏差、再投入的封闭循环过程。

5.1.2.3 弹性原理

工程项目工期较长，影响因素较多，因此进度计划的编制就要留出余地，使计划进度具有弹性。进行进度控制时就应利用这些弹性，缩短有关工作的持续时间，或改变工作之间的搭接关系，使计划进度和实际进度达到吻合。

5.1.2.4 信息反馈原理

信息反馈是工程进度控制的重要环节，施工的实际进度通过信息反馈给信息管理部门，信息管理部门的工作人员经过对反馈的信息加工整理，得出实际进度值，经过与计划进度相比较，若有偏差，调整进度计划。进度控制不断调整的过程实际上就是信息不断反馈的过程。

5.1.2.5 系统原理

建设工程项目是一个大系统，其进度控制也是一个大系统。进度控制中计划进度的编制受到许多因素的影响，不能只考虑某一个因素或某几个因素。进度控制组织和进度实施组织也具有系统性。因此，工程进度控制具有系统性，应该综合考虑各种因素的影响。

5.1.2.6 网络计划技术原理

网络计划技术原理是工程进度控制的计划管理和分析计算的理论基础。在进度控制中要利用网络计划技术原理编制进度计划，根据实际进度信息比较和分析进度计划，再利用网络计划的工期优化、工期与成本优化和资源优化的理论调整计划。

5.1.3 建设工程项目进度控制的任务

工程项目进度控制是项目施工中的重点控制之一，它是保证工程项目按期完成，合理安排资源供应、节约工程投资的重要措施。建设工程项目不同的参与方都有各自的进度控制的任务，但都应该围绕着投资者早日发挥投资效益的总目标去展开。

5.1.3.1 业主方

业主方控制整个项目实施阶段的进度，涉及设计准备阶段、设计阶段、施工阶段、物资采购阶段、动用前准备阶段。

5.1.3.2 设计方

设计方依据设计任务委托合同控制设计进度，并能满足施工、招投标、物资采购进度协调。涉及设计阶段。

5.1.3.3　施工方

施工方依据施工任务委托合同控制施工进度，涉及施工阶段。

5.1.3.4　供货方

供货方依据供货合同控制供货进度，涉及物资采购阶段。

5.1.4　建设工程项目进度计划系统

建设工程项目进度计划系统是由多个相互关联的进度计划组成的系统，它是项目进度控制的依据。由于各种进度计划编制所需要的必要资料是在项目进展过程中逐步形成的，因此项目进度计划系统的建立和完善也有一个过程，也是逐步形成的。根据项目进度控制不同的需要和用途，业主方和项目各参与方可以构建以下多个不同的建设工程项目进度计划系统。

（1）由多个相互关联的不同深度的计划构成进度计划系统，包括总进度计划、项目子系统进度计划、项目子系统中的单项工程进度计划等。

（2）由多个相互关联的不同功能的计划构成进度计划系统，包括控制性进度计划、指导性进度计划、实施性进度计划等。

（3）由多个相互关联的不同项目参与方的计划构成进度计划系统，包括业主方编制的整个项目实施的进度计划、设计进度计划、施工和设备安装进度计划、采购和供货进度计划等。

（4）由多个相互关联的不同周期的计划构成进度计划系统，包括总建设进度计划，年度、季度、月度和旬计划等。

在建设工程项目进度计划系统中，各进度计划或各子系统进度计划编制和调整时必须注意其相互间的联系和协调，如：总进度计划、项目子系统进度计划与项目子系统中的单项工程进度计划之间的联系和协调；控制性进度规计划、指导性进度计划与实施性进度计划之间的联系和协调；业主方编制的整个项目实施的进度计划，设计方编制的进度计划，施工和设备安装方编制的进度计划与采购和供货方编制的进度计划之间的联系和协调等。

5.1.5　BIM（building information modeling）技术辅助建设工程项目进度控制

随着工程建设项目的规模越来越大、复杂程度越来越高，使得传统进度控制方法已不能满足工程建设进度控制的需求。为了弥补传统控制方法在进度控制过程中体现出的滞后性、停滞性等问题，BIM 技术可将施工过程进行模拟，三维可视化程度高，对施工现场的资源配置、场地布置优化保证各施工阶段、环节可如期顺利进行起到了重要的作用。

5.1.5.1　BIM 技术在建筑工程进度控制中的应用流程（图 5.1）

1. *在工程进度管理前应用*

由于用 BIM 技术搭建的三维模型可以对施工过程进行合理的模拟演示，所以工程项目中的进度控制人员可以通过对建筑工程的动态演示快速了解施工过程中的各种工作状态，工作人员可以根据模拟演示提前准备好工程进度控制中需要的各种设施设备与原材料，及时做好工程进度控制的准备工作，为工程进度控制工作的顺利开展奠定良好基础。

2. 在工程进度控制中应用

在建筑工程进度控制过程中，其工作环节比较多且工作内容复杂，非常容易出现质量问题或存在安全隐患，而一旦出现问题，将会给整个工程造成巨大的损失。BIM技术对建筑工程有一定的指导和规划作用，将BIM技术融入到建筑工程进度控制的工作过程中，利用BIM技术提供的数据信息，能够帮助施工团队合理开展计划编制工作，对工作进行科学有效的指导，减少失误的发生，使建筑工程施工顺利进行。

3. 在工程进度控制后应用

利用BIM技术搭建的数据信息平台不仅可以根据项目参数进行模拟，还可以对工程中的各种信息数据进行整理和归类，构建规模化的数据库，以供后期的建筑工程施工单位和工作人员参考。由此，工程进度控制工作中的相关数据信息可能会被归档记录，给其他的建筑工程进度控制工作提供一定参考。

5.1.5.2 BIM技术在建筑工程进度控制中的具体应用

1. 建立建筑工程信息模型

在开展建筑工程进度控制工作之前，进度控制人员可以根据项目工程的实际需要，应用BIM技术构建建筑工程的信息模型，以直观和形象的模型将工程进度控制展现给设计人员和施工人员，方便施工各环节有效地开展交流，及时解决建筑工程施工过程中的各种问题，克服其中的不稳定性因素和风险隐患，并提前采取合理科学的措施进行防范，减少建筑施工过程中出现的风险和事故，以保证建筑工程项目的顺利进行。通过对工程项目进行模拟，可以有效分析工程项目中的各种数据，明确该建筑工程需要的建设时间、材料等，进度控制人员可以根据实际发展情况合理做出规划。另外，在构建建筑工程信息模型时，可以建立多个数据库，对工程各方面的数据进行全面的记录与详细的分析。进度控制人员还可以对其他建筑施工现场进行实地考察，充分了解施工现场的工作状态，而后制订出符合项目工程建设的工程进度规划。

2. 合理制订施工进度计划

应用BIM技术制订合理的工程进度计划能确保项目工程按照施工进度计划合理开展。具体而言，建立一个BIM信息平台，在信息平台上提供与建筑工程相关的信息。在应用BIM技术制订施工进度计划时，需要充分结合时间进度，使工程施工进度与时间进度相吻合，避免在规定时间内无法完成相应工作内容，尽可能地保证建筑工程按照相应的施工进度计划顺利进行。

3. 做好成本核算和预算工作

在进行建筑工程进度控制的过程中，进度控制人员还需要根据BIM技术建立的模拟演示过程规划工程所需要的成本，保证计划的合理性，减少不必要的费用支出。

4. 提高进度控制人员的综合素质

为了优化建筑工程进度控制工作，在做好规划准备的基础上，还需要提高进度控制人员的素质，让其充分了解BIM技术，不断利用其做好进度控制工作。

5. 完善建筑工程进度控制制度

优化建筑工程进度控制工作，需要制定并落实合理的控制工作计划和制度，让进度控制人员合理运用 BIM 技术。只有具有明确完善的 BIM 技术控制制度，才有利于确保 BIM 技术在建筑工程进度控制应用的规范性与合理性。

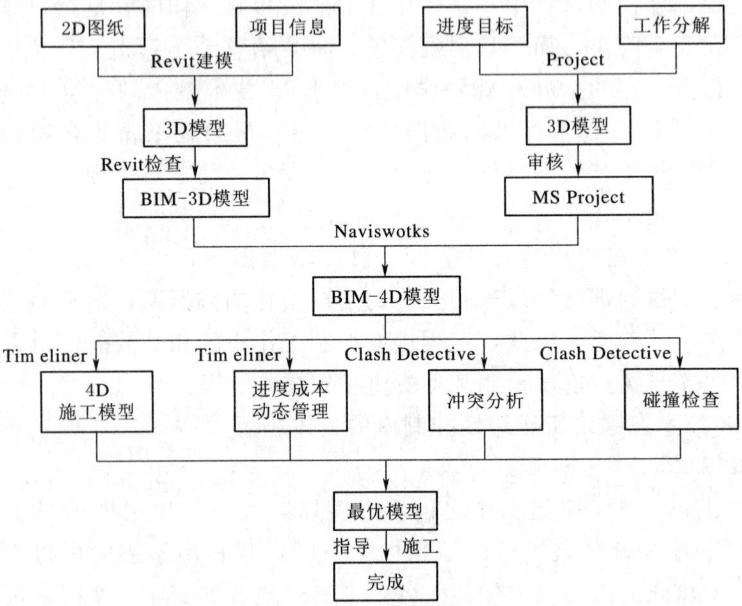

图 5.1　基于 BIM 的施工进度控制流程图

5.2　建设工程项目进度控制的内容

5.2.1　建设工程进度控制的目标

建设工程进度控制的目标是通过有效的进度控制工作和具体的进度控制措施，在满足投资和质量要求的前提下，力求使工程实际工期不超过计划工期。进度控制往往更强调对整个建设工程计划总工期的控制，“工程实际工期不超过计划工期”相应地就表达为“整个建设工程按计划的时间动用”。对于民用建筑项目来说，就是要按计划时间交付使用。

为了提高进度计划的预见性和进度控制的主动性，在确定进度控制目标时，必须全面细致地分析与建设工程进度有关的各种有利因素和不利因素。只有这样，才能订出一个科学、合理的进度控制目标。确定施工进度控制目标的主要依据有：建设工程总进度目标对施工工期的要求，工期定额、类似工程项目的实际进度，工程难易程度和工程条件的落实情况等。

在大型、复杂建设工程的实施过程中，总会不同程度地发生局部工期延误的情况。这些延误对进度目标的影响应当通过网络计划定量计算。进度控制的目标能否实现，主要取决于处在关键线路上的关键工作能否按规定的时间完成。当然，同时要不发生非关键线路上的工作延误而成为关键线路的情况。局部工期延误的严重程度与其对进度目标的影响程度之间并无直接的联系，更不存在某种等值或等比例的关系，这是进度控制与投资控制的重要区别，也是在进度控制工作中要充分加以利用的特点。

5.2.2 建设工程进度控制的系统控制

在采取进度控制措施时，要尽可能采取可对投资目标和质量目标产生有利影响的进度控制措施，如完善的施工组织设计、优化的进度计划等。相对于投资控制和质量控制而言，进度控制措施可能对其他两个目标产生直接的有利作用。

采取进度控制措施也可能对投资目标和质量目标产生不利影响。一般来说，局部关键工作发生工期延误但延误程度尚不严重时，通过调整进度计划来保证进度目标是比较容易做到的，如可以采取加班加点的方式，或适当增加施工机械和人力的投入。这时，就会对投资目标产生不利影响，而且由于夜间施工或施工速度过快，也可能对质量目标产生不利影响。因此，当采取进度控制措施时，不能仅仅为保证进度目标的实现却不顾投资目标和质量目标，而应当综合考虑三大目标。根据工程进展的实际情况和要求以及进度控制措施选择的可能性，有以下 3 种处理方式。

(1) 在保证进度目标的前提下，将对投资目标和质量目标的影响减少到最低程度。

(2) 适当调整进度目标（延长计划总工期），不影响或基本不影响投资目标和质量目标。

(3) 介于上述两者之间。

5.2.3 建设工程进度控制的全过程控制

5.2.3.1 在工程建设的早期就应当编制进度计划

在工程建设早期编制进度计划是早期控制思想在进度控制中的反映，越早进行控制，进度控制的效果越好。早期的建设单位总进度计划对整个建设工程进度控制的作用是非常重要的，包括的内容很多，除了施工之外，还包括前期工作（如征地、拆迁、施工场地准备等）、勘察、设计、材料和设备采购、动用前准备等。工程建设早期所编制的建设单位总进度计划不可能也没有必要达到承包单位施工进度计划的详细程度，但也应达到一定的深度和细度，而且应当掌握“远粗近细”的原则，即对于远期工作，如工程施工、设备采购等，在进度计划中显得比较粗略，可能只反映到分部工程，甚至只反映到单位工程或单项工程；而对于近期工作，如征地、拆迁、勘察设计等，在进度计划中就显得比较具体。

5.2.3.2 在编制进度计划时要充分考虑各阶段工作之间的合理搭接

建设工程实施各阶段的工作是相对独立的，但不是截然分开的，在内容上有一定的联系，在时间上有一定的搭接。例如，设计工作与征地、拆迁工作搭接，设备采购和工程施与设计搭接，装饰工程和安装工程施工与结构工程施工搭接等。搭接时间越长，建设工程的总工期就越短。但是，搭接时间与各阶段工作之间的逻辑关系有关，都有其合理的限度。因此，合理确定具体的搭接工作内容和搭接时间也是进度计划优化的重要内容。

5.2.3.3 抓好关键线路的进度控制

进度控制的重点对象是关键线路上的各项工作，包括关键线路变化后的各项关键工作。抓住关键工作的进度控制，可取得事半功倍的效果。如果没有进度计划，就不知道哪些工作是关键工作，进度控制工作就没有重点，导致精力分散，甚至可能对关键工作控制不力，对非关键工作却全力以赴，结果是事倍功半。

5.2.4 建设工程进度控制的全方位控制

（1）对整个建设工程所有工程内容的进度都要进行控制，除了单项工程、单位工程之外，还包括区内道路工程、绿化工程、配套工程等的进度。这些工程内容都有相应的进度目标，应尽可能地将它们的实际进度控制在进度目标之内。

（2）对整个建设工程所有工作内容都要进行控制。建设工程的各项工作，如征地、拆迁、勘察、设计、施工招标、材料和设备采购、施工、动用前准备等，都有进度控制的任务。这里要注意与全过程控制的有关内容相区别，在全方位控制的分析中，是侧重从这些工作本身的进度控制进行阐述的。实际的进度控制往往既表现为对工程内容进度的控制，又表现为对工作内容进度的控制。

（3）对影响进度的各种因素都要进行控制。建设工程的实际进度受到很多因素的影响，例如，施工机械数量不足或出现故障；技术人员和工人的素质和能力低下；建设资金缺乏，不能按时到位；材料和设备不能按时、按质、按量供应：施工现场组织管理混乱，多个承包单位之间施工进度不够协调；出现异常的工程地质、水文、气候条件；还可能出现政治、社会等风险，要实现有效的进度控制，必须对上述影响进度的各种因素都进行控制，采取措施以减少或避免这些因素对进度的影响。

（4）注意各方面工作进度对施工进度的影响。施工进度作为整个建设工程进度关键部分，肯定是在总进度计划中的关键线路上，任何导致施工进度拖延的情况，都将导致总进度的拖延。因此，要考虑围绕施工进度的需要来安排其他方面的工作进度。例如，根据工程开工时间和进度要求安排拆迁和设计进度计划，必要时可分阶段提供施工场地和施工图纸；又如，根据结构工程和装饰工程进度的需要安排材料采购进度计划，根据安装过程进度的需要设备采购进度计划等。

5.2.5 建设各方主体对进度控制的内容

工程项目管理有多种内容，代表不同利益方的项目管理者有不同的进度控制任务，其进度控制内容也有所区别。例如，在施工过程中的进度控制的具体工作流程，如图 5.2 所示。

5.2.5.1 监理单位的主要工作内容

设计前的准备阶段，向建设单位提供有关工期的信息和咨询，协助其进行工期目标和阶段进度控制决策；进行环境和施工现场调查分析，编制项目进度和总进度计划，编制设计前准备工作详细计划，并控制其执行；发出开工通知书；审核总承包单位、设计单位、分包单位及供应单位的进度计划并在其实施过程中，履行监理职责，

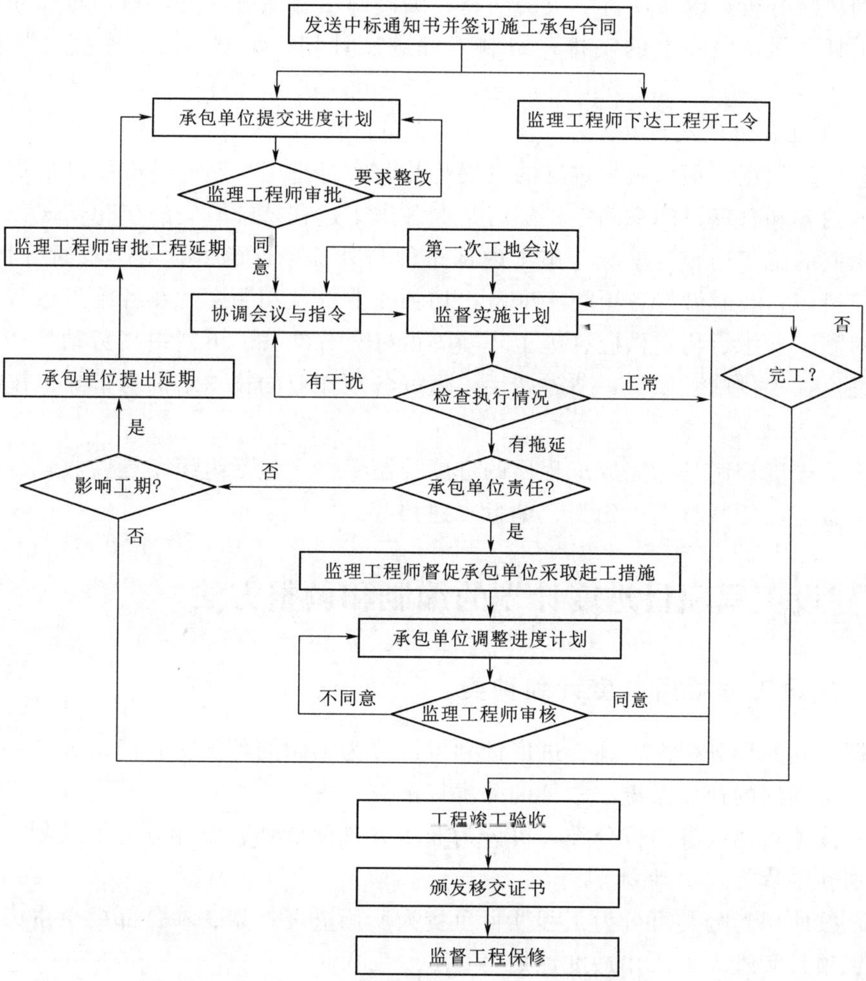

图 5.2 项目施工阶段中的进度控制工作流程

监督、检查、控制、协调各项进度控制计划的控制；通过审核、审批设计单位和施工单位的进度付款，对其进度实行动态间接控制，妥善处理和审批施工单位的进度索赔。监理单位工作内容参见图 5.2。

5.2.5.2 设计单位的主要工作内容

主要工作内容：①编制设计准备工作计划，设计总进度计划和各专业的出图计划，确定计划工作目标及其实施步骤。②执行各类计划，在执行中经常检查，采取相应措施排除各种障碍，必要时对计划进行调整或修改，保证计划实现。③为施工单位的进度控制提供设计保证，并协助施工单位实现进度控制目标。④接受监理单位的设计监理。

5.2.5.3 施工单位的进度控制内容

1. 施工前进度控制

进度控制内容：确定进度控制的工作内容和特点、控制方法和具体措施，进度目标实现的风险分析，以及尚待解决的问题；编制施工组织总进度计划，对工程准备工作及各项任务做出时间上的安排；编制工程进度计划；编制年度、季度、月度工程计划。

2. 施工过程中进度控制

定期收集数据，预计施工进度的发展趋势，实行进度控制。进度控制的周期应根据计划的内容和管理目的来确定；随时掌握各施工过程持续时间的变化情况以及设计变更等引起的施工内容的增减，施工内部条件与外部条件的变化等，及时分析研究，采取相应措施；及时做好各项施工准备，加强作业管理和调度。在各施工过程开始之前，应对施工技术、物资供应、施工环境等做好充分准备。不断提高劳动生产率，减轻劳动强度，提供施工质量，节省费用，做好各项作业的技术培训与指导工作。

3. 施工后进度控制

施工后进度控制是指完成工程后的进度控制工作，包括组织工程验收，处理工程索赔，工程进度资料整理、归类、编目和建档等。

5.3　建设工程项目进度计划的编制和调整方法

5.3.1　建设工程项目进度计划种类

根据不同的划分标准，施工进度计划可以分为不同的种类。它们组成了一个相互关联、相互制约的计划系统。常见的分类标准有：

（1）按项目建设参与方分类，可分为业主方进度计划、设计方进度计划、施工方进度计划和供货方进度计划等。

（2）按使用者分类可分为工程项目负责人所用进度计划、项目部门负责人所用进度计划和项目管理人员所用进度计划等。

（3）按项目范围分类，可以分为项目总进度计划、单位工程进度计划和分部分项工程进度计划等。

（4）按时间分类，可以分为长期、中期和短期进度计划以及年度进度计划，季度进度计划月进度计划，日进度计划等。

（5）按目的分类，可以分为用于反映逻辑关系的进度计划、用于协调的进度计划和用于平衡的进度计划等。

（6）按项目个数分类，可分为单体进度计划和群体进度计划等。

（7）按粗细程度分类，可分为规划性进度计划、控制性进度计划和实施性进度计划等。

5.3.2　建设工程项目进度计划的编制方法

5.3.2.1　横道图进度计划的编制方法

横道图进度计划法是传统的进度计划方法。横道图计划表中的进度线与时间坐标相对应，这种表达方式较直观，易看懂计划编制的意图。但是，横道图进度计划法也存在一些问题，如：工序之间的逻辑关系可以设法表达，但不易表达清楚；适用于手工编制计划；没有通过严谨的进度计划时间参数计算，不能确定计划的关键工作、关键路线与时差；计划调整只能用手工方式进行，其工作量较大；难以适应大的进度计划系统。

5.3.2.2 工程网络计划的编制方法

国际上，工程网络计划有许多名称，如CPM、PERT、CPA、MPM等。工程网络计划按工作持续时间的特点划分为：肯定型问题的网络计划，非肯定型问题的网络计划，随机网络计划等。工程网络计划按工作和事件在网络图中的表示方法划分为：事件网络，工作网络。工程网络计划按计划平面的个数划分为：单平面网络计划，多平面网络计划（多阶网络计划，分级网络计划）。我国《工程网络计划技术规程》（JGJ/T 121—2015）推荐常用的工程网络计划类型包括：双代号网络计划，单代号网络计划，双代号时标网络计划，单代号搭接网络计划。

1. 双代号网络计划

（1）双代号网络图的组成：节点、箭线和线路三个要素。

1）节点。节点用圆圈或其他形状的封闭图形画出，表示工作之间的逻辑关系，起连接、开始或结束的作用，不消耗时间与资源。节点可分为起点节点、终点节点和中间节点及开始、结束节点。

2）箭线。箭线与其两端节点表示一项工作，有实箭线和虚箭线之分。实箭线表示的工作有时间的消耗或同时有资源的消耗，被称为实工作（图5.3）；虚箭线表示的是虚工作（图5.4），它没有时间和资源的消耗，仅用以表达逻辑关系。虚箭线的运用较复杂，具有断开、联系和区分的作用。

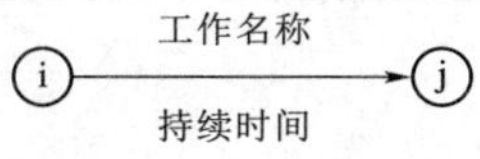

图5.3 实工作

图5.4 虚工作

3）线路。网络图中从起点节点开始，沿箭头方向顺序通过一系列箭线与节点，最后到达终点节点的通路称为线路。

其中，线路上总的工作持续时间最长的线路称为关键线路，用粗箭线或双箭线画出。关键线路的线路时间，代表整个网络计划的总工期。关键线路上的工作称为关键工作。

表5.1 各工作之间逻辑关系的表示方法

序号	各工作之间的逻辑关系	双代号网络图
1	A完成后进行B，B完成后进行C	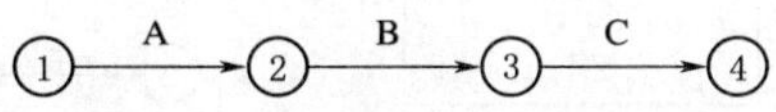
2	A完成后进行B和C	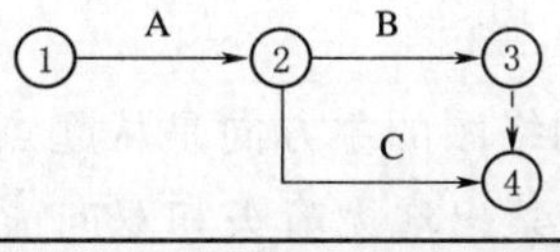

续表

序号	各工作之间的逻辑关系	双代号网络图
3	A和B完成后进行C	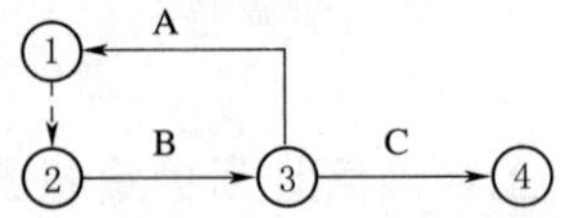
4	A、B完成后进行C和D	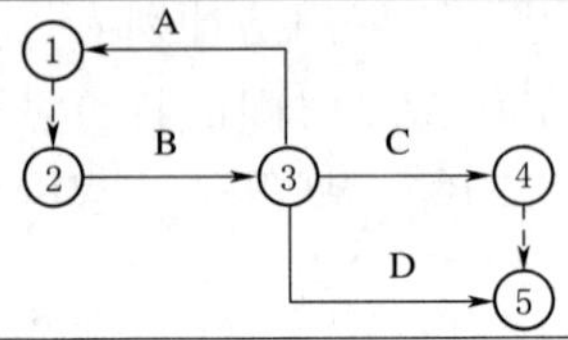
5	A完成后，进行C；A、B完成后进行D	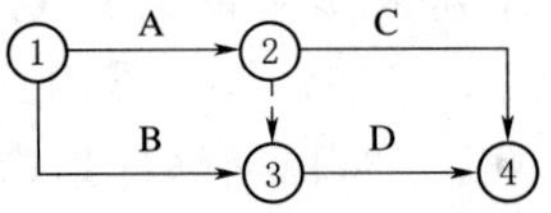
6	A、B完成后，进行D；A、B、C完成后，进行E；D、E完成后，进行F	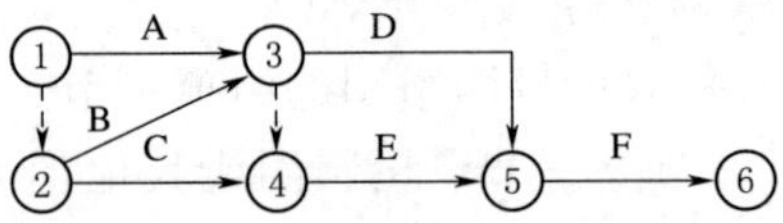
7	A、B活动分成三段流水	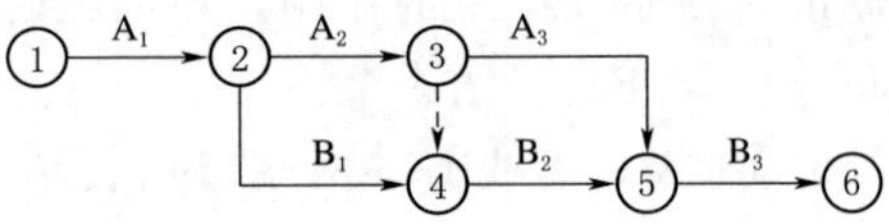
8	A完成后，进行B；B、C完成后，进行D	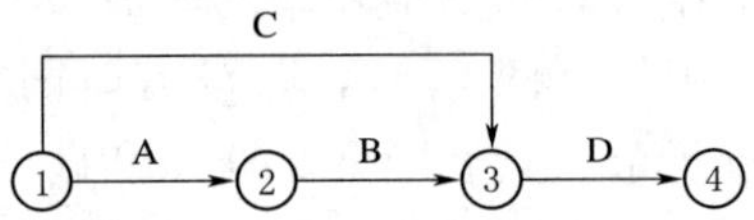

（2）双代号网络图的绘制。

1）要正确表达逻辑关系，见表5.1。

2）要遵守绘制规则。双代号网络图绘制规则如下：

a. 网络图必须具有能够表明基本信息的明确标识，用数字或字母均可。

b. 工作或节点的字母代号或数字编号，在同一项任务的网络图中，不允许重复使用（图5.5）。

c. 在同一网络图中，只允许有一个起点节点和一个终点节点（图5.6）。

d. 不允许出现封闭循环回路（图5.7）。

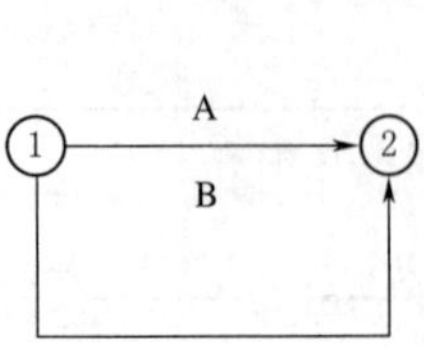

图5.5

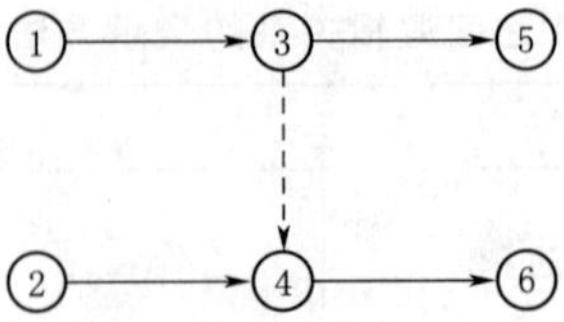

图5.6

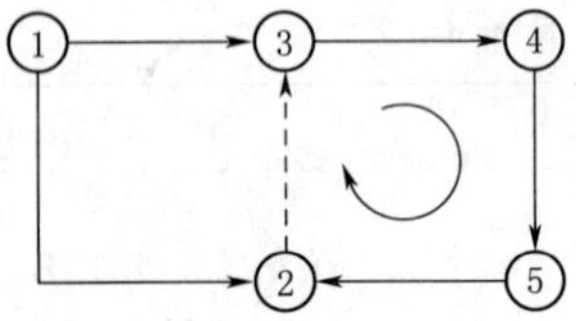

图5.7

e. 网络图的主方向是从起点节点到终点节点的方向，绘制时应尽量横平竖直。

f. 严禁出现无箭头和双向箭头的连线，见图5.8。

g. 代表工作的箭线，其首尾必须有节点，见图 5.9。

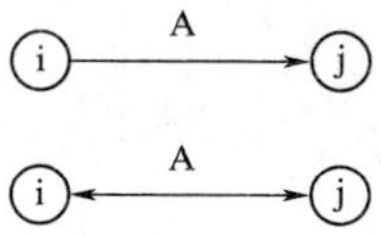

图 5.8

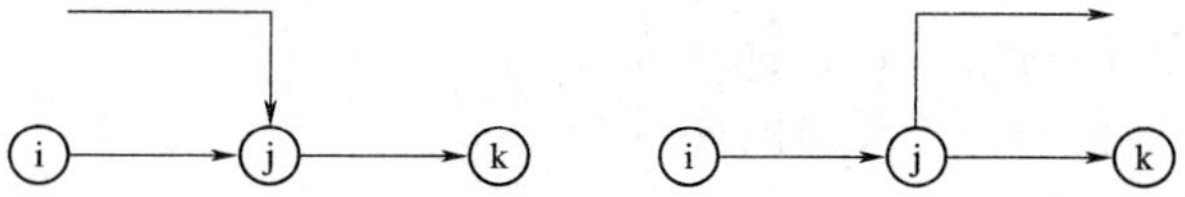

图 5.9

h. 绘制网络图时，应尽量避免箭线交叉。箭线交叉不可避免时可采用过桥法或指向法，见图 5.10、图 5.11。

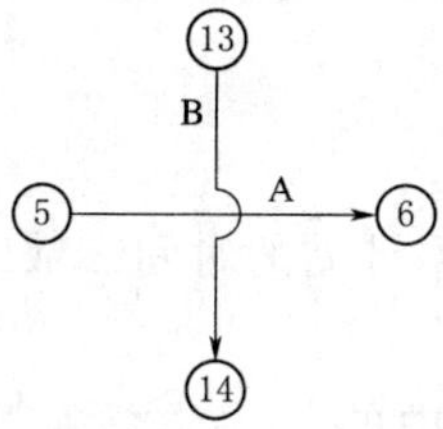

图 5.10　过桥法

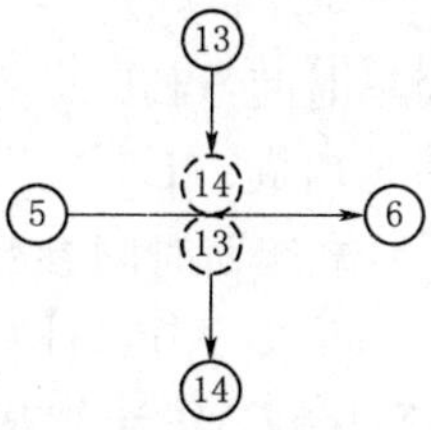

图 5.11　指向法

i. 当某一内向节点或外向节点有多个（4 个或以上）内向工作、外向工作时应采用母线法绘制，见图 5.12。另，网络图中不应出现不必要的虚工作，见图 5.13。

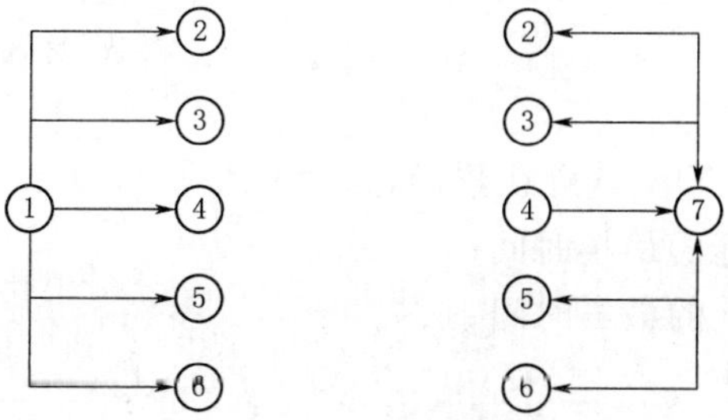

图 5.12　母线法

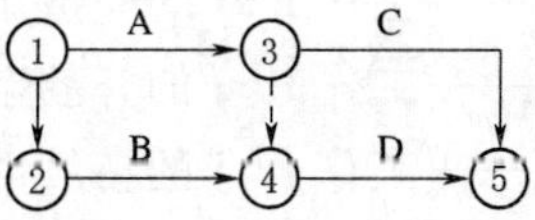

图 5.13　有多余虚箭线（错误）

(3) 要合理排列网络图。网络图要重点突出，层次清晰，布局合理。

(4) 双代号网络图绘制方法与步骤。

1) 按网络图的类型，合理确定排列方式与布局。

2) 从起始工作开始，自左至右依次绘制，直到全部工作绘制完为止。

3) 检查工作和逻辑关系有无错漏并进行修正。

4) 按网络图绘图规则的要求完善网络图。

5) 按网络图的编号要求对节点进行编号。

(5) 双代号网络计划时间参数。

1) 工作持续时间 D_{i-j} 和工期。

a. 计算工期（T_C）：指通过计算求得的网络计划的工期。

b. 计划工期（T_P）：指完成网络计划的计划（打算）工期。

c. 要求工期（T_r）：指合同规定或业主要求、企业上级要求的工期。

通常，$T_P \leqslant T_r$ 或 $T_P = T_C$。

2）工作的六个时间参数。

a. 工作的最早开始时间（ES_{i-j}）。

b. 工作的最早完成时间（EF_{i-j}）。

c. 工作的最迟开始时间（LS_{i-j}）。

d. 工作的最迟完成时间（LF_{i-j}）。

e. 工作的自由时差（FF_{i-j}）。

f. 工作的总时差（TF_{i-j}）。

3）节点的两个时间参数。

a. 节点的最早时间（ET_i）。

b. 节点的最迟时间（LT_i）。

（6）双代号网络计划时间参数计算。双代号网络计划的时间参数既可以按工作计算法进行计算，也可以按节点计算法进行计算。

1）工作计算法。工作计算法是指以网络计划中的工作为对象直接计算工作的 6 个时间参数，并将计算结果标注在箭线上方（图 5.14）。

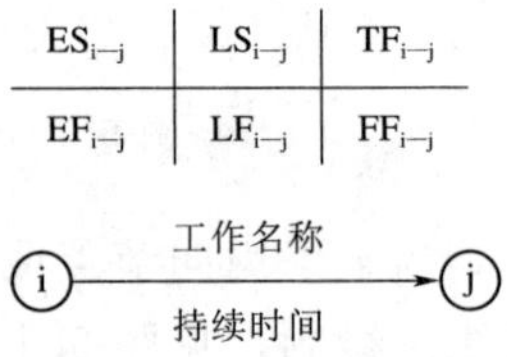

图 5.14　工作计算法时间参数的标注

2）按节点计算法。

a. 节点最早时间是指该节点所有紧后工作的最早可能开始时刻。

起点节点：　　　令 $ET_1 = 0$

其他节点：　　$ET_j = \max\{ET_i + D_{i-j}\}$（顺线累加，逢岔取大）

式中　ET_j——工作 i—j 的完成节点 j 的最早时间；

ET_i——工作 i—j 的开始节点 i 的最早时间；

D_{i-j}——工作 i—j 的持续时间。

b. 节点最迟时间是指该节点所有紧前工作最迟必须结束的时刻。它应是以该节点为完成节点的所有工作最迟必须结束的时刻。若迟于这个时刻，紧后工作就要推迟开始，整个网络计划的工期就要延迟。

由于终点节点代表整个网络计划的结束，因此要保证计划总工期，终点节点的最迟时间应等于此工期。

若总工期有规定，可令终点节点的最迟时间 LT_n 等于规定总工期 T，即 $LT_n = T$。

若总工期未规定，则可令终点节点的最迟时间 LT_n 等于按终点节点最早时间计算出的计划总工期，即 $LT_n = ET_n$。

2. 单代号网络计划

（1）单代号网络图的组成。和双代号网络图一样，单代号网络图也是由节点、箭线和线路三个要素组成。

1）节点。单代号网络图中的节点表示一项工作（或工序），有时间或资源的消耗。另，当网络图中出现多项没有紧前工作的工作节点或多项没有紧后工作的工作节点点时，应在网络图的两端分别设置虚拟的起点节点（S_t）或虚拟的终点节点（F_{in}）。

2）箭线。单代号网络图中箭线仅用于表达逻辑关系，且无虚箭线。由于单代号网络图中没有虚箭线，我们可以推断单代号网络图绘制比较简单，事实上即是如此。

3）线路。和双代号网络图一样，单代号网络图自起点节点向终点节点也形成若干条通路。同样，持续时间最长的即是关键线路。

（2）单代号网络图的绘制。

1）绘制规则。单代号网络图的绘制规则与双代号网络图基本相同。主要的不同之处是单代号网络图可能要增加虚拟的起点节点（S_t）或终点节点（F_{in}）。

2）绘图方法。

a. 正确表达逻辑关系，见表5.2。

b. 箭线不宜交叉，否则采用过桥法。

c. 其他同双代号网络图绘图方法。

表5.2　　　　　　　　　逻辑关系的表达

序号	工作间的逻辑关系	单代号网络图
1	A完成后进行B，B完成后进行C	
2	A完成后进行B和C	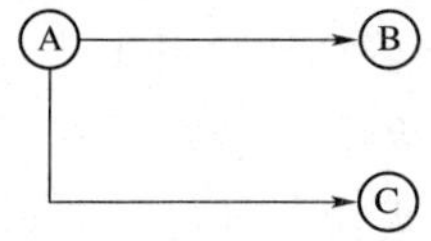
3	A和B完成后进行C	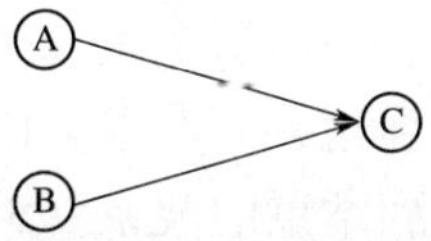
4	A、B完成后进行C和D	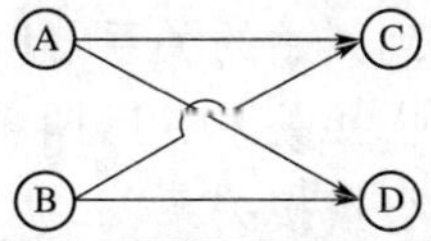
5	A完成后，进行C； A、B完成后进行D	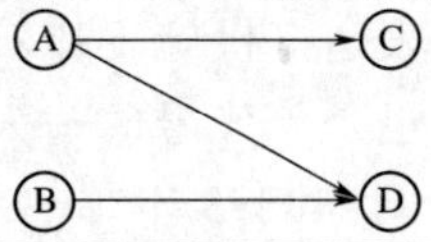
6	A、B完成后，进行D；A、B、C完成后，进行E；D、E完成后，进行F	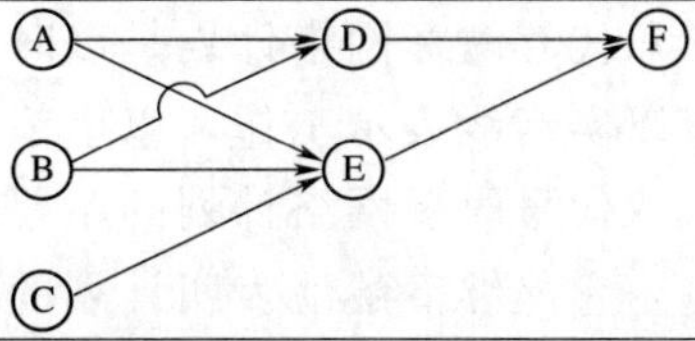
7	A、B活动分成三段流水	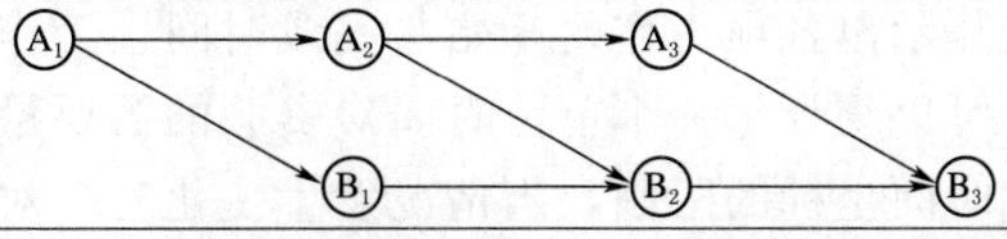
8	A完成后，进行B；B、C完成后，进行D	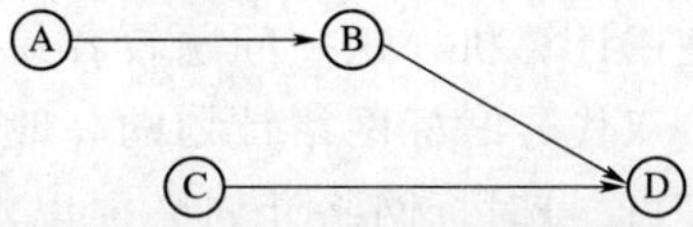

(3) 单代号网络计划时间参数计算。

1) 时间参数符号。

$LAG_{i,j}$——工作 i 和工作 j 的时间间隔。

ES_i——工作 i 的最早开始时间。

EF_i——工作 i 的最早完成时间。

LS_i——工作 i 的最迟开始时间。

LF_i——工作 i 的最迟完成时间。

FF_i——工作 i 的自由时差。

TF_i——工作 i 的总时差。

2) 时间参数计算。

a. 计算工作的最早开始时间和最早完成时间。

b. 计算相邻两工作之间的时间间隔。相邻两工作之间的时间间隔 $LAG_{i,j}$ 是指其紧后工作的最早开始时间与本工作的最早完成时间的差值：

c. 计算工作的自由时差。

d. 计算工作的总时差。

e. 计算工作的最迟时间。

3. 单代号搭接网络计划

在实际工程中，经常采用平行搭接的施工方式。单代号搭接网络计划有5种基本的工作搭接关系：

(1) 开始到开始的关系 (STS_{i-j})。

(2) 结束到结束的关系 (FTF_{i-j})。

(3) 开始到结束的关系 (STF_{i-j})。

(4) 结束到开始的关系 (FTS_{i-j})。

(5) 混合搭接关系。当两项工作之间同时存在上述4种基本关系中的两种关系时，称为“混合搭接关系”。

用双代号表达搭接施工比较麻烦，甚至不能够表达，而用单代号表达搭接施工则比较容易，这也是单代号的一大优点。

4. 双代号时标网络计划

(1) 双代号时标网络计划是以时间坐标为尺度编制的网络计划，双代号时标网络计划中应以实箭线表示工作，以虚箭线表示虚工作，以波形线表示工作的自由时差。

(2) 双代号时标网络计划的主要特点如下：时标网络计划兼有网络计划与横道计划的优点，它能够清楚地表明计划的时间进程，使用方便；时标网络计划能在图上直接显示出各项工作的开始与完成时间，工作的自由时差及关键线路；在时标网络计划中可以统计每一个单位时间对资源的需要量，以便进行资源优化和调整；由于箭线受到时间坐标的限制，当情况发生变化时，对网络计划的修改比较麻烦，往往要重新绘图。若使用计算机，这一问题较容易解决。

(3) 双代号时标网络计划的一般规定。

1) 双代号时标网络计划必须以水平时间坐标为尺度表示工作时间。时标的时间单位应根据需要在编制网络计划之前确定，可为时、天、周、月或季。

2）时标网络计划以实箭线表示工作，以虚箭线表示虚工作，以波形线表示工作的自由时差。

3）时标网络计划中所有符号在时间坐标上的水平投影位置，都必须与其时间参数相对应。节点中心必须对准相应的时标位置。

4）时标网络计划中虚工作必须以垂直方向的虚箭线表示，有自由时差时加波形线表示。

（4）双代号时标网络计划的编制方法有两种。

1）间接绘制法。间接绘制法，是指先根据无时标的网络计划草图计算其时间参数并确定关键线路，然后在时标网络计划表中进行绘制。在绘制时应先将所有节点按其最早时间定位在时标网络计划表中的相应位置，然后再用规定线型（实箭线和虚箭线）按比例绘出工作和虚工作。当某些工作箭线的长度不足以到达该工作的完成节点时，须用波形线补足，箭头应画在与该工作完成节点的连接处。

2）直接绘制法。直接绘制法，是指不计算时间参数而直接按无时标的网络计划草图绘制时标网络计划。

5.3.3 实际进度与计划进度的比较方法

实际进度与计划进度的比较是建设工程进度监测的主要环节，常用的进度比较方法有横道图比较法、S曲线比较法和前锋线比较法。

5.3.3.1 横道图比较法

横道图比较法是指将项目实施过程中检查实际进度收集到的数据，经加工整理后直接用横道线平行绘于原计划的横道线处，进行实际进度与计划进度的比较方法。采用横道图比较法，可以形象、直观地反映实际进度与计划进度的比较情况。

1. 匀速进展横道图比较法

匀速进展是指在工程项目中，每项工作在单位时间内完成的任务量都是相等的，即工作的进展速度是均匀的。此时，每项工作累计完成的任务量与时间呈线性关系。

采用匀速进展横道图比较法时，其步骤如下：

（1）编制横道图进度计划。

（2）在进度计划上标出检查日期。

（3）将检查收集到的实际进度数据经加工整理后按比例用涂黑的粗线标于计划进度的下方，如图5.15所示。

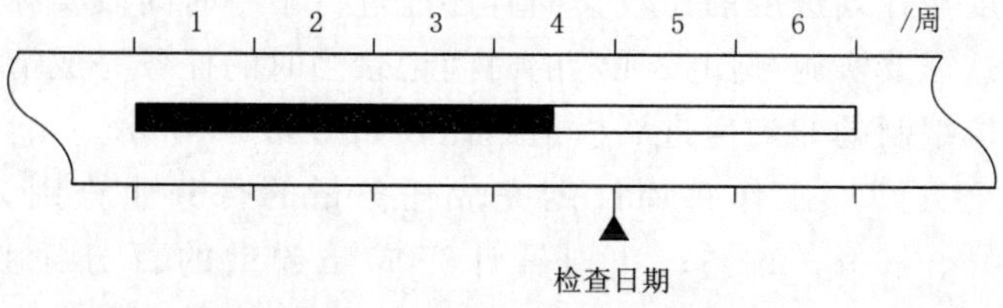

图5.15 匀速进展横道图比较

（4）对比分析实际进度与计划进度。

1）如果涂黑的粗线右端落在检查日期左侧，表明实际进度拖后。

2）如果涂黑的粗线右端落在检查日期右侧，表明实际进度超前。

3）如果涂黑的粗线右端与检查日期重合，表明实际进度与计划进度一致。

应该强调，该方法仅适用于工作从开始到结束的整个过程中，其进展速度均为固定不变的情况。如果工作的进展速度是变化的，则不能采用这种方法进行实际进度与计划进度的比较，否则，会得出错误的结论。

2. 非匀速进展横道图比较法

当工作在不同单位时间里的进展速度不相等时，累计完成的任务量与时间的关系就不可能是线性关系。此时，应采用非匀速进展横道图比较法进行工作实际进度与计划进度的比较。

非匀速进展横道图比较法在用涂黑粗线表示工作实际进度的同时，还要标出其对应时刻完成任务量的累计百分比，并将该百分比与其同时刻计划完成任务量的累计百分比相比较，判断工作实际进度与计划进度之间的关系。

采用非匀速进展横道图比较法时，其步骤如下：

（1）绘制横道图进度计划。

（2）在横道线上方标出各主要时间工作的计划完成任务量累计百分比。

（3）在横道线下方标出相应时间工作的实际完成任务量累计百分比。

（4）用涂黑粗线标出工作的实际进度，从开始之日标起，同时反映出该工作在实施工程中的连续与间断情况。

（5）比较同一时刻实际完成任务量累计百分比和计划完成任务量累计百分比，判断工作实际进度与计划进度之间的关系。

1）如果同一时刻横道线上方累计百分比大于横道线下方累计百分比，表明实际进度拖后，拖欠的任务量为二者之差。

2）如果同一时刻横道线上方累计百分比小于横道线下方累计百分比，表明实际进度超前，超前的任务量为二者之差。

3）如果同一时刻横道线上、下方两个累计百分比相等，表明实际进度与计划进度一致。

由于工作进展速度是变化的，因此，在图中的横道线，无论是计划的还是实际的，只能表示工作的开始时间、完成时间和持续时间，并不表示计划完成的任务量和实际完成的任务量。此外，采用非匀速进展图比较法，不仅可以进行某一时刻（如检查日期）实际进度与计划进度的比较，而且还能进行某一时间段实际进度与计划进度的比较。当然，这需要实施部门按规定的时间记录当时的任务完成情况。

例如，某单位编制的非匀速进展横道图比较如图 5.16 所示。由图 5.16 可知，横道线上方标出的土方开挖工作每周计划完成任务量的百分比分别为：10％、15％、20％、20％、15％、10％、10％；计划累计完成任务量的百分比为：10％、25％、45％、65％、80％、90％、100％；横道线下方标出第 1 周至检查日期第 4 周每周实际完成任务量百分比分别为：8％、14％、20％、18％；实际累计完成任务量的百分比分别为：8%、22%、42%、60%；每周实际进度百分比分别为：拖后 2%，拖后 1%，正常，拖后 2%；各周累计拖后分别为：2%、3%、3%、5%。

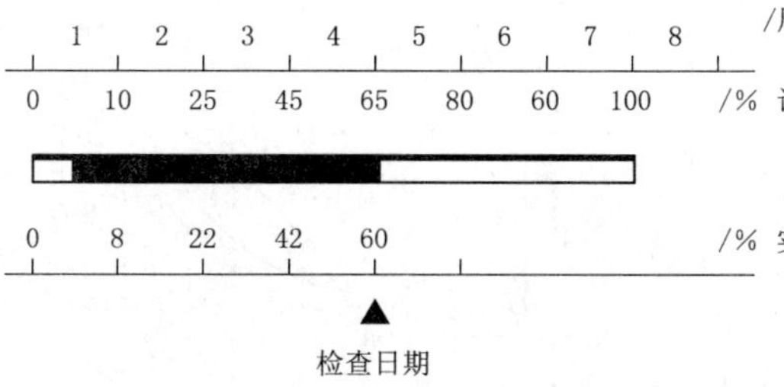

图 5.16 非匀速进展横道图比较

横道图比较法比较简单、形象直观、易于掌握、使用方便，但由于其以横道计划为基础，因而带有不可克服的局限性。在横道计划中，各项工作之间的逻辑关系表达不明确，关键工作和关键线路无法确定。一旦某些工作实际进度出现偏差时，难以预测其对后续工作和工程总工期的影响，也就难以确定相应的进度计划调整方法。因此，横道图比较法主要用于工程项目中某些工作实际进度与计划进度的局部比较。

5.3.3.2 S 曲线比较法

S 曲线比较法是以横坐标表示时间，纵坐标表示累计完成任务量，绘制一条按计划时间累计完成任务量的 S 曲线；然后将工程项目实施过程中各检查时间实际累计完成任务量的 S 曲线也绘制在同一坐标系中，进行实际进度与计划进度比较的一种方法。

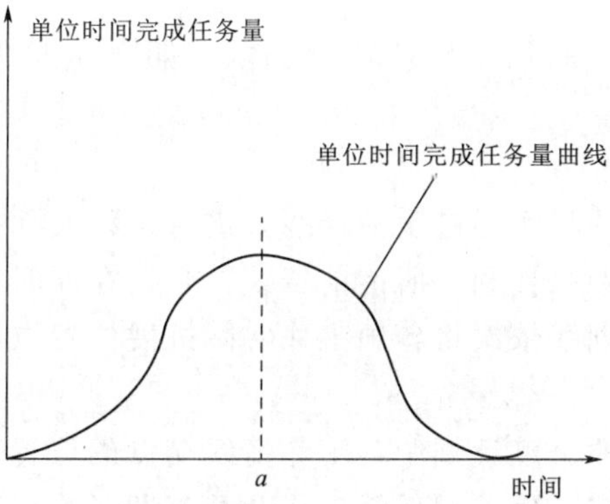

图 5.17 单位时间完成任务量曲线

从整个工程项目实际进展全过程看，单位时间投入的资源量一般是开始和结束时较少，中间阶段较多。与其相对应，单位时间完成的任务量也呈同样的变化规律，如图 5.17 所示。

而随工程进展累计完成的任务量则应呈 S 形变化，如图 5.18 所示。由于其形似英文字母"S"，S 曲线因此而得名，S 曲线可以反映整个工程项目进度的快慢信息。

同横道图比较法一样，S 曲线比较法也是在图上进行工程项目实际进度与计划进度的直观比较。在工程项目实施过程中，按照规定时间将检查收集到的实际累计完成任务量绘制在原计划 S 曲线图上，即可得到实际进度 S 曲线，如图 5.19 所示。通过比较实际进度 S 曲线和计划进度 S 曲线，可以获得如下信息。

1. 工程项目的实际进展状况

如果工程实际进展点落在计划 S 曲线左侧，表明此时实际进度比计划进度超前，如图 5.19 中的 a 点；如果工程实际进展点落在 S 计划曲线右侧，表明此时实际进度拖后，如图 5.19 中的 b 点；如果工程实际进展点正好落在计划 S 曲线上，则表示此时实际进度与计划进度一致。

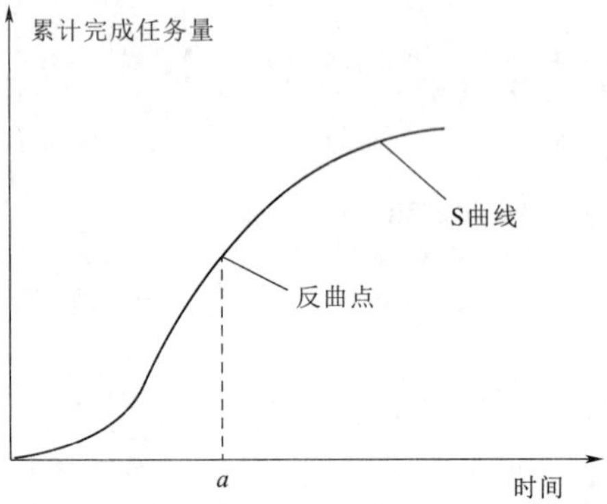

图 5.18　时间与累计完成任务量关系曲线

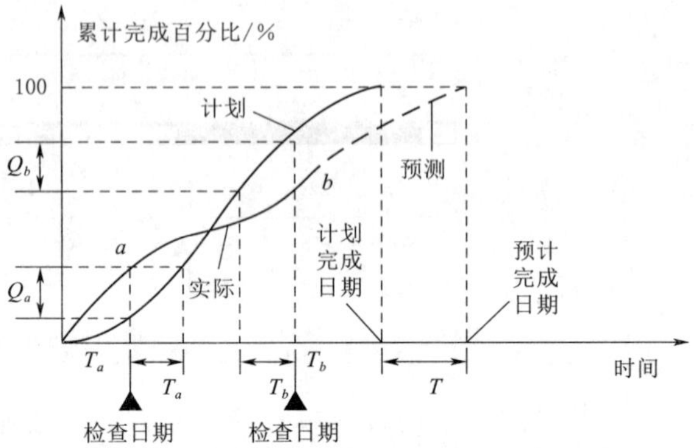

图 5.19　S 曲线比较图

2. 工程项目实际进度超前或拖后的时间

在 S 曲线比较图中可以直接读出实际进度比计划进度超前或拖后的时间。如图 5.19 所示，ΔT_a 表示 T_a 时刻实际进度超前的时间；ΔT_b 表示 T_b 时刻实际进度拖后的时间。

3. 工程项目实际超额或拖欠的任务量

在 S 曲线比较图中也可直接读出实际进度比计划进度超额或拖欠的任务量。如图 5.19 所示，ΔQ_a 表示 T_a 时刻超额完成的任务量，ΔQ_b 表示 T_b 时刻拖欠的任务量。

4. 后期工程进度预测

如果后期工程按原计划速度进行，则可做出后期工程计划 S 曲线，如图 5.19 中虚线所示，从而可以确定工期拖延预测值 ΔT。

5.3.3.3　前锋线比较法

前锋线比较法是通过绘制某检查时刻工程项目实际进度前锋线，进行工程实际进度与计划进度比较的方法，它主要适用于时标网络计划。所谓前锋线，是指在原时标网络计划上，从检查时刻的时标点出发，用点划线依次将各项工作实际进展位置点连接而成的折线。

前锋线比较法就是通过实际进度前锋线与原进度计划中各工作箭线交点的位置来判断工作实际进度与计划进度的偏差，进而判定该偏差对后续工作及总工期影响程度的一种方法。

（1）采用前锋线比较法进行实际进度与计划进度的比较，其步骤如下：

1）绘制时标网络计划图。工程项目实际进度前锋线在时标网络计划图上标示。为清楚起见，可在时标网络计划图的上方和下方各设一时间坐标。

2）绘制实际进度前锋线。一般从时标网络计划图上方时间坐标的检查日期开始绘制，依次连接相邻工作的实际进展位置点，最后与时标网络计划图下方坐标的检查日期相连接。

（2）工作实际进展位置点的标定方法有两种。

1）按该工作已完任务量比例进行标定：假设工程项目中各项工作均为匀速进展，根据实际进度检查时刻该工作已完成任务量占其计划完成总任务量的比例，在工作箭线上从左至右按相同的比例标定其实际进展位置点。

2）按尚需作业时间进行标定：当某些工作的持续时间难以按实物工程量来计算而只能凭经验估算时，可以先估算出检查时刻到该工作全部完成尚需作业的时间，然后在该工作箭线上从右向左逆向标定其实际进展位置点。

（3）进行实际进度与计划进度的比较。前锋线可以直观地反映出检查日期有关工作实际进度与计划进度之间的关系。对某项工作来说，其实际进度与计划进度之间的关系可能存在以下三种情况：

1）工作实际进展位置点落在检查日期的左侧，表明该工作实际进度拖后，拖后时间为二者之差。

2）工作实际进展位置点与检查日期重合，表明该工作实际进度与计划进度一致。

3）工作实际进展位置点落在检查日期的右侧，表明该工作实际进度超前，超前的时间为二者之差。

（4）预测进度偏差对后续工作及总工期的影响。通过实际进度与计划进度的比较确定进度偏差后，还可根据工作的自由时差和总时差预测该进度偏差对后续工作及项目总工期的影响。由此可见，前锋线比较法既适用于工作实际进度与计划进度之间的局部比较，又可用来分析和预测工程项目整体进度状况。值得注意的是，以上比较是针对匀速进展的工作。

【案例 5.1】 某工程项目时标网络计划如图 5.20 所示。该计划执行到第 6 周末检查实际进度时，发现工作 A 和 B 已经全部完成，工作 D、E 分别完成计划任务量的 20%和 50%，工作 C 尚需 3 周完成，试用前锋线法进行实际进度与计划的比较。

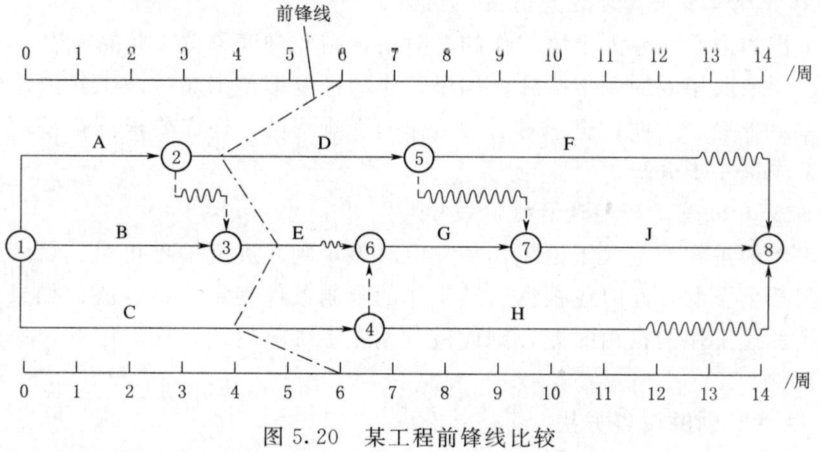

图 5.20 某工程前锋线比较

【解】 根据第 6 周末实际进度的检查结果绘制前锋线，如图 5.20 中点划线所示。通过比较可以看出：

（1）工作 D 实际进度拖后 2 周，将使其后续工作 F 的最早开始时间推迟 2 周，并使总工期延长 1 周。

(2) 工作E实际进度拖后1周，既不影响总工期，也不影响其后续工作的正常进行。

(3) 工作C实际进度拖后2周，使总工期延长2周，并将使其后续工作G、H、J的最早开始时间推迟2周。

由于工作G、J开始时间的推迟，从而使总工期延长2周。综上所述，如果不采取措施加快进度，该工程项目的总工期将延长2周。

5.3.4　进度计划调整的方法和原则

进度计划执行中的管理工作主要有几个方面：检查并掌握实际进展情况，分析产生进度偏差的主要原因，确定相应的纠偏措施或调整方法。

在工程项目实施过程中，当通过实际进度与计划进度的比较，发现有进度偏差时，应根据偏差对后续工作及总工期的影响，采取相应的调整方法措施对原进度计划进行调整，以确保工期目标的顺利实现。

5.3.4.1　分析进度偏差对后续工作及总工期的影响

进度偏差的大小及其所处位置的不同，对后续工作和总工期的影响程度是不同的，分析时需要利用网络计划中工作总时差和自由时差的概念进行判断。分析步骤如下：

1. 分析出现进度偏差的是否为关键工作

如果出现进度偏差的工作位于关键线路上，即该工作为关键工作，则无论其偏差有多大，都将对后续工作和总工期产生影响，必须采取相应的调整措施；如果出现偏差的工作是非关键工作，则需要根据进度偏差值与总时差和自由时差的关系作进一步分析。

2. 分析进度偏差是否超过总时差

如果工作的进度偏差大于该工作的总时差，则此进度偏差必将影响其后续工作和总工期，必须采取相应的调整措施；如果工作的进度偏差未超过该工作的总时差，则此进度偏差不影响总工期。至于对后续工作的影响程度，还需要根据偏差值与其自由时差的关系作进一步分析。

3. 分析进度偏差是否超过自由时差

如果工作的进度偏差大于该工作的自由时差，则此进度偏差将对其后续工作的最早开始时间产生影响，此时应根据后续工作的限制条件确定调整方法；如果工作的进度偏差未超过该工作的自由时差，则此进度偏差不影响后续工作，因此，原进度计划可以不作调整。

5.3.4.2　进度计划的调整方法

网络计划调整的方法包括：调整关键线路的方法，非关键工作时差的调整方法，增、减工作项目时的调整方法，调整逻辑关系，调整工作的持续时间，调整资源的投入。

1. 缩短某些工作的持续时间

通过检查分析，如果发现原有进度计划已不能适应实际情况时，为了确保进度控制目标的实现或需要确定新的计划目标，就必须对原进度计划进行调整，以形成新的进度计划，作为进度控制的新依据。

这种方法的特点是不改变工作之间的先后顺序，通过缩短网络计划中关键线路上工作的持续时间来缩短工期，并考虑经济影响，实质是一种工期费用优化。通常优化过程需要采取一定的措施来达到目的，具体进度控制措施包括：

（1）组织措施，如增加工作面，组织更多的施工队伍；增加每天的施工时间（如采用三班制等）；增加劳动力和施工机械的数量等。

（2）技术措施，如改进施工工艺和施工技术，缩短工艺技术间歇时间；采用更先进的施工方法，以减少施工过程的数量（如将现浇框方案改为预制装配方案）；采用更先进的施工机械，加快作业速度等。

（3）经济措施，如实行包干奖励；提高奖金数额；对所采取的技术措施给予相应的经济补偿等。

（4）其他配套措施，如改善外部配合条件；改善劳动条件；实施强有力的调度等。

一般来说，不管采取哪种措施，都会增加费用。因此，在调整施工进度计划时，应利用费用优化的原理选择费用增加量最小的关键工作作为压缩对象。

2. 改变某些工作间的逻辑关系

当工程项目实施中产生的进度偏差影响到总工期，且有关工作的逻辑关系允许改变时，不改变工作的持续时间，可以改变关键线路和超过计划工期的非关键线路上的有关工作之间的逻辑关系，达到缩短工期的目的。例如，将顺序进行的工作改为平行作业，对于大型建设工程，由于其单位工程较多且相互间的制约比较小，可调整的幅度比较大，所以容易采用平行作业的方法调整施工进度计划。而对于单位工程项目，由于受工作之间工艺关系的限制，可调整的幅度比较小，所以通常采用搭接作业以及分段组织流水作业等方法来调整施工进度计划，有效地缩短工期。但不管是平行作业还是搭接作业，建设工程单位时间内的资源需求量将会增加。

3. 其他方法

除了分别采用上述两种方法来缩短工期外，有时由于工期拖延得太多，当采用某种方法进行调整，其可调整的幅度又受到限制时，还可以同时利用缩短工作持续时间和改变工作之间的逻辑关系等两种方法对同一施工进度计划进行调整，以满足工期目标的要求。

5.3.4.3 关键工作和关键线路的确定

1. 关键工作

关键工作指的是网络计划中总时差最小的工作。当计划工期等于计算工期时，总时差为零的工作就是关键工作。在搭接网络计划中，关键工作是总时差为最小的工作。工作总时差最小的工作，也即是其具有的机动时间最小。

当计算工期不能满足计划工期时，可设法通过压缩关键工作的持续时间，以满足计划工期要求。在选择缩短持续时间的关键工作时，宜考虑下述因素：

（1）缩短持续时间而不影响质量和安全的工作。

（2）有充足备用资源的工作。

（3）缩短持续时间所需增加的费用相对较少的工作等。

2. 关键线路

在双代号网络计划和单代号网络计划中，关键线路是总的工作持续时间最长的线路。该线路在网络图上应用粗线、双线或彩色线标注。一个网络计划可能有一条或几条关键线路，在网络计划执行过程中，关键线路有可能转移。

3. 时差的运用

总时差指的是在不影响总工期的前提下，本工作可以利用的机动时间。自由时差指的是在不影响其紧后工作最早开始时间的前提下，本工作可以利用的机动时间。

4. 关键线路和关键工作的确定方法

（1）在关键线路法中，总时差最小的工作为关键工作。

（2）在双代号网络计划中，关键线路上的节点称为关键节点。

（3）在双代号网络计划中，利用标号法可以确定关键线路。

（4）在单代号网络计划（包括单代号搭接网络计划）中，从网络计划的终点节点开始，逆着箭线方向依次找出相邻两项工作之间时间间隔为零的线路就是关键线路。

（5）时标网络计划中的关键线路可从网络计划的终点节点开始，逆着箭线方向进行判定，凡自始至终不出现波形线的线路即为关键线路。

5.3.4.4　施工进度计划调整的原则

（1）压缩工期必须找关键工作。

（2）被压缩的工作应有压缩潜力。

（3）先选压缩后增加的赶工费最少（费用率最小）的关键工作。

（4）并联线路同为关键线路，压缩时注意并联线路上的工作应同时压缩。

5.4　施工阶段监理工程师进度控制的主要工作内容

5.4.1　工程进度目标确定的原则

为了提高进度计划的预见性和进度控制的主动性，在确定施工进度控制目标时，必须结合土木工程产品及其生产的特点，全面细致地分析与本工程项目进度有关的各种有利因素和不利因素，以便能制定出一个科学合理的、切合实际的进度控制目标。确定施工进度控制目标的主要依据有：施工合同的工期要求、工期定额及类似工程的实际进度、工程难易程度和施工条件的落实情况等。在确定施工进度分解目标时，还要考虑以下几个方面的问题：

（1）对于建筑群及大型工程建筑项目，应根据尽早投入使用、尽快发挥投资效益的原则，集中力量分期分批配套建设。

（2）科学合理安排施工顺序。在同一场地上不同工种交叉作业，其施工的先后顺序反映了工艺的客观要求，而平行交叉作业则反映了人们争取时间的主观努力。施工顺序的科学合理能够使施工在时空上得到统筹安排，流水施工是理想的生产组织方式。尽管施工顺序随工程项目类别、施工条件的不同而变化，但还是有其可供遵循的某些共同规律，如先准备，后施工；先地下，后地上；先外，后内；先土建，后安装等。

(3) 参考同类工程建设的经验，结合本工程的特点和施工条件，制定切合实际的施工进度目标。避免制定进度时的主观盲目性，消除实施过程中的进度失控现象。

(4) 做好资源配置工作。施工过程就是一个资源消耗的过程，要以资源支持施工。一旦进度确定，则资源供应能力必须满足进度的需要。技术、人力、材料、机械设备、资金统称为资源（生产要素），即5M。技术是第一生产力。在商品生产条件下，一切生产经营活动都离不开资金，它是一种流通手段，是财产、物资、活劳动的货币表现。

(5) 建设工程的实施具有很强的综合性和复杂性，应考虑外部协作条件的配合情况。包括施工过程中及项目竣工动用所需的水、电、气、通信、道路及其他社会服务对项目的满足程度和满足时间，它们必须与工程项目的进度目标相协调。

(6) 因为工程项目建设大多都是露天作业，以及建设地点的固定性，应考虑工程项目建设地点的气象、地形、地质、水文等自然条件的限制。

5.4.2 施工阶段进度控制的监理工作

监理工程师对工程项目的施工进度控制从审核承包单位提交的施工进度计划开始，直至工程项目保修期满为止，其工作内容主要有以下几个方面。

5.4.2.1 编制施工阶段进度控制工作细则

施工进度控制工作细则的主要内容包括以下内容：

(1) 施工进度控制目标分解图。

(2) 施工进度控制的主要工作内容和深度。

(3) 进度控制人员的责任分工。

(4) 与进度控制有关的各项工作时间安排及其工作流程。

(5) 进度控制的手段和方法，包括进度检查周期、实际数据的收集、进度报告（表）、统计分析方法等。

(6) 进度控制的具体措施，包括组织措施、技术措施、经济措施及合同措施等。

(7) 施工进度控制目标实现的风险分析。

(8) 尚待解决的有关问题。

5.4.2.2 编制或审核施工进度计划

对于大型工程项目，由于单项工程数量较多、施工总工期较长，若业主采取分期分批发包，没有一个负责全部工程的总承包单位时，监理工程师就要负责编制施工总进度计划；或者当工程项目由若干个承包单位平行承包时，监理工程师也有必要编制施工总进度计划。施工总进度计划应确定分期分批的项目组成，各批工程项目的开工、竣工顺序及时间安排，全场性施工准备工作，特别是首批子项目进度安排及准备工作的内容等。

当工程项目有总承包单位时，监理工程师只需对总承包单位提交的工程总进度计划进行审核即可。而对于单位工程施工进度计划，监理工程师只负责审核而不管编制。施工进度计划审核的主要内容有以下几点：

（1）进度安排是否符合工程项目建设总进度计划中总目标和分目标的要求，是否符合施工合同中开竣工日期的规定。

（2）施工总进度计划中的项目是否有遗漏，分期施工是否满足分批动用的需要和配套动用的要求。

（3）施工顺序的安排是否符合施工程序的原则要求。

（4）劳动力、材料、构配件、机具和设备的供应计划是否能保证进度计划的实现，供应是否均衡，需求高峰期是否有足够实现计划的供应能力。

（5）业主的资金供应能力是否满足进度需要。

（6）施工的进度安排是否与设计单位的图纸供应进度相符。

（7）业主应提供的场地条件及原材料和设备，特别是国外设备的到货与施工进度计划是否衔接。

（8）总分包单位分别编制的各单位工程施工进度计划之间是否相协调，专业分工与衔接的计划安排是否明确合理。

（9）进度安排是否存在造成业主违约而导致索赔的可能。

如果监理工程师在审核施工进度计划的过程中发现问题，应及时向承包单位提出书面修改意见，并协助承包单位修改，其中重大问题应及时向业主汇报。

尽管承包单位向监理工程师提交施工进度计划是为了听取建设性意见，但施工进度计划一经监理工程师确认，即应当视为合同文件的组成部分。它是以后处理承包单位提出的工程延期或费用索赔的一个重要依据。

5.4.2.3　按年、季、月编制工程综合计划

在按计划期编制的进度计划中，监理工程师应着重解决各承包单位施工进度计划之间、施工进度计划与资源保障计划之间及外部协作条件的延伸性计划之间的综合平衡与相互衔接问题。并根据上期计划的完成情况对本期计划做必要的调整，从而作为承包单位近期执行的指令性（实施性）计划。

5.4.2.4　下达工程开工令

在 FIDIC 合同条件下，监理工程师应根据承包单位和业主双方关于工程开工的准备情况，选择合适的时机发布工程开工令。工程开工令的发布，要尽可能及时，因为从发布工程开工令之日算起，加上合同工期后即为工程竣工日期。如果开工令发布拖延，就等于推迟了竣工时间，甚至可能引起承包单位的索赔。

为了检查双方的准备情况，在一般情况下应由监理工程师组织召开有业主和承包单位参加的第一次工地会议。业主应按照合同规定，做好征地拆迁工作，及时提供施工用地。同时还应当完成法律及财务方面的手续，以便能及时向承包单位支付工程预付款。承包单位应当将开工所需要的现场工作及人力、材料、设备准备好，同时还要按合同规定为监理工程师提供各种条件。

5.4.2.5 协助承包单位实施进度计划

监理工程师要随时了解施工进度计划执行过程中所存在的问题，并帮助承包单位予以解决，特别是承包单位无力解决的外层关系协调问题。

5.4.2.6 监督施工进度计划的实施

这是工程项目施工阶段进度控制的经常性工作。监理工程师不仅要及时检查承包单位报送的施工进度报表和分析资料，同时还要进行必要的现场实地检查，核实所报送的已完成的项目时间及工程量，杜绝虚假现象。

在对工程实际进度资料进行整理的基础上，监理工程师应将其与计划进度相比较，以判定实际进度是否出现偏差。如果出现偏差，监理工程师应进一步分析偏差对进度控制目标的影响程度及其产生的原因，以便研究对策，提出纠偏措施建议，必要时还应对后期工程进度计划做适当的调整。计划调整要及时有效。

5.4.2.7 组织现场协调会

监理工程师应每月、每周定期组织召开不同层次的现场协调会议，以解决工程施工过程中的相互协调配合问题。在平行、交叉施工单位多、工序交接频繁且工期紧迫的情况下，现场协调会甚至需要每日召开。在会上通报和检查当天的工程进度，确定薄弱环节，部署当天的赶工任务，以便为次日正常施工创造条件。对于某些未曾预料的突发变故或问题，监理工程师还可以发布紧急协调指令，督促有关单位采取应急措施维护工程施工的正常秩序。

5.4.2.8 签发工程进度款支付凭证

监理工程师应对承包单位申报的已完成分项工程量进行核实，在其质量通过检查验收后签发工程进度款支付凭证。

5.4.2.9 审批工程延期

1. 工期延误

当出现工期延误时，监理工程师有权要求承包单位采取有效措施加快施工进度。如果经过一段时间后，实际进度没有明显改进，仍然落后于计划进度，而且将影响工程按期竣工时，监理工程师应要求承包单位修改进度计划，并提交监理工程师重新确认。

监理工程师对修改后的施工进度计划的确认，并不是对工程延期的批准，他只是要求承包单位在合理的状态下施工。因此，监理工程师对进度计划的确认，并不能解除承包单位应负的一切责任，承包单位需要承担赶工的全部额外开支和延误工期的损失赔偿。

2. 工程延期

如果由于承包单位以外的原因造成工期拖延，承包单位有权提出延长工期的申请。监理工程师应根据合同规定，审批工程延期时间，将延期时间纳入合同工期，作为合同工期的一部分。即新的合同工期应等于原定的合同工期加监理工程师批准的工程延期时间。

监理工程师对于施工进度的拖延，是否批准为工程延期，对承包单位和业主都十分重要。如果承包单位得到监理工程师批准的工程延期，不仅可以不赔偿由于工期延长而支付的误期损失费，而且由业主承担由于工期延长所增加的费用。因此，监理工程师应按照合同的有关规定，公正区分工期延误和工程延期，并合理地批准工程延期时间。

5.4.2.10　向业主提供进度报告

监理工程师应随时整理进度材料，并做好工程记录，定期向业主提交工程进度报告。

5.4.2.11　督促承包单位整理技术资料

监理工程师要根据工程进展情况，督促承包单位及时整理有关技术资料。

5.4.2.12　审批竣工申请报告，协助组织竣工验收

当工程竣工后，监理工程师应审批承包单位在自行预验基础上提交的初验申请报告，组织业主和设计单位进行初验。在初验通过后填写初验报告及竣工验收申请书，并协助业主组织工程项目的竣工验收，编写竣工验收报告书。

5.4.2.13　处理争议和索赔

在工程结算过程中，监理工程师要处理有关争议和索赔问题。

5.4.2.14　整理工程进度资料

在工程完工以后，监理工程师应将工程进度资料收集起来，进行归类、编目和建档，以便为今后类似工程项目的进度控制提供参考。

5.4.2.15　工程移交

监理工程师应督促承包单位办理工程移交手续，颁发工程移交证书。在工程移交后的保修期内，还要处理使用中（验收后出现）的质量缺陷或事故的原因等争议问题，并督促责任单位及时修理。当保修期满且再无争议时，工程项目进度控制的任务即告完成。

5.5　案例

【案例 5.2】

1. 背景材料

建设单位将一热电厂建设工程项目的土建工程和设备安装工程施工任务分别发包给某土建施工单位和某设备安装单位。经总监理工程师审核批准，土建施工单位又将桩基础施工分包给一专业基础工程公司。

建设单位与土建施工单位和设备安装单位分别签订了施工合同和设备安装合同。在工程延期方面，合同中约定，业主违约一天应补偿承包方 5000 元人民币，承包方违约一天应罚款 5000 元人民币。

该工程所用的桩是钢筋混凝土预制桩，共计 1200 根。预制桩由建设单位供应。

按施工总进度计划的安排，规定桩基础施工应从 5 月 10 日开工至 5 月 20 日完工。但在施工过程中，由于建设单位供应预制桩不及时，使桩基础施工在 5 月 12 日才开工；5 月 13 日至 5 月 18 日基础工程公司的打桩设备出现故障不能施工；5 月 19 日至 5 月 22 日又出现了属于不可抗力的恶劣天气无法施工。

2. 问答题

(1) 在上述工期拖延中，监理工程师应如何处理？

(2) 土建施工单位应获得的工期补偿和费用补偿各为多少？

(3) 设备安装单位的损失应由谁承担责任，应补偿的工期和费用是多少？

(4) 施工单位向建设单位索赔的程序如何？

启示：法律面前人人平等。全面依法治国是中国特色社会主义的本质要求和重要保障。深刻理解党的领导是推进全面依法治国的根本保证，深刻理解中国特色社会主义法治体系是推进全面依法治国的总抓手。

【案例 5.3】

以图 5.21 为例介绍按工作计算法计算时间参数的过程。

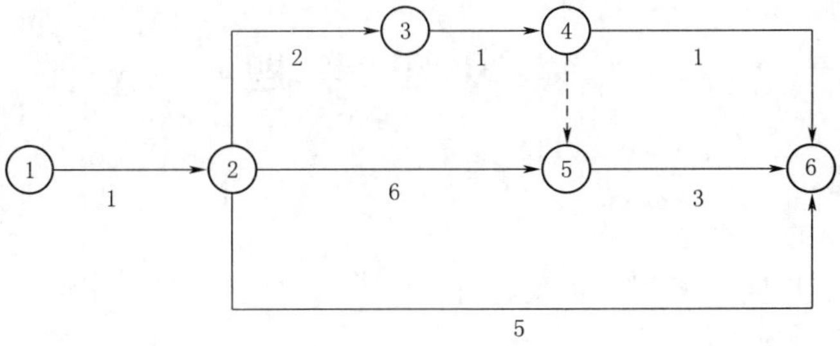

图 5.21 双代号网络计划

启示：双代号网络图中的关键工作和关键路线，在实际工程中起到了优化工期的作用，同时也是实际工程中的主要矛盾所在。事物发展过程中，人们要抓住主要矛盾，否则就把握不了中心，也就无从确定解决矛盾的方法。抓住和解决好主要矛盾，非主要要矛盾也就能比较容易地得到解决。《矛盾论》中说：研究任何过程，如果是存在着两个以上矛盾的复杂过程的话，就要用全力找出它的主要矛盾。抓住了这个主要矛盾，一切问题就迎刃而解了。

【案例 5.4】

已知网络计划如图 5.22 所示，图中箭线下方括号外数字为工作的正常持续时间(单位：天)，括号内数字为最短持续时间；箭线上方括号外数字为工作按正常持续时

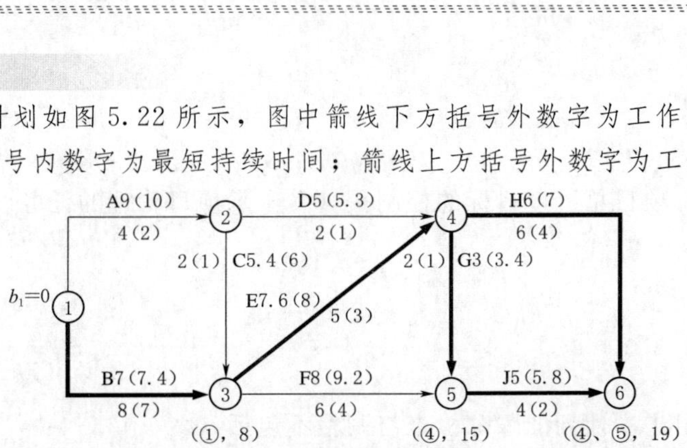

图 5.22 费用优化网络图

间完成时所需直接费（单位：万元），括号内数字为按最短持续时间完成时所需直接费。该工程的间接费率为 1 万元/天。试对该网络计划进行费用优化。

启示：工程进度优化蕴涵着哲学思维范式。通常情况下，建设工期是有规律可循的，它与建筑结构、施工方法和气候条件密切相关，工程建设中经常出现抢工期的现象，不但工程质量不能保障，还会额外增加成本支出，甚至造成严重的安全责任事故，不顾规律抢工期实际上是把工程所需时间的客观性主观化，犯了类似于康德把时间看作是“先天形式”的错误。在确定工期的时候，只能依据工程本身固有的建设周期的规律，这是工程时间上的后天性、客观性和绝对性；在此前提下，通过主观能动性的充分调动也可以把建设周期有所收缩，但不能违背规律，这是工程时间上的相对性。

5.1

第 5 章案例答案

复习思考题

一、单选题

1. 进度控制的目的是（　　）。

A. 通过控制以实现工程的进度目标

B. 进度计划的编制

C. 论证进度目标是否合理

D. 跟踪检查进度计划

2. 影响项目进度的因素中，（　　）影响最多。

A. 人的因素

B. 环境、社会因素

C. 水文地质与气象因素

D. 管理因素

3. 随着项目的进展，进度控制是一个（　　）的管理过程。

A. 动态

B. 静态

C. 封闭

D. 开放

4. 建设工程项目总进度目标的控制是（　　）项目管理的任务。

A. 施工方

B. 供货方

C. 管理方

D. 业主方

5. 建设项目进度计划的跟踪检查与调整不包括（　　）。

A. 必要时调整进度计划

B. 确定项目的工作编码系统

C. 定期跟踪检查进度计划执行情况

D. 计算网络计划的时间参数

6. 大型建设工程项目总进度目标论证的核心工作是（　　）。

A. 编制总进度纲要

B. 编制总进度规划

C. 分析总进度目标实现的可能性

D. 提出应采取的措施

7. 与工程网络计划方法相比，横道图进度计划方法的缺点是不能（　　）。

A. 直观表示计划中工作的持续时间

B. 确定实施计划所需要的资源数量

C. 直观表示计划完成所需要的时间

D. 确定计划中的关键工作和时差

8. 建设工程常用网络计划中，双代号网络图中虚箭线表示（　　）。

A. 自由消耗程度

B. 工作的持续时间

C. 工作之间的逻辑关系

D. 非关键工作

9. 在网络计划中，工作的最早开始时间应为其所有紧前工作的（　　）。

A. 最早完成时间的最大值

B. 最早完成时间的最小值

C. 最迟开始时间的最大值

D. 最迟开始时间的最小值

10. 在网络计划中，下列关于关键线路的说法中错误的是（　　）。

A. 相邻两项工作间的时间间隔均为零的线路

B. 总持续时间最长的线路

C. 时标网络计划中没有波形线的线路

D. 双代号网络计划中由关键节点连成的线路

11. 在网络计划中，工作 N 最迟完成时间为第 25 天，持续时间为 6 天。该工作有三项紧前工作，它们的最早完成时间分别为第 10 天、第 12 天和第 13 天，则工作 N 的总时差是（　　）。

A. 6 天

B. 9 天

C. 12 天

D. 15 天

12. 在网络计划执行过程中，若某项工作比原计划拖后，当拖后的时间大于其拥有的自由时差时，则肯定影响（　　）。

A. 总工期

B. 后续工作

C. 所有紧后工作

D. 某些紧后工作

13. 当关键线路的实际进度比计划进度拖后时，应在尚未完成的关键工作中，选择（　　）的工作缩短其持续时间，并重新计算未完成部分的时间参数，将其作为一个新计划实施。

A. 资源强度小或费用低

B. 直接费用高

C. 资源强度大或费用高

D. 工作时间长

14. 建设工程进度控制措施中，采用信息技术辅助进度控制属于进度控制（　　）。

A. 组织措施

B. 管理措施

C. 经济措施

D. 技术措施

15. 在项目组织结构中，应由（　　）负责进度控制工作。

A. 总承包公司

B. 专门的工作部门

C. 项目管理部门

D. 分包人

16. 在进度控制组织设计中，各项工作任务和相应的管理职能应在（　　）中标示并落实。

A. 任务分工表

B. 结构分析图

C. 合同结构图

D. 工作流程图

17. 检查网络计划时，发现某工作尚需作业 A 天，到该工作计划最迟完成时刻尚余 B 天，原有总时差为 C 天，则该工作尚有总时差为（　　）天。

A. C－A

B. C－B

C. A－B

D. B－A

18. 在网络计划执行过程中，若某项工作比原计划拖后，当拖后的时间大于其拥有的自由时差时，则肯定影响（　　）。

A. 总工期

B. 后续工作

C. 所有紧后工作

D. 某些紧后工作

19. 在建设工程施工过程中，因施工单位原因造成实际进度拖后，监理工程师确认施工单位修改后的施工进度计划，说明（　　）。

A. 排除施工单位应负的责任

B. 批准合同工期延长

C. 施工进度计划满足合同工期要求

D. 同意施工单位在合理状态下施工

20. 在施工阶段，施工单位将所编制的施工进度计划及时提交给监理工程师审查的目的是（　　）。

A. 及时得到工程预付款

B. 听取监理工程师的建设性意见

C. 解除其对施工进度所承担的责任和义务

D. 使监理工程师及时下达开工令

21. 某工程原定2013年9月20日竣工，因承包人原因，致使工程延至2013年10月20日竣工。但在2013年10月因法规的变化导致工程造价增加120万元，工程合同价款应（　　）。

A. 调增60万元　　　　B. 调增90万元

C. 增120万元　　　　D. 不予调整

二、多选题

1. 当监理工程师协助业主将某建设项目的设计和施工任务发包给一个承包商后，需要审核的进度计划有（　　）。

A. 工程项目建设总进度计划

B. 工程设计总进度计划

C. 工程项目年度计划

D. 工程施工总进度计划

E. 单位工程施工进度计划

2. 工程师依据施工现场的下列情况向承包人发布暂停施工指令时，其中应顺延合同工期的情况有（　　）。

A. 地基开挖遇到勘察资料未标明的断层，需要重新确定基础处理方案

B. 发包人订购的设备未能按时到货

C. 施工作业方法存在重大安全隐患

D. 后续施工现场未能按时完成移民拆迁工作

E. 施工中遇到有考古价值的文物需要采取保护措施予以保护

3. 对建设工程三大目标之间的统一关系进行分析时，应注意的主要问题有（　　）。

A. 对造价、进度、质量目标进行定性分析

B. 将造价、进度、质量目标分别进行分析论证

C. 掌握客观规律，充分考虑制约因素

D. 对未来的、可能的收益不宜过于乐观

E. 将目标规划和计划结合起来

4. 下列建设工程进度影响因素中，属于业主因素的有（　　）。

A. 提供的场地不能满足工程正常需要

B. 施工计划安排不周密导致相关作业脱节

C. 临时停水、停电、断路

D. 不能及时向施工承包单位付款

E. 外单位临近工程施工干扰

5. 当监理工程师协助业主将某建设项目的设计和施工任务发包给一个承包商后，需要审核的进度计划有（　　）。

A. 工程项目建设总进度计划

B. 工程设计总进度计划

C. 工程项目年度计划

D. 工程施工总进度计划

E. 单位工程施工进度计划

三、问答题

5.2

第 5 章参考答案

1. 简述建设工程施工进度控制的概念。

2. 影响工程进度的因素有哪些？

3. 建设工程施工进度控制的措施有哪些？

4. 项目实施阶段进度控制的主要任务是什么？

5. 项目实施阶段进度控制的主要方法有哪些？

6. 如何进行工程进度目标的确定？

7. 建设工程施工进度控制的监理工作内容有哪些？

8. 什么是横道进度控制法？

9. 利用 S 形曲线控制方法可以获得哪些信息？

10. 工程延误和工程延期有什么不同？监理工程师对工程延期如何控制？

第6章
建设工程项目安全监理

学习重点

- 掌握建设工程安全监理的依据及范围
- 掌握建设工程安全监理的主要内容

知识目标	技能素养	思政元素
了解建设工程安全监理的基本概念、法律责任和职责	能够完成简单建设工程项目安全控制系统的构成、建立和运行	职业自豪感 科学精神 安全意识
熟悉安全监理的主要工作内容	能够审核、审查施工现场安全生产保证体系	职业精神 社会责任 专业与国家
掌握现场安全检查方法和危大工程监理检查要点	完成施工阶段的安全控制	求真务实 实战能力 可持续发展

引 例

安全问题长期困扰着建筑业的可持续发展。我国拥有3800多万建筑工人队伍，是从业人数最多同时也是人员流动性最大的行业之一，作业人员文化水平较低、综合素质较差造成建筑行业事故频发。

据统计，仅2021年全国共发生房屋市政工程生产安全事故734起、死亡840人，与上年相比，事故起数增加42起、上升6.1%，死亡人数增加33人、上升4.1%。造成严重人员伤亡和财产损失，教训极其惨痛。

每一起事故，都攸关鲜活的生命、家庭的幸福；每一次惨痛教训，都是对安全生产的重要警示。要始终把人民生命安全放在首位，安全生产为人民群众筑牢安全屏障、撑起生命绿荫。公共安全是社会安定、社会秩序良好的重要体现，是人民安居乐业的重要保障。

安全生产事关人民福祉，事关经济社会发展大局。我们追求的高质量发展，是着力提升人民群众获得感幸福感安全感的发展。充分践行以人民为中心的发展思想，必须把人民群众生命财产安全放在第一位，绝不能以牺牲人的生命为代价搞建设，绝不能为了发展而忽视安全。只有以“零容忍”的态度对待安全风险，始终保持如临深渊，如履薄冰的危机感，有效防范化解各类风险挑战，才能推动经济社会发展行稳致远。

安全生产必须警钟长鸣、常抓不懈。

6.1 建设工程项目安全监理概述

安全生产是国家的一项基本国策，是保护劳动者的安全、健康和国家财产，促进社会生产力发展的基本保证，也是保证社会主义经济发展，进一步实行改革开放的基本条件，因此，做好安全生产工作具有重要的意义。

6.1.1 建筑产品生产特点与施工现场安全生产特点

1. 建筑产品生产特点

建筑产品是指由建筑安装企业建造的，具有一定使用功能或满足某一特定要求的建筑物和构筑物以及所完成的机械设备等安装工程。

由于建筑产品地点的固定性、类型的多样性和体形庞大等三大主要特点，决定了建筑产品生产的特点与一般工业产品生产的特点相比较具有自身的特殊性。其具体特点如下：

（1）建筑产品生产的流动性。建筑产品地点的固定性决定了产品生产的流动性。一般的工业产品都是在固定的工厂、车间内进行生产，而建筑产品的生产是在不同的地区，或同一地区的不同现场，或同一现场的不同单位工程，或同一单位工程的不同部位组织工人、机械围绕着同一建筑产品进行生产。因此，使建筑产品的生产在地区与地区之间、现场之间和单位工程不同部位之间流动。

（2）建筑产品生产的单件性。建筑产品地点的固定性和类型的多样性决定了产品生产的单件性。一般的工业产品是在一定的时期里，统一的工艺流程中进行批量生产，而具体的一个建筑产品应在国家或地区的统一规划内，根据其使用功能，在选定的地点上单独设计和单独施工。即使是选用标准设计、通用构件或配件，由于建筑产品所在地区的自然、技术、经济条件的不同，也使建筑产品的结构或构造、建筑材料、施工组织和施工方法等也要因地制宜加以修改，从而使各建筑产品生产具有单件性。

（3）建筑产品生产的地区性。建筑产品的固定性决定了同一使用功能的建筑产品因其建造地点的不同必然受到建设地区的自然、技术、经济和社会条件的约束，使其结构、构造、艺术形式、室内设施、材料、施工方案等方面均各异。因此建筑产品的生产具有地区性。

（4）建筑产品生产周期长。建筑产品的固定性和体形庞大的特点决定了建筑产品生产周期长。因为建筑产品体形庞大，使得最终建筑产品的建成必然耗费大量的人力、物力和财力。同时，建筑产品的生产全过程还要受到工艺流程和生产程序的制约，使各专业、工种间必须按照合理的施工顺序进行配合和衔接。又由于建筑产品地点的固定性，使施工活动的空间具有局限性，从而导致建筑产品生产具有生产周期长、占用流动资金大的特点。

(5) 建筑产品生产的露天作业多。建筑产品地点的固定性和体形庞大的特点，决定了建筑产品生产露天作业多。因为形体庞大的建筑产品不可能在工厂、车间内直接进行施工，即使建筑产品生产达到了高度的工业化水平的时候，也只能在工厂内生产部分的构件或配件，仍然需要在施工现场内进行总装配后才能形成最终建筑产品。因此建筑产品的生产具有露天作业多的特点。

(6) 建筑产品生产的高空作业多。由于建筑产品体形庞大，决定了建筑产品生产具有高空作业多的特点。特别是随着城市现代化的发展，高层建筑物的施工任务日益增多，使得建筑产品生产高空作业的特点日益明显。

(7) 建筑产品生产组织协作的综合复杂性。由上述建筑产品生产的诸多特点可以看出，建筑产品生产的涉及面广。在建筑企业的内部，它涉及工程力学、建筑结构、建筑构造、地基基础、水暖电、机械设备、建筑材料和施工技术等学科的专业知识，要在不同时期、不同地点和不同产品上组织多专业、多工种的综合作业。在建筑企业的外部，它涉及不同种类的专业施工企业，以及城市规划；土地征用；勘察设计；消防；“七通一平”；公用事业；环境保护；质量监督；科研试验；交通运输；银行财政；机具设备；物质材料；电、水、热、气的供应；劳务等社会各部门和各领域的复杂协作配合，从而使建筑产品生产的组织协作关系综合复杂。

2. 建筑施工现场安全生产特点

(1) 高处作业和立体交叉作业多。目前建筑施工中有90%以上是高处作业，其危险性不言而喻，因此，高处坠落也就成了建筑行业罪魁祸首。此外，由于建筑产品的固定性和建筑结构的复杂性导致在有限的空间和时间内集中了大量的人力、材料和机械共同施工生产，上下左右多层次的立体交叉作业，造成不安全因素多。

(2) 建筑施工大多数是在露天的环境中进行，所进行的活动必然受到施工现场的地理条件和气象条件的影响。恶劣的气候环境很容易导致施工人员生理或者心理上的疲劳，注意力不集中，从而造成事故。

(3) 建设工程是一个庞大的人机工程，这一系统的安全性不仅仅取决于施工人员的行为，还取决于各种施工机具、材料以及建筑产品的状态。建设工程中的人、物以及施工环境中存在的导致事故的风险因素非常多，如果不及时发现并加以排除，将很容易导致生产安全事故。

(4) 建设工程的施工具有单一性的特点。不同的工程项目所面临的事故风险的大小和种类都是不同的。每栋建筑物由于用途不同、结构不同、施工方法不同等，不安全因素不相同；即使同样类型的建筑物，因工艺和施工方法不同，不安全因素也不同。

(5) 建筑施工还具有分散性的特点。在场施工人员作为建筑物的主要制造者，在从事工程项目的施工过程中，分散于施工现场的各个部位，当他们面对各种具体的生产问题时，一般依靠自己的经验和知识进行判断作出决定，从而增加了建筑业生产过程中由于不安全行为而导致事故的风险。

（6）工程建设中往往有多方参与，管理层次比较多，管理关系复杂。仅施工现场就涉及建设单位、总承包单位、分包单位、供应单位和监理单位等各方。各种错综复杂的人的不安全行为，物的不安全状态以及环境的不安全因素往往互相作用，构成生产安全事故的直接原因。

（7）目前我国建筑业仍属于劳动密集型产业，技术含量相对偏低，建筑业中部分从业人员的文化素质较一般行业人员低，部分从业人员没有经过全面职业培训和严格安全教育。

（8）建筑施工管理体系不够科学有效，部分建筑业管理人员认为建筑生产安全事故完全是由一些偶然因素引起的，因而是不可避免的，无法控制的，没有从科学的角度深入认识事故发生的根本原因并采取积极的预防措施，造成了建设项目安全管理不力等问题。

6.1.2　建筑施工安全生产基本原则

1. “以人为本”的原则

在生产过程中，必须坚持“以人为本”的原则。在生产与安全的关系中，一切以安全为重，安全必须排在第一位。必须预先分析危险源，预测和评价危险、有害因素，掌握危险出现的规律和变化，采取相应的预防措施，将危险和安全隐患消灭在萌芽状态。

2. “谁主管、谁负责”的原则

安全生产的重要性要求主管者也必须是责任人，要全面履行安全生产责任。

3. “管生产必须管安全”的原则

工程项目各级领导和全体员工在生产过程中必须坚持抓生产的同时抓好安全工作。要实现安全与生产的统一，生产和安全是一个有机的整体，两者不能分割更不能对立起来，应将安全寓于生产之中。

4. “安全具有否决权”的原则

安全生产工作是衡量工程项目管理的一项基本内容，要求在对各项指标考核，评优创先时首先必须考虑安全指标的完成情况。安全指标没有实现，即使其他指标顺利完成，仍无法实现项目的最优化，安全具有一票否决的作用。

5. “三同时”原则

基本建设项目中职业安全、卫生技术和环境保护等措施和设施，必须与主体工程同时设计、同时施工、同时投产使用。

6. “四不放过”原则

事故原因未查清不放过，当事人和群众没有受到教育不放过，事故责任人未受到处理不放过，没有制定切实可行的预防措施不放过。

7. “三同步”原则

安全生产与经济建设、深化改革、技术改造同步规划、同步发展、同步实施。

8.“五同时”原则

企业的生产组织及领导者在计划、布置、检查、总结、评比生产工作时，同时计划、布置、检查、总结、评比安全工作。

6.1.3 安全监理的基本概念

“安全监理”术语首次出现在2006年建设部《关于落实建设工程安全生产监理责任的若干意见》，按该文的描述“安全监理”的概念是：监理单位依据《建设工程安全生产管理条例》的规定，落实安全生产监理责任，做好建设工程安全生产的监理工作，简称“安全监理”。它包括法律法规和监理委托合同所规定的，监理单位在建设工程安全生产工作中的安全责任、工作内容、工作程序和工作职责。

1. 安全监理的依据

(1) 国家、地方有关安全生产、劳动保护、环境保护、消防等法律法规及方针、政策。

(2) 国家、地方有关建设工程安全生产标准规范及规范性文件。

(3) 建设工程文件及设计文件。

(4) 建设工程监理合同和其他建设工程合同等。

2. 安全监理与施工企业内部安全监督的区别

从安全监理和企业内部安全监督的工作内容和任务上看，两者没有多大差异，目标是一致的。但两者所处的位置和角度不一样，管理的力度就不一样，最终达到的效果也不一样。

(1) 安全控制范围不同。安全监理是以宏观安全控制为主。从招投标开始实施全方位过程的安全控制，对承包商的选用、施工进度的控制和安全费用的使用等进行监督，起着举足轻重的制约性效用。安全监督是以微观安全控制为主，只侧重于施工过程中的事故预防，对施工进度的控制和安全费用使用的监督显得力不从心。

(2) 安全控制效果不同。安全监理单位与被监理单位是完全独立的两个法人经济实体，其关系是监督与被监督的关系，监理人员的个人得失和利益与被监理单位无关。监理单位为了履约合同，提高信誉打开市场，必须严格按合同要求认真执行安全规程和规范，避免和减少各类事故的发生。同时，安全监理是对被监理单位的领导人员、组织机构、规章制度直至具体的实施落实情况进行全过程的安全监理，各级领导也是被监理被监督的对象。由于是一体管理，有着强有力的制约机制，因而不存在不买账的问题。因此，停工整改、结算签单、停工待检、复工报验等整套管理程序都能真正发挥作用。由于管理力度增强，使安全文明施工的大环境变得更好。

(3) 工程监理制度是国家以法规的形式强制实施的硬性制度，对承包商和业主都有同样的制约力。总体而言，对较高层次的机构和人员的管理制约力度，安全监理要比安全监督大得多。

(4) 安全监督人员是企业内部自己培养提拔的专业人员，其提升、任免、工资、奖金、福利待遇、人际关系等都与本企业紧密不可分割。因此，安全监督人员在工作中难免要考虑到企业和自己的得失，工作中难免出现畏手畏脚不坚持原则的现象。

3. 安全监理与传统“三控制”的关系

随着安全监理成为建设监理的一项重要工作内容，安全监理已融入到传统的建设监理目标管理的“三控制”（质量控制、进度控制、投资控制）中。两者有紧密的联系和许多共同点：①同属于合同环境条件下的社会监理范畴；②安全事故与质量事故的产生有相同的内部机理；③安全与质量两者之间相辅相成，往往同时出现，且相互诱发。其不同之处为：①“三控制”实际上是以产品为中心，安全监理一般以作业者的人身安全与健康为重点；②“三控制”主要是维护业主的利益，安全监理面向社会大众，维护劳动者的利益；③质量事故通常可以补救，安全事故带来的损失往往无法补救；④质量事故有较长的潜伏期，安全事故则是突发性的。

4. 安全监理的范围

根据《建筑工程安全生产监督管理工作导则》“对监理单位的安全生产监督管理”的规定，建设行政主管部门对工程监理单位安全生产监督检查的主要内容如下：

(1) 将安全生产管理内容纳入监理规划的情况，以及在监理规划和中型以上工程的监理细则中制定对施工单位安全技术措施的检查方面情况。

(2) 审查施工企业资质、安全生产许可证、三类人员及特种作业人员取得考核证书和操作资格证书情况。

(3) 审核施工企业安全生产保证体系、安全生产责任制、各项规章制度和安全监管机构建立及人员配备情况。

(4) 审核生产企业应急救援预案和安全防护、文明施工措施费用使用计划情况。

(5) 审核施工现场安全防护是否符合投标时的承诺和《建筑施工现场环境和卫生标准》等标准要求情况。

(6) 复查施工单位施工机械和各种设施的安全许可验收手续情况。

(7) 审查施工组织设计中的安全技术措施或专项施工方案是否符合工程建设强制性标准情况。

(8) 定期巡视检查危险性较大工程作业情况。

(9) 下达隐患整改通知单，要求施工单位整改施工隐患情况或暂时停工情况；整改结果复查情况；向建设单位报告督促施工单位整改情况；向工程所在地建设行政主管部门报告施工单位拒不整改或不停止施工情况。

(10) 其他有关事项。

5. 安全监理的行为准则

根据住建部发布的《工程质量安全手册（试行）》，工程施工阶段监理单位安全生产的监理行为准则如下：

(1) 监理单位依法对工程质量安全负责。

(2) 监理单位应当依法取得资质证书，并在其资质等级许可的范围内从事建设工程活动。

(3) 监理单位的法定代表人应当签署授权委托书，明确各自工程项目负责人。

(4) 从事工程建设活动的专业技术人员应当在注册许可范围和聘用单位业务范围内从业，对签署技术文件的真实性和准确性负责，依法承担质量安全责任。

(5) 监理单位应当建立完善危险性较大的分部分项工程管理责任制，落实安全管理责任，严格按照相关规定实施危险性较大的分部分项工程清单管理、专项施工方案编制及论证、现场安全管理等制度。

(6) 监理单位法定代表人和项目负责人应当加强工程项目安全生产管理，依法对安全生产事故和隐患承担相应责任。

6.1.4 监理单位和监理工程师的法律责任

1. 监理单位的法律责任

《建设工程安全生产管理条例》第五十七条规定：违反本条例的规定，工程监理单位有下列行为之一：

(1) 未对施工组织设计中的安全技术措施或者专项施工方案进行审查。

(2) 发现安全事故隐患未及时要求施工单位整改或者暂时停止施工的。

(3) 施工单位拒不整改或者不停止施工，未及时向有关主管部门报告的。

(4) 未依照法律、法规和工程建设强制性标准实施监理的。

责令限期改正；逾期未改正，责令停业整顿，并处10万元以上30万元以下的罚款；情节严重的，降低资质等级，直至吊销资质证书；造成重大安全事故，构成犯罪的，对直接责任人员，依照刑法有关规定追究刑事责任；造成的损失，依法承担赔偿责任。

2. 监理工程师的法律责任

《建设工程安全生产管理条例》第七章法律责任的第58条对注册执业人员违规行为规定了处罚办法，其中包括注册监理工程师。该条文规定：注册执业人员未执行法律、法规和工程建设强制性标准的，责令停止执业3个月以上1年以下；情节严重的，吊销执业资格证书，5年内不予注册；造成重大安全事故的，终身不予注册；构成犯罪的，依照刑法有关规定追究刑事责任。

《中华人民共和国刑法》第一百三十七条【工程重大安全事故罪】建设单位、设计单位、施工单位、工程监理单位违反国家规定，降低工程质量标准，造成重大安全事故的，对直接责任人员，处五年以下有期徒刑或者拘役，并处罚金；后果特别严重的，处五年以上十年以下有期徒刑，并处罚金。

6.1.5 监理单位安全责任及监理工作重点岗位职责

1. 监理单位安全责任

《建设工程安全生产管理条例》第十四条规定了监理单位安全责任：

工程监理单位应当审查施工组织设计中的安全技术措施或者专项施工方案是否符合工程建设强制性标准。

工程监理单位在实施监理过程中，发现存在安全事故隐患的，应当要求施工单位整改；情况严重的，应当要求施工单位暂时停止施工，并及时报告建设单位。施工单位拒不整改或者不停止施工的，工程监理单位应当及时向有关主管部门报告。

工程监理单位和监理工程师应当按照法律、法规和工程建设强制性标准实施监理，并对建设工程安全生产承担监理责任。

《建设工程安全生产管理条例》对建设工程其他各责任主体的安全责任也做了明确的规定。

2. 监理工作重点岗位职责

(1) 企业法人代表。认真贯彻执行有关安全生产的方针政策和法律法规、标准规范，掌握项目监理机构安全生产管理的监理工作动态，定期组织研究安全生产管理的监理工作，对企业安全生产管理负全面责任。

1) 组织编制和实施企业中、长期整体规划及年度、特殊时期安全工作实施计划。建立健全和完善本企业的各项安全生产管理制度及奖惩办法。

2) 建立健全安全生产管理的保证体系，保证各项安全技术措施经费。

3) 领导企业安全管理部门（或人员）的监督检查等管理工作。

4) 领导、组织公司相关部门（或人员）配合（或参与）事故调查组做好事故调查处理。

(2) 总经理。贯彻执行国家、地方关于安全生产的法律法规和标准规范，领导企业安全生产管理的具体工作，监督检查项目监理机构安全生产管理的监理工作实施情况，主持企业安全生产管理日常工作，对企业安全生产管理工作负有领导责任。

1) 将安全生产管理列入企业的主要日常工作，建立健全安全生产管理责任制和考核制度、奖惩规定，使安全生产管理工作有计划、有目标、有检查、有考核、有奖惩。

2) 确定企业的安全生产管理方针和安全管理目标，对安全管理体系的建立、完善运行和持续改进作出相应决策，保证安全生产管理体系的实施所需的必要资源。

3) 任命企业安全生产管理体系的管理者代表，批准企业安全生产管理体系的《管理手册》和程序文件的颁布与修改。

4) 负责组织建立、适时地持续改进公司安全生产管理体系，主持公司安全生产管理体系的管理评审，确保公司安全生产管理体系持续的适宜性和有效性。

5) 督促、检查企业的安全生产管理工作，及时消除安全隐患。

6) 组织制定并实施企业的生产安全事故处置应急预案。

7) 组织研究、解决在安全生产管理工作中的重大问题。

(3) 企业技术负责人。贯彻执行国家和上级的安全生产方针、政策，协助法定代表人（董事长）和总经理做好安全生产管理方面的技术领导工作，对公司安全生产管理负技术领导责任。

1) 领导制定企业年度（或季度）安全生产管理工作计划中的安全技术方案。

2) 审批监理规划，审查将安全生产管理的监理工作内容、方法和措施纳入其中的情况。

3) 指导项目监理机构编制针对危险性较大的分部分项工程的监理实施细则。

4) 为项目监理机构安全生产管理的监理工作提供技术上的指导和支持。

5) 参加（或配合）安全事故的调查，从技术上分析事故原因，制定相应监理防范措施。

（4）副总经理。对企业安全生产管理负直接领导责任，协助法定代表人（董事长）和总经理认真贯彻执行安全生产方针、政策、法规，具体落实本公司各项安全生产管理制度，对企业的安全生产管理工作负相应领导责任。

1）组织实施公司安全生产管理规划，组织落实安全生产管理责任。

2）认真听取、采纳安全生产管理的监理工作合理化建议，保证企业安全生产管理保障体系的正常运转。

3）参与审核监理规划、指导项目监理机构编制危险性较大的分部分项工程的监理实施细则。

4）组织企业定期（或不定期）对项目监理机构安全生产管理的监理工作进行检查，及时解决存在的问题。

5）参加（或配合）安全事故的调查，审查项目监理机构起草的相关文件资料，根据企业规章制度对责任人提出处理意见。

（5）总监理工程师。总监理工程师为项目监理机构的负责人，全权代表监理企业履行监理合同，全面负责项目监理机构的安全生产管理的监理工作，承担相应的法定安全监理职责。

1）针对工程项目的具体情况，确定项目监理机构的安全生产管理的监理人员及其岗位职责。

2）组织编制监理规划，将安全生产管理的监理工作内容、方法和措施纳入组织编制的监理规划中，并监督实施。

3）结合施工单位的专项施工方案，组织编写危险性较大的分部分项工程监理实施细则，予以批准，并在施工过程中督促落实。

4）组织审查施工组织设计、（专项）施工方案中的安全技术措施。

5）组织审核总包单位和分包单位的安全生产资格。

6）组织检查施工单位现场安全生产管理体系的建立及运行情况。

7）组织审查安全生产管理的相关资料。

8）要求施工单位按已批准的专项施工方案组织施工，并组织对危险性较大的分部分项工程实施专项巡查：发现未按专项施工方案实施时，应及时要求施工单位按专项施工方案实施。

9）定期（或不定期）组织对施工单位安全生产管理的检查，发现工程存在安全事故隐患时，应要求施工单位整改；情况严重时，要求施工单位暂停施工，并及时报告建设单位；施工单位拒不整改或不停止施工时，及时向有关主管部门报送监理报告。

10）参与（或配合）安全事故的调查和处理。

11）组织项目监理人员开展安全生产管理培训。

（6）专业监理工程师。监督施工单位落实安全生产组织保证体系，负责所监理项目的安全生产管理的具体工作。

1）参加编制监理规划，将相应专业安全生产管理的监理工作内容、方法和措施纳入监理规划中。

2）编制监理规划中本专业安全生产管理的监理工作内容、方法和措施，并监督实施。

3）审查施工组织设计、（专项）施工方案、现场安全应急预案中，涉及本专业的安全技术措施，向总监理工程师报告，并督促施工单位实施。

4）参与审核总包单位和分包单位的安全生产资格。

5）审查施工单位特种作业人员的和管理人员的资格证书。

6）监督检查施工单位现场安全生产管理体系的建立及运行情况。

7）监督施工单位严格按强制性标准的规定组织施工，处置发现的安全事故隐患。

8）参加相关单位定期（或不定期）组织的对施工单位安全生产管理的检查，发现工程存在安全事故隐患时，及时处置，并报告总监理工程师。

9）参加现场主要施工机械设备的验收，督促施工单位进行安全自检，监督施工单位做好安全技术交底。

10）指导检查监理员的工作，定期向总监理工程师报告涉及本专业安全管理的监理工作实施情况。

（7）监理员。协助专业监理工程师进行安全生产管理的监理工作。

1）检查施工单位在安全生产方面投入的人力、主要设备的使用及运行状况。

2）根据专业监理工程师的安排进行有关安全方面的旁站。

3）协助专业监理工程师检查施工现场安全生产状况，发现施工作业中的问题，及时指出并向专业监理工程师报告。

6.1.6　建设工程安全监理制度

施工安全监理工作的开展主要是通过落实责任制，建立完善施工安全监理工作制度，使项目监理机构做好安全监理工作。

1. 安全生产监理责任制

（1）监理单位法定代表人应对本企业监理工程项目的安全监理全面负责。总监理工程师要对工程项目的安全监理负责，并根据工程项目特点，明确监理人员的安全监理职责。

（2）项目监理部各专业监理工程师、监理员对其监理的项目承担安全生产监控责任。

（3）项目监理部成立以项目总监为组长的施工现场安全生产监控领导小组，由各专业监理工程师、监理员担任组员，明确责任，分工负责，对其监理的项目进行安全生产的监控。

（4）严格按照施工安全监督管理程序进行控制。

（5）项目监理部有关监理人员应认真学习有关安全生产的法律、法规、规程、标准；特别是《中华人民共和国安全生产法》和《建设工程安全生产管理条例》以及工程建设强制性条文等相关内容。不断提高安全生产的监控管理水平，积极落实公司的各项安全生产监控管理制度。

2. 安全监理交底制度

(1) 项目监理部在工程开工前必须将安全监理方面的有关事项向施工单位进行书面交底。

(2) 项目监理部要求施工单位报验和提供安全资料。

(3) 项目监理部要求施工单位执行安全生产的方针、原则、目标。

(4) 有关安全生产监理工作程序和要求。

3. 安全监理例会制度

(1) 总监理工程师应定期主持，会同建设单位、施工单位召开安全监理例会（可与监埋例会合并进行）。

(2) 检查分析施工现场安全管理存在的问题。

(3) 提出下一阶段安全生产、安全管理的改进措施，包括管理措施、技术措施、经济措施等。

4. 安全生产监理审查制度

(1) 项目监理部在开工前应认真检查施工单位施工现场的安全生产条件是否符合安全生产的要求，审查施工组织设计的安全技术措施是否符合强制性标准要求：

1) 审查施工单位是否建立健全安全生产责任制，制定完备的安全生产规章制度和操作规程。

2) 检查施工单位是否设置安全生产管理机构，配备专职安全生产管理人员。

3) 审查施工单位资质和安全生产可证是否合法有效，审查项目经理、专职安全生产管理人员是否具备合法资格，是否与投标文件相一致。

4) 审核特种作业人员的特种作业操作资格证书是否合法有效。

5) 检查现场作业人员是否进行了三级安全教育。

6) 检查施工现场安全设施、设备、施工工艺、施工技术是否符合有关安全生产法律、法规、规程、标准、强制性条文的要求。

7) 检查是否建立健全危害、危险物品防治措施，为操作人员配备符合标准的劳动防护用品。

8) 检查是否有安全事故应急救援预案，应急救援人员应配备必要的应急救援器材和设备。

9) 审查施工总平面布置是否科学合理，办公、宿舍、食堂等临时设施的设置以及施工现场场地、道路、排污、排水、防火措施是否符合有关安全技术标准规定和文明施工的要求。

(2) 审查施工现场临时用电方案是否符合规范要求。

5. 专项施工方案审查制度

(1) 审查专项施工方案是否符合有关法律、法规、规程、标准和强制性条文规定的要求及具体安全验算结果。

(2) 审查是否经过施工单位内部审查，施工单位技术负责人是否签认，是否已加盖施工单位公章。超过一定规模的危大工程专项施工方案是否按规定通过专家论证。

(3) 施工方案必须体现及时性、针对性、可行性、具体性。

（4）修改后的专项施工方案须重新按原程序办理审批手续。

6. 安全监理巡视检查制度

（1）现场监理人员应对施工现场安全情况进行定期或不定期的巡视检查，对监理过程中发现存在安全事故隐患的问题，及时书面要求施工单位整改。情况严重的，责令施工单位停止施工并呈报建设单位，施工单位拒不整改或者不停止施工的，及时向上级主管部门报告。

（2）监理人员应在施工过程中采取巡视和旁站等形式，对施工现场的安全进行检查，对检查存在的问题，应按轻重缓急来综合解决，对于违章指挥、违章操作应当立即制止，对于一时难以解决的，应组织召开施工现场安全问题专题会，及时研究解决方案，把安全隐患消灭在萌芽状态。

（3）对关键部位、关键工序，监理人员要加强巡视、旁站，监督施工单位安全、技术人员的到位情况。

（4）督促施工单位进行安全自查工作，并对施工单位自查情况进行抽查。

（5）巡视检查每天不少于一次，安全监理人员应将巡视、旁站情况记录下来。

7. 施工现场安全检查制度

（1）项目监理机构应组织建设单位、施工承包单位共同开展施工现场的安全生产检查活动，制订安全检查计划。

（2）施工现场安全检查活动类型有定期安全检查、专项安全检查和季节性、节假日安全检查等。

（3）施工现场安全检查的内容根据法规和规范性标准要求，结合安全检查活动的目的和工程具体情况进行确定，包括现场安全和安全资料等方面。项目监理机构应事先制定检查标准和检查办法，明确参与检查的人员。

（4）安全检查过程中发现安全隐患，应采取措施及时处理消除安全隐患，保证施工安全。

8. 施工安全设施、机械验收核查制度

（1）施工现场的重要施工安全设施和大型施工机械的使用，应在运行前经监理核查。

（2）施工安全设施和施工机械搭设安装后，应督促施工承包单位按规定进行检测并及时组织验收，通过验收后再报监理单位核验。其中大型施工机械，比如塔吊与施工外用电梯还应按《建筑起重机械备案登记办法》出具备案证明等。

（3）施工安全监理工程师应按《建筑起重机械安全监督管理规定》核查施工安全设施和施工机械的验收手续是否齐全和符合专项施工方案要求，核查无误方能签署意见，同意投入使用。

9. 安全事故隐患报告制度

（1）监理机构在实施监理过程中，发现存在安全事故隐患的，应当以监理通知书的形式要求施工单位整改反馈，情况严重的，应由总监签发工程暂停令，并及时报告建设单位。

（2）施工单位对存在的安全事故隐患拒不整改或者不停止施工的，监理机构应及时向有关主管部门报告。

（3）安全事故发生后，项目监理部应立即启动应急预案，将发生事故的时间、地点、伤亡人数、事故原因等情况上报建设单位、监理公司及有关管理部门，并采取相应监理措施。

（4）事故发生后，严禁隐瞒不报，所上报的一切事故由公司有关部门、总监理工程师协同上级有关部门一同调查，按程序进行处理。

（5）在实施事故处理过程中，监理机构要积极配合上级有关部门调查取证，同时要全过程跟踪，并做好相应的记录，各类相关资料，应及时整理归档。

（6）对安全事故的处理要坚持“四不放过”，即事故原因不清楚不放过；事故责任者和员工没有受到教育不放过；事故责任者没有处理不放过；没有防范措施不放过。

6.2 建设工程项目安全事故的分类和处理

6.2.1 职业伤害事故的分类

职业健康安全事故分两大类型，即职业伤害事故与职业病。职业伤害事故是指因生产过程及工作原因或与其相关的其他原因造成的伤亡事故。

1. 按照事故发生的原因分类

按照我国《企业职工伤亡事故分类》（GB 6441—1986）规定，职业伤害事故分为20类，其中与建筑业有关的有12类：物体打击、车辆伤害、机械伤害、起重伤害、触电、灼烫、火灾、高处坠落、坍塌、火药爆炸、中毒和窒息、其他伤害等。以上12类职业伤害事故中，在建设工程领域中最常见的是高处坠落、物体打击，机械伤害、触电、坍塌、中毒、火灾7类。

2. 按事故严重程度分类

依据2007年6月1日起实施的《生产安全事故报告和调查处理条例》规定，按生产安全事故（以下简称事故）造成的人员伤亡或者直接经济损失，事故分为：

（1）特别重大事故，是指造成30人以上死亡，或者100人以上重伤（包括急性工业中毒，下同），或者1亿元以上直接经济损失的事故。

（2）重大事故，是指造成10人以上30人以下死亡，或者50人以上100人以下重伤，或者5000万元以上1亿元以下直接经济损失的事故。

（3）较大事故，是指造成3人以上10人以下死亡，或者10人以上50人以下重伤，或者1000万元以上5000万元以下直接经济损失的事故。

（4）一般事故，是指造成3人以下死亡，或者10人以下重伤，或者1000万元以下直接经济损失的事故。

6.2.2 建设工程安全事故的处理

一旦事故发生，通过应急预案的实施，尽可能防止事态的扩大和减少事故的损失。通过事故处理程序，查明原因，制定相应的纠正和预防措施，避免类似事故的再次发生。

1. 事故处理的原则（“四不放过”原则）

（1）事故原因未查清不放过。要求在调查处理伤亡事故时，首先要把事故原因分析清楚，找出导致事故发生的真正原因，未找到真正原因决不轻易放过。直到找到真正原因并搞清各因素之间的因果关系才算达到事故原因分析的目的。

（2）事故责任人未受到处理不放过。这是安全事故责任追究制的具体体现，对事故责任者要严格按照安全事故责任追究，按法律法规的规定进行严肃处理。不仅要追究事故直接责任人的责任，同时要追究有关负责人领导责任。当然，处理事故责任者必须谨慎，避免事故责任追究的扩大化。

（3）事故责任人和周围群众没有受到教育不放过。使事故责任者和广大群众了解事故发生的原因及所造成的危害，并深刻认识到搞好安全生产的重要性，从事故中吸取教训，提高安全意识，改进安全管理工作。

（4）事故没有制定切实可行的整改措施不放过。必须针对事故发生的原因，提出防止相同或类似事故发生的切实可行的预防措施，督促事故发生单位加以实施。只有这样，才算达到了事故调查和处理的最终目的。

2. 建设工程安全事故处理措施

（1）按规定向有关部门报告事故情况。

事故发生后，事故现场有关人员应当立即向本单位负责人报告；单位负责人接到报告后，应当于1小时内向事故发生地县级以上人民政府安全生产监督管理部门和负有安全生产监督管理职责的有关部门报告，并有组织、有指挥地抢救伤员、排除险情；应当防止人为或自然因素的破坏，便于事故原因的调查。

由于建设行政主管部门是建设安全生产的监督管理部门，对建设安全生产实行的统一的监督管理，因此，各个行业的建设施工中出现了安全事故，都应当向建设行政主管部门报告。对于专业工程的施工中出现生产安全事故的，由于有关的专业主管部门也承担着对建设安全生产的监督管理职能，因此，专业工程出现安全事故，还需要向有关行业主部门报告。

1）情况紧急时，事故现场有关人员可以直接向事故发生地县级以上人民政府安全生产监督管理部门和负有安全生产监督管理职责的有关部门报告。

2）安全生产监督管理部门和负有安全生产监督管理职责的有关部门接到事故报告后，应当依照下列规定上报事故情况，并通知公安机关、劳动保障行政部门、工会和人民检察院。

a. 特别重大事故、重大事故逐级上报至国务院安全生产监督管理部门和负有安全生产监督管理职责的有关部门。

b. 较大事故逐级上报至省、自治区、直辖市人民政府安全生产监督管理部门和负有安全生产监督管理职责的有关部门。

c. 一般事故上报至设区的市级人民政府安全生产监督管理部门和负有安全生产监督管理职责的有关部门。

安全生产监督管理部门和负有安全生产监督管理职责的有关部门依照前款规定上报事故情况，应当同时报告本级人民政府。国务院安全生产监督管理部门和负有安全生产监督管理职责的有关部门以及省级人民政府接到发生特别重大事故、重大事故的报告后，应当立即报告国务院。必要时，安全生产监督管理部门和负有安全生产监督管理职责的有关部门可以越级上报事故情况。

安全生产监督管理部门和负有安全生产监督管理职责的有关部门逐级上报事故情况每级上报的时间不得超过 2 小时。事故报告后出现新情况的，应当及时补报。

（2）组织调查组，开展事故调查。

1）特别重大事故由国务院或者国务院授权有关部门组织事故调查组进行调查。重大事故、较大事故、一般事故分别由事故发生地省级人民政府、设区的市级人民政府、县级人民政府负责调查。省级人民政府、设区的市级人民政府、县级人民政府可以直接组织事故调查组进行调查，也可以授权或者委托有关部门组织事故调查组进行调查。未造成人员伤亡的一般事故，县级人民政府也可以委托事故发生单位组织事故调查组进行调查。

2）事故调查组有权向有关单位和个人了解与事故有关的情况，并要求其提供相关资料，有关单位和个人不得拒绝。事故发生单位的负责人和有关人员在事故调查期不得擅离职守，并应当随时接受事故调查组的询问，如实提供有关情况。事故调查中发现犯罪的，事故调查组应当及时将有关材料或者其复印件移交司法机关处理。

3）现场勘查。事故发生后，调查组应迅速到现场进行及时、全面、准确和客观的勘查，包括现场笔录，现场拍照和现场绘图。

4）分析事故原因。通过调查分析，查明事故经过，按受伤部位、受伤性质、起因物、致害物、伤害方法、不安全状态、不安全行为等，查清事故原因，包括人、物、生产管理和技术管理等方面的原因，通过直接和间接地分析，确定事故的直接责任者、间接责任者和主要责任者。

5）制定预防措施。根据事故原因分析，制定防止类似事故再次发生的预防措施。根据事故后果和事故责任者应负的责任提出处理意见。

6）提交事故调查报告。事故调查组应当自事故发生之日起 60 日内提交事故调查报告；特殊情况下，经负责事故调查的人民政府批准，提交事故调查报告的期限可以适当延长，但延长的期限最长不超过 60 日。事故调查报告应当包括下列内容：①事故发生单位概况；②事故发生经过和事故救援情况；③事故造成的人员伤亡和直接经济损失；④事故发生的原因和事故性质；⑤事故责任的认定以及对事故责任者的处理建议；⑥事故防范和整改措施。

7）事故的审理和结案。重大事故、较大事故、一般事故，负责事故调查的人民政府应当自收到事故调查报告日起 15 日内作出批复；特别重大事故，30 日内作出批复，特殊情况下，批复时间可以适当延长，但延长的时间最长不超过 30 日。

有关机关应当按照人民政府的批复，依照法律、行政法规规定的权限和程序，对事故单位和有关人员进行行政处罚，对负有事故责任的国家工作人员进行处分。事故发生单位应当按照负责事故调查地人民政府的批复，对本单位负有事故责任的人员进行处理。负有事故责任的人员涉嫌犯罪的，依法追究刑事责任。

事故处理的情况由负责事故调查的人民政府或者其授权的有关部门、机构向社会公布，依法应当保密的除外。事故调查处理的文件记录应长期完整地保存。

6.3　建设工程安全监理的程序、方式方法和主要内容

6.3.1　建设工程安全监理的程序（图 6.1）

（1）监理单位按照《建设工程监理规范》和相关行业监理规范要求，编制含有安全监理内容的监理规划和监理实施细则。

（2）在施工准备阶段，监理单位审查核验施工单位提交的有关安全技术文件及资料，并由项目总监在有关安全技术文件报审表上签署意见；审查未通过的安全技术措施及专项施工方案不得实施。

（3）在施工阶段，监理单位应对施工现场安全生产情况进行巡视检查，对发现的各类安全事故隐患，应书面通知施工单位，并督促其立即整改；情况严重的，监理单位应及时下达工程暂停令，要求施工单位停工整改，并同时报告建设单位。安全事故隐患消除后，监理单位应检查整改结果，签署复查或复工意见。施工单位拒不整改或不停工整改的，监理单位应当及时向工程所在地建设主管部门或工程项目的行业主管部门报告，以电话形式报告的，应当有通话记录，并及时补充书面报告。检查、整改、复查、报告等情况应记载在监理日志、监理月报中。监理单位应核查施工单位提交的施工起重机械、整体提升脚手架、模板等自升式架设设施和安全设施等验收记录，并由安全监理人员签收备案。

（4）工程竣工后，监理单位应将有关安全生产的技术文件、验收记录、监理规划、监理实施细则、监理月报、监理会议纪要及相关书面通知等按规定立卷归档。

6.3.2　建设工程安全监理的主要方法和方式

1. 建设工程安全监理的主要方法

安全检查是现场监理人员重要的工作之一，现场监理人员想要提高工作效率在检查中准确发现隐患，需要掌握正确的检查方法。常用的安全检查方法有“听”“问”“看”“量”“测”“运转试验”等。

（1）听。

“听”，即通过会议及交谈方式听取施工单位安全管理人员安全生产情况，存在的安全问题，解决处理情况，面临的控制难点及安全管理工作中需要监理方协调解决的问题，如总包安全员对分包单位在安全管理上存在的困难等，通过听了解施工单位安全管理现状，在监理的职责范围内发挥组织协调作用，促进现场安全生产。

（2）问。

“问”，即询问、提问，监理人员在巡视或专项安全检查中对施工单位安全管理人员及现场施工人员，特别是特种作业人员的应知应会进行询问，如施工电梯司机操作

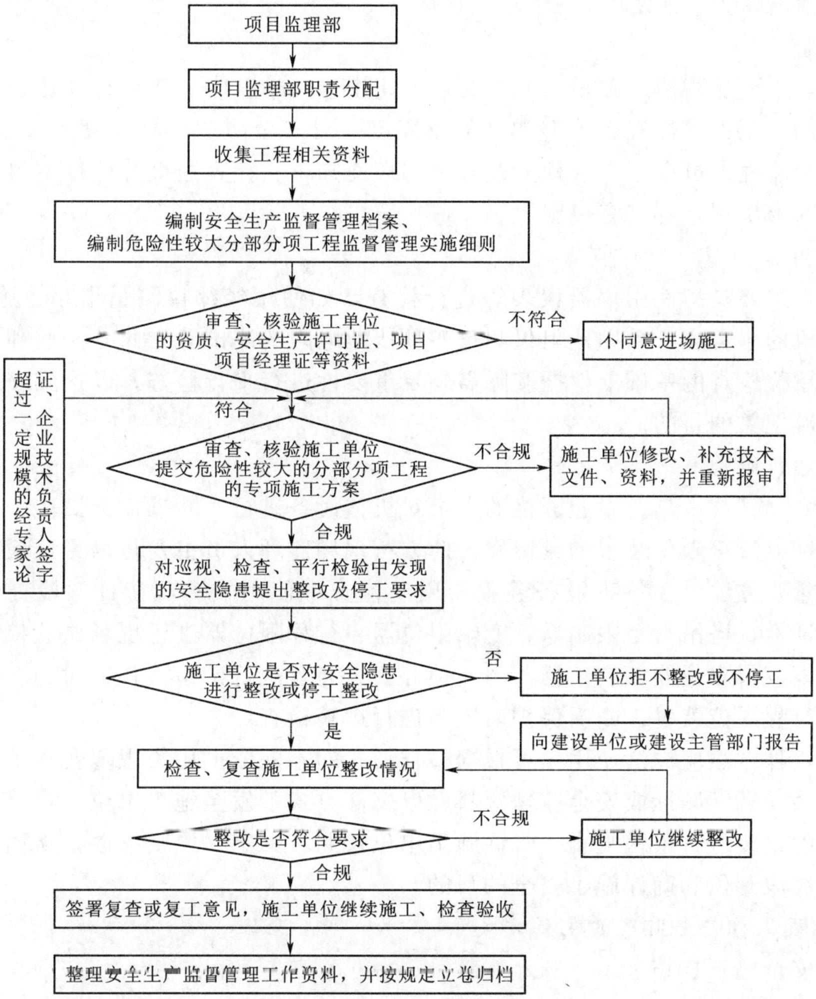

图 6.1　建设工程安全监理的程序

安全注意事项提问，安全员及架子工对外脚手架安全专项方案的要求的知会情况，专业工长及木工对模板支撑体系安全专项方案及搭设要求的知会。询问抽查施工现场人员的安全教育及安全技术交底情况。通过询问提问了解现场管理人员及施工人员安全意识及安全素质，检查出施工单位安全管理中哪个环节存在漏洞，通过问题看本质，以督促其进行整改。

（3）看。

“看”，主要是指查看现场和相关安全资料。一是查看施工单位对已批准的安全专项施工方案的落实执行情况，查看安全强制性条文的执行情况，查看现场安全防护、消防设施配备，查看安全标识标牌及安全防护用品的使用情况，查看特种设备安全装置使用及配置情况等。二是查看安全资料、安全专项方案审批情况，查看特种作业人员持证上岗情况；特种设备相关报验、检测及验收资料；施工单位三级安全教育及安全技术交底资料等。看的过程应该有重点紧抓重大危险源，这是监理现场安全巡视检查中最主要的检查方法之一。

（4）量。

“量”，主要是指使用测量工具检查，如使用卷尺检查脚手架立杆间距、丝杠伸入长度，使用力矩扳手检查脚手架扣件的紧固度，对安全防护栏杆高度用尺量测量等。通过测量让监理人员在安全管理上及安全监理通知单、检查通报等监理资料上也采用数据说话并为依据，更具有说服力。

（5）测。

“测”，主要是指使用仪器仪表等进行检查，如使用经纬仪测量塔吊、施工电梯、物料提升机的垂直度，采用地阻仪测量各种接地电阻的测试等。此方法监理人员可在督促施工单位检查的基础上根据实际需要及重要性进行平行检查，以达到安全重要控制点多层次把关的目的。

（6）运转试验。

“运转试验”，由具备专业资格的人员对机械设备进行实际操作、试验、检验其运转的可靠性或安全限位装置的灵敏性。此方法现场监理人员主要是以见证检查现场特种设备的重要方法，在特种设备验收及周期检查中使用较多，在日常检查中也可采用。如见证检查塔吊力矩限制器、变幅限位器、行程限位器进行现场试验检查；对施工电梯上下极限限位器、制动器、门连锁等安全装置进行试验检查；对物料提升机防坠装置、行程限位装置、断绳保护装置等进行运转检查。

以上六种方法应灵活使用，可根据检查形式的不同依据相关规范要求单个或组合使用，准确发现问题形成安全监理资料并以书面方式下发至施工单位，最重要的检查是对隐患的整改进行跟踪复查，督促施工单位按照“三定”原则整改，从而达到现场监理安全履职到位和确保施工安全的目的。

2. 建设工程安全监理的主要方式

（1）安全巡视检查。

是指监理人员对正在施工的部位或工序（如基础开挖、边坡施工、高处作业、高支模、脚手架等）进行定期或不定期的安全监督检查活动。安全巡视检查的主要内容包括（但不限于）以下几方面：

1）检查施工单位安全生产保证体系的运行及专职安全生产管理人员的到岗到位、履行职责情况。

2）检查各项施工安全管理制度（班前会、安全例会、安全检查、安全技术交底、安全监护、安全评价等）在现场的落实情况。

3）检查安全技术措施或专项施工方案、安全文明施工实施细则在施工现场的落实情况。

4）检查投入现场的施工机械、运输车辆等的安全管理情况。

5）检查施工单位安全工器具、个人安全防护用品（用具），如“三宝”（安全帽、安全带、安全网）等的现场使用情况。

6）检查施工场地的“四口”（楼梯口、电梯井口、预留洞口、通道口）、“五临边”（阳台、楼板、屋面、上下跑道及斜道、卸料平台等）等高处作业危险部位的安全防护，现场防滑坡、防坠落物等控制措施，施工用电以及消防设施等管理情况。

7）检查夏季防暑降温、防雷击、防食物中毒、防汛、防强风，冬季防冻、防火、防煤气中毒以及其他灾害防范措施的落实。

8）检查安全措施费及文明施工措施费的使用。

9）协调施工单位在交叉作业、跨越施工和工序交接中的安全文明施工措施的落实。根据施工进展，总监理工程师组织安全监理工程师和监理人员做好日常现场安全监理巡视、检查工作。安全监理工程师每次安全巡视检查对于发现的施工安全亮点、问题以及问题的处理和处理结果应拍摄数码照片。总监理工程师组织每月定期安全例行检查，以及季节性、阶段性检查、专项安全检查，做好“监理检查记录”，并参加建设单位、上级组织的安全检查。

（2）旁站监理。

是指监理人员对施工安全的关键部位、关键工序、危险作业项目的施工全过程在现场跟班进行的安全监督检查活动。

以下重要及危险作业工序及部位（包括但不限于）应进行旁站监理：

1）土建工程：深基坑开挖和支护、土石方爆破，塔吊安装、拆卸，人货电梯安装、拆卸，高大模板，混凝土浇筑，脚手架搭设、拆除等。

2）起重机满负荷起吊；两台及以上起重机抬吊作业，移动式起重机在高压线下方及其附近作业，带电作业及临近带电体作业。

3）建筑设备安装工程：电气设备送电试验，消防试验，电梯试运行。

实施旁站前，安全监理工程师熟悉施工图纸和经审批的作业指导书、安全专项方案中安全技术措施和危险源控制措施等。根据安全文明施工监理实施细则中安全旁站要求，对设有旁站点的施工作业进行旁站监理，施工单位在需要实施旁站监理的部位开始施工前24小时（或监理单位认可的适宜时间），书面通知监理项目部。

旁站监理结束后，安全监理工程师按要求填写好“安全旁站监理记录表”，交资料员保存。

在安全巡视检查和旁站监理过程中，安全监理工程师监督作业人员操作行为、施工机械设备运转安全状态、检查安全规程、安全措施的落实情况等，监理人员如发现违反安全管理规定的施工行为及存在其他事故隐患时，责成施工单位立即整改。必要时，由安全监理工程师签发“监理通知单”，执行监理通知单签发及复验制度。当发现存在重大安全事故隐患或可能危及人身、设备安全的重大问题时，及时向总监理工程师汇报，由总监理工程师签发“工程暂停令”，执行工程暂停和复工监理工作制度。

6.3.3 建设工程安全监理的主要工作内容

1. 施工准备阶段安全监理的主要工作内容

（1）施工准备阶段应根据《建设工程安全生产管理条例》的规定，按照工程建设强制性标准、《建设工程监理规范》（GB 50319—2013），编制包括安全监理内容的项目监理规划等安全监理工作文件，明确安全监理的范围、内容、工作程序和制度措施，以及人员配备计划和职责等。

（2）对中型及以上项目依据《危险性较大的分部分项工程安全管理规定》（住房城乡建设部令第 37 号）及建办质〔2018〕31 号文件规定的危险性较大的分部分项工程，监理单位应当单独编制监理实施细则，危险性较大的分部分项工程是指：

1）基坑工程。

a. 开挖深度超过 3m（含 3m）的基坑（槽）的土方开挖、支护、降水工程。

b. 开挖深度虽未超过 3m，但地质条件、周围环境和地下管线复杂，或影响毗邻建、构筑物安全的基坑（槽）的土方开挖、支护、降水工程。

2）模板工程及支撑体系。

a. 各类工具式模板工程：包括滑模、爬模、飞模、隧道模等工程。

b. 混凝土模板支撑工程：搭设高度 5m 及以上，或搭设跨度 10m 及以上，或施工总荷载（荷载效应基本组合的设计值，以下简称设计值）10kN/m^2 及以上，或集中线荷载（设计值）15kN/m 及以上，或高度大于支撑水平投影宽度且相对独立无联系构件的混凝土模板支撑工程。

c. 承重支撑体系：用于钢结构安装等满堂支撑体系。

3）起重吊装及起重机械安装拆卸工程。

a. 采用非常规起重设备、方法，且单件起吊重量在 10kN 及以上的起重吊装工程。

b. 采用起重机械进行安装的工程。

c. 起重机械安装和拆卸工程。

4）脚手架工程。

a. 搭设高度 24m 及以上的落地式钢管脚手架工程（包括采光井、电梯井脚手架）。

b. 附着式升降脚手架工程。

c. 悬挑式脚手架工程。

d. 高处作业吊篮。

e. 卸料平台、操作平台工程。

f. 异型脚手架工程。

5）拆除工程。

可能影响行人、交通、电力设施、通信设施或其他建、构筑物安全的拆除工程。

6）暗挖工程。

采用矿山法、盾构法、顶管法施工的隧道、洞室工程。

7）其他。

a. 建筑幕墙安装工程。

b. 钢结构、网架和索膜结构安装工程。

c. 人工挖孔桩工程。

d. 水下作业工程。

e. 装配式建筑混凝土预制构件安装工程。

f. 采用新技术、新工艺、新材料、新设备可能影响工程施工安全，尚无国家、行业及地方技术标准的分部分项工程。

监理实施细则应当明确安全监理的方法、措施和控制要点，以及对施工单位安全技术措施的检查方案。

(3) 审查施工单位的安全生产相关证件，包括《营业执照》《资质证书》《安全生产许可证》等。

(4) 督促施工单位建立健全施工现场安全生产保证体系，审查承包单位现场项目管理机构的质量管理体系、技术管理体系和质量保证体系。依据《建筑施工企业主要负责人、项目负责人和专职安全生产管理人员安全生产管理规定》(住房城乡建设部令第 17 号) 核查施工安全管理人员的配置。

(5) 检查施工总承包方的现场项目管理机构是否建立健全安全生产责任制及相应的安全管理网络系统，是否明确了各级人员的安全职责，是否将安全生产目标和危险源的监控层层分解落实，检查施工单位是否制定安全生产的各项规章制度，包括：

1) 安全生产责任制。

2) 安全生产教育培训制度。

3) 安全检查制度。

4) 安全生产事故报告处理制度。

5) 施工组织设计和专项安全技术方案编制审批制度。

6) 安全技术交底制度。

7) 施工机械设备安全管理制度。

8) 特种作业人员安全教育持证上岗制度。

9) 安全生产例会制度。

10) 重大危险源登记公示制度等。

(6) 审核施工组织设计的编写、审批是否齐全。

1) 施工组织设计应由项目负责人组织编写。

2) 施工组织设计应由施工企业技术、质量、安全、工会、设备等有关部门进行联合会审。

3) 施工组织设计应由具有法人资格的施工企业技术负责人批准。

4) 施工组织设计变更或修改时，应按原程序由原编制审批人员批准。

(7) 审查审批施工单位编制的施工组织设计中的安全技术措施和专项施工方案是否符合工程建设强制性标准要求。

1) 审查施工组织设计、专项施工方案的依据。

a. 建设项目设计文件。

b. 施工现场和周边的环境资料。

c. 施工合同和委托监理合同。

d. 国家和地方有关工程建设法律法规。

e. 有关工程建设强制性标准。

2) 审查施工组织设计的主要内容。

a. 编审程序是否符合规定。

b. 施工进度、施工方案及工程质量保证措施应符合施工合同要求。

c. 资源（资金、劳动力、材料、设备）供应计划是否满足工程施工需要。

d. 安全技术措施应符合工程建设强制性标准。

e. 施工平面布置应科学合理。

f. 审查施工组织设计中的生产安全施工应急预案，重点审查应急组织体系、相关人员职责、预警预防制度、应急救援措施。

3）审查专项施工方案的主要内容。

a. 编审程序应符合相关规定。

b. 安全技术措施应符合工程建设强制性标准。

（a）土方工程。包括地上障碍物的防护措施是否齐全完整；地下隐蔽物的保护措施是否齐全完整；相邻建筑物的保护措施是否齐全完整；场区的排水防洪措施是否齐全完整；土方开挖时的施工组织及施工机械的安全生产措施是否齐全完整；基坑边坡的稳定支护措施和计算书是否齐全完整；基坑四周的安全防护措施是否齐全完整。

（b）脚手架。包括脚手架设计方案（图）是否齐全完整可行；脚手架设计验算书是否正确齐全完整；脚手架施工方案及验收方案是否齐全完整；脚手架使用安全措施是否齐全完整；脚手架拆除方案是否齐全完整。

（c）模板施工。包括模板结构设计计算书的荷载取值是否符合工程实际，计算方法是否正确：模板设计应包括支撑系统体系和连接件等的设计是否安全合理，图纸是否齐全；模板设计中安全措施是否周全。

（d）高处作业。包括临边作业的防护措施是否齐全完整；洞口作业的防护措施是否齐全完整；悬空作业的安全防护措施是否齐全完整。

（e）交叉作业。包括交叉作业时的安全防护措施是否齐全完整；安全防护棚的设置是否满足安全要求；安全防护棚的搭设方案是否完整齐全。

（f）塔式起重机。包括地基与基础工程施工是否能满足使用安全和设计需要；起重机拆装的安全措施是否齐全完整；起重机使用过程中的检查维修方案是否齐全完整；起重机驾驶员的安全教育计划和班前检查制度是否齐全；起重机的安全使用制度是否健全。

（g）临时用电。包括电源的进线、总配电箱的装设位置和线路走向是否合理；负荷计算是否正确完整；选择的导线截面和电气设备的类型规格是否正确；电气平面图、接线系统图是否正确完整；施工用电是否采用 TN－S 接零保护系统；是否实行“一机一闸”制，是否满足分级分段漏电保护；照明用电措施是否满足安全要求。

（h）安全文明管理。包括检查现场挂牌制度、封闭管理制度、现场围挡措施、总平面布置、现场宿舍、生活设施、保健急救、垃圾污水、防火、宣传等安全文明施工措施是否符合安全文明施工的要求。

（i）超过一定规模的危险性较大的分部分项工程的专项施工方案，应检查施工单位组织专家论证、审查情况，以及是否附具安全验算结果。必须经专家组论证的分部分项工程是指：

a）深基坑工程：开挖深度超过5m（含5m）的基坑（槽）的土方开挖、支护、降水工程。

b）模板工程及支撑体系。

• 各类工具式模板工程：包括滑模、爬模、飞模、隧道模等工程。

• 混凝土模板支撑工程：搭设高度8m及以上，或搭设跨度18m及以上，或施工总荷载（设计值）$15kN/m^2$及以上，或集中线荷载（设计值）20kN/m及以上。

• 承重支撑体系：用于钢结构安装等满堂支撑体系，承受单点集中荷载7kN及以上。

c）起重吊装及起重机械安装拆卸工程。

• 采用非常规起重设备、方法，且单件起吊重量在100kN及以上的起重吊装工程。

• 起重量300kN及以上，或搭设总高度200m及以上，或搭设基础标高在200m及以上的起重机械安装和拆卸工程。

d）脚手架工程。

• 搭设高度50m及以上的落地式钢管脚手架工程。

• 提升高度在150m及以上的附着式升降脚手架工程或附着式升降操作平台工程。

• 分段架体搭设高度20m及以上的悬挑式脚手架工程。

e）拆除工程。

• 码头、桥梁、高架、烟囱、水塔或拆除中容易引起有毒有害气（液）体或粉尘扩散、易燃易爆事故发生的特殊建、构筑物的拆除工程。

• 文物保护建筑、优秀历史建筑或历史文化风貌区影响范围内的拆除工程。

• 暗挖工程：采用矿山法、盾构法、顶管法施工的隧道、洞室工程。

f）其他。

• 施工高度50m及以上的建筑幕墙安装工程。

• 跨度36m及以上的钢结构安装工程，或跨度60m及以上的网架和索膜结构安装工程。

• 开挖深度16m及以上的人工挖孔桩工程。

• 水下作业工程。

• 重量1000kN及以上的大型结构整体顶升、平移、转体等施工工艺。

• 采用新技术、新工艺、新材料、新设备可能影响工程施工安全，尚无国家、行业及地方技术标准的分部分项工程。

（8）审查分包单位的安全生产资格。

1）审查总承包单位提交的分包单位报审资料，该工程项目实施分包的范围是否符合政策规定。

2）审查施工承包或分包单位的安全生产许可证的符合性和有效性。

3）审核专业分包单位承接的专业工程是否符合该企业资质证书核定的施工承包

的专业类别、资质等级、承包范围等，审核该分包单位各项资质证明资料和营业执照的有效时限。

4）审核劳务分包单位承接的施工作业，是否符合该企业资质证书核定的工作类别、承包范围，审核营业执照的有效时限。

5）审核分包单位安全质量管理水平、特种作业施工能力。

（9）审查特种作业人员资格。

1）审核施工单位提交的特种作业人员名单及上岗资格证，包括建筑电工；建筑架子工，负责普通脚手架、附着升降脚手架；建筑起重机械司机，负责塔式起重机；建筑起重司信号司索工；建筑起重机械司机，负责施工升降机和物料提升机；建筑起重机械安装拆卸工，负责塔式起重机和施工升降机、物料提升机；高处作业吊篮安装拆卸工；建筑焊工，负责电焊、气焊、切割。

2）审核特种作业人员上岗证的符合性和有效时限。

2. 施工阶段安全监理的主要工作内容

（1）安全技术交底的督促工作。

1）检查施工单位是否在施工前做好逐级安全技术交底。逐级安全技术交底包括施工总承包单位向分包单位交底，总包和分包单位的技术人员向各施工班组长交底，施工班组长向操作人员交底。监理人员发现未经安全技术交底即施工作业的现象，应立即通知施工单位进行整改。

2）检查施工单位是否针对施工危险源进行全过程和全面的安全交底。督促施工单位针对危险源施工作业的不同施工阶段、不同时间段、不同季节进行交底，还应包括各个不同作业工种、不同分项工程进行交底。

《建设工程安全生产管理条例》规定，施工安全交底应在施工前进行，交底应详细，交底后由双方签字确认。交底必须采用书面形式，交底双方在交底记录上签字确认。监理人员在检查安全交底记录时，着重注意以下环节：施工安全交底的时间是否滞后；交底的双方人员是否符合规定要求；交底记录是否签字确认。

（2）危险源施工作业现场的监督检查工作

1）在施工过程中监理人员应按照监理规划及其实施细则的工作要求，对施工现场危险源的安全管理进行监督检查，一旦发现安全隐患，必须及时督促整改，消除安全隐患。

2）在施工作业过程中，监理人员采用日常巡视、旁站、平行检验、组织施工现场安全检查等工作方式，实施施工现场的监督检查。

对施工现场安全生产情况进行巡视检查，加强施工现场外脚手架、洞口、临边、安全网架设、施工用电的动态巡视检查，督促施工单位落实《建设施工安全检查标准》（JGJ 59—2011）等项安全规范和标准。

对于技术复杂、专业性强、施工安全风险大的关键部位、关键工序，应采取旁站方式在施工现场跟踪监督。

项目监理部应定期组织项目各方主体联合进行施工现场安全检查活动，这是加强项目安全管理的一项有效措施。通过联合检查，可以发现和排除施工安全隐患，各方主体协同配合，强化施工现场的安全管理。联合检查的参加人员一般包括建设单位、施工承包单位、分包单位、监理单位的代表。除定期安全检查活动以外，还应有危险源专项检查、季节性检查、节假日前后安全检查、防汛防台风等专项检查。检查内容按《建筑施工安全检查标准》（JGJ 59—2011）结合施工现场具体情况确定。

3）监理现场监督检查工作须按下列程序进行：

a. 检查危险源施工作业是否已编制专项施工方案，该方案是否按规定程序审批，审批手续是否完整，是否按规定具有施工企业技术负责人和项目总监理工程师的签署。

b. 检查危险源施工作业的安全技术交底是否按规定进行，是否将专项施工方案的安全施工要求向班组作业人员交代清楚，并签署书面交底手续。

c. 检查危险源施工作业班组和作业区监控人员是否已对作业安全条件进行了施工方的自检，发现的安全隐患是否均已整改，有无记录资料。

上述三项检查均符合规定要求，才能同意开始进行危险源施工作业，并在施工作业过程中开展巡视监督检查等现场监理工作。

4）安全事故隐患的处理

a. 项目监理机构在实施监理过程中，发现过程存在安全事故隐患时，应及时签发监理通知单，要求施工单位整改。

b. 情况严重时，应签发工程暂停令，并及时报告建设单位。

c. 施工单位拒不整改或不停止施工时，项目监理机构应及时向有关主管部门报送监理报告。紧急情况下，项目监理机构可通过电话、传真或者电子邮件向有关主管部门报告，事后应形成监理报告。

（3）施工安全设施、施工机械验收手续核查。

施工机械设备是施工现场的重要设备，随着工程规模的扩大和施工工艺的提高，其在施工中的地位越来越突出。但是，目前施工现场使用的施工机械设备的产品质量不容乐观，有的安全保险和限位装置不齐全，有的安全保险和限位装置失灵，有的在设计和制造商存在重大质量缺陷和安全隐患，导致安全事故时有发生。因此应审核施工机械设备的安全保护装置配备是否齐全，并保证其灵敏可靠，以保证施工机械设备安全使用，减少施工机械设备事故的发生。

1）核查进场的施工起重机械、整体提升脚手架、模板等自升式架设设施的产品合格资料，包括出厂合格证、近期的机械设备运行和维保记录。

2）核查施工安全设施和施工机械的验收手续。对整体提升脚手架、模板、塔吊、机具应要求施工单位在安装后组织验收，也可以委托具有相应资质的检验检测机构进行验收。使用承租的机械设备和施工机具及配件的，由施工总承包单位、分包单位、出租单位、和安装单位共同进行验收，验收合格的方可使用。其中施工外用电梯和塔吊等起重机械还要检查是否按《特种设备安全监察条例》（国务院令第 549 号）的规定，经有资格的检验检测机构检验检测备案登记后才能投入使用。

3. 安全监理的文件资料管理

(1) 安全监理资料不仅是整个工程项目监理资料的重要组成部分，而且对该项目的安全生产和监理工作具有特殊作用：

1) 施工监理的安全资料记录了建设工程施工阶段施工监理的安全工作的情况，能反映建设工程项目安全生产和各方主体履行安全责任的情况，是建设行政主管部门检查监督建设工程安全生产的重要资料。

2) 施工监理的安全资料是施工伤亡事故责任分析的佐证，建设工程一旦发生伤亡事故，作为监督施工安全的监理方所记录的安全监督资料，对客观分析事故责任具有重要价值，也是监理单位和施工监理的安全责任人员自我保护的重要依据。

3) 施工监理的安全资料是施工监理的安全工作总结的资源，监理单位通过施工监理的安全工作实践所积累的资料，可以总结监理工作的可贵经验，从而不断提高建设工程施工安全监理的工作水平。

(2) 建立和收集安全监理全过程工程资料的基本要求：

1) 监理企业应当建立严格的安全监理资料管理制度，规范资料管理工作。

2) 安全监理资料必须真实、完整，能够反映监理企业及监理人员依法履行安全监理职责的全貌。在实施安全监理过程应当以文字材料作为传递、反馈记录各类信息的凭证。

3) 监理人员应当在监理日志中记录当天施工现场安全生产和安全监理工作情况、记录发现和处理的安全问题。总监理工程师应当定期审阅并签署意见。

4) 监理月报应包含安全监理内容。对当月施工现场的安全施工状况和安全监理工作作出评述，报建设单位。

(3) 安全监理内业资料主要内容包括：

1) 管理性文件。

a. 监理大纲、施工现场监理部安全管理的程序文件及项目部监理规划、目标、相关细则、体系、安全监理网络和安全监理机构。

b. 施工合同和监理委托合同。

c. 施工承包单位项目部安全生产管理机构、网络和安全生产、文明施工、环境健康管理制度。

2) 审批资料。

a. 施工承包单位企业（包括分包单位）资质资格等资料。

b. 进场施工机械、设备和起重设施报验资料（包括大型机械设备进场安装后的验收资料）。

c. 项目经理、技术负责人、专职安全人员、特种作业人员报验资料（需提供证件复印件）。

d. 进场安全防护用品、材料等采购的相关报验资料。

e. 施工承包单位对工程建设重大危险源及控制措施的分析和预评价。

f. 开工报审表及开工令。

3) 审核文件。

a. 施工组织设计和施工现场临时用电施工组织设计（或临时用电方案）。

b. 进场施工机械、设备和起重设施报验资料（包括大型机械设备进场安装后的验收资料）。

c. 危大工程专项施工方案及专家论证意见。

d. 应急救援预案。

4）施工现场监控资料。

a. 安全检查总结。

b. 定期、不定期安全、文明施工与环境健康检查记录。

c. 隐患整改通知单。

d. 隐患整改反馈单。

e. 旁站记录。

f. 安全监理日志。

g. 施工现场安全、文明施工协调记录。

h. 应急救援预案演练。

5）安全教育和培训资料。

a. 项目监理部内部进行人员安全教育、日常安全教育及安全技术培训。

b. 项目监理部内部和监理公司安全活动、考核记录。

c. 施工现场由建设单位或监理单位组织的较大的安全教育活动记录。

6）会议纪要。

a. 安全监理例会纪要。

b. 专题安全会议纪要。

c. 每月安全综合评价会议纪要。

7）安全月报及事故处理资料。

a. 月事故报表。

b. 事故处理记录。

6.4 常规危大工程监理检查要点和日常安全管理的监理工作清单

6.4.1 常规危大工程安全监理检查要点

按照住建部令2018年37号《危险性较大的分部分项工程安全管理规定》的描述，危险性较大的分部分项工程是指建设工程在施工过程中存在的、可能导致作业人员群死群伤或造成重大不良社会影响的分部分项工程（简称危大工程）。安全监理人员必须增强危大工程安全管理业务能力和解决问题能力，有效防范施工安全事故。

1. 通用条款检查重点

（1）工程实际情况与危大工程专项方案设计的符合度。

（2）方案交底、技术交底、安全技术交底、方案实施情况验收、各级安全旁站、验收。

（3）危大工程作业人员的三级入场教育情况。

2. 基坑工程

（1）基坑工程类通用条款。

1）基坑支护由专分包设计（非专业设计院设计、无正式基坑支护蓝图），基坑支护安全设计计算书。

2）基坑开挖范围内降、排水控制措施。

3）基坑周边施工材料、设施或车辆荷载严禁超过设计要求的地面荷载限制。

4）当基坑开挖面上方的锚杆、土钉、支撑未达到设计要求时，严禁向下超挖土方。

5）基坑监测项目、频次、数据。

6）开挖深度超过2m及以上的基坑周边必须安装防护栏。

7）基坑内应设置供施工人员上下的专用梯道。

（2）放坡开挖工程。

1）基坑开挖存在坑中坑时，位于支护根部附近的坑中坑开挖方式。

2）放坡坡度控制，分层、分段、对称、均衡、适时的开挖原则。

（3）土钉墙（复合土钉墙）支护工程。

1）所有进场原材的现场质量验收，原材复试，试块的留置及相关现场检测试验（土钉、锚杆抗拔试验）。

2）采用预应力锚杆复合土钉墙时，锚杆拉力设计值不应大于土钉墙墙面的局部受压承载力。

3）土坡表面喷射混凝土面层构造满足设计要求（钢筋网规格、加强钢筋规格、混凝土厚度、混凝土强度等级）。

4）存在锚杆施工时，应先调查探明附近的地下管线、地下构筑物。

（4）内支撑工程。

1）挡土构件（排桩、地下连续墙）相关现场检测试验，满足设计要求。

2）内支撑结构各构件规格型号、强度等级应符合设计要求。

3）内支撑结构的施工与拆除顺序，应与设计工况一致，必须遵循先支撑后开挖、先换撑再拆撑的原则。

4）内支撑的施工偏差，支撑标高的允许偏差为30mm；水平位置允许偏差为30mm；临时立柱平面位置允许偏差50mm，垂直度允许偏差1/150。

3. 模板工程及支撑体系

（1）支撑体系各构配件产品合格证，钢管扣件有进场复试记录，钢管壁厚不得低于2.8mm。

（2）架体构造，立杆间距、水平杆步距、水平及竖向剪刀撑、扫地杆；梁底支撑立杆纵、横距、主龙骨材质；梁底支撑与楼板支撑的连接满足危大专项方案要求。

（3）立柱接长严禁搭接，相邻立柱接头不得在同步内。

（4）支撑架基础是否存在沉陷、坍塌、滑移风险；应对重型结构支撑架下的楼板结构承载力进行验算，且有设计确认。

（5）施工荷载集中处，如混凝土浇筑时使用的布料机等站立处模架加固措施。

（6）超高支模必须竖向和顶板分开、分次施工，先浇筑竖向结构、具备强度条件后拆模，将其作为顶板梁模架的连墙件抱柱点使用。

（7）超过一定规模危险性较大部分区域和5～8m支撑高度区域不得使用无国标、行业标准规范架体（例如键槽等架体）。

（8）混凝土浇筑期间监测及预警。

4. 起重吊装及起重机械安装拆卸工程

（1）大型械设备类通用条款。

1）安装单位未编制专项施工方案、未审批或与现场实施不一致的。

2）使用三台及以上大型机械设备必须配备专职机管员并持证。

3）起重机械安装拆卸单位必须具有相应的资质和安全生产许可证。

4）特种作业人员持证上岗。

5）起重机械的连接螺栓必须齐全有效，结构件不得开焊和开裂，连接件不得严重磨损和塑性变形，零部件不得达到报废标准。

6）垂直度测量数据超过规范要求的。

（2）塔式起重机。

1）基础设计计算书，使用天然地基时，应有钎探试验和抗倾覆稳定性验算。

2）附着采用预设穿墙孔，穿墙螺栓＋背板的方式进行固定。

3）附着杆件材质规格型号与产品说明书一致，若使用自行设计的要有相关计算和原厂认证；非标附着杆件的验算，附着装置支承处的建筑主体结构验算。

4）群塔作业防碰撞安全措施，任意两台塔机之间最小架设距离不小于2m的安全距离。

5）荷载限制装置、行程限位装置、保护装置必须安装并灵敏可靠。

（3）施工升降机。

1）施工电梯基础位于地下室顶板或楼板上时，应在基础下方增加回顶进行验算。

2）严禁用行程限位开关作为停止运行的控制开关。

3）附着安装间距满足产品说明书要求，最大不超过9m。

4）电梯通道脚手架的卸荷及拉结措施。

5）限载标识明确，严禁超载。

6）安全装置、限位装置、防护设施必须安装并灵敏可靠。

5. 脚手架工程

（1）附着式升降脚手架工程。

1）防倾覆、防坠落和同步升降控制装置设置规范，灵敏有效、无故障。

2）附墙支座位于悬挑构件处，对支座及悬挑构件进行核算。

3）架体提升时，附着数量、自由端高度、附着支承结构附着处混凝土实际强度达到设计要求。

4）卸料平台与附着式升降脚手架相连接的，有相关测试报告或省级以上行政主管部门组织的技术鉴定。

5）防坠落装置与升降设备必须分别独立固定在建筑结构上。

6）原则上不允许附着式升降脚手架下降作业。

（2）高处作业吊篮工程。

1）吊篮支架支撑点结构承载力应符合《建筑施工工具式脚手架安全技术规范》（JGJ 202—2010）。悬挂吊篮的支架支撑点处结构的承载能力，应大于所选择吊篮各工况的荷载最大值。

2）悬挂机构前支架严禁支撑在女儿墙上、女儿墙外或建筑物挑檐边缘。

3）配重件的重量应符合设计规定，配重件应稳定可靠安放在配重架上，并应有防止随意移动的措施。

4）同一吊篮内作业人员不超过 2 人。

5）钢丝绳不应存断丝、断股、松股、锈蚀、硬弯及油污和附着物；安全钢丝绳应单独设置，型号规格应与工作钢丝绳一致。

（3）卸料平台工程。

1）悬挑式卸料平台各构配件规格、型号应与方案一致，若采用专业分包商提供的产品，还应与产品鉴定证书一致。

2）悬挑式卸料平台主梁应使用整根工字钢或槽钢，禁止接长使用。

3）悬挑式卸料平台主绳、保险绳吊点应分别设置。

6. 人工挖孔桩工程

（1）当桩净距小于 2.5m 时，应采用间隔开挖，相桩的最小施工净距不得小于 4.5m。

（2）护壁厚度不应小于 100mm，构造钢筋直径不小 8mm，混凝土强度等级不应低于桩身混凝土强度等级。

（3）每日开工前必须检查有毒、有害气体；开挖深度超过 10m 时，应有送风设备。

（4）当渗水量过大时，应采取场地截水、降水或水下灌注等有效措施。严禁在桩孔中边抽水边开挖边灌注，包括相桩的灌注。

（5）挖出的土石方应及时运离孔口，不得堆放在孔口周边 1m 范围内，机动车辆的通行不得对井壁的安全造成影响。

（6）开挖范围内有易塌方地层，防塌方措施、孔底扩孔部位防塌落措施。

6.4.2　日常安全管理的监理工作清单

安全生产事故隐患排查治理工作是《中华人民共和国安全生产法》所规定的重要内容之一，是安全生产标准化建设的重要基础。通过全面开展隐患排查治理工作，将人员状况、设备安全、劳动作业环境、安全生产管理等各方面存在的影响人身和生产安全的问题充分暴露出来，并不断改进提高，最终实现“人员无伤害、系统无缺陷、管理无漏洞、设备无障碍、风险可控制、人机环境和谐统一”，见表 6.1。

表 6.1　　日常安全管理的监理工作清单

隐患分类		检查清单
1. 管理隐患	安全生产责任制	1. 是否建立安全生产责任制； 2. 安全生产责任制是否经责任人签字确认； 3. 是否制定各工种安全技术操作规程； 4. 是否按规定配备专职安全员； 5. 工程项目部承包合同中是否明确安全生产考核指标； 6. 是否制定安全资金保障制度；是否编制安全资金使用计划并按计划实施； 7. 是否制定安全生产管理目标（伤亡控制、安全达标、文明施工）；是否进行安全责任目标分解； 8. 是否建立安全生产责任目标考核制度； 9. 是否按考核制度对管理人员进行定期考核
	施工组织设计	10. 施工组织设计中是否制定安全措施； 11. 危险性较大的分部分项工程是否编制安全专项施工方案； 12. 超过一定规模的危险性较大的分部分项工程是否按规定对专项方案进行了专家论证； 13. 施工组织设计、专项方案是否经过审批
	安全技术交底	14. 安全技术交底是否有书面记录； 15. 安全技术交底是否落实到分部分项工程； 16. 交底内容是否全面且具有较强的针对性
	安全检查	17. 是否建立定期的安全检查制度；对定期、季节性安全检查记录进行检查； 18. 事故隐患的整改是否做到定人、定时间、定措施； 19. 对重大事故隐患整改通知书所列项目是否按期整改并符合要求
	安全教育	20. 是否建立安全培训、教育制度； 21. 新入场工人是否进行三级安全教育和考核；是否有明确具体的安全教育内容； 22. 变换工种时是否进行安全教育； 23. 施工管理人员、专职安全员是否按规定进行年度培训考核
	应急预案	24. 是否制定安全生产应急预案； 25. 是否建立应急救援组织并配备足够数量的救援人员； 26. 是否配置应急救援器材； 27. 是否定期进行应急救援演练
	分包单位安全管理	28. 核查分包单位资质、资格、分包手续是否符合要求； 29. 总承包单位是否与分包单位签订安全生产协议书； 30. 分包合同、安全协议书，签字盖章手续是否完善； 31. 分包单位是否按规定建立安全组织、配备安全员
	特种作业安全管理	32. 特种作业人员是否均经过特种作业培训； 33. 特种作业人员资格证书是否存在延期没有复核的情况； 34. 特种作业人员是否均持操作证上岗
	生产安全事故处理	35. 生产安全事故是否按规定报告； 36. 生产安全事故是否按规定进行调查分析处理并制定了防范措施； 37. 是否按规定办理了工伤保险
	安全标志	38. 主要施工区域、危险部位、设施是否按规定悬挂安全标志； 39. 是否绘制现场安全标志布置总平面图； 40. 是否按部位和现场设施的改变调整安全标志设置

续表

隐患分类		检查清单
2. 施工现场	现场材料	1. 易燃易爆物品是否采取防护措施或是否进行分类存放
	现场住宿	2. 宿舍是否采取保暖和防煤气中毒措施
	现场防火	3. 是否制定消防措施、制度； 4. 是否按规定配备灭火器材； 5. 现场临时设施的材质和选址是否符合消防要求； 6. 是否存在易燃材料随意码放、灭火器材布局、配置不合理或灭火器材失效等情况； 7. 是否设置消防水源（高层建筑）；消防水源能否满足消防要求
3. 扣件式钢管脚手架	施工方案	1. 是否编制专项施工方案，施工方案内容是否完整； 2. 施工方案是否进行设计计算并按规定审核、审批； 3. 超过一定规模的专项施工方案是否按规定组织专家论证； 4. 是否按经审批通过的施工方案指导施工作业
	立杆基础	5. 立杆基础是否平整、密实，满足方案设计要求； 6. 立杆底部底座、垫板或垫板的规格是否符合规范要求； 7. 是否按规范要求设置纵、横向扫地杆；扫地杆的设置和固定是否符合规范要求； 8. 是否设置排水措施
	架体与建筑结构拉结	9. 架体与建筑结构拉结是否符合规范要求； 10. 连墙件距主节点距离是否符合规范要求； 11. 架体底层第一步纵向水平杆处是否按规定设置连墙件或是否采用其他可靠措施固定； 12. 搭设高度超过 24m 的双排脚手架，是否采用刚性连墙件与建筑结构进行可靠连接
	杆间间距与剪刀撑	13. 立杆、纵向水平杆、横向水平杆间距是否超过规范要求； 14. 是否按规定设置纵向剪刀撑或横向斜撑； 15. 剪刀撑是否沿脚手架高度连续设置且角度符合规范要求； 16. 剪刀撑斜杆的接长或剪刀撑斜杆与架体杆件固定是否符合规范要求
	脚手板与防护栏杆	17. 脚手板是否存在未满铺或铺设不牢、不稳的情况； 18. 脚手板规格或材质是否符合规范要求； 19. 脚手板是否存在有探头板的现象； 20. 架体外侧是否按规范设置密目式安全网； 21. 作业层是否在高度 1.2m 和 0.6m 处设置上、中两道防护栏杆； 22. 作业层是否设置高度不小于 180 mm 的挡脚板
	交底与验收	23. 架体搭设前是否进行交底或交底是否留有记录； 24. 架体分段搭设分段使用是否办理分段验收； 25. 架体搭设完毕是否办理验收手续
	横向水平杆设置	26. 是否在立杆与纵向水平杆交点处设置横向水平杆； 27. 是否按脚手板铺设的需要增加设置横向水平杆； 28. 单排脚手架横向水平杆插入墙内长度是否小于 18cm
	杆件搭设	29. 是否存在纵向水平杆搭接长度小于 1m 或固定不符合规范要求的情况； 30. 是否存在立杆除在顶层顶部外采用搭接方式接长的情况

续表

隐患分类		检查清单
3. 扣件式钢管脚手架	架体防护	31. 作业层是否用安全平网双层兜底； 32. 是否每隔 10m 采用安全平网封闭； 33. 作业层与建筑物之间是否进行封闭
	脚手架材质	34. 钢管直径、壁厚、材质是否符合规范要求； 35. 钢管弯曲、变形、锈蚀的程度是否能够满足正常使用的要求；扣件是否进行复试且技术性能符合标准要求
	通道	36. 是否按规范要求设置人员上下专用通道； 37. 通道设置是否符合规范要求
4. 承插盘扣式钢管脚手架	施工方案	1. 是否编制专项施工方案，施工方案内容是否完整； 2. 施工方案是否进行设计计算并按规定审核、审批； 3. 超过一定规模的专项施工方案是否按规定组织专家论证； 4. 是否按经审批通过的施工方案指导施工作业
	架体基础	5. 架体基础是否平整、密实且符合方案设计要求； 6. 架体立杆底部是否存在缺少垫板或垫板的规格不符合规范要求的情况，架体立杆底部是否按要求设置底座； 7. 是否按规范要求设置纵、横向扫地杆； 8. 是否设置排水措施
	架体稳定	9. 架体与建筑结构是否按规范要求拉结； 10. 架体底层第一步水平杆处是否按规范要求设置连墙件或是否采用其他可靠措施固定； 11. 连墙件是否采用刚性杆件； 12. 是否按规范要求设置竖向斜杆或剪刀撑； 13. 竖向斜杆两端是否固定在纵、横向水平杆与立杆汇交的盘扣结点处； 14. 斜杆或剪刀撑是否沿脚手架高度连续设置且角度符合规范要求
	杆件	15. 架体立杆间距、水平杆步距是否超过规范要求； 16. 是否按专项施工方案设计的步距在立杆连接盘处设置纵、横向水平杆； 17. 双排脚手架的每步水平杆层，当没有挂扣钢脚手板时是否按规范要求设置水平斜杆
	脚手板	18. 脚手板是否存在未满铺或铺设不牢、不稳的情况； 19. 脚手板规格或材质是否符合规范要求； 20. 采用钢脚手板时挂钩是否挂扣在水平杆上或挂钩处于锁住状态
	交底与验收	21. 脚手架搭设前是否进行交底且留有交底记录； 22. 脚手架分段搭设分段使用是否办理分段验收； 23. 脚手架搭设完毕是否办理验收手续
	架体防护	24. 架体外侧是否设置密目式安全网封闭且网间严密； 25. 作业层是否在外侧立杆的 1.0m 和 0.5m 的盘扣节点处设置上、中两道水平防护栏杆； 26. 作业层外侧是否设置高度不小于 180 mm 的挡脚板

续表

隐患分类		检查清单
4. 承插盘扣式钢管脚手架	杆件接长	27. 立杆竖向接长位置是否符合规范要求； 28. 搭设悬挑脚手架时，立杆的承插接长部位是否采用螺栓作为立杆连接件固定； 29. 剪刀撑的斜杆接长是否符合规范要求
	架体内防护	30. 作业层是否用采用安全平网双层兜底，且以下每隔 10m 采用安全平网进行封闭； 31. 作业层与主体结构间的空隙是否封闭
5. 悬挑脚手架	施工方案	1. 是否编制专项施工方案，施工方案内容是否完整； 2. 施工方案是否进行设计计算并按规定审核、审批； 3. 超过一定规模的专项施工方案是否按规定组织专家论证； 4. 是否按经审批通过的施工方案指导施工作业
	悬挑钢梁	5. 钢梁截面高度是否按设计确定； 6. 钢梁固定段长度是否满足大于悬挑段长度 1.25 倍的要求； 7. 钢梁外端是否设置钢丝绳或钢拉杆与上一层建筑结构拉结； 8. 钢梁与建筑结构锚固措施是否符合规范要求； 9. 钢梁间距是否按悬挑架体立杆纵距设置
	架体稳定	10. 立杆底部与钢梁连接处是否设置可靠固定措施； 11. 承插式立杆接长是否采取螺栓或销钉固定； 12. 是否在架体外侧设置连续式剪力撑； 13. 是否按规定在架体内侧设置横向斜撑； 14. 架体是否按规定与建筑结构拉结
	脚手板	15. 脚手板规格、材质是否符合要求； 16. 脚手板是否存在未满铺或铺设不严、不牢、不稳等情况； 17. 是否存在有探头板的情况
	荷载	18. 架体施工荷载是否超过设计规定； 19. 施工荷载堆放是否均匀
	交底与验收	20. 架体搭设前是否进行交底或交底是否留有记录； 21. 架体分段搭设分段使用，是否办理分段验收； 22. 架体搭设完毕是否保留验收资料或是否记录量化的验收内容
	杆件间距	23. 立杆间距是否超过规范要求； 24. 立杆底部是否固定在钢梁上； 25. 纵向水平杆步距是否超过规范要求； 26. 是否在立杆与纵向水平杆交点处设置横向水平杆
	架体防护	27. 作业层外侧是否在高度 1.2m 和 0.6m 处设置上、中两道防护栏杆； 28. 作业层是否设置高度不小于 180mm 的挡脚板； 29. 架体外侧是否采用密目式安全网封闭，是否存在网间封闭不严的情况
	层间防护	30. 作业层是否采用安全平网双层兜底； 31. 每隔 10m 是否用安全平网进行封闭； 32. 架体底层是否进行封闭，是否存在封闭不严的情况
	脚手架材质	33. 型钢、钢管、构配件规格及材质是否符合规范要求； 34. 型钢、钢管弯曲、变形、锈蚀严重程度是否影响正常使用

续表

隐患分类		检查清单
6. 附着式升降脚手架	施工方案	1. 是否编制专项施工方案，施工方案内容是否完整； 2. 施工方案是否进行设计计算并按规定审核、审批； 3. 超过一定规模的专项施工方案是否按规定组织专家论证； 4. 是否按经审批通过的施工方案指导施工作业
	安全装置	5. 是否采用机械式的全自动防坠落装置且技术性能符合规范要求； 6. 防坠落装置与升降设备是否分别独立固定在建筑结构处； 7. 防坠落装置是否设置在竖向主框架处与建筑结构附着； 8. 是否安装防倾覆装置且防倾覆装置符合规范要求； 9. 在升降或使用工况下，最上和最下两个防倾装置之间的最小间距符合规范要求； 10. 是否安装同步控制或荷载控制装置；同步控制或荷载控制误差是否符合规范要求
	架体构造	11. 架体高度是否大于5倍楼层高；架体宽度是否大于1.2m； 12. 直线布置的架体支承跨度是否大于7.0m；折线、曲线布置的架体支撑跨度的架体外侧距离大于5.4m； 13. 架体的水平悬挑长度是否存在未大于2m但大于跨度1/2的情况； 14. 架体悬臂高度是否大于架体高度2/5； 15. 架体悬臂高度是否大于6m； 16. 架体全高与支撑跨度的乘积是否大于110m
	附着支座	17. 是否按竖向主框架所覆盖的每个楼层均设置一道附着支座； 18. 在使用工况时，是否将竖向主框架与附着支座固定； 19. 在升降工况时，是否将防倾、导向的结构装置设置在附着支座处； 20. 附着支座与建筑结构连接固定方式是否符合规范要求
	架体安装	21. 主框架和水平支撑桁架的结点是否采用焊接或螺栓连接或各杆件轴线是否交汇于主节点； 22. 内外两片水平支承桁架的上弦和下弦之间设置的水平支撑杆件是否采用焊接或螺栓连接； 23. 架体立杆底端是否设置在水平支撑桁架上弦各杆件汇交结点处； 24. 与墙面垂直的定型竖向主框架组装高度是否低于架体高度； 25. 架体外立面设置的连续式剪力撑是否将竖向主框架、水平支撑桁架和架体构架连成一体
	架体升降	26. 两跨以上架体同时整体升降是否存在采用手动升降设备的情况； 27. 升降工况时附着支座在建筑结构连接处混凝土强度是否达到设计要求； 28. 升降工况时架体上是否有施工荷载或有人员停留
	检查验收	29. 构配件进场是否办理验收； 30. 分段安装、分段使用是否办理分段验收； 31. 架体安装完毕是否履行验收程序或验收表是否经责任人签字认可，每次提升前是否留有具体检查记录； 32. 每次提升后、使用前是否履行验收手续，相关资料是否齐全
	脚手板	33. 脚手板是否存在未满铺或铺设不严、不牢的情况； 34. 作业层与建筑结构之间空隙是否存在封闭不严的情况； 35. 脚手板规格、材质是否符合规范要求

续表

隐患分类		检查清单
6. 附着式升降脚手架	防护	36. 脚手架外侧是否采用密目式安全网封闭且网间封闭严密； 37. 作业层是否在高度1.2m和0.6m处设置上、中两道防护栏杆；作业层是否设置高度不小于180 mm的挡脚板
	操作	38. 操作前是否向有关技术人员和作业人员进行安全技术交底；作业人员是否经培训且定岗定责； 39. 安装拆除单位资质是否符合要求； 40. 特种作业人员是否持证上岗； 41. 安装、升降、拆除时是否采取安全警戒措施； 42. 是否存在荷载不均匀或超载等情况；
7. 高处作业吊篮	施工方案	1. 是否编制专项施工方案，施工方案内容是否完整； 2. 施工方案是否进行设计计算并按规定审核、审批； 3. 超过一定规模的专项施工方案是否按规定组织专家论证； 4. 是否按经审批通过的施工方案指导施工作业
	安全装置	5. 是否安装安全锁；安全锁是否存在失灵的情况； 6. 是否存在安全锁超过标定期限仍在使用的情况； 7. 是否设置挂设安全带专用安全绳及安全锁扣； 8. 安全绳是否固定在建筑物可靠位置； 9. 吊篮是否安装上限位装置；是否存在限位装置失灵的情况
	悬挂机构	10. 是否存在悬挂机构前支架支撑在建筑物女儿墙上或挑檐边缘的情况； 11. 前梁外伸长度是否符合产品说明书规定； 12. 是否存在前支架写支撑面不垂直或脚轮受力的情况； 13. 前支架调节杆是否固定在上支架与悬挑梁连接的结点处； 14. 是否存在使用破损的配重件或采用其他替代物的情况； 15. 配重件的重量是否符合设计规定
	钢丝绳	16. 是否存在钢丝绳磨损、断丝、变形、锈蚀达到报废标准的情况； 17. 是否存在安全绳规格、型号与工作钢丝绳不相同或未独立悬挂的情况； 18. 是否存在安全绳不悬垂的情况； 19. 利用吊篮进行电焊作业时是否存在未对钢丝绳进行保护的情况
	安装	20. 是否存在使用未经检测或检测不合格的提升机的情况； 21. 是否存在吊篮平台组装长度不符合规范要求的情况； 22. 是否存在吊篮组装的构配件不是同一生产厂家的产品的情况
	升降操作	23. 操作升降人员是否经培训合格； 24. 吊篮内作业人员数量是否超过2人； 25. 吊篮内作业人员是否将安全带使用安全锁扣正确挂置在独立设置的专用安全绳上； 26. 是否存在吊篮正常使用，人员未从地面进入篮内的情况
	交底与验收	27. 是否存在未履行验收程序或验收表未经责任人签字的情况； 28. 是否存在每天班前、班后未进行检查的情况； 29. 是否存在吊篮安装、使用前未进行交底的情况
	防护	30. 吊篮平台周边的防护栏杆或挡脚板的设置是否符合规范要求； 31. 多层作业是否按规范要求设置防护顶板

续表

隐患分类		检查清单
7. 高处作业吊篮	吊篮稳定	32. 吊篮作业是否采取防摆动措施； 33. 是否存在吊篮钢丝绳不垂直或吊篮距建筑物空隙过大的情况
	荷载	34. 是否存在施工荷载超过设计规定的情况； 35. 是否存在荷载堆放不均匀的情况； 36. 是否存在利用吊篮作为垂直运输设备的情况
8. 满堂式脚手架	施工方案	1. 是否编制专项施工方案，施工方案内容是否完整； 2. 施工方案是否进行设计计算并按规定审核、审批
	架体基础	3. 架体基础是否平整、密实并符合专项施工方案要求； 4. 架体底部是否设置垫木，且其规格符合要求； 5. 架体底部是否按规范要求设置底座； 6. 架体底部是否按规范要求设置扫地杆； 7. 是否设置排水措施
	架体稳定	8. 架体四周与中间是否按规范要求设置竖向剪刀撑或专用斜杆； 9. 是否按规范要求设置水平剪力撑或专用水平斜杆； 10. 架体高宽比大于 2 时是否按要求采取与结构刚性连结或扩大架体底脚等措施
	杆件锁件	11. 架体搭设高度是否存在超过规范或设计要求的情况； 12. 架体立杆间距、水平杆步距是否超过规范要求； 13. 杆件接长是否符合规范要求； 14. 是否存在架体搭设不牢或杆件结点紧固不符合规范要求的情况
	脚手板	15. 是否存在脚手板不满铺或铺设不牢、不稳等情况； 16. 脚手板规格或材质是否符合规范要求； 17. 采用钢脚手板时挂钩是否挂扣在水平杆上且挂钩是否处于锁住状态
	交底与验收	18. 架体搭设前是否进行交底且留有交底记录；架体分段搭设分段使用是否办理分段验收； 19. 架体搭设完毕是否办理验收手续
	架体防护	20. 作业层脚手架周边，是否在高度 1.2m 和 0.6m 处设置上、中两道防护栏杆； 21. 作业层外侧是否设置 180mm 高挡脚板； 22. 作业层是否用安全平网双层兜底，且以下每隔 10m 均采用安全平网封闭
	材质	23. 钢管、构配件的规格、型号、材质或产品质量是否符合规范要求； 24. 杆件弯曲、变形、锈蚀严重程度是否影响正常使用
	荷载	25. 施工荷载是否超过设计规定； 26. 是否存在荷载堆放不均匀的情况
	通道	27. 是否按要求设置人员上下专用通道； 28. 通道设置是否满足规范要求

续表

隐患分类		检查清单
9. 基坑支护土方作业	施工方案	1. 是否编制专项施工方案，施工方案内容是否完整； 2. 施工方案是否进行设计计算并按规定审核、审批； 3. 超过一定规模的专项施工方案是否按规定组织专家论证； 4. 是否按经审批通过的施工方案指导施工作业
	临边防护	5. 深度超过 2m 的基坑施工是否采取临边防护措施； 6. 临边及其他防护是否符合规范要求
	基坑支护支撑拆除	7. 坑槽开挖设置安全边坡是否符合安全要求； 8. 特殊支护的做法是否符合设计方案； 9. 支护设施已产生局部变形后是否采取措施调整； 10. 混凝土支护结构是否存在未达到设计强度提前开挖、超挖的情况； 11. 支撑拆除是否编制拆除方案；是否按拆除方案施工； 12. 用专业方法拆除支撑时施工队伍是否具有专业资质
	基坑降排水	13. 高水位地区深基坑内是否设置有效降水措施； 14. 深基坑边界周围地面是否按规范要求设置排水沟； 15. 基坑施工是否设置有效排水措施； 16. 深基础施工采用坑外降水，是否采取防止临近建筑和管线沉降措施
	坑边荷载	17. 积土、料具堆放距槽边距离是否小于设计规定； 18. 机械设备施工与槽边距离不符合要求且是否采取措施
	上下通道	19. 人员上下是否设置专用通道； 20. 设置的通道是否符合规范要求
	土方开挖	21. 施工机械进场是否经验收合格； 22. 挖土机作业时，是否有人员进入挖土机作业半径内； 23. 挖土机作业是否存在位置不牢、不安全的情况； 24. 司机是否存在无证作业的情况； 25. 是否存在未按规定程序挖土或超挖的情况
	基坑支护变形监测	26. 是否按规定对基坑工程进行监测； 27. 是否按规定对毗邻建筑物和重要管线和道路进行沉降观测
	作业环境	28. 是否存在基坑内作业人员缺少安全作业面的情况； 29. 垂直作业上下是否采取隔离防护措施； 30. 当存在光线不足情况时，是否设置了足够照明以满足施工需要
10. 模板支架	施工方案	1. 是否编制专项施工方案，施工方案内容是否完整； 2. 施工方案是否进行设计计算并按规定审核、审批； 3. 超过一定规模的专项施工方案是否按规定组织专家论证； 4. 是否按经审批通过的施工方案指导施工作业
	立杆基础	5. 立杆基础承载力是否符合设计要求； 6. 基础是否设置排水设施； 7. 立杆底部是否设置底座； 8. 垫板或垫板规格是否符合规范要求

续表

隐患分类		检查清单
10. 模板支架	支架稳定	9. 支架高宽比大于规定值时，是否按规定要求设置连墙杆； 10. 连墙杆设置是否符合规范要求； 11. 是否按规定设置纵、横向及水平剪刀撑； 12. 纵、横向及水平剪刀撑设置是否符合规范要求
	施工荷载	13. 施工均布荷载是否超过规定值； 14. 是否存在施工荷载不均匀，集中荷载超过规定值的情况
	交底与验收	15. 支架搭设（拆除）前是否进行交底且有交底记录， 16. 支架搭设完毕是否办理验收手续
	立杆设置	17. 立杆间距是否符合设计要求；立杆是否采用对接连接； 18. 立杆伸出顶层水平杆中心线至支撑点的长度是否大于规定值
	水平杆设置	19. 是否按规定设置纵、横向扫地杆，水平杆设置是否符合规范要求； 20. 纵、横向水平杆间距是否符合规范要求； 21. 纵、横向水平杆件连接是否符合规范要求
	支架拆除	22. 是否在混凝土强度达到规定值后再拆除模板支架； 23. 支架拆除时是否按规定设置警戒区； 24. 支架拆除时是否设置专人监护
	支架材质	25. 是否存在杆件弯曲、变形、锈蚀超标的情况； 26. 是否存在构配件材质不符合规范要求的情况； 27. 是否存在钢管壁厚不符合要求的情况
11. 三宝四口五临边	安全帽	1. 是否存在作业人员不戴安全帽或未按规定佩戴安全帽的情况； 2. 是否存在安全帽不符合标准的情况
	安全网	3. 是否存在在建工程外侧未采用密目式安全网封闭或网间不严的情况； 4. 是否存在安全网规格、材质不符合要求的情况
	安全带	5. 是否存在作业人员未系挂安全带或未按规定系挂安全带的情况； 6. 安全带是否符合标准
	临边防护	7. 是否存在工作面临边无防护的情况； 8. 是否存在临边防护不严或不符合规范要求的情况
	洞口防护	9. 是否存在预留洞口、楼梯口、电梯井口未采取防护措施的情况； 10. 是否存在防护措施、设施不符合规范要求或不严密的情况； 11. 是否存在电梯井内每隔两层（不大于 10m）未设置水平防护的情况
	通道口防护	12. 是否存在未搭设防护棚或防护不严、不牢固可靠的情况； 13. 是否存在未对防护棚两侧进行防护的情况； 14. 是否存在建筑物高度超过 30m 但防护棚顶未采用双层防护的情况； 15. 防护棚的材质是否符合规范要求
	攀登作业	16. 是否存在使用移动式梯子时将梯脚底部垫高使用的情况； 17. 是否存在折梯使用时没有有可靠拉撑装置的情况； 18. 是否存在梯子的制作质量或材质不符合要求的情况

续表

隐患分类		检查清单
11. 三宝四口五临边	悬空作业	19. 悬空作业处是否设置防护栏杆或其他可靠的安全设施； 20. 悬空作业所用的索具、吊具、料具等设备，是否经过技术鉴定或验证、验收
	移动式操作平台	21. 是否存在操作平台的面积超过10 m^2 或高度超过5m的情况； 22. 是否存在移动式操作平台，轮子与平台的连接不牢固可靠或立柱底端距离地面超过80 mm的情况； 23. 是否存在操作平台的组装不符合要求的情况； 24. 是否存在平台台面铺板不严的情况； 25. 操作平台四周是否按规定设置防护栏杆，是否设置登高扶梯； 26. 是否存在操作平台的材质不符合要求的情况
	物料平台	27. 物料平台是否编制专项施工方案且经设计计算满足要求； 28. 物料平台搭设是否符合专项方案要求； 29. 物料平台支撑架是否与工程结构连接且连接符合要求； 30. 是否存在平台台面铺板不严或台面层下方是否按要求设置安全平网的情况； 31. 是否存在材质不符合要求的情况； 32. 物料平台是否在明显处设置限定荷载标牌
	悬挑式钢平台	33. 悬挑式钢平台是否编制专项施工方案且经设计计算满足要求； 34. 悬挑式钢平台的搁支点与上部拉结点，是否设置在建筑物结构上； 35. 斜拉杆或钢丝绳，是否按要求在平台两边各设置两道； 36. 钢平台是否按要求设置固定的防护栏杆和挡脚板或栏板； 37. 是否存在钢平台台面铺板不严，或钢平台与建筑结构之间铺板不严的情况； 38. 平台上是否未在明显处设置限定荷载标牌
12. 施工用电	外电防护	1. 当外电线路与在建工程（含脚手架）高大施工设备、场内机动车道之间小于安全距离时是否采取有效防护措施； 2. 防护设施和绝缘隔离措施是否符合规范要求； 3. 是否有在外电架空线路正下方施工、建造临时设施或堆放材料物品的情况
	接地接零	4. 施工现场专用变压器配电系统是否未采用TN－S接零保护方式
	保护系统	5. 配电系统是否未采用同一保护方式； 6. 保护零线引出位置是否符合规范要求； 7. 是否存在保护零线装设开关、熔断器与工作零线混接的情况；是否存在保护零线材质、规格及颜色标记不符合规范要求的情况； 8. 是否存在电气设备未接保护零线的情况； 9. 是否存在工作接地与重复接地的设置和安装不符合规范要求的情况； 10. 是否存在工作接地电阻大于4Ω，重复接地电阻大于10Ω的情况； 11. 是否存在施工现场防雷措施不符合规范要求的情况
	配电线路	12. 是否存在线路老化破损，接头处理不当的情况； 13. 是否存在线路未设短路、过载保护的情况； 14. 是否存在线路截面不能满足负荷电流的情况； 15. 是否存在线路架设或埋设不符合规范要求的情况；

续表

隐患分类		检查清单
12. 施工用电	配电线路	16. 是否存在电缆沿地面明敷的情况； 17. 是否存在使用四芯电缆外加一根线替代五芯电缆的情况； 18. 是否存在电杆、横担、支架不符合规范要求的情况
	配电箱、开关箱	19. 是否存在配电系统未按“三级配电、二级漏电保护”设置的情况； 20. 是否存在用电设备违反“一机、一闸、一漏、一箱”的情况； 21. 是否存在配电箱与开关箱结构设计、电器设置不符合规范要求的情况； 22. 是否存在总配电箱与开关箱未安装漏电保护器的情况； 23. 是否存在漏电保护器参数不匹配或失灵的情况； 24. 是否存在配电箱与开关箱内闸具损坏的情况； 25. 是否存在配电箱与开关箱进线和出线混乱的情况； 26. 是否存在未在配电箱与开关箱内绘制系统接线图和分路标记的情况； 27. 是否存在配电箱与开关箱未设门锁、未采取防雨措施的情况； 28. 是否存在配电箱与开关箱安装位置不当、周围杂物多等不便操作的情况； 29. 是否存在分配电箱与开关箱的距离、开关箱与用电设备的距离不符合规范要求的情况
	配电室与配电装置	30. 是否存在配电室建筑耐火等级低于3级的情况； 31. 是否存在配电室未配备合格的消防器材的情况； 32. 是否存在配电室、配电装置布设不符合规范的情况； 33. 是否存在配电装置中的仪表、电器元件设置不符合规范或损坏、失效的情况； 34. 是否存在备用发电机组未与外电线路进行连锁的情况； 35. 配电室是否未采取防雨雪和小动物侵入的措施； 36. 配电室是否存在未设警示标志、工地供电平面图和系统图的情况
	现场照明	37. 是否存在照明用电与动力用电混用的情况； 38. 是否存在特殊场所未使用36V及以下安全电压的情况； 39. 是否存在手持照明灯未使用36V以下电源供电的情况； 40. 是否存在照明变压器未使用双绕组安全隔离变压器的情况； 41. 是否存在照明专用回路未安装漏电保护器的情况； 42. 是否存在灯具金属外壳未接保护零线的情况； 43. 是否存在灯具与地面、易燃物之间小于安全距离的情况； 44. 是否存在照明线路接线混乱和安全电压线路接头处未使用绝缘布包扎的情况
	用电档案	45. 是否编制具有较强针对性的专项用电施工组织设计； 46. 专项用电施工组织设计是否履行审批程序，实施后是否组织验收； 47. 是否存在接地电阻、绝缘电阻和漏电保护器检测记录未填写或填写不真实的情况； 48. 是否存在安全技术交底、设备设施验收记录未填写或填写不真实的情况； 49. 是否存在定期巡视检查、隐患整改记录未填写或填写不真实的情况； 50. 是否存在档案资料不齐全或未设专人管理的情况

续表

隐患分类		检查清单
13. 物料提升机	安全装置	1. 是否存在未安装起重量限制器、防坠安全器的情况； 2. 是否存在起重量限制器、防坠安全器不灵敏的情况； 3. 是否存在安全停层装置不符合规范要求的情况；是否安装上限位开关
	防护设施	4. 是否存在未设置防护围栏或设置不符合规范要求的情况； 5. 是否存在未设置进料口防护棚或设置不符合规范要求的情况； 6. 是否存在停层平台两侧未设置防护栏杆、挡脚板或设置不符合规范要求的情况； 7. 是否存在停层平台脚手板铺设不严、不牢的情况； 8. 是否存在未安装平台门或平台门不起作用的情况； 9. 是否存在平台门安装不符合规范要求的情况； 10. 是否存在吊笼门不符合规范要求的情况
	附墙架缆风绳	11. 附墙架结构、材质、间距是否符合规范要求； 12. 是否存在附墙架未与建筑结构连接或附墙架与脚手架连接的情况； 13. 缆风绳设置数量、位置是否符合规范要求； 14. 是否存在缆风绳未使用钢丝绳或未与地锚连接的情况； 15. 是否存在钢丝绳直径小于8mm，角度不符合45°～60°要求的情况； 16. 是否存在地锚设置不符合规范要求的情况
	钢丝绳	17. 是否存在钢丝绳磨损、变形、锈蚀不能满足使用要求的情况；是否存在钢丝绳夹设置不符合规范要求的情况； 18. 吊笼处于最低位置，卷筒上钢丝绳是否少于3圈； 19. 是否存在未设置钢丝绳过路保护或钢丝绳拖地的情况
	安装验收	20. 是否存在安装单位无相应资质的情况； 21. 是否存在特种作业人员无证上岗的情况； 22. 是否制定安装（拆卸）安全专项方案且内容满足规范要求； 23. 是否存在未履行验收程序或验收表未经责任人签字的情况
	导轨架	24. 基础设置是否符合规范要求； 25. 导轨架垂直度偏差是否大于0.15%； 26. 导轨结合面阶差是否大于1.5mm； 27. 是否存在井架停层平台通道处未进行结构加强的情况
	动力与传动	28. 卷扬机、曳引机安装是否牢固； 29. 是否存在卷筒与导轨架底部导向轮的距离小于20倍卷筒宽度，但未设置排绳器的情况； 30. 是否存在钢丝绳在卷筒上排列不整齐的情况； 31. 是否存在滑轮与导轨架、吊笼未采用刚性连接的情况； 32. 是否存在滑轮与钢丝绳不匹配的情况； 33. 是否存在卷筒、滑轮未设置防止钢丝绳脱出装置的情况； 34. 是否存在曳引钢丝绳为2根及以上时，未设置曳引力平衡装置的情况
	通信装置	35. 是否存在未按规范要求设置通信装置的情况
	卷扬机操作棚	36. 是否存在卷扬机未设置操作棚的情况； 37. 是否存在操作棚搭设不符合规范要求的情况
	防雷装置	38. 是否存在防雷保护范围以外未设置避雷装置的情况； 39. 是否存在避雷装置不符合规范要求的情况

续表

隐患分类		检查清单
14. 施工升降机	安全装置	1. 是否存在未安装起重量限制器或不灵敏的情况； 2. 是否存在未安装渐进式防坠安全器或不灵敏的情况； 3. 是否存在防坠安全器超过有效标定期限的情况； 4. 是否存在对重钢丝绳未安装防松绳装置或不灵敏的情况； 5. 是否存在未安装急停开关或急停开关不符合规范要求的情况； 6. 是否存在未安装吊笼和对重用的缓冲器的情况； 7. 是否存在未安装安全钩的情况
	限位装置	8. 是否存在未安装极限开关或极限开关不灵敏的情况； 9. 是否存在未安装上限位开关或上限位开关不灵敏的情况； 10. 是否存在未安装下限位开关或下限位开关不灵敏的情况； 11. 是否存在极限开关与上限位开关安全越程不符合规范要求的情况； 12. 是否存在极限限位器与上、下限位开关共用一个触发元件的情况； 13. 是否存在未安装吊笼门机电连锁装置或不灵敏的情况； 14. 是否存在未安装吊笼顶窗电气安全开关或不灵敏的情况
	防护设施	15. 是否存在未设置防护围栏或设置不符合规范要求的情况； 16. 是否存在未安装防护围栏门连锁保护装置或连锁保护装置不灵敏的情况； 17. 是否存在未设置出入口防护棚或设置不符合规范要求的情况； 18. 停层平台搭设是否符合规范要求； 19. 是否存在未安装平台门或平台门不起作用的情况
	附着	20. 附墙架是否采用配套标准产品； 21. 附墙架与建筑结构连接方式、角度是否符合说明书要求； 22. 附墙架间距、最高附着点以上导轨架的自由高度是否超过说明书要求
	钢丝绳滑轮对重	23. 是否存在对重钢丝绳绳数少于2根或未相对独立的情况； 24. 是否存在钢丝绳磨损、变形、锈蚀不能达到正常使用标准的情况； 25. 钢丝绳的规格、固定、缠绕是否符合说明书及规范要求； 26. 是否存在滑轮未安装钢丝绳防脱装置或不符合规范要求的情况； 27. 是否存在对重重量、固定、导轨不符合说明书及规范要求的情况； 28. 是否存在对重未安装防脱轨保护装置的情况
	安装拆卸	29. 安装、拆卸单位是否具有相应资质； 30. 是否编制安装、拆卸专项方案； 31. 是否存在方案无审批或内容不符合规范要求的情况；
	验收	32. 是否存在未履行验收程序或验收表无责任人签字的情况； 33. 是否存在特种作业人员无证上岗的情况
	导轨架	34. 导轨架垂直度是否符合规范要求； 35. 标准节腐蚀、磨损、开焊、变形是否超过说明书及规范要求；标准节结合面偏差是否符合规范要求； 36. 齿条结合面偏差是否符合规范要求

续表

隐患分类		检查清单
14. 施工升降机	基础	37. 基础制作、验收是否符合说明书及规范要求； 38. 特殊基础是否编制制作方案并进行验收； 39. 基础是否设置排水设施
	电气安全	40. 是否存在施工升降机与架空线路小于安全距离又未采取防护措施的情况； 41. 是否存在防护措施不符合要求的情况； 42. 是否存在电缆使用不符合规范要求的情况； 43. 是否存在电缆导向架未按规定设置的情况； 44. 是否存在防雷保护范围以外未设置避雷装置的情况； 45. 是否存在避雷装置不符合规范要求的情况
	通信装置	46. 是否存在未安装楼层联络信号的情况； 47. 是否存在楼层联络信号不灵敏的情况
15. 塔式起重机	载荷限制装置	1. 是否存在未安装起重量限制器或不灵敏的情况； 2. 是否存在未安装力矩限制器或不灵敏的情况
	行程限位装置	3. 是否存在未安装起升高度限位器或不灵敏的情况； 4. 是否存在未安装幅度限位器或不灵敏的情况 5. 是否存在回转不设集电器的塔式起重机未安装回转限位器或不灵敏的情况； 6. 是否存在行走式塔式起重机未安装行走限位器或不灵敏的情况
	防护装置	7. 是否存在小车变幅的塔式起重机未安装断绳保护及断轴保护装置或不符合规范要求的情况； 8. 是否存在行走及小车变幅的轨道行程末端未安装缓冲器及止挡装置或不符合规范要求的情况； 9. 是否存在起重臂根部绞点高度大于 50m 的塔式起重机未安装风速仪或不灵敏的情况； 10. 是否存在塔式起重机顶部高度大于 30m 且高于周围建筑物未安装障碍指示灯的情况
	吊钩滑轮卷筒钢丝绳	11. 是否存在吊钩未安装钢丝绳防脱钩装置或不符合规范要求的情况； 12. 是否存在吊钩磨损、变形、疲劳裂纹不能满足正常使用要求的情况； 13. 是否存在滑轮、卷筒未安装钢丝绳防脱装置或不符合规范要求的情况； 14. 是否存在滑轮及卷筒的裂纹、磨损不能满足正常使用要求的情况； 15. 是否存在钢丝绳磨损、变形、锈蚀不能满足正常使用要求的情况； 16. 钢丝绳的规格、固定、缠绕是否符合说明书及规范要求
	多塔作业	17. 多塔作业是否制定专项施工方案； 18. 施工方案是否经审批或是否存在方案针对性不强的问题； 19. 任意两台塔式起重机之间的最小架设距离是否符合规范要求
	安装拆卸验收	20. 安装、拆卸单位是否取得相应资质； 21. 是否制定安装、拆卸专项方案； 22. 方案是否经审批且内容符合规范要求； 23. 是否履行验收程序；

隐患分类		检查清单
15. 塔式起重机	安装拆卸验收	24. 验收表是否经责任人签字认可； 25. 特种作业人员是否持证上岗； 26. 是否采取有效联络信号
	附着	27. 是否存在塔式起重机高度超过规定未安装附着装置的情况； 28. 是否存在附着装置水平距离或间距不满足说明书要求而未进行设计计算和审批的情况； 29. 安装内爬式塔式起重机的建筑承载结构是否进行受力计算；附着装置安装是否符合说明书及规范要求； 30. 附着后塔身垂直度是否符合规范要求
	基础与轨道	31. 基础是否按说明书及有关规定设计、检测、验收； 32. 基础是否设置排水措施； 33. 路基箱或枕木铺设是否符合说明书及规范要求； 34. 轨道铺设是否符合说明书及规范要求
	结构设施	35. 主要结构件的变形、开焊、裂纹、锈蚀是否超过规范要求；平台、走道、梯子、栏杆等是否符合规范要求； 36. 主要受力构件高强螺栓使用是否符合规范要求； 37. 销轴联接是否符合规范要求
	电气安全	38. 是否采用 TN－S 接零保护系统供电； 39. 是否存在塔式起重机与架空线路小于安全距离又未采取防护措施的情况；防护措施是否符合规范要求； 40. 防雷保护范围以外是否设置避雷装置；避雷装置是否符合规范要求； 41. 电缆使用是否符合规范要求
16. 起重吊装	施工方案	1. 采用起重拔杆或起吊重量超过 100kN 及以上专项方案是否按规定组织专家论证
	起重机	2. 是否存在未安装荷载限制装置或不灵敏的情况； 3. 是否存在未安装行程限位装置或不灵敏的情况； 4. 是否存在吊钩未设置钢丝绳防脱钩装置或不符合规范要求的情况
	起重拔杆	5. 是否存在未按规定安装荷载、行程限制装置的情况； 6. 起重拔杆组装是否符合设计要求； 7. 起重拔杆组装后是否履行验收程序
	钢丝绳 地锚	8. 钢丝绳磨损、断丝、变形、锈蚀能否满足正常使用要求； 9. 是否存在钢丝绳索具安全系数小于规定的情况； 10. 卷筒、滑轮磨损、裂纹能否满足正常使用要求； 11. 是否存在卷筒、滑轮未安装钢丝绳防脱装置的情况； 12. 地锚设置是否符合设计要求
	作业环境	13. 起重机作业处地面承载能力是否符合要求；起重机作业处地面承载能力不符合要求是否采用有效措施； 14. 起重机与架空线路安全距离是否符合规范要求
	作业人员	15. 起重吊装作业单位是否取得相应资质； 16. 特种作业人员是否持证上岗； 17. 是否按规定进行技术交底并留有记录

续表

隐患分类		检查清单
16. 起重吊装	高处作业	18. 是否按规定设置高处作业平台； 19. 高处作业平台设置是否符合规范要求； 20. 是否按规定设置爬梯；爬梯的强度、构造是否符合规定； 21. 是否按规定设置安全带悬挂点
	构件码放	22. 构件码放是否超过作业面承载能力； 23. 构件堆放高度是否超过规定要求； 24. 大型构件码放是否采取稳定措施
	信号指挥	25. 是否按规定设置信号指挥人员； 26. 信号传递是否满足清晰、准确的要求
	警戒监护	27. 是否按规定设置作业警戒区； 28. 警戒区是否设专人监护
17. 施工机具	平刨	1. 平刨安装后是否进行验收并有验收合格手续； 2. 是否设置护手安全装置； 3. 传动部位是否设置防护罩； 4. 是否做保护接零； 5. 是否设置漏电保护器； 6. 是否设置安全防护棚； 7. 无人操作时是否切断电源
	圆盘锯	8. 电锯安装后是否留有验收合格手续； 9. 是否存在未设置锯盘护罩、分料器、防护挡板安全装置的情况； 10. 是否存在传动部位未进行防护的情况； 11. 是否存在未做保护接零、未设置漏电保护器的情况； 12. 是否存在未设置安全防护棚的情况； 13. 无人操作时是否切断电源
	手持电动工具	14. Ⅰ类手持电动工具是否采取保护接零或漏电保护器； 15. 使用Ⅰ类手持电动工具是否按规定穿戴绝缘用品； 16. 是否存在使用手持电动工具随意接长电源线或更换插头的情况
	钢筋机械	17. 机械安装后是否留有验收合格手续； 18. 是否存在未做保护接零、未设置漏电保护器的情况； 19. 钢筋加工区有无防护棚； 20. 钢筋对焊作业区是否采取防止火花飞溅措施； 21. 冷拉作业区是否设置防护栏； 22. 是否存在传动部位未设置防护罩或限位失灵的情况
	电焊机	23. 电焊机安装后是否留有验收合格手续； 24. 是否存在未做保护接零、未设置漏电保护器的情况； 25. 是否存在未设置二次空载降压保护器或二次侧漏电保护器的情况； 26. 一次线长度是否超过规定或未穿管保护； 27. 二次线长度是否超过规定； 28. 是否采用防水橡皮护套铜芯软电缆； 29. 电源是否使用自动开关； 30. 是否存在二次线接头超过 3 处或绝缘层老化的情况； 31. 电焊机是否设置防雨罩； 32. 接线柱是否设置防护罩

续表

隐患分类		检查清单
17. 施工机具	搅拌机	33. 搅拌机安装后是否留有验收合格手续； 34. 是否存在未做保护接零、未设置漏电保护器的情况； 35. 离合器、制动器、钢丝绳是否达到规范要求； 36. 操作手柄是否设置保险装置； 37. 是否设置安全防护棚； 38. 是否存在作业平台不安全的情况； 39. 是否存在上料斗未设置安全挂钩或挂钩不使用的情况； 40. 是否存在传动部位未设置防护罩的情况； 41. 是否存在限位不灵敏的情况； 42. 是否存在作业平台不平稳的情况
	氧气瓶	43. 氧气瓶是否安装减压器； 44. 各种气瓶是否标明标准色标； 45. 是否存在气瓶间距小于5m、距明火小于10m又未采取隔离措施的情况； 46. 是否存在乙炔瓶使用或存放时平放的情况； 47. 气瓶存放是否符合规范要求； 48. 气瓶是否设置防震圈和防护帽
	翻斗车	49. 翻斗车制动装置是否灵敏； 50. 是否存在无证司机驾车的情况； 51. 是否存在行车载人或违章行车的情况
	潜水泵	52. 是否做保护接零； 53. 是否设置漏电保护器； 54. 是否存在漏电动作电流大于15mA、负荷线未使用专用防水橡皮电缆的情况
	振捣机具	55. 是否存在未使用移动式配电箱的情况； 56. 是否存在电缆长度超过30m的情况； 57. 操作人员是否穿戴好绝缘防护用品
	桩工机械	58. 机械安装后是否留有验收合格手续； 59. 桩工机械是否设置安全保护装置； 60. 机械行走路线的耐力是否符合说明书要求； 61. 施工作业是否编制专项方案； 62. 桩工机械作业是否违反操作规程
	泵送机械	63. 机械安装后是否留有验收合格手续； 64. 是否存在未做保护接零、未设置漏电保护器的情况； 65. 是否存在固定式混凝土输送泵未制作良好设备基础的情况； 66. 移动式输送泵车是否安装在平坦坚实的地坪上

6.5 案例

【案例 6.1】

1. 事故基本情况

事故项目为某市生态旅游开发项目。总建筑面积为2万m^2，总建筑高度为25m，层高6m。发生坍塌建筑为地上建筑门楼部分，建筑面积270m^2，横向跨度为20m，纵向跨度为22m，坡屋面结构坡度约为23度，层高9～11.5m。事发时现场正在进行饮食中心门楼坡屋面的混凝土浇筑，事故造成6人死亡，6人受伤。

2. 事故原因分析

（1）门楼高大模板支撑体系架体未按照施工方案要求进行搭设，轴线处400×1200梁支架沿梁跨度方向扫地杆、第一步水平杆缺失，使得水平杆步距超过方案设计步距的两倍以上，致使梁支架的稳定性不满足设计承载要求，且门楼高大模板支撑体系在搭设完毕后未按要求进行验收。

（2）现场在进行浇筑时，违反专项施工方案中采用对称浇筑的要求，对门楼坡屋面采用不对称浇筑，实际产生的附加弯矩增加了B轴线处400×2560梁支架立杆承受的压力，导致该处梁支架稳定性不满足设计承载要求。现场浇筑完竖向结构（KZ1和KZ3两根框架柱）后，未按照方案中“竖向结构强度达到50%以后，再浇水平构件”的要求，随即开始梁板浇筑，由于竖向结构强度不够，B轴线处400×2560梁钢筋随支架变形下挠，将框架柱拉倒，增加了事故的规模和惨烈程度。

（3）事后，经对现场高大模板支撑体系架体材料（钢管、扣件、可调顶托）进行取样，并送检，发现部分材料不合格，导致架体承载力及稳定性低于专项方案的设计预期。上述原因叠加，导致事故发生。

3. 事故责任分析

（1）施工单位：①未严格审核劳务公司作业资质，把劳务工程发包给不具备安全生产条件的劳务单位；②未严格按照方案要求进行高大模板支撑体系搭设，且未严格落实高大模板支撑体系安全验收程序，在高大模板支撑体系搭设完成后，未按规定组织验收；③未严格落实高大模板支撑安全专项施工方案要求，在浇筑完门楼KZ1和KZ3两根框架柱后，在强度未达到要求的情况下即开始上部梁板的混凝土浇筑；④未按规定对高大模板支撑体系架体材料进行查验，部分钢管、扣件、可调顶托等材料不合格，导致架体的承载力及稳定性不满足方案的设计预期；⑤盲目组织现场施工，在总监理工程师未签署浇筑令的情况下违规组织浇筑施工作业；⑥未按要求配备专职安全生产管理人员，项目安全员未取得相关安全管理资格；⑦未按规定组织开展安全教育培训，在施工作业前未有效组织安全技术交底，相关工作台账不健全。

（2）项目劳务单位：①未取得建设施工劳务作业资质及安全生产许可证书，不具备承揽建设施工劳务工程的资格；②在承接劳务工程后，将劳务工程转包给个人劳务队伍，存在违法转包行为；③安全生产基础工作薄弱，未建立安全生产责任制和安全管理制度，未配备专职或者兼职的安全生产管理人员，无相关安全教育培训和安全检查工作台账；④未对现场劳务作业过程实施管控，未督促检查劳务安全生产工作，安全管理缺位。

（3）监理单位：①未有效督导和检查项目监理机构工作，未合理安排和组织现场安全监理工作，项目监理人员未经监理业务培训，安全监理工作能力不足；②未严格审核劳务公司相关建设施工劳务作业资质，进场前劳务单位资质把关不严；③未严格履行危险性较大的分部分项工程的验收程序，高大模板支撑体系搭设完毕后未组织安全验收，未及时发现存在的安全隐患；④现场安全监理和巡查检查缺位，事故当天无监理人员在岗，未及时发现和制止现场违规浇筑施工行为，未有效实施危险性较大的分部分项工程旁站监理；⑤未严格开展项目日常安全监理工作，监理日志未全面记录危险性较大的分部分项工程实施情况，安全监理基础工作不扎实。

（4）建设单位：①未全面掌握高大模板支撑体系施工进度，未及时督促项目严格落实危险性较大的分部分项工程的验收程序；②未有效开展现场巡查，未及时发现和制止现场违规浇筑施工行为；③是未按停复工工作要求，组织施工、监理单位对项目复工前的安全生产状况进行检查，隐患排查治理不到位。

4. 处理建议

（1）建议移送司法机关追究刑事责任的人员。鉴于事故有关7名责任人未落实安全生产责任，造成人员伤亡惨重，财产损失重大，涉嫌刑事犯罪，建议由司法机关依法追究刑事责任。

（2）建议给予行政处罚的单位和个人。根据《中华人民共和国安全生产法》有关规定，建议由市应急管理局对事故责任单位和主要负责人实施行政处罚。

（3）建议给予党纪政务处分的人员。对于在事故调查过程中发现的地方党委政府、行业主管部门和有关单位其他公职人员等5人在履职尽责方面的问题，已将相关线索移交市纪委监委责任追究审查调查组，由纪委监委按照干部管理权限和相关责任追究的规定提出处理意见。

启示：有一些企业，在生产经营过程中，往往为了一点点利益的追求，就不经意间选择了牺牲最为宝贵的生命安全作为代价。从这个事故之中我们应该明白，追求经济利益的同时也要注重安全，要舍得安全生产投人，才能创造财富，拥有财富，否则一切都是空谈。

【案例6.2】

1. 事故基本情况

2021年，按照地坪专业瓦工班长王某的安排，瓦工11人，来到某还原小区工地14号楼作业现场，主要作业内容是由上至下逐层继续浇筑19～20层室内地坪。王某当天首次来到该工地，主要作业内容是在楼内为准备做地坪的室内，事先打扫地面卫生、洒水、涂刷水泥浆等辅助的小工活。朱某、荣某两人的分工是在作业楼层用手推车运送混凝土料，从施工电梯吊笼内，将运上楼的混凝土料手推车推到楼内卸料。其余7人在室内摊铺、找平混凝土、刮平混凝土地面。11：00左右，朱某、荣某在20层楼先后从施工电梯西侧吊笼内，将运上来的两车混凝土料推出施工电梯吊笼，向最西边单元送料，后面的荣某将装有混凝土料的手推车推出吊笼在接料平台西南侧区域，正要停下时（准备将停在东吊笼门口的另一辆空手推车推到西吊笼内），从西单元忙完过来的王某说，由她推空手推车到施工电梯吊笼内，叫朱某、荣某赶紧推重车向西单元送料。11：05左右，朱某推空车返回到接料平台，将空车推进西吊笼时，没见到西吊笼内的司机吴某，也没见到推空车的王某和另1辆空手推车。感觉情况异常的朱某立即到西单元找班长王某反映异常情况，班长王某听到情况后立即到接料平台及附近查找，发现接料平台南侧的采光井最底下有人和手推车坠落的迹象，在场的几个工人先后跟随班长乘刚上来的施工电梯东吊笼，下楼逐层搜寻查找。在 4 层、3 层采光井内的脚手架上发现坠落的手推车和坠落的吴某、王某。

2. 事故原因分析

（1）直接原因。王某未经安全生产教育培训，安全意识淡薄，在无临边防护的接料平台上，误操作电动手推车失控，与前来帮忙的升降机驾驶员吴某及其随同电动手推车一并坠落采光井内。

（2）间接原因。

1）劳务公司：①该还原小区瓦工分包单位，将室内地坪工程分包给个人；②公司在未取得营业执照的情况下与施工单位签订建设工程劳务分包承包合同；③未安排专职安全生产管理人员对临边作业进行现场监督检查；④未按规定开展作业人员的安全生产教育培训工作；⑤未按规定向施工班组进行书面安全交底；⑥安全风险分级管控措施落实不力，现场洞口临边防护隐患排查不到位，未发现事发采光井、接料平台临边防护被拆除的隐患问题；⑦未采取有效措施，及时消除临边作业事故隐患。

2）架业分包单位：①与施工单位签订《建设工程劳务分包承包合同》（钢、木、瓦班组）未认真履行安全生产主体责任；②安全管理不到位，该项目工程部分楼层临边安全防护搭设不到位。

3）施工单位：①超资质等级承揽工程，组织管理混乱，未按规定配备安全管理人员；②未督促分包单位组织新入场作业人员进行三级安全教育培训；③安全风险分级管控措施落实不力，现场洞口临边防护隐患排查不到位；④未发现事发采光井、接料平台临边防护被拆除的安全隐患问题。

4）监理公司：①未按要求配置监理人员；②对施工单位未及时整改的事故隐患未及时向主管部门进行报告；③未严格落实监理单位的监理职责，对施工单位事发楼层存在临边无防护、防护不到位等安全隐患未及时发现处理；④对施工单位作业人员的安全教育培训和安全技术交底工作审查不严。

5）建设单位：①组织管理混乱，安全生产文明施工监督备案流于形式；②将建设工程整体发包、工程违规拆解为三个标段发包给不具备资质等级的施工单位。

3. 事故责任分析

（1）劳务公司：①未落实安全生产主体责任，未安排专职安全生产管理人员对临边作业进行现场监督检查；②未按规定开展作业人员的安全生产教育培训工作；③未按要求落实施工班组书面安全交底相关规定；④安全风险分级管控措施落实不力，现场洞口临边防护隐患排查不到位，未发现事发采光井、接料平台临边防护被拆除的隐患问题；⑤未采取有效的技术、管理措施，及时消除临边作业事故隐患；⑥违规与施工单位签订工程承包合同，不履行合同约定的责任和义务，将其承包的工程肢解后以分包的名义转给其他不具备安全生产条件的个人施工。

（2）施工单位：①组织管理混乱，超资质承揽工程，未按国家有关规定与分包单位约定工程再分包等事项；②未按规定督促分包单位组织新入场作业人员进行三级安全教育培训；③安全风险分级管控措施落实不力，现场洞口临边防护隐患排查不到位，未发现事发采光井、接料平台临边防护安全隐患等问题。

(3) 监理单位：①未按照要求配置监理人员；②对施工单位未及时整改的事故隐患未及时向主管部门进行报告；③未严格落实监理单位的监理职责，对施工单位作业人员的安全教育培训和安全技术交底工作审查不严；④对工程存在的临边防护不到位等隐患失察。

(4) 建设单位：①建设单位与监理公司签订监理合同时间在监理项目公开招标时间前；②将建设工程肢解发包给不具备相应资质的施工单位。

4. 处理建议

(1) 劳务公司建议由建设主管部门实施信用惩戒，不准再进入本地建筑劳务市场。

(2) 施工单位建议由市应急管理局对其处 99.9 万元罚款，由其主管部门降低其资质等级（建筑工程施工总承包一级降为二级）。

启示：小事不慎，将酿大祸。安全生产同样如此，有时候忘戴一次安全帽，少拧一个小螺丝，都可能酿成大的安全事故。所以，凡事要从大处着眼，小处入手，不能放过任何一个细节。当发现不安全的隐患后，必须迅速进行整改，避免问题积累，浅水沟里翻船。

【案例 6.3】

1. 事故基本情况

2020 年 11 月 28 日 13 时 23 分许，位于顺义区赵全营镇的原板桥二期项目 1 号商务办公楼等 12 项工程施工现场，3 号商务办公楼 10 层北侧卸料平台发生侧翻，造成 3 人死亡，直接经济损失 482.76 万元。

事发工程建设单位为北京华恒盛兴置业有限公司，施工总承包单位为北京建工国际建设工程有限责任公司（以下简称某建工国际公司），监理单位为北京市顺金盛建设工程监理有限责任公司（以下简称顺金盛公司），结构劳务施工单位为重庆市圣华建筑劳务有限公司（以下简称重庆圣华公司）。

2. 事故原因分析

(1) 事故直接原因。卸料平台严重超载是导致吊环螺杆过载脆性断裂的主要因素；卸料平台钢丝绳主绳与水平钢梁夹角过小、吊环未紧贴建筑结构边梁、悬挑长度略大等设计、安装不符合有关规定的情况导致卸料平台实际承载能力降低，是吊环螺杆断裂的次要因素；吊环材质、焊缝长度不满足设计要求，吊环存在焊趾凹坑、制作吊环时材质性能受损，吊环材料在低温下脆性增加等因素均进一步增加吊环螺杆脆性断裂的可能，在严重超载情况下吊环螺杆发生过载脆性断裂、引发卸料平台侧翻，作业人员未系挂安全带，从高处坠落，导致事故发生。

(2) 事故间接原因。危险性较大的分部分项工程安全管理混乱；安全管理（监理）人员配备不足、相关人员未到岗履职，安全生产教育培训不落实；行业监管不到位是导致事故发生的间接原因。

(3) 事故性质。该起事故是一起因违规施工、违规设计，项目管理缺失，现场安全管理不力导致的较大生产安全责任事故。

3. 事故处理情况

(1) 追究刑事责任的人员（10人）。吕某航，建工国际公司事发工程项目经理；温某成，建工国际公司事发工程生产经理；刘某月，建工国际公司事发工程安全主管；王某，建工国际公司事发工程专职安全生产管理人员；陈某文，重庆圣华公司事发工程生产经理；孙某刚，重庆圣华公司事发工程专职安全生产管理人员；向某武，重庆圣华公司事发工程木工组长；马某，顺金盛公司事发工程安全监理。因涉嫌重大责任事故罪，被顺义区人民检察院批准逮捕。

胡某强，建工国际公司借调人员、事发工程技术主管；王某朋，重庆圣华公司事发工程架子工班长。因涉嫌重大责任事故罪，公安机关已立案侦查，依法追究刑事责任。

(2) 追责问责的人员（12人）。高某，建工国际公司党委副书记、总经理；闫某，建工国际公司借调人员、事发工程技术负责人。被给予书面诫勉。

李某，建工国际公司总工程师，主管技术质量工作；乔某，顺金盛公司副经理，主管公司安全工作；刘某云，顺义区建设工程安全监督站西片组组长；刘某楠，顺义区建设工程安全监督站执法检查人员。被给予警告处分。

张某，建工国际公司安全总监、安全监管部部长；杜某，建工国际公司技术总监、技术质量部部长；茹某，顺金盛公司安全部部长。被给予记过处分。

寇某忠，顺金盛公司事发工程总监理工程师。被给予记大过处分。

付某颖，顺金盛公司事发工程总监理工程师代表。被给予降级处分。

谢某刚，建工国际公司事发工程项目部党支部书记。被给予党内严重警告、政务降级处分。

(3) 给予行政处罚（处理）的人员和单位。

1) 建工国际公司，对事故发生负有主要责任。应急管理部门给予其52万元罚款的行政处罚，纳入联合惩戒对象管理；住房和城乡建设行政主管部门暂扣其安全生产许可证90日，一年内对其资质升级申请和增项申请不予批准。

建工国际公司法定代表人曾某，对事故发生负有领导责任，应急管理部门给予其上一年年收入百分之四十罚款的行政处罚。

2) 重庆圣华公司，对事故发生负有主要责任。应急管理部门给予其52万元罚款的行政处罚，纳入联合惩戒对象管理；住房和城乡建设行政主管部门暂停其在北京建筑市场投标资格90日，并将事故情况通报重庆市住房和城乡建设行政主管部门按照有关规定进行查处。重庆圣华公司法定代表人叶某军，对事故发生负有领导责任，应急管理部门给予其上一年年收入百分之四十罚款的行政处罚。

3) 顺金盛公司，对事故发生负有重要责任。应急管理部门给予其50万元罚款的行政处罚，纳入联合惩戒对象管理；住房和城乡建设行政主管部门暂停其在北京建筑市场投标资格60日。

顺金盛公司法定代表人王某军，对事故发生负有领导责任，应急管理部门给予其上一年年收入百分之四十罚款的行政处罚。

4）住房和城乡建设行政主管部门吊销事发工程项目经理吕某航注册建造师执业资格证书，5年内不予注册；撤销事发工程安全主管刘某月安全生产考核合格证书；吊销事发工程总监理工程师寇某忠和总监理工程师代表付某颖注册监理工程师执业资格证书，5年内不予注册。

5）北京华垣盛兴置业有限公司未设立专门的安全管理机构，涉嫌将一个单位工程发包给两个以上的施工单位。住房和城乡建设行政主管部门给予其737万元罚款的行政处罚，并对该公司相关人员依法给予相应行政处罚。

4. 事故警示

(1) 施工单位要加强危险性较大的分部分项工程专项施工方案设计审核、安全交底、施工监测和安全巡视；强化专职安全生产管理人员配备和项目管理人员履职情况实地检查核查；规范开展安全生产教育培训和事故案例警示教育。

(2) 监理单位要规范配备建设工程监理人员，加强履职情况实地核查；加强危险性较大的分部分项工程监理，严格审查专项施工方案，按标准开展验收；加强施工现场安全监督检查，对监理过程中发现的事故隐患书面督促施工单位整改。

(3) 住房和城乡建设行政主管部门要坚决查处违法违规行为，开展警示宣传，督促相关单位以案为鉴、举一反三，强化安全意识，压实各环节责任；组织开展卸料平台安全技术论证，推进完善技术标准，严格设计、安装和使用要求。

(4) 属地政府要加强施工安全监督管理工作，督促有关部门全面加强事发工程后续施工安全监督检查，严查项目管理和监理人员配备及到岗履职、危险性较大的分部分项工程安全施工、施工现场安全检查、隐患排查整改、安全生产教育培训等情况。

启示：生产过程的安全隐患，包括人的不安全行为、物的不安全状态和管理缺陷，这些都是由于生存环境有隐患才会出现。因此，消除隐患就必须先消除滋生隐患的环境，形成人人查隐患、人人反隐患、人人自觉消除隐患的安全环境。

复习思考题

一、单选题

1.《建设工程安全生产管理条例》规定，在施工准备阶段，监理单位应按照工程建设强制性标准、《建设工程监理规范》的要求，编制包括（　　）内容的项目监理规划。

A. 安全规划

B. 安全监理

C. 安全监管

D. 安全细则

2. 监理单位的总监理工程师和（　　）人员需经安全生产教育培训后方可上岗。

A. 专业监理工程师

B. 总监代表

C. 安全监理

D. 监理员

3. 工程监理单位应当审查施工组织设计中的（　　）或者专项施工方案是否符合工程建设强制性标准。

A. 安全技术措施

B. 安全保障体系

C. 质量保证措施

D. 施工进度计划

4.（　　）负责建筑安全生产的管理。

A. 劳动行政管理部门

B. 建筑业协会

C. 建设行政管理部门

D. 国务院

5. 建筑工程实行总承包，（　　）将建筑工程肢解发包。

A. 允许

B. 原则上制止

C. 禁止

D. 原则上允许

6. 施工单位应当建立健全教育培训制度，加强对职工的教育培训：未经教育培训或者考核不合格的人员，（　　）。

A. 不得上岗作业

B. 应当下岗

C. 可以上岗作业

D. 调到其他岗位任职

7.《建设工程安全生产管理条例》规定，工程监理单位应当审查施工组织设计中的安全技术措施或者专项施工方案是否符合工程建设（　　）。

A. 整体安全要求

B. 强制性标准

C. 一般要求

D. 基本要求

8. 下列（　　）不是事故应急救援的基本任务。

A. 消除危害后果

B. 组织救援和保护危害区域内的人员

C. 查清事故原因

D. 追究事故责任

9. 开挖深度超过（　　）m 的基坑土方开挖工程属危险性较大的分部分项工程

范围。

A. 3m

B. 4m

C. 5m

D. 2m

10. 建筑施工现场临时用电工程专用的电源中性点直接接地的220/380V三相四线制低压电力系统，必须符合下列规定（　　）。

A. 采用三级配电系统

B. 采用TN－S接零保护系统

C. 采用二级漏电保护系统

D. 以上都是

11. 高处作业是指凡在坠落高度基准面（　　）m以下［含（　　）m］有可能坠落的高处进行的作业。

A. 1，1

B. 2，2

C. 3，3

D. 4，4

二、多选题

1.《建设工程安全生产管理条例》规定，施工单位（　　）应当经建设行政主管部门或者其他有关部门考核合格后方可任职。

A. 项目技术负责人

B. 项目负责人

C. 专职安全生产管理人员

D. 技术负责人

E. 主要负责人

2. 建筑起重机械安装完毕后，使用单位应当组织（　　）等有关单位组织验收，或者委托具有相应资质的检验检测机构进行验收，经验收后方可投入使用。

A. 建设单位

B. 出租单位

C. 安装单位

D. 检验检测机构

E. 监理单位

3. 过一定规模危险性较大的分部分项工程专项施工方案，应当由施工单位组织召开专家论证会，下列人员应当参加（　　）。

A. 专家组成员

B. 建设单位项目负责人或技术负责人

C. 总监理工程师

D. 施工单位技术负责人

E. 质检站负责人

4. 建设项目安全设施必须与主体工程（　　）。

A. 同时投资

B. 同时设计

C. 同时安装

D. 同时施工

E. 同时投入生产和使用

5. 在中华人民共和国境内从事建设工程的（　　）等有关活动及实施对建设工程安全生产的监督管理，必须遵守《建设工程安全生产管理条例》。

A. 新建

B. 扩建

C. 改建

D. 拆除

E. 装修

6. 工程监理单位在实施监理过程中，发现存在安全事故隐患的，应当要求施工单位整改；情况严重的，应当要求施工单位（　　）。施工单位拒不整改或者不停止施工的，工程监理单位应当及时向有关主管部门报告。

A. 全面停工

B. 暂时停止施工

C. 撤出全部人员

D. 并及时报告建设单位

E. 向有关主管部门报告

7. 施工单位应当对达到一定规模的危险性较大的分部分项工程编制专项施工方案，并附具安全验算结果，经（　　）签字后实施，由专职安全生产管理人员进行现场监督。

A. 施工单位技术负责人

B. 总监理工程师

C. 项目经理

D. 项目技术负责人

E. 施工单位专职安全管理人员

8. 工程监理单位在实施监理过程中，发现存在安全事故隐患的（　　）。

A. 应当要求施工单位整改

B. 情况严重的，应当要求施工单位暂时停止施工，并及时报告建设单位

C. 施工单位拒不整改或者不停止施工的，工程监理单位应当及时向有关主管部门报告

D. 给予施工单位相应的经济处罚

E. 情况严重的，可以越级向当地公安部报告

9. 工程开工前，监理单位应认真审查施工单位的（　　）是否合法有效。

A. 施工合同

B. 安全生产许可证

C. 营业执照

D. 施工资质

三、问答题

1. 简述建设工程安全监理的概念。

2. 安全生产有哪些基本原则?

3. 安全生产方针的内容有哪些?

4.《关于落实建筑工程安全生产监理责任的若干意见》要求,落实监理责任主要采取哪些措施?

5.《建设工程安全生产管理条例》规定,监理单位哪些行为将会承担相应监理责任?

6. 简述监理现场安全检查的方法。

6.1

第 6 章参考答案

第7章
建设工程项目合同管理与风险管理

学习重点

- 掌握建设工程监理、施工合同相关内容
- 掌握建设工程索赔及工程保险的相关知识

知识目标	技能素养	思政元素
了解合同、建设工程合同相关知识；了解建设工程保险相关知识	能够把建设工程合同知识运用到工程实践中	职业素养 终身学习 专业能力
熟悉建设工程风险及风险管理相关知识；熟悉工程担保分类	熟练应用风险管理知识，分析影响三控制目标实现的风险因素，制定风险对策	科学精神 工匠精神 适应发展
掌握建设工程监理、施工合同相关内容；掌握建设工程索赔及工程保险的相关知识	能具有管理建设工程监理、施工合同的能力；能够分析并运用工程索赔相关知识，在工程项目施工阶段开展索赔工作	法律意识 逻辑思维 诚信精神

引　　例

上海中心大厦（Shanghai Tower)，是中华人民共和国上海市的一座巨型高层地标式摩天大楼，其设计高度超过附近的上海环球金融中心。上海中心大厦总建筑面积57.8万m^2，建筑主体为地上127层，地下5层，总高为632m，结构高度为580m，基地面积30368m^2，机动车停车位布置在地下，可停放2000辆。

2008年11月29日上海中心大厦进行主楼桩基开工。2016年3月12日，上海中心大厦建筑总体正式全部完工 。2016年4月27日，“上海中心”举行建设者荣誉墙揭幕仪式并宣布分步试运营。2017年4月26日，位于大楼第118层的“上海之巅”观光厅起正式向公众开放。

美国SOM建筑设计事务所、美国KPF建筑师事务所及上海现代建筑设计集团等多家国内外设计单位提交了设计方案，美国Gensler建筑设计事务所的“龙形”方案及英国福斯特建筑事务所“尖顶形”方案入围。经过评选，“龙形”方案中标，大厦细部深化设计以“龙形”方案作为蓝本，由同济大学建筑设计研究院完成施工图出图。2020年1月6日，入选上海新十大地标建筑。

上海中心大厦的建筑高度是令国人引以为傲的，这不仅体现了中国近年来飞速进步的基建实力，更体现了中国经济的腾飞态势。上海中心大厦的成功离不开工程人的工匠精神，它包含谦虚之心、恒定之心、仔细之心、执着之心等等。

那么如此宏伟的超高层建筑，具有工期长、投资大、主体多等特征，施工内容复杂且繁多，施工各方所签订的相关合同成千上万份。如何以合同为依托，作为约束性文件来推动工程施工的顺利进行呢？

7.1 合同与合同管理

7.1.1 合同与合同管理的基础知识

1. 合同的概念

合同是具有平等民事主体的当事人，为达到一定目的，经自愿、平等、协商一致设立、变更、终止民事权利义务关系达成的协议。合同一旦成立，即具有法律约束力，在合同双方当事人之间产生权利和义务的法律关系。也正是通过这种权利和义务的约束，促使签订合同的双方当事人认真全面地履行合同。

2. 建设工程合同

一个建设工程项目的实施，涉及的建筑任务很多，往往需要很多单位共同参与，不同的建设任务由不同的单位分别承担，这些参与单位与业主之间应该通过合同明确其承担的任务和责任以及所拥有的权利。

根据不同的合同任务内容，建设工程合同可划分为勘察合同、设计合同、施工承包合同、委托代理合同等。

3. 建设工程合同管理及法律依据

建设工程项目合同管理，是指对建设工程项目建设有关的各类合同，从合同条件的拟定、协商，合同的订立、履行和合同纠纷处理情况的检查和分析等环节的科学管理工作，以期通过合同管理实现建设工程项目的“三控制”目标，维护合同当事人双方的合法权益。建设工程项目合同管理的过程是一个动态过程，是随着建设工程项目合同管理的实施而实施的，因此建设工程项目合同管理，是一个全过程的动态管理。

建设工程项目合同管理的法律依据为《中华人民共和国民法典》，该法自2021年1月1日起施行，《中华人民共和国合同法》同时废止。

7.1.2 建设工程合同的谈判与订立

1. 合同订立的程序

合同订立的过程也就是合同形成的过程、合同协商的过程。与其他合同的订立程序相同，工程合同的订立也要采取要约和承诺方式。根据《中华人民共和国招标投标法》对招标、投标的规定，招标、投标、中标的过程实质就是要约、承诺的一种具体方式。招标人通过媒体发布招标公告，或向符合条件的投标人发出招标文件，为要约邀请；投标人根据招标文件内容在约定的期限内向招标人提交投标文件，为要约；招标人通过评标确定中标人，发出中标通知书，为承诺；招标人和中标人按照中标通知书、招标文件和中标人的投标文件等订立书面合同时，合同成立并生效。

工程施工合同的订立往往要经历一个较长的过程。在明确中标人并发出中标通知书后，双方即可就建设工程施工合同的具体内容和有关条款展开谈判，直到最终签订合同。

2. 建设工程施工承包合同谈判的主要内容

（1）关于工程内容和范围的确认。

招标人和中标人可就招标文件中的某些具体工作内容进行讨论，修改、明确或细化，从而确定工程承包的具体内容和范围。在谈判中双方达成一致的内容，包括在谈判讨论中经双方确认的工程内容和范围方面的修改或调整，应以文字方式确定下来，并以“合同补遗”或“会议纪要”方式作为合同附件，并明确它是构成合同的一部分。

对于为监理工程师提供的建筑物、家具、车辆以及各项服务，也应逐项详细地予以明确。

（2）关于技术要求、技术规范和施工技术方案。

双方尚可对技术要求、技术规范和施工技术方案等进行进一步讨论和确认，必要的情况下甚至可以变更技术要求和施工方案。

（3）关于合同价格条款。

一般在招标文件中就会明确规定合同将采用什么计价方式，在合同谈判阶段往往没有讨论的余地。但在可能的情况下，中标人在谈判过程中仍然可以提出降低风险的改进方案。依据计价方式的不同，工程施工合同可以分为总价合同、单价合同和成本加酬金合同。

（4）关于价格调整条款。

对于工期较长的建设工程，容易遭受货币贬值或通货膨胀等因素的影响，可能给承包人造成较大损失。价格调整条款可以比较公正地解决这一承包人无法控制的风险损失。

无论是单价合同还是总价合同，都可以确定价格调整条款，即是否调整以及如何调整等。可以说，合同计价方式以及价格调整方式共同确定了工程承包合同的实际价格，直接影响着承包人的经济利益。在建设工程实践中，由于各种原因导致费用增加的几率远远大于费用减少的几率，有时最终的合同价格调整金额会远远超过原定的合同总价，因此承包人在投标过程中，尤其是在合同谈判阶段务必对合同的价格调整条款予以充分的重视。

（5）关于合同款支付方式的条款。

建设工程施工合同的付款分四个阶段进行，即预付款、工程进度款、最终付款和退还保留金。关于支付时间、支付方式、支付条件和支付审批程序等有很多种可能的选择，并且可能对承包人的成本、进度等产生比较大的影响，因此，合同支付方式的有关条款是谈判的重要方面。

（6）关于工期和维修期。

中标人与招标人可根据招标文件中要求的工期，或者根据投标人在投标文件中承诺的工期，并考虑工程范围和工程量的变动而产生的影响来商定一个确定的工期。同时，还要明确开工日期、竣工日期等。双方可根据各自的项目准备情况、季节和施工环境因素等条件洽商适当的开工时间。

对于具有较多的单项工程的建设工程项目，可在合同中明确允许分部位或分批提交业主验收（例如成批的房屋建设工程应允许分栋验收；分多段的公路维修工程应允许分段验收；分多片的大型灌溉工程应允许分片验收等），并从该批验收时起开始计算该部分的维修期，以缩短承包人的责任期限，最大限度保障自己的利益。

双方应通过谈判明确，由于工程变更（业主在工程实施中增减工程或改变设计等）、恶劣的气候影响，以及种种“作为一个有经验的承包人无法预料的工程施工条件的变化”等原因对工期产生不利影响时的解决办法，通常在上述情况下应该给予承包人要求合理延长工期的权利。

合同文本中应当对维修工程的范围、维修责任及维修期的开始和结束时间有明确的规定，承包人应该只承担由于材料和施工方法及操作工艺等不符合合同规定而产生的缺陷。

承包人应力争以履约保函来代替业主扣留的保留金。与保留金相比，履约保函对承包人有利，主要是因为可提前取回被扣留的现金，而且保函是有时效的，期满将自动作废。同时，它对业主并无风险，真正发生维修费用，业主可凭保函向银行索回款项。因此，这一做法是比较公平的。维修期满后，承包人应及时从业主处撤回保函。

（7）合同条件中其他特殊条款的完善。

主要包括：关于合同图纸；关于违约罚金和工期提前奖金；工程量验收以及衔接工序和隐蔽工程施工的验收程序；关于施工占地；关于向承包人移交施工现场和基础资料；关于工程交付；预付款保函的自动减额条款等。

3. 工程施工承包合同最后文本的确定和合同签订

（1）合同风险评估。

在签订合同之前，承包人应对合同的合法性、完备性、合同双方的责任、权益以及合同风险进行评审、认定和评价。

（2）合同文件内容。

建设工程施工承包合同文件构成：合同协议书；工程量及价格；合同条件，包括合同一般条件和合同特殊条件；投标文件；合同技术条件（含图纸）；中标通知书；双方代表共同签署的合同补遗（有时也以合同谈判会议纪要形式）；招标文件；其他双方认为应该作为合同组成部分的文件。

对所有在招标投标及谈判前后各方发出的文件、文字说明、解释性资料进行清理。对凡是与上述合同构成内容有矛盾的文件，应宣布作废。可以在双方签署的《合同补遗》中，对此作出排除性质的声明。

(3) 关于合同协议的补遗。

在合同谈判阶段双方谈判的结果一般以《合同补遗》的形式，有时也可以以《合同谈判纪要》形式，形成书面文件。

同时应该注意的是，工程施工承包合同必须遵守法律。对于违反法律的条款，即使由合同双方达成协议并签了字，也不受法律保障。

(4) 签订合同。

对方在合同谈判结束后，应按上述内容和形式形成一个完整的合同文本草案，经双方代表认可后形成正式文件。双方核对无误后，由双方代表草签，至此合同谈判阶段即告结束。此时，承包人应及时准备和递交履约保函，准备正式签署施工承包合同。

7.1.3　工程担保

工程担保中大量采用的是第三方担保，即保证担保。承发包双方为了全面履行合同，应互相提供担保。建设工程中常采用的担保种类有：投标担保、履约担保、预付款担保、支付担保等。

1. 投标担保

投标担保，或投标保证金，是指投标人向招标人提供的担保，投标人保证中标后履行签订承发包合同的义务，否则，招标人将对投标保证金予以没收。保证投标人一旦中标即按中标通知书、投标文件和招标文件等有关规定与业主签订承包合同。

投标保证金的方式：交付现金；支票；银行汇票；不可撤销信用证；银行保函；由保险公司或者担保公司出具投标保证书。具体方式由招标人在招标文件中规定，未能按照招标文件要求提供投标担保的投标，可视为不响应招标而被拒绝。

根据《工程建设项目施工招标投标办法》规定，施工投标保证金的数额一般不得超过投标总价的2%，但最高不得超过80万元人民币。投标保证金有效期应当超出投标有效期30天。

根据《工程建设项目施工招标投标办法》规定，招标文件要求投标人提交投标保证金的，保证金数额一般不超过勘察设计费投标报价的2%，但最高不得超过10万元人民币。

国际上常见的投标担保的保证金数额为2%～5%。

投标担保的主要目的是保护招标人不因中标人不签约而蒙受经济损失。投标担保要确保投标人在投标有效期内不要撤回投标书，以及投标人在中标后保证与业主签订合同并提供业主所要求的履约担保、预付款担保等。

2. 履约担保

履约担保，是指招标人在招标文件中规定的要求中标的投标人提交的保证履约合同的义务和责任的担保。

履约担保的形式：银行履约保函、履约担保书、保留金。银行履约保函是由商业银行开具的担保证明，通常为合同金额的10%左右，银行保函分为有条件的银行保函和无条件的银行保函。由担保公司或保险公司开具履约担保书，当承包人在执行合同中违约时，开出担保书的担保公司或保险公司用该项担保金去完成施工任务或者向发包人支付完成该项目所实际花费的金额，但该金额必须在保证金的担保金额内。保留金，是指发包人根据合同约定，每次支付工程进度款时扣除一定数目的款项，作为承包人完成其修补缺陷义务的保证。保留金一般为每次工程进度款的10%，但总额一般应限制在合同总价款的5%。一般在工程移交时，业主将保留金一半支付给承包人，质保期时，将剩下一半支付给承包人。

履约担保的有效期始于工程开工之日，终止日期则可以约定为工程竣工交付之日或者保修期满之日。由于合同履行期限应该包括保修期，履约担保的时间范围也应该覆盖保修期，如果确定履约担保的终止日期为工程竣工交付之日，则需要另外提供工程保修担保。

3. 预付款担保

建设工程合同签订以后，发包人往往会支付给承包人一定比例预付款，一般为合同金额的10%，若发包人有要求，承包人应向发包人提供预付款担保。

预付款担保的形式一般为银行保函，也可由担保公司担保，或采取抵押等担保形式。预付款一般逐月从工程付款中扣除，预付款担保的担保金额也相应逐月减少。承包人在施工期间，应当定期从发包人处取得同意此保函减值文件，并交送银行确认。承包人还清全部预付款后，发包人应退还预付款担保，承包人将其退回银行注销，解除担保责任。

预付款担保的主要作用在于保证承包人能够按合同规定进行施工，偿还发包人已经支付的全部预付金额。若承包人中途毁约，终止工程，使发包人不能在规定期限内从应付工程款中扣除全部预付款，则发包人作为保函的受益人有权凭预付款担保向银行索赔该保函的担保金额作为补偿。

4. 支付担保

支付担保是指应承包人的要求，发包人提交的保证履行合同中约定的工程款支付义务的担保。支付担保的形式：银行保函、履约保证金、担保公司担保。

发包人支付担保应是金额担保，实行履约金分段滚动担保。担保额度为工程总额的20%～25%。本段清算后进入下段。

支付担保的作用是通过对发包人资信状况进行严格审查并落实各项反担保措施，确保工程费用及进支付到位。一旦发包人违约，付款担保人将代为履约。

招标文件中要求中标人提交履约担保的，中标人应当提交。招标人应当同时向中标人提供工程款支付担保。

7.2 建设工程监理合同管理

7.2.1 建设工程监理合同概述

建设工程监理合同简称监理合同，是建设单位委托监理单位对建设工程项目进行管理，明确双方权利、义务的协议。建设单位称委托人，监理单位称受托人。

委托监理合同的标的是服务，工程建设实施阶段所签订的其他合同，如勘察设计合同、施工承包合同、物资采购合同、加工承揽合同的标的物是产生新的物质或信息成果，而监理合同的标的是服务，即监理工程师凭据自己的知识、经验、技能受业主委托为其所签订的其他合同的履行实施监督和管理。建设工程实施监理的，发包人应当与监理人采用书面形式订立委托监理合同。发包人与监理人的权利和义务以及法律责任，应当依照本法委托合同以及其他有关法律、行政法规的规定。

7.2.2 建设工程监理合同内容

1. 监理合同《示范文本》

为了指导建设工程施工合同当事人的签约行为，维护合同当事人的合法权益，依据《建筑法》《招标投标法》以及相关法律法规，住房和城乡建设部、国家工商行政管理总局在原版本的基础上，制定了《建设工程监理合同（示范文本）》（GF—2012—0202)（以下简称《示范文本》）。

2. 监理合同内容

监理合同文件除合同外，还应包括监理投标书和中标通知书、监理合同标准条件、监理合同专用条件、在实际施工过程中双方共同签署的补充与修改文件等。

监理合同条款的组成包括合同内所涉及的词语定义和遵循的法规，监理人及委托人的权利、义务、责任，合同生效、变更与终止，监理报酬，争议的解决及其他。

《示范文本》的组成由合同协议书、通用条件和专用条件三部分以及附录A和附录B组成。

协议书不仅明确了委托人和监理人，而且明确了双方约定的委托建设工程监理与相关服务的工程概况、词语限定、组成合同的文件、总监理工程师、签约酬金、期限，双方承诺以及合同订立等。协议书是一份标准的格式文件，经当事人双方在空格处填写具体规定的内容并签字盖章后，即发生法律效力。

通用条件涵盖了建设工程监理合同中所用的词语定义与解释，委托人与监理人各自的义务，合同的生效、变更、暂停与解除以及违约责任，合同争议解决及其他相关内容。

专用条件是对通用条件原则性约定的细化、完善、补充、修改或另行约定的条款。合同当事人可以根据不同建设工程的特点及具体情况，通过双方的谈判、协商对相应的专用合同条款进行修改补充。

附录主要明确监理合同的服务范围和内容，以及双方派遣的人员和提供的办公条件等。

3. 监理合同特点

监理合同主要有以下几个特点：

(1) 合同的当事人双方应当是具有民事权利能力和民事行为能力、取得法人资格的企业单位，其他社会组织、个人在法律允许范围内也可以成为合同当事人。

(2) 监理合同的订立必须符合工程建设项目建设程序。

（3）监理合同的标的是服务，这是与其他合同标的不同之处。

7.3 建设工程施工合同管理

7.3.1 建设工程施工合同的内容和订立程序

1. 施工合同的内容

建设工程施工承包合同即发包人与承包人为完成商定的施工任务明确双方权利义务关系的协议。建设工程施工合同管理包括合同订立、履行、变更、索赔、解除、终止、争议解决以及控制和综合评价等内容。

建设工程施工合同一般分为施工总承包合同和施工分包合同。施工分包合同又分为专业工程分包合同和劳务作业分包合同。

依据《中华人民共和国建筑法》《中华人民共和国招标投标法》以及相关法律法规，住房和城乡建设部、国家工商行政管理总局在原版本的基础上，制定了《建设工程施工合同（示范文本）》（GF—2017—0201）（以下简称《示范文本》）。该文本适用于房屋建筑工程、市政工程、线路管道和设备安装工程、装修工程等建设工程的施工承包合同，当事人可结合建设工程具体情况，根据《示范文本》订立合同，并按照法律法规规定和合同约定承担相应的法律责任及合同权利义务。

建设工程施工合同是建设工程合同中的主要合同，是工程建设质量控制、进度控制、投资控制的主要依据。通过合同关系确定建设市场主体之间的相互权利义务关系，对规范建筑市场起着重要的作用。

7.1 ℗

《建设工程施工合同（示范文本）》（GF—2017—0201）

《示范文本》由协议书、通用条款、专用条款三部分组成，并附有11个附件，分别是承包人承揽工程项目一览表、发包人供应材料设备一览表、工程质量保修书、主要建设工程文件目录、承包人用于本工程施工的机械设备表、承包人主要施工管理人员表、分包人主要施工管理人员表、履约担保格式、预付款担保格式、支付担保格式、暂估价一览表。

协议书是《示范文本》中总纲性的文件。虽然其文字量并不大，但它规定了合同当事人双方最主要的权利义务，规定了组成合同的文件及合同当事人对履行合同义务的承诺，并且合同当事人需要在这份文件上签字盖章，因此具有很高的法律效力。合同协议书共计13条，主要包括工程概况、合同工期、质量标准、签约合同价和合同价格形式、项目经理、合同文件构成、承诺以及合同生效条件等重要内容，集中约定了合同当事人基本的合同权利义务。

通用条款是根据相关法律、法规对承发包双方的权利义务做出的规定，除双方协商一致对其中的某些条款做了修改、补充或取消，双方都必须履行。它是将建设工程施工合同中共性的一些内容抽象出来编写的一份完整的合同文件。通用条款具有很强的通用性，基本适用于各类建设工程。通用合同条款共计20条，具体条款分别为一般约定、发包人、承包人、监理人、工程质量、安全文明施工与环境保护、工期和进度、材料与设备、试验与检验、变更、价格调整、合同价格、计量与支付、验收和工程试车、竣工结算、缺陷责任与保修、违约、不可抗力、保险、索赔和争议解决。前述条款安排既考虑了现行法律法规对工程建设的有关要求，也考虑了建设工程施工管理的特殊需要。

考虑到建设工程的内容各不相同，工期、造价也随之变动，承包、发包人各自的能力、施工现场的环境和条件也各不相同，通用条款不能完全适用于各个具体工程，因此配以专用条款对其做必要的修改和补充，使通用条款和专用条款成为双方统一意愿的体现。合同当事人可以根据不同建设工程的特点及具体情况，通过双方的谈判、协商对相应的专用合同条款进行修改补充。当使用专用合同条款时，应注意以下事项：

（1）专用合同条款的编号应与相应的通用合同条款的编号一致。

（2）合同当事人可以通过对专用合同条款的修改，满足具体建设工程的特殊要求，避免直接修改通用合同条款。

（3）在专用合同条款中有横道线的地方，合同当事人可针对相应的通用合同条款进行细化、完善、补充、修改或另行约定；如无细化、完善、补充、修改或另行约定，则填写“无”或划“/”。

《示范文本》的附件则是对施工合同当事人的权利义务的进一步明确，并且使得施工合同当事人的有关工作一目了然，便于执行和管理。

2. 施工合同订立的程序

订立合同是指合同的当事人双方依法就合同的各项条款，通过协商达成一致的法律行为。

订立合同的程序是指当事人双方就合同的主要条款经过协商一致，并签署书面协议的过程。一般先由当事人一方提出要约，再由另一方作出承诺，签字、盖章后，合同即告成立。在法律程序上订立合同的全过程划分为要约和承诺两个阶段。要约和承诺属于法律行为，当事人双方一旦做出相应的承诺，就要受到法律的约束，否则就会承担相应的法律责任。

订立合同的程序往往是一个从要约邀请、要约直至承诺的过程。承诺生效时合同成立，承诺生效的地点为合同成立地点。建设工程施工合同一般都是通过招投标的方式竞争取得合同订立的机会，然后经过在招标原则之下的合同谈判达成一致，最后签订合同。

7.3.2 建设工程施工合同管理

1. 合同订立管理

若工程为全过程监理，则监理工程师协助业主签订合同的主要工作就是协助业主招标及合同谈判的工作。其主要工作有检查业主是否具有合同发包的基础条件、协助业主编制招标方案、协助业主编制招标文件、协助业主进行资格审查及开标、协助业主进行合同谈判、协助业主起草合同文件等工作。

2. 合同履行管理

合同履行管理实际上是通过监督检查等方法和手段，发现合同执行中存在的问题，并根据法律、法规和合同的规定加以解决，以提高合同的履约率，使工程项目能够顺利地建成。对合同条款进行经常性的解释，亦属于合同管理的内容，也是监理工程师合同管理的日常工作。

合同的性质不同，合同履行管理工作的内容也有差异。下面以施工合同为例，说明合同履行管理工作的主要内容。

（1）施工合同的进度控制。如在施工准备阶段，要对合同工期及开工日期进行落实，具体包括承包人提交的进度计划、设计图纸的提供日期、材料设备的采购、延期开工的处理等。在施工阶段，要监督进度计划的执行、对设计变更工期延误的处理等。在竣工验收阶段，要督促承包人完成工程扫尾工作、协调工作验收中的各方关系等。

（2）施工合同的质量控制。工程质量是施工过程中控制的重要环节。施工过程中的质量控制涉及对合同适用标准、规范的约定，设计图纸质量的审查，材料设备质量的控制，施工企业的质量管理，施工过程隐蔽工程的检查，质量事故的处理，中间验收和竣工验收等具体工作。

（3）施工合同的投资控制。施工合同的投资控制主要管理的工作内容有：施工合同价款的约定调整工作、工程预付款及工程进度款的支付、变更价款的确定、其他费用的控制、竣工结算、质量保修金的管理等。

（4）不可抗力事件的处理。不可抗力事件的处理即对不可抗力事件的确认，在不可抗力事件发生后合同双方的工作，以及不可抗力导致的费用及工期延误的处理等。

（5）工程分包及转包的管理。转包是指承包人将其承包的项目倒手转让给他人，使他人实际上成为该项目新的承包人的行为。从实践中看，转包行为有很大的危险性。从工程建设领域看，转包工程项目形成“层层转包、层层扒皮”的现象，最后实际用于工程建设的费用大为减少，导致严重的偷工减料；一些工程转包后由不具备相应资质的包工人承揽，留下严重的工程质量隐患，甚至造成重大的质量事故。工程项目的转包破坏了合同关系应有的稳定性、严肃性。我国法律对工程项目的转包做出了禁止性规定：承包人不得将其承包的全部工程转包给他人，也不得将其承包的全部工程肢解以后以分包的名义分别转包给他人。

工程分包是指承包人按照合同约定或者经发包人同意，将所承包的项目中的非主体、非关键性工作分包给他人完成。我国的法律、法规对分包做出了如下较为严格的规定：

1）建设工程总承包单位按照总承包合同的约定对建设单位负责，分包单位按照分包合同的约定对总承包单位负责。总承包单位和分包单位就分包工程对建设单位承担连带责任。

2）禁止总承包单位将工程分包给不具备相应资质条件的单位。

3）禁止分包单位将其承包的工程再分包。

4）分包工程价款由承包人直接与分包单位结算。发包人未经承包人同意不得以任何形式向分包单位支付各种工程款项。

（6）违约责任管理。违约的责任是指合同当事人不履行合同义务或者履行合同义务不符合约定时，依照法律规定或当事人约定，必须承担的法律责任。我国法律规定，当事人一方不履行合同义务或者履行合同义务不符合约定的，应当承担继续履行、采取补救措施，或赔偿损失等违约责任。监理工程师对违约管理的工作主要有两项：一是确认发包方或承包方的违约事实，二是对违约事件进行处理。

3. 合同变更管理

所谓合同变更，是指合同依法成立后，当尚未履行或尚未完成履行时，当事人双方依法经过协商，对合同的内容进行修订或调整所达成的协议。建设工程合同变更的内容常见的是工程变更。

(1) 工程变更在施工过程中的变更，对施工进度的影响最大，监理工程师在其可能的范围内尽量减少工程变更。如果必须对工程进行变更，应当严格按国家的规定和合同约定的程序进行。工程变更主要有以下几种情况：

1) 由发包人提出设计变更，若变更超过原计划设计标准或者批准的建设规模，须经原规划管理部门和其他有关部门审查批准，由原设计单位提供相应的变更图纸和变更说明，且应不迟于变更前14天以书面形式向承包人发出变更通知。

2) 由承包人因施工原因或提出合理化建议涉及对设计图纸进行变更，须经监理工程师同意后，报原规划管理部门和其他有关部门审查批准，并由原设计单位提供变更的相应图纸和说明。

3) 由发包人对原设计进行变更，以及监理工程师同意的、承包人要求进行的设计变更，导致合同价款的增减及造成承包人损失，由发包人承担，延误的工期应顺延。承包单位在总监理工程师签发工程变更之前不得实施工程变更。未经总监理工程师审查同意而实施的工程变更，项目监理机构不得予以计量，由此发生的费用和由此导致发包人的直接损失，由承包人承担，延误的工期不予顺延。

(2) 工程变更主要包括以下内容：①改变合同中所包括的工程量；②改变任何工程的质量和性质；③改变工程任何部分的标高、基线、位置和尺寸；④删减任何工作；⑤改动工程的施工顺序或时间安排。

(3) 处理工程变更的程序主要包括以下方面：

1) 设计单位对原设计存在的缺陷提出的工程变更，应编制设计变更文件；建设单位或承包单位提出的工程变更，应提交总监理工程师，由总监理工程师组织专业监理工程师审查。审查同意后，应由建设单位转交原设计单位编制设计变更文件。当工程变更涉及安全、环境等内容时，应按规定经有关部门审定。

2) 项目监理机构应及时了解实际情况和收集与工程变更有关的资料，并由总监理工程师指定专业监理工程师完成下列工作：确定工程变更项目与原工程项目之间的类似程度和难易程度，确定工程变更的工程量，确定工程变更的单价或总价。

3) 总监理工程师根据实际情况、设计变更文件和其他有关资料，按照施工合同的有关条款，在专业监理工程师完成上述工作之后，对工程变更的费用和工期做出评估。

4) 总监理工程师就工程变更费用及工期的评估情况与承包单位和建设单位进行协调。

5）总监理工程师回复并下发工程变更。

6）项目监理机构应根据工程变更单监督承包单位实施。

7.4 建设工程索赔管理

索赔是指当事人在合同实施过程中，根据法律、合同规定及惯例，对并非由于自己的过错而是属于应由对方承担责任的情况造成且实际发生了损失，向对方提出给予补偿或赔偿的权力要求。索赔的性质属于经济补偿行为而非惩罚。索赔方所受到的伤害，与被索赔方的行为并不一定存在法律上的因果关系。

1. 施工索赔的分类

（1）按索赔的内容不同，可分为工期索赔和费用索赔。

（2）按索赔的当事方不同，可分为承包方同发包方之间的索赔、总包方同分包方之间的索赔、承包方同供应商之间的索赔、承包方向保险公司的索赔。

（3）按索赔的依据不同，分为合同内的索赔、合同外的索赔和道义索赔（额外支付）。

2. 索赔的起因

引起索赔的原因是多种多样的，主要原因：①业主的违约；②合同的缺陷；③实施条件发生变化；④工程变更；⑤工期拖延；⑥监理工程师的指令；⑦国家政策及法律法规的变更；⑧其他承包商的干扰；⑨其他第三方的原因等。

3. 索赔的程序

我国施工合同示范文本规定了索赔程序。如果发包人未能按合同约定履行自己的义务或发生错误以及应由发包人承担的其他情况，造成工期延误和（或）承包人不能及时得到合同价款及承包人的其他经济损失，承包人可按下列程序以书面形式向发包人索赔。

（1）发出索赔意向通知书。索赔事件发生后28天内，向工程师发出索赔意向通知书。

（2）递交索赔报告。发出索赔意向通知书后28天内，向工程师提出延长工期和（或）补偿经济损失的索赔报告和有关资料。

（3）监理工程师对索赔进行处理的时限。监理工程师在收到承包人送交的索赔报告和有关资料后，于28天内予以答复，或要求承包人进一步补充索赔的理由和证据。监理工程师在收到承包人送交的索赔报告和有关资料后28天内未予以答复或未对承包人做进一步要求，视为该项索赔已经认可。当该索赔事件持续进行时，承包人应当阶段性地向监理工程师发出索赔意向，在索赔事件终了后28天内，向监理工程师送交索赔的有关资料和最终的索赔报告。

（4）监理工程师处理索赔的程序。监理工程师审核索赔文件；如果需要，可要求承包商进一步提交更详尽的资料；监理工程师提出索赔的初步审查意见，与承包商谈判、澄清事实和解决索赔；如果监理工程师与承包商取得一致意见，形成最终的处理意见，如果有分歧的话，则监理工程师可单方面提出最终的处理意见；若承包商对监理工程师的决定不服，可提请仲裁上诉，监理工程师则应准备相应的材料。

4. 索赔成立的条件

依据合同条件内涉及索赔原因的各条款内容，可以归纳出工程师判断承包商索赔成立的条件应为以下三点：

(1) 与合同相对照，事件已造成了承包商施工成本的额外支出或者直接工期损失。

(2) 造成费用增加或工期损失的原因，按合同约定不属于承包商应承担的行为责任或风险责任。

(3) 承包商按合同规定的程序，提交了索赔意向通知书和索赔报告。

以上三条没有先后主次之分，应当同时具备。只有监理工程师认定索赔成立后，才按程序处理。

5. 监理工程每对索赔的管理工作

索赔管理是监理工程师进行工程项目管理的主要任务之一，其基本目标是尽量减少索赔事件的发生，能合理地解决索赔问题。

(1) 预测和分析导致索赔原因的可能性。在施工合同的形成和实施过程中，监理工程师为业主承担大量具体的技术、组织和管理工作。如果在这些工作中出现疏漏，给承包商施工造成干扰，则产生了索赔。承包商和合同管理人员常常要寻找这些疏漏，寻找索赔机会。因此监理工程师在工作中应能预测到自己行为的后果，堵塞漏洞。在起草文件、下达指令、作出决定、答复请示时都应注意到完备性和严密性；颁发图纸、做出计划和实施方案时，都应考虑其正确性和周密性。

(2) 通过有效的合同管理减少索赔事件发生。在施工中，监理工程师作为公正的第三方，应当在业主和承包商之间做好协调工作，为双方建立一个良好的合作气氛。通常合同实施越顺利，双方合作得越好，索赔事件就越少。同时，通过合同监督和跟踪，不仅可以及早发现干扰事件，也可以及早采取措施减少干扰事件的影响，减少双方的损失，及早了解情况，为合理解决索赔提供条件。

(3) 公正地处理和解决索赔。合理地解决业主和承包商之间的索赔，有利于工程项目目标的实现，承包商得到合同规定的合理补偿，而业主又不多支付，双方都心悦诚服，对解决结果满意，有利于继续保持友好的合作关系。

6. 监理工程师处理索赔原则

监理工程师既受业主委托进行工程建设监理，同时又作为第三方，不属于合同任何一方。其行使合同赋予的权利，处理索赔时必须遵循如下原则：

(1) 尽量将争执解决在签订合同之前。监理工程师在签订合同前或合同实施前就应对索赔因素、合同中的漏洞有充分预测和分析，以减少工作中的失误，减少索赔事件的产生。

(2) 公平合理。监理工程师行使权力、作出决定、下达指令、决定价格、调解争执时不能偏袒任何一方，应站在公正的立场上行事。由于业主和承包商之间的经济利益有不一致性，所以监理工程师应照顾双方的经济关系。

(3) 与业主和承包商协商一致。监理工程师处理和解决索赔事件时（如决定价格、提出解决方案等），必须充分与业主和承包商协商，考虑双方的要求，做双方的工作，使之尽早达成一致，这是减少争执的有效途径。

（4）实事求是。监理工程师处理索赔事件时必须以合同和相应的法律为准绳，以事实为依据，完整、正确地理解合同，以使工程得以顺利实施。

（5）迅速、及时地处理问题。监理工程师行使自己权利，处理索赔事务，解决争议时必须迅速行事，在合同规定的期限内履行自己的职责，否则不仅会给承包商提供新的索赔机会，而且不能保证索赔及时、公正、合理地得到解决，使许多问题积累起来，造成混乱。

7. 合同的纠纷处理

合同纠纷就是指双方当事人对合同履行的情况和对不履行或不适当履行合同的后果发生的争议，亦称合同争执或合同争议。

（1）合同纠纷的内容。

在建设项目实施过程中以及工程合同终止以前和以后，建设单位和施工单位对合同及工程施工中的很多问题，可能发生各种争议，包括监理工程师对某问题的决定而使双方意见不一致而导致的争议。一般的争议常常集中在建设单位与施工单位的经济利益上。常见的争议内容如下：

1）索赔的争议。如施工单位提出经济或工期索赔，建设单位不予承认，或建设单位予以承认，但支付金额与施工单位的要求相差较大，双方不能达成一致意见。

2）违约赔偿的争议。如建设单位或施工单位违约责任不明确，双方产生分歧。

3）工程质量的争议。如工程施工中的缺陷、设备性能不合格等，施工质量责任区别不清，双方不能达成一致意见而发生争议。

4）中止合同争议。施工单位因建设单位违约而中止合同，或因建设单位不承认或不同意施工单位提出的索赔要求而发生争议。

5）终止合同的争议。如对于终止合同的原因，责任以及终止合同后的结算和赔偿，双方持有不同的看法而引起的争议。

6）计量与支付的争议。双方在计量原则、方法及程序上产生争议。

7）其他争议。如在进度、质量控制、试验等方面产生的争议。

（2）合同纠纷的管理。

按照合同要求，无论是施工单位还是建设单位，提出争议的一方应先以书面形式向监理工程师提出争议的事实，并将该通知副本发送给对方单位，提前通知对方单位相关事宜。监理工程师在收到争议通知以后，应在合同规定期限完成对争议的全面调查与取证，同时对争议作出决定，并将决定书面通知给建设单位和施工单位。如果双方都同意接受监理工程师的决定，这一决定即作为最终决定，争议处理完毕。只要合同未被放弃或终止，监理工程师就应要求施工单位继续精心组织施工。若有一方不同意监理工程师的处理意见，可采用合同中约定的其他处理方式解决。

解决合同纠纷通常有以下几种途径：

1）协商。这是解决纠纷最常见，也是首先采用的解决方式。即在合同发生争议时，合同当事人在自愿互谅基础上，通过双方谈判达成解决争议的协议。这种方法简便、易行，可以最大限度地减少由于纠纷而造成的损失，也有助于当事人间的合作团结，从而达到合同涉及的权利得到实现的目的。

2）调解。调解是指当事人请求第三者或有关部门（如上报主管机关、合同管理机关等）参与，以事实、合同条款和法律为根据，通过对当事人的说服，使合同双方自愿地、公平合理地达成解决的协议。合同双方和调解人共同签订的调解协议书具有法律效力。

3）仲裁。当事人不愿协商、调解或者协商调解不成时，当事人可以选择仲裁的方式解决双方的合同纠纷。仲裁机构根据当事人的申请，对其相互之间的合同争议，按照仲裁法律进行仲裁并作出裁决。

当事人申请仲裁时必须符合仲裁条件，即双方当事人应在合同中订有仲裁条款，或者在事后达成仲裁协议。仲裁裁决实行一裁终局原则，裁决作出后当事人就同一纠纷再申请仲裁或者向人民法院起诉的，仲裁委员会或者人民法院不予受理。

4）诉讼。合同中没有仲裁条款或事后没有达成仲裁协议，或者其订立的仲裁条款成或仲裁协议无效的，当事人可向人民法院起诉，请求人民法院行使审理权，审理双方之间的合同争议，做出国家强制性的裁决，保证实现其合法权益。

监理工程师在处理合同纠纷的过程中，具有重要的地位和作用，首先，监理工程师在收到争议通知后，应及时开展调查和取证工作，并对争议作出决定。其次，当作出的处理决定不被一方接受，需要进一步协商或调解时，监理工程师应在与合同的双方当事人协商或调解的过程中，以公正的第三方身份，以事实为依据，据理陈述、评述双方的有理与无理，做好协调、说服工作，促使双方能顺利地达成相关协议。最后，在仲裁或诉讼期间，监理工程师应对提交仲裁或诉讼的有关资料的真实性提供佐证。

7.5　建设工程风险管理与保险

7.5.1　建设工程风险管理

1. 风险和风险量

风险指的是损失的不确定性，对建设工程项目而言，风险是指可能出现的影响项目目标实现的不确定因素。

风险量反映不确定的损失程度和损失发生的概率。若某个可能发生的事件其可能的损失程度和发生的概率都很大，则其风险量就很大。

如图7.1所示，若某事件经过风险评估，它处于风险区A，则应采取措施，降低其概率，即使它移位至风险区B；或采取措施降低其损失量，即使它移位至风险区C。风险区B和C的事件则应采取措施，使其移位至风险区D。

2. 建设工程项目风险的类型

业主方和其他项目参与方都应建立风险管理体系，明确各层管理人员的相应管理职责，以减少项目实施过程中的不确定因素对项目的影响。建设工程项目的风险有如下几种类型：

（1）组织风险，如组织结构模式、工作流程组织、任务分工和管理职能分工、各参与方人员的能力。

（2）经济与管理风险，如宏观和微观经济情况、工程资金供应的条件、现场与公用防火设施的可用性及其数量、事故防范措施划和计划、人身安全控制计划。

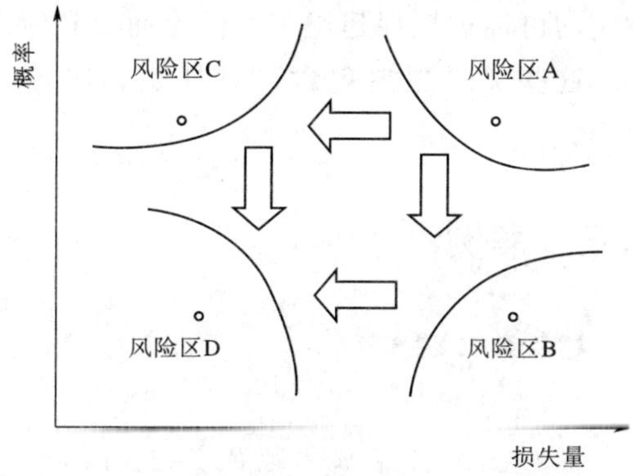

图 7.1 事件风险区域分布图

（3）工程环境风险，如自然灾害、岩土地质条件和水文地质条件、气象条件、引起火灾和爆炸的因素等。

（4）技术风险，如工程勘测资料、工程设计文件、工程施工方案、工程物资、工程机械等。

3. 建设工程项目风险管理及其工作流程

风险管理是为了达到一个组织的既定目标，而对组织所承担的各种风险进行管理的系统过程，其采用的方法应符合公众利益、人身安全、环境保护以及有关法规的要求。风险管理包括策划、组织、领导、协调和控制等方面的工作。

风险管理工作流程包括项目风险识别、项目风险评估、项目风险响应和项目风险控制。

（1）项目风险识别。项目风险识别的任务是识别项目实施过程存在哪些风险，其工作程序包括：收集与项目风险有关的信息；确定风险因素；编制项目风险识别报告。

（2）项目风险评估。项目风险评估包括：利用已有数据资料和相关专业方法分析各种风险因素发生的概率；分析各种风险的损失量以及对工程的质量、功能和使用效果等方面的影响；根据各种风险发生的概率和损失量，确定各种风险的风险量和风险等级。

（3）项目风险响应。项目风险响应指的是针对项目风险的对策进行风险响应。常用的风险对策包括风险规避、减轻、自留、转移及其组合等策略。对难以控制的风险，向保险公司投保是风险转移的一种措施。

（4）项目风险控制。在项目进展过程中应收集和分析与风险相关的各种信息，预测可能发生的风险，对其进行监控并提出预警。

7.5.2 建设工程保险

建设工程保险是以承保土木建筑为主体的工程，在整个建设期间，由于保险责任范围内的风险造成保险工程项目的物质损失和列明费用损失的保险。

建设工程保险承保的是各类建筑工程。在财产保险经营中，建设工程保险适用于各种民用、工业用和公共事业用的建设工程。这些工程在建设过程中的各种意外风险，均可通过投保建设工程保险而得到保险保障。

这些保险主要包含：意外险、建筑工程一切险、安装工程一切险、职业责任险等。

7.6　案例

【案例 7.1】

1. 背景材料

某施工单位根据领取的某 200m² 两层厂房工程项目招标文件和全套施工图纸，采用低报价策略编制了投标文件，并获得中标。该施工单位（乙方）于某年某月某日与建设单位（甲方）签订了该工程项目的固定价格施工合同。合同工期为 8 个月。甲方在乙方进入施工现场后，因资金紧缺，无法如期支付工程款，口头要求乙方暂停施工一个月。乙方亦口头答应。工程按合同规定期限验收时，甲方发现工程质量有问题，要求返工。两个月后，返工完毕，结算时甲方认为乙方迟延交付工程，应按合同约定偿付逾期违约金。乙方认为临时停工是甲方要求的，乙方为抢工期，加快施工进度才出现了质量问题，因此迟延交付的责任不在乙方，甲方则认为临时停工和不顺延工期是当时乙方答应的。乙方应履行承诺，承担违约责任。

2. 问答题

（1）该工程采用固定价格合同是否合适？

（2）该施工合同的变更形式是否妥当？此合同争议依据合同法律规范应如何处理？

启示：新时代的工匠精神要求我们，工程的质量必为工程的重中之重，所有事情均不能以损害工程品质为前提，更不能凌驾于工程质量之上。工程人更应该坚守诚实守信的原则，努力营造工程领域的诚信风气。

【案例 7.2】

1. 背景材料

某工程中，建设单位委托监理单位实施施工阶段监理，按照施工总承包合同约定，建设单位负责空调设备和部分工程材料采购，施工总承包单位将桩基础施工和设备安装工程进行单独分包。

在施工过程中，发生了如下事件：

事件一：在桩基施工中，专业监理工程师发现桩基施工单位与原申报批准的桩基础施工分包单位不一致。经调查，施工总承包单位为保证施工进度，擅自增加了一家桩基础施工分包单位。

事件二：专业监理工程师对使用商品混凝土的现浇结构验收时，发现施工现场混凝土试块的强度不合格。施工单位认为，建设单位提供的商品混凝土存在质量问题；建设单位认为，商品混凝土质量证明资料表明混凝土质量没有问题，经法定检测机构对现浇结构的实体进行检测，结果为商品混凝土质量不合格。

事件三：空调设备安装前，监理人员发现建设单位与空调设备供应单位签订的合同中包括该设备的安装工作。经了解，由于建设单位认为供货单位具备设备安装资质且能提供更好的服务，所以在直接征得设备安装分包单位书面同意后与设备供应单位签订了供货和安装合同。

事件四：在给水管道验收时，专业监理工程师发现部分管道渗漏。经查，是由于设备安装单位使用的密封材料存在质量缺陷所致。

2. 问答题

(1) 写出项目监理机构对事件一的处理程序。

(2) 针对事件二中现浇结构的质量问题，建设单位、监理单位和施工总承包单位是否应承担责任？说明理由。

(3) 事件三中，分别指出建设单位和设备安装单位做法的不妥之处，说明理由和正确做法。

(4) 写出专业监理工程师对事件四中质量缺陷的处理程序。

启示：监理工程师在工程中有着特殊的地位，他既需要有较强的业务素质，又需要具备廉洁自律，恪守职业道德的品质。监理工程师要围绕工程建设这一主线，坚守质量品质这一底线，不踩任何一道红线，全心全意提供服务，尽职尽责地完成监理工作。

【案例 7.3】

1. 背景材料

某监理单位承担了一工业项目的施工监理工作。经过招标，建设单位选择了甲、乙施工单位并让其分别承担 A、B 标段工程的施工，并按照《建设工程施工合同（示范文本）》分别和甲、乙施工单位签订了施工合同。建设单位与乙施工单位在合同中约定，B 标段所需的部分设备由建设单位负责采购。乙施工单位按照正常的程序将 B 标段的安装工程分包给丙施工单位，在施工过程中，发生了如下事件。

事件一：建设单位在采购 B 标段的锅炉设备时，设备生产厂商提出由自己的施工队伍进行安装更能保证质量，建设单位便与设备生产厂商签订了供货和安装合同并通知了监理单位和乙施工单位。

事件二：总监理工程师根据现场反馈信息及质量记录分析，对 A 标段某部位隐蔽工程的质量有怀疑，随即指令甲施工单位暂停施工，并要求剥离检验。甲施工单位称，该部位隐蔽工程已经过专业监理工程师验收，若剥离检验，监理单位需负责赔偿由此造成的损失并相应延长工期。

事件三：专业监理工程师对 B 标段进场的配电设备进行检验时，发现由建设单位采购的某设备不合格。建设单位对该设备进行了更换，从而导致丙施工单位停工。因此，丙施工单位致函监理单位，要求补偿其被迫停工所遭受的损失并延长工期。

2. 问答题

(1) 在事件一中，建设单位将设备交由厂商安装的做法是否正确？为什么？

(2) 在事件一中，若乙施工单位同意由该设备生产厂商的施工队伍安装该设备，监理单位应该如何处理？

(3) 在事件二中，总监理工程师的做法是否正确？为什么？试分析剥离检验的可能结果及总监理工程师相应的处理方法。

(4) 在事件三中，丙施工单位的索赔要求是否应该向监理单位提出？为什么？对该索赔事件应如何处理？

7.2

第 7 章案例答案

启示：工程质量是工程建设的核心，是决定整个工程建设成败与否的关键，监理工程师要全面把控工程质量，对于不合格的工程项目应有“零容忍”的态度。同时，工程的各方责任主体应本着实事求是、诚实守信的原则进行合作，不推诿、不扯皮、主动担当，为实现工程项目保质量、保进度、保安全的共同目标而努力。

复习思考题

一、单选题

1. 关于建设工程合同管理目标的说法，错误的是（　　）。

A. 推进项目法人责任制落实

B. 提高工程进度控制水平

C. 减少建筑领域的经济违法

D. 降低不可抗力发生的

2. 下列关于发展和完善建筑市场的说法正确的是（　　）。

A. 市场经济主要是依靠合同来规范当事人的交易行为

B. 市场经济需要依靠行政手段和合同共同规范当事人的交易行为

C. 计划经济需要依靠行政手段和合同共同规范财产流转关系

D. 计划经济需要依靠行政手段规范当事人的交易行为

3. 我国建设领域推行项目法人责任制、招标投标制、工程监理制和合同管理制。在这些制度中，核心是（　　）。

A. 项目法人责任制

B. 合同管理制度

C. 招标投标制

D. 工程监理制

4. 发包人将工程建设的勘察、设计、施工等任务发包给一个承包人的合同，该合同称为（　　）。

A. 建设工程设计施工总承包合同

B. EPC 总承包合同

C. 工程施工总承包合同

D. Partnering 总承包合同

5. 关于合同法律关系的说法，正确的是（　　）。

A. 合同法律关系可以没有内容

B. 技术秘密不能作为合同法律关系的客体

C. 只有法律事实能够引起合同法律关系的消灭

D. 只有行为能够引起合同法律关系的消灭

6. 监理公司取得法人资格的时间为（　　）日。

A. 注册资金到位

B. 公司成立

C. 工商行政管理机关核准登记

D. 建设行政主管部门颁发资质证书

7. 合同法律关系的产生、变更和消灭的法律事实分为行为和事件两类。下列在施工合同履行过程中发生的事实，属于行为的是（　　）。

A. 地震灾害导致施工暂停

B. 恶劣气候影响施工安全

C. 社会安全影响施工进度

D. 图纸设计错误导致的工程返工

8. 某施工企业在异地设有分公司，分公司受其委托与材料供应商订立了采购合同。材料交货后货款未支付，供应商应以（　　）为被告人向人民法院起诉，要求支付材料款。

A. 监理单位

B. 分公司

C. 建设单位

D. 施工企业

9. 根据《建设工程施工合同（示范文本）》的规定，承包人按照工程师的指示完成新增附加工作后，给承包人增加的支付款属于（　　）。

A. 费用

B. 追加合同价款

C. 索赔款

D. 可接受合同金额

10. 施工项目的工程担保中，保证期限因保证内容和风险不同而各异。下列保证方式中，保证期限相对较短的是（　　）。

A. 施工投标保证

B. 施工履约保证

C. 施工预付款保证

D. 质量保证金保证

二、多选题

1. 建设工程施工招标确定中标人后，合同协议书中有关工期的内容应包括（　　）。

A. 开工日期

B. 竣工日期

C. 施工期

D. 合同工期总日历天数

E. 合同工期总工作天数

2. 根据《建设工程施工合同（示范文本）》的规定，因不可抗力事件导致的下列损失中，应由发包人承担的包括（　　）。

A. 工程本身的损失

B. 承包人采购的运至施工现场待安装工程设备的损害

C. 工程师的人员伤亡损失

D. 工程停工损失

E. 承包人的施工机械损失

3. 招标人向建设行政主管部门申请办理招标手续时，所提供的招标备案文件应说明的情况有（　　）。

A. 招标工作范围

B. 对投标人的资质要求

C. 招标公告

D. 资格预审条件

E. 招标方式和计划工期

4. 根据《建设工程施工合同（示范文本）》的规定，承包人签署的质量保证书的主要内容应包括（　　）。

A. 工程质量保修范围

B. 质量保修期限

C. 保修金数额

D. 发包人的保修通知书格式

E. 施工质量责任的保修金扣留方式

5. 关于代理的说法，正确的有（　　）。

A. 项目经理是施工企业的代理人

B. 项目总监理工程师是监理单位的代理人

C. 项目总监理工程师是建设单位的代理人

D. 如果授权范围不明确，应由代理人向第三人承担民事责任

E. 如果授权范围不明确，应由被代理人与代理人承担连带责任

6. 按承包的内容划分属于建设工程合同的有（　　）。

A. 建设工程监理合同

B. 建设工程勘察合同

C. 建设工程设计合同

D. 建设工程施工合同

E. 建设物资采购合同

7. 关于建设工程主体的说法正确的是（　　）。

A. 建设工程合同主体一般是法人

B. 发包人一般是经过批准进行工程项目建设的法人

C. 发包人应当具备相应的协调能力

D. 承包人则必须具备法人资格，而且应当具备相应的资质

E. 资质等级不是划分承包建设工程的约束

8. 某招标项目的评标委员会初定成员由 5 人组成，其中 2 人为招标单位代表，3 人为招标单位以外的专家。按招标法规的要求，评标委员会成员的修改方式可为（　　）。

A. 只减少 1 名招标单位代表

B. 减少 1 名招标单位代表，同时增加 1 名招标单位以外的专家

C. 招标单位代表不变，增加 1 名招标单位以外的专家

D. 招标单位代表不变，增加 2 名招标单位以外的专家

E. 招标单位代表不变，增加 4 名招标单位以外的专家

9. 在施工合同履行中，由于承包人的原因造成工程竣工结算价款不能及时支付，则（　　）。

A. 发包人无权要求交付工程

B. 发包人有权要求交付工程

C. 发包人未要求交付工程的，承包人仍应承担工程照管责任

D. 发包人未要求交付工程的，承包人不再承担工程照管责任

E. 承包人可以留置该工程

10.《建设工程委托监理合同（示范文本）》规定，监理人的主要义务包括（　　）。

A. 依法履行监理职责，公正维护委托人及有关方面的合法权益

B. 推荐选择工程的施工单位

C. 选派合格的监理人员及总监理工程师

D. 不得泄露与工程有关的保密资料

E. 代表委托人与承包人解决合同争议

7.3

第 7 章参考答案

第 8 章
建设工程监理的信息管理与资料管理

学习重点

- 掌握监理机构信息管理的方法
- 掌握监理机构资料管理的方法

知识目标	技能素养	思政元素
掌握建设工程信息的概念及分类。	能够运用建设工程监理信息系统分析	职业自豪感 科学精神 科技发展
了解监理例会的相关知识点。	能够做好监理例会的会议纪要	职业精神 职业素养
了解建设工程监理信息的特点，了解监理文件和监理资料的传递流程。	能够整理简单的监理资料能够了解监理文件资料归档范围	社会责任 科学精神

引　例

广州塔，又称广州新电视塔，昵称“小蛮腰”，其位于中国广东省广州市海珠区（艺洲岛）赤岗塔附近，距离珠江南岸 125m，与珠江新城、花城广场、海心沙岛隔江相望。广州塔塔身主体高 454m，天线桅杆高 146m，总高度 600m，是中国第一高塔，是国家 AAAA 级旅游景区。

广州塔是广州市的地标工程，电视塔可抵御 8 级地震、12 级台风，设计使用年限超过 100 年。广州塔塔身 168～334.4m 处设有“蜘蛛侠栈道”，是世界最高最长的空中漫步云梯。塔身 422.8m 处设有旋转餐厅，是世界最高的旋转餐厅。塔身顶部 450～454m 处设有摩天轮，是世界最高的摩天轮。天线桅杆 455～485m 处设有“极速云霄”速降游乐项目，是世界最高的垂直速降游乐项目 。

广州塔隶属广州城投集团，由广州市建筑集团有限公司和上海建工集团负责施工，总建筑面积 114054m^2，2009 年 9 月竣工，2010 年 9 月 30 日正式对外开放，2010 年 10 月 1 日正式公开售票接待游客 。广州塔有 5 个功能区和多种游乐设施，包括户外观景平台、摩天轮、极速云霄游乐项目，有2个观光大厅，有悬空走廊、天梯、4D和3D动感影院、中西美食、会展设施、购物商场及科普展示厅。

在广州塔的建设过程中，监理机构需要和各参建单位保持着大量的信息传递和沟通，收集整理全过程工程监理资料。正是由于这些高素质专业人员的默默奉献精神，才能保证了广州塔资料的顺利验收，从而为工程的竣工验收做好充分的准备。工程人员的一丝不苟的奉献精神是值得我们所有工匠人学习的。

8.1 项目监理机构的信息管理

8.1.1 信息管理有关基本概念

8.1.1.1 数据

数据是客观实体属性的反映，是一组表示数量、行为和目标，可以记录下来加以鉴别的符号。

数据，首先是客观实体属性的反映，客观实体通过各个角度的属性的描述，反映与其他实体的区别。如在反映某个建筑工程质量时，我们通过对设计、施工单位资质人员、施工设备、使用的材料、构配件、施工方法、工程地质、天气、水文等各个角度的数据搜集汇总起来，就很好地反映了该工程的总体质量。这里，各个角度的数据，即是建筑工程这个实体的各种属性的反映。

数据有多种形态，这里所提到的数据是广义的数据概念，包括文字、数值、语言、图表、图形、颜色等多种形态。现有计算机对此类数据都可以加以处理，如施工图纸、管理人员发出的指令、施工进度的网络图、管理的直方图、月报表等都是数据。

8.1.1.2 信息

信息和数据是不可分割的。信息来源于数据，又高于数据，信息是数据的灵魂，数据是信息的载体。对信息有不同的定义，从辩证唯物主义的角度出发，可以给信息如下的定义：

信息是对数据的解释，反映了事物（事件）的客观规律，为使用者提供决策和管理所需要的依据。

我们使用信息的目的是为决策和管理服务。信息是决策和管理的基础，决策和管理依赖信息，正确的信息才能保证决策的正确，不正确的信息则会造成决策的失误，管理则更离不开信息。传统的管理是定性分析，现代的管理则是定量管理，定量管理离不开系统信息的支持。

1. 信息的时态

信息有三个时态：信息的过去时是知识，现代时是数据，将来时是情报。

（1）信息的过去时是知识。知识是前人经验的总结，是人类对自然界规律的认识和掌握，是一种系统化的信息。

（2）信息的现在时是数据。数据是人类生产实践中不断产生信息的载体，我们要用动态的眼光来看待数据，把握住数据的动态节奏，就掌握了信息的变化。

(3) 信息的将来时是情报。情报代表信息的趋势和前沿，情报往往要用特定的手段获取，有特定的使用范围、特定的目的、特定的时间、特定的传递方式，带有特定的机密性。

2. 信息的特点

信息具有的特点有真实性、系统性、时效性、不完全性和层次性。

8.1.1.3　信息管理

信息管理是指信息的收集、整理、处理、存储、传递与应用等一系列工作的总称。项目监理机构的信息管理一般包括以下工作。

1. 建立信息的编码系统

编码是指设计代码，而代码指的是代表事物名称、属性和状态的符号与数字。使用代码既可以为事物提供一个精炼而不含混的记号，又可以提高数据处理的效率。

2. 明确信息流程

信息流程反映了工程项目建设中各参加部门、各单位间的关系。为了保证监理工作顺利进行，必须使监理信息在工程项目管理的各级各部门之间、内部组织与外部环境之间流动，称为“信息流”。在监理工作中一般有三种信息流。

(1) 项目监理机构各级之间的纵向信息流。主要是指从总监理工程师、总监办公室、子项目监理组或职能部门、专项监理组及至监理员等各上下级之间的信息流。

(2) 项目监理机构各级之间的横向信息流。主要是指从子项目监理组或职能部门、专项监理组及至监理员等各同级之间的信息流。

(3) 项目监理机构内部组织与建设工程各参建单位之间的信息流。主要是指从项目监理机构、建设单位、施工单位、设计单位、各设备材料供应商之间的信息流。

三种信息流都应有明晰的流线，并保证畅通。

3. 监理信息的收集

信息管理工作的质量好坏，很大程度上取决于原始资料的全面性和可靠性。因此，建立一套完善的信息采集制度是极其必要的。信息的收集工作必须把握信息来源，做到收集及时、准确。

4. 监理信息的处理

信息处理一般包括收集、加工、传输、存储、检索和输出六项内容。

(1) 收集。是指对原始信息的收集，是很重要的基础工作。

(2) 加工。是信息处理的基本内容，其目的是通过加工为监理工程师提供有用的信息。

(3) 传输。是指信息借助于一定的载体在监理工作的各参加部门、各单位之间的传输。通过传输，形成各种信息流，畅通的信息流是监理工作顺利进行的重要保证。

(4) 存储。是指对处理后的信息的分类保存。

(5) 检索。监理工作中既然存储了大量的信息，为了查找方便，就需要拟定一套科学的、迅速查找的方法和手段，这就称为信息的检索。

(6) 输出。是指将信息按照需要编印成各类报表和文件，以供监理人员在监理工作中使用。

8.1.2 建设工程信息的概念及性质

建设工程信息是对参与建设各方主体（如业主、设计单位、施工单位、供货单位和监理企业等）从事建设工程项目管理（或监理）提供决策支持的一种载体，如项目建议书、可行性研究报告、设计图纸及说明、各种建设法规及建设标准等。建设工程信息管理，是建设工程项目管理（或监理）的重要内容，是一切工作的基础。

建设工程信息具如下特点：真实性、时效性、系统性、不完全性和层次性。真实性是建设工程信息的基本性质，错误的信息不具有任何利用价值。时效性是信息决策的关键，对整个建设工程影响重大。系统性的特点要求我们不能片面地处理和利用信息，必须用系统的观点来对待建设工程信息。信息的不完全性是各方主体对客观事实认识的局限性所造成的。信息的层次性指的是，不同的主体需要不同的信息，通常将信息分为决策级、管理级、作业级三个层次。

8.1.3 建设工程监理的信息分类

不同的监理范畴需要不同的信息，可按不同的标准将监理信息进行归类划分，来满足不同监理工作的信息需求，并有效地进行管理工作。

监理信息的分类方法通常有以下几种。

1. 按建设监理的控制对象分类

（1）投资控制信息。

这是指与投资费用控制直接相关的信息内容。这类信息有与工程投资费用有关的信息，如工程造价、物价指数、概算定额、预算定额等；与工程项目计划投资有关的信息，如工程项目投资估算、设计概预算、合同价等；与项目进行中产生的实际投资有关的信息，如施工阶段的支付账单、投资调整、原材料价格、机械设备台班费、人工费、运杂费等。

（2）质量控制信息。

这是指与质量控制直接相关的信息内容。这类信息有与工程质量有关的标准信息，如国家有关的质量政策、质量法规、质量标准、工程项目建设标准等；与计划工程质量有关的信息，如工程项目的合同标准信息、材料设备的质量信息、质量控制工作流程、质量控制工作制度等；与项目进展中有关的实际质量信息，如工程质量检验信息材料质量抽样检验信息、质量和安全事故信息等。还有由这些信息加工后得到的信息，如质量目标的分析结果信息、质量控制的风险分析信息、工程质量统计信息、安全事故预测信息、安全事故统计信息等。

（3）进度控制信息。

这是指与进度控制直接相关的信息内容。这类信息有与工程进度有关的标准信息，如工程施工进度定额信息等；与工程计划进度有关的信息，如工程项目总进度计划、进度控制的工作流程、进度控制的工作制度等。还有由这些信息加工后得到的信息，如工程进度控制的风险分析、进度目标分解信息、实际进度与计划进度对比分析、实际进度统计分析等。

2. 按工程建设的不同阶段分类

(1) 项目建设前期的信息。

该类信息包括可行性研究报告、设计任务书提供的信息、勘察测量的信息、初步设计、招标文件的信息等。

(2) 项目实施过程施工中的信息。

该类信息施工过程周期长、现场情况多变复杂，信息量最大。业主方面的信息：对于工程建设中的一些重大问题，业主要不时发表看法，下达命令。有承包商方面的信息：施工单位必须收集和掌握施工现场的大量信息，其中包括向有关方面发出的各种文件、报告等。有关设计方面的信息：如根据设计合同提供的施工图纸，在施工过程中的设计变更等。项目监理内部也会有许多信息，如从施工现场得到的关于费用、质量、进度等方面的信息，还有经过分析整理后对各种问题的处理意见等。以及还有来自地方政府、环保部门、交通部门等其他部门的信息。

(3) 项目竣工阶段的信息。

这个阶段的竣工验收资料中包含了大量的信息，这些信息一部分来源于施工过程，在项目的实施阶段长期积累形成的，一部分是在竣工验收期间根据积累的资料整理分析而形成的。

8.1.4　建设工程监理信息系统

一个监理单位和每一个项目监理机构都应建立信息管理系统，配备熟悉工程项目管理并经过培训的信息管理人员，以正确高效、安全可靠地获得所需要的信息。建立信息系统的建设工程信息系统的一个子系统，也是监理单位整个管理系统的一个子系统。作为前者，它必须从建设信息系统中得到政府、建设、施工承包、设计等各单位提供的数据和信息，也必须送出相关单位需要的数据和信息；作为后者，它也从监理单位得到必要的指令、帮助和所需要的数据和信息，向监理单位汇报建设工程项目信息。

8.1.5　建设工程监理的信息管理

对于大型的建设工程项目，其所产生的信息数量巨大，种类繁多，为便于信息的搜集、处理、储存、传递和利用，项目监理机构信息管理人员可以通过以下形式进行建设工程监理的信息管理工作。

1. 施工现场监理会议

施工现场监理会议是建设工程项目参加建设各方交流信息的重要形式，一般可分为监理例会（每周一次）、专题工地会议。因工作急需，建设、承包、监理单位均可提出召开临时工地会议，以解决当时亟待解决的问题。参加监理例会人员的名单，在第一次工地会议时就已确定，而专题工地会议和临时工地会议的参加人员和会议内容，应在会前商定。

(1) 监理例会。

1）在建设工程施工过程中，总监理工程师应定期召开监理例会，原则上每周都要召开一次，主要参会人员包括：建设单位与业主施工现场代表；承包单位项目经理部经理及技术负责人，各专业有关人员；项目监理机构总监理工程师、总监理工程师代表、各专业监理工程师、监理员以及其他监理人员；如涉及勘察、设计单位、分包单位的，可邀其派人参加。

2）会议的议题应是当前施工中存在的突出的、亟待解决的问题，以及各方的意见选定，应联系实际工作，突出重点。议题范围包括：上次会议议决事项的执行情况，如未完成应查明原因及其责任人，研究和制订补救措施；查明工程进展情况，和计划进度作比较；检查工程质量状况，对存在的质量问题，讨论并制定改进措施；检查安全生产情况；检查工程量核定及工程支付款支付情况；讨论建筑材料、构配件和设备供应情况、存在的问题和改进的方法；通报违约及工期、费用索赔的意见及处理情况；解决需要协调的有关事项；其他当前亟待解决的、需要在会议上通报和研究的事项。

3）项目监理机构各有关人员应在会议召开前，按专业或职务分工对上次会议议决事项的执行情况进行调查，并对本次会议拟提出的问题提出建议。在监理例会召开之前由总监理工程师主持召开项目监理机构全体人员会议，对如何开好例会做出布置和安排。

4）由总监理工程师指定专人，使用专用记录本负责监理例会的记录，即会议纪要。根据记录整理、编写会议纪要，主要内容包括：会议地点、时间、参加人员名单、单位、职务等；上次例会决议事项的落实情况，如未落实应查明原因及其责任人，应采取何种补救措施（要注明执行人及时限要求）；本次会议的决议事项，要落实执行单位和时限要求；待决议事项；其他需要记载的事项。

监理例会纪要是重要的监理信息传递文件，纪要文字要简洁，内容要清楚，用词要准确。其议定的事项对建设各方主体均有约束力，在发生争议或索赔事件时，监理例会纪要文件是重要的法律文件，各项目监理机构都应予以足够的重视。

监理例会的会议纪要需经总监理工程师审查确认后打印，对打印后的成品要认真审查核对。收到会议纪要文件的各方主体应办理签收手续。如对纪要内容有异议时，应于收到文件后三日内向项目监理机构反馈。监理例会的记录本、会议纪要及反馈书面文件应作为监理资料存档备案。

（2）专题工地会议。

专题工地会议是解决建设项目施工过程中的技术问题、安全问题、管理问题及专业协调工作而组织召开的会议。专题工地会议是由总监理工程师根据工作需要召开，建设单位、承包单位若提出建议，总监理工程师在审定同意后也可以召开。专题工地会议由总监理工程师组织召开，其他有关单位人员参加，其会议记录及会议纪要的编写可参照监理例会的有关规定执行。

2. 监理日志、监理日记及监理报表

（1）各项目机构的总监理工程师代表或总监理工程师指定人员，应每天填报“工程项目监理日志”，记录当日施工现场发生的一切情况及监理工作情况。各监理人员亦每日填报“监理人员监理日记”，记录当日本人的监理工作情况。监理日志和监理日记必须据实填报，并于次日交送总监理工程师审阅。

（2）各项监理报表也是信息管理员获取信息的重要来源，信息管理员要负责收集、整理有关信息，向监理工程师汇报。

3. 监理月报

监理月报的编写是一项重要的信息管理工作，在建中的监理工程信息，每月均应编制监理月报，报送建设单位、监理单位及有关部门。通过监理月报，建设单位可了解工程项目本月份各方面的进展情况；监理机构可向所属监理单位领导汇报本月份在工程项目的质量控制、进度控制、成本控制、安全管理、合同管理、信息管理及组织协调参与各建设方之间关系的工作内容，为下一阶段工作制定计划；若是有上级主管部门来项目监理机构检查工作，监理月报也可作为提供工程概况、施工概况及监理工作情况的说明文件。

监理月报由总监理工程师指定专人负责，其编写内容应由本监理单位规定，各专业监理工程师和信息管理员负责提供本专业或职务分工部分的资料和数据，由总监理工程师审阅。项目监理机构全体人员共同动手，分工协作按时编制完成。

4. 监理简报

项目监理机构定期或不定期编写监理简报，报道施工现场的情况，及时报送有关单位和所属监理单位有关部门及领导。

8.2 项目监理机构的资料管理

建设工程监理实施过程中会涉及大量文件资料，这些文件资料有的是实施建设工程监理的重要依据，更多的是建设工程监理的成果资料。《建设工程监理规范》（GB/T 50319—2013）明确了建设工程监理基本表式，也列明了建设工程监理主要文件资料，项目监理机构应明确建设工程监理文件资料管理人员职责，按照相关要求规范化地管理建设工程监理文件资料。

8.2.1 工程监理基本表式及其应用说明

8.2.1.1 基本表式

根据《建设工程监理规范》（GB/T 50319—2013），工程监理基本表式分为三大类，即：A 类表——工程监理单位用表（共 8 个）；B 类表——施工单位报审、报验用表（共 14 个）；C 类表——通用表（共 3 个）。

1. 工程监理单位用表（A 类表）

（1）总监理工程师任命书（表 A.0.1）。建设工程监理合同签订后，工程监理单位法定代表人要通过《总监理工程师任命书》委派有类似工程监理经验的监理工程师担任总监理工程师。《总监理工程师任命书》需要由工程监理单位法定代表人签字，并加盖单位公章。

（2）工程开工令（表 A.0.2）。建设单位对施工单位报送的《工程开工报审表》

（表 B.0.2）签署同意开工意见后，总监理工程师应签发《工程开工令》。《工程开工令》需要由总监理工程师签字，并加盖执业印章。《工程开工令》中应明确具体开工日期，并作为施工单位计算工期的起始日期。

（3）监理通知单（表 A.0.3）。《监理通知单》是项目监理机构在日常监理工作中常用的指令性文件。项目监理机构在建设工程监理合同约定的权限范围内，针对施工单位出现的各种问题所发出的指令、提出的要求等，除另有规定外，均应采用《监理通知单》，监理工程师现场发出的口头指令及要求，也应采用《监理通知单》予以确认。

施工单位有下列行为时，项目监理机构应签发《监理通知单》：

1）施工不符合设计要求、工程建设标准、合同约定。

2）使用不合格的工程材料、构配件和设备。

3）施工存在质量问题或采用不适当的施工工艺，或施工不当造成工程质量不合格。

4）实际进度严重滞后于计划进度且影响合同工期。

5）未按专项施工方案施工。

6）存在安全事故隐患。

7）工程质量、造价、进度等方面的其他违法违规行为。

《监理通知单》应由总监理工程师或专业监理工程师签发，对于一般问题可由专业监理工程师签发，对于重大问题应由总监理工程师或经其同意后签发。

（4）监理报告（表 A.0.4）。当项目监理机构发现工程存在安全事故隐患签发《监理通知单》《工程暂停令》而施工单位拒不整改或不停止施工时，项目监理机构应及时向有关主管部门报送《监理报告》。项目监理机构报送《监理报告》时，应附相应《监理通知单》或《工程暂停令》等证明监理人员履行安全生产管理职责的相关文件资料。

紧急情况下，项目监理机构通过电话、传真或者电子邮件向有关主管部门报告的，事后应形成《监理报告》。

（5）工程暂停令（表 A.0.5）。建设工程施工过程中出现《建设工程监理规范》（GB/T 50319—2013）规定的停工情形时，总监理工程师应签发《工程暂停令》，《工程暂停令》中应注明工程暂停的原因、部位和范围、停工期间应进行的工作等。《工程暂停令》需要由总监理工程师签字，并加盖执业印章。

（6）旁站记录（表 A.0.6）。项目监理机构对工程关键部位或关键工序的施工质量进行现场跟踪监督时，需要填写《旁站记录》。“关键部位、关键工序”是指影响工程主体结构安全、完工后无法检测其质量的或返工会造成较大损失的部位及其施工过程。

《旁站记录》中，“关键部位、关键工序的施工情况”应记录所有旁站部位（工序）的施工作业内容、主要施工机械、材料、人员和完成的工程数量等内容及监理人员检查旁站部位施工质量的情况；“发现的问题及处理情况”应说明旁站所发现的问题及其采取的处置措施。

(7) 工程复工令（表 A.0.7）。当暂停施工的原因消失、具备复工条件时，施工单位提出复工申请的，建设单位对施工单位报送的《工程复工报审表》（表 B.0.3）上签署同意复工意见后，总监理工程师应签发《工程复工令》；或者工程具备复工条件而施工单位未提出复工申请的，总监理工程师应根据工程实际情况直接签发《工程复工令》指令施工单位复工。《工程复工令》需要由总监理工程师签字，并加盖执业印章。

(8) 工程款支付证书（表 A.0.8）。项目监理机构收到经建设单位签署同意支付工程款意见的《工程款支付报审表》（表 B.0.11）后，总监理工程师应向施工单位签发《工程款支付证书》，同时抄报建设单位。《工程款支付证书》需要由总监理工程师签字、并加盖执业印章。

2. 施工单位报审、报验用表（B 类表）

(1) 施工组织设计或（专项）施工方案报审表（表 B.0.1）。施工单位编制的施工组织设计、施工方案、专项施工方案经其技术负责人审查后，需要连同《施工组织设计或（专项）施工方案报审表》一起报送项目监理机构。先由专业监理工程师审查后，再由总监理工程师审核签署意见。《施工组织设计或（专项）施工方案报审表》需要由总监理工程师签字，并加盖执业印章。对于超过一定规模的危险性较大的分部分项工程专项施工方案，还需要报送建设单位审批。

(2) 工程开工报审表（表 B.0.2）。单位工程具备开工条件时，施工单位需要向项目监理机构报送《工程开工报审表》。同时具备下列条件时，由总监理工程师签署审查意见，并报建设单位批准后，总监理工程师方可签发《工程开工令》：

1) 设计交底和图纸会审已完成。

2) 施工组织设计已由总监理工程师签认。

3) 施工单位现场质量、安全生产管理体系已建立，管理及施工人员已到位，施工机械具备使用条件，主要工程材料已落实。

4) 进场道路及水、电、通信等已满足开工要求。

《工程开工报审表》需要由总监理工程师签字，并加盖执业印章。

(3) 工程复工报审表（表 B.0.3）。当暂停施工的原因消失、具备复工条件时，施工单位提出复工申请的，应向项目监理机构报送《工程复工报审表》及有关材料，经审查符合要求的，总监理工程师应及时签署审查意见，并报建设单位批准后签发《工程复工令》。

(4) 分包单位资格报审表（表 B.0.4）。施工单位按施工合同约定选择分包单位时，需要向项目监理机构报送《分包单位资格报审表》及相关证明材料。专业监理工程师对《分包单位资格报审表》提出审查意见后，由总监理工程师审核签认。

(5) 施工控制测量成果报验表（表 B.0.5）。施工单位完成施工控制测量并自检合格后，需要向项目监理机构报送《施工控制测量成果报验表》及施工控制测量依据和成果表，专业监理工程师审查合格后予以签认。

(6) 工程材料、构配件、设备报审表（表 B.0.6）。施工单位在对工程材料、构配件、设备自检合格后，应向项目监理机构报送《工程材料、构配件、设备报审表》

及清单、质量证明材料和自检报告。专业监理工程师审查合格后予以签认。

(7) 报验、报审表（表 B.0.7）。该表主要用于隐蔽工程、检验批、分项工程的报验，也可用于为施工单位提供服务的试验室的报审。专业监理工程师审查合格后予以签认。

(8) 分部工程报验表（表 B.0.8）。分部工程所包含的分项工程全部自检合格后，施工单位应向项目监理机构报送《分部工程报验表》及分部工程质量控制资料。专业监理工程师验收的基础上，由总监理工程师签署验收意见。

(9) 监理通知回复单（表 B.0.9）。施工单位收到《监理通知单》（表 A.0.3）并按要求进行整改、自查合格后，应向项目监理机构报送《监理通知回复单》回复整改情况，并附相关资料。项目监理机构收到施工单位报送的《监理通知回复单》后，一般可由原发出《监理通知单》的专业监理工程师进行核查，认可整改结果后予以签认。重大问题可由总监理工程师进行核查签认。

(10) 单位工程竣工验收报审表（表 B.0.10）。单位（子单位）工程完成后，施工单位自检符合竣工验收条件后，应向项目监理机构报送《单位工程竣工验收报审表》及相关附件，申请竣工验收。总监理工程师在收到《单位工程竣工验收报审表》及相关附件后，应组织专业监理工程师进行审查并进行预验收，合格后签署预验收意见。《单位工程竣工验收报审表》需要由总监理工程师签字、并加盖执业印章。

(11) 工程款支付报审表（表 B.0.11）。该表适用于施工单位工程预付款、工程进度款、竣工结算款等的支付申请。项目监理机构对施工单位的申请事项进行审核并签署意见，经建设单位批准后方可由总监理工程师签发《工程款支付证书》。

(12) 施工进度计划报审表（表 B.0.12）。该表适用于施工总进度计划、阶段性施工进度计划的报审。施工进度计划在专业监理工程师审查的基础上，由总监理工程师审核签认。

(13) 费用索赔报审表（表 B.0.13）。施工单位索赔工程费用时，需要向项目监理机构报送《费用索赔报审表》。项目监理机构对施工单位的申请事项进行审核并签署意见，经建设单位批准后方可作为支付索赔费用的依据。《费用索赔报审表》需要由总监理工程师签字、并加盖执业印章。

(14) 工程临时或最终延期报审表（表 B.0.14），施工单位申请工程延期时，需要向项目监理机构报送《工程临时或最终延期报审表》。项目监理机构对施工单位的申请事项进行审核并签署意见，经建设单位批准后方可延长合同期。

3. 通用表（C 类表）

(1) 工作联系单（C.0.1）。该表用于项目监理机构与工程建设有关方（包括建设、施工、监理、勘察、设计等单位和上级主管部门）之间的日常工作联系。有权签发《工作联系单》的负责人有：建设单位现场代表、施工单位项目经理、工程监理单位项目总监理工程师、设计单位本工程设计负责人及工程项目其他参建单位的相关负责人等。

(2) 工程变更单（C.0.2）。施工单位、建设单位、工程监理单位提出工程变时，应填写《工程变更单》，由建设单位、设计单位、监理单位和施工单位共同签认。

（3）索赔意向通知书（C.0.3）。施工过程中发生索赔事件后，受影响的单位依据法律法规和合同约定，向对方单位声明或告知索赔意向时，需要在合同约定的时间内报送《索赔意向通知书》。

8.2.1.2　基本表式应用说明

1. 基本要求

（1）应依照合同文件、法律法规及标准等规定的程序和时限签发、报送、回复各类表。

（2）应按有关规定，采用碳素墨水、蓝黑墨水书写或黑色碳素印墨打印各类表、不得使用易褪色的书写材料。

（3）应使用规范语言，法定计量单位，公历年、月、日填写各类表。各类表中相关人员的签字栏均须由本人签署。由施工单位提供附件的，应在附件上加盖骑缝章。

（4）各类表在实际使用中，应分类建立统一编码体系，各类表式应连续编号、不得重号、跳号。

（5）各类表中施工项目经理部用章样章应在项目监理机构和建设单位备案，项目监理机构用章样章应在建设单位和施工单位备案。

2. 由总监理工程师签字并加盖执业印章的表式

下列表式应由总监理工程师签字并加盖执业印章：

（1）A.0.2 工程开工令。

（2）A.0.5 工程暂停令。

（3）A.0.7 工程复工令。

（4）A.0.8 工程款支付证书。

（5）B.0.1 施工组织设计或（专项）施工方案报审表。

（6）B.0.2 工程开工报审表。

（7）B.0.10 单位工程竣工验收报审表。

（8）B.0.11 工程款支付报审表。

（9）B.0.13 费用索赔报审表。

（10）B.0.14 工程临时或最终延期报审表。

3. 需要建设单位审批同意的表式

下列表式需要建设单位审批同意：

（1）B.0.1 施工组织设计或（专项）施工方案报审表（仅对超过一定规模的危险性较大的分部分项工程专项施工方案）。

（2）B.0.2 工程开工报审表。

（3）B.0.3 工程复工报审表。

（4）B.0.11 工程款支付报审表。

（5）B.0.13 费用索赔报审表。

（6）B.0.14 工程临时或最终延期报审表。

4. 需要工程监理单位法定代表人签字并加盖工程监理单位公章的表式

只有“A.0.1 总监理工程师任命书”需要由工程监理单位法定代表人签字，并加盖工程监理单位公章。

5. 需要由施工项目经理签字并加盖施工单位公章的表式

“B.0.2 工程开工报审表”“B.0.10 单位工程竣工验收报审表”必须由项目经理签字并加盖施工单位公章。

6. 其他说明

对于涉及工程质量方面的基本表式，由于各行业、各部门的专业要求不同，各类工程的质量验收应按相关专业验收规范及相关表式要求办理。如没有相应表式，工程开工前，项目监理机构应根据工程特点、质量要求、竣工及归档组卷要求，与建设单位、施工单位进行协商，定制工程质量验收相应式。项目监理机构应事前使施工单位、建设单位明确定制各类表式的使用要求。

8.2.1.3 工程监理主要文件资料及其编制要求

1. 建设工程监理主要文件资料

建设工程监理主要文件资料包括：

（1）勘察设计文件、建设工程监理合同及其他合同文件。

（2）监理规划、监理实施细则。

（3）设计交底和图纸会审会议纪要。

（4）施工组织设计、（专项）施工方案、施工进度计划报审文件资料。

（5）分包单位资格报审会议纪要。

（6）施工控制测量成果报验文件资料。

（7）总监理工程师任命书，工程开工令、暂停令、复工令，开工或复工报审文件资料。

（8）工程材料、构配件、设备报验文件资料。

（9）见证取样和平行检验文件资料。

（10）工程质量检验报验资料及工程有关验收资料。

（11）工程变更、费用索赔及工程延期文件资料。

（12）工程计量、工程款支付文件资料。

（13）监理通知单、工作联系单与监理报告。

（14）第一次工地会议，监理例会、专题会议等会议纪要。

（15）监理月报、监理日志、旁站记录。

（16）工程质量或安全生产事故处理文件资料。

（17）工程质量评估报告及竣工验收文件资料。

（18）监理工作总结。

除上述监理文件资料外，在设备采购和设备监造中还会形成监理文件资料内容详见《建设工程监理规范》（GB/T 50319—2013）第 8.2.3 条和第 8.3.14 条规定。

2. 建设工程监理文件资料编制要求

《建设工程监理规范》（GB/T 50319—2013）明确规定了监理规划、监理实施细则、监理日志、监理月报、监理工作总结及工程质量评估报告等监理文件资料的编制内容和要求，其中，监理规划与监理实施细则将在第 10 章详细阐述，此处不再赘述。

(1) 监理例会会议纪要。

监理例会是履约各方沟通情况、交流信息、研究解决合同履行中存在的各方面问题的主要协调方式。会议纪要由项目监理机构根据会议记录整理，主要内容包括：

1) 会议地点及时间。

2) 会议主持人。

3) 与会人员姓名、单位、职务。

4) 会议主要内容、决议事项及其负责落实单位、负责人和时限要求。

5) 其他事项。

对于监理例会上意见不一致的重大问题，应将各方的主要观点，特别是相互对立的意见记入“其他事项”中。会议纪要的内容应真实准确，简明扼要，经总监理工程师审阅，与会各方代表会签，发至有关各方并应有签收手续。

(2) 监理日志。

监理日志是项目监理机构在实施建设工程监理过程中，每日对建设工程监理工作及施工进展情况所做的记录，由总监理工程师根据工程实际情况指定专业监理工程师负责记录，每天填写的监理日志内容必须真实、力求详细，主要反映监理工作情况。如涉及具体文件资料，应注明相应文件资料的出处和编号。

监理日志的主要内容包括：

1) 天气和施工环境情况。准确记录当日的天气状况（晴、雨、温度、风等），特别是出现异常天气时应予描述。

2) 当日施工进展情况：①记录当日工程施工部位、施工内容、施工班组及作业人数；②记录当日工程材料、构配件和设备进场情况，并记录其名称、规格、数量、所用部位以及产品出场合格证、材质检验等情况；③记录当日施工现场安全生产状况、安全防护及措施等情况。

3) 当日监理工作情况，包括旁站、巡视、见证取样、平行检验等情况具体有：①记录当日巡视的内容、部位，包括安全防护、临时用电、消防设施，特种作业人员的资格，专项施工方案实施情况，签署的监理指令情况；②记录当日对工程材料、构配件和设备进场验收情况，隐蔽工程、检验批、分项工程、分部工程验收情况，监理指令、旁站、见证取样以及签认的监理文件资料等。

4) 当日存在的问题及处理情况。

5) 其他有关事项。

(3) 监理月报。

监理月报是项目监理机构每月向建设单位和本监理单位提交的建设工程监理工作及建设工程实施情况等分析总结报告。监理月报既要反映建设工程监理工作及建设工程实施情况、也能确保建设工程监理工作可追溯。监理月报由总监理工程师组织编写、签认后报送建设单位和本监理单位。报送时间由监理单位与建设单位协商确定，一般在收到施工单位报送的工程进度，汇总本月已完工程量和本月计划完成工程量的工程量表、工程款支付申请表等相关资料后，在协商确定的时间内提交。

监理月报应包括以下主要内容：

1）本月工程实施情况：①工程进展情况。实际进度与计划进度的比较，施工单位人、机、料进场及使用情况，本期在施部位的工程照片等；②工程质量情况。分项分部工程验收情况，工程材料、设备，构配件进场检验情况，主要施工、试验情况，本月工程质量分析；③施工单位安全生产管理工作评述；④已完工程量与已付工程款的统计及说明。

2）本月监理工作情况：①工程进度控制方面的工作情况；②工程质量控制方面的工作情况；③安全生产管理方面的工作情况；④工程计量与工程款支付方面的工作情况；⑤合同及其他事项管理工作情况；⑥监理工作统计及工作照片。

3）本月工程实施的主要问题分析及处理情况：①工程进度控制方面的主要问题分析及处理情况；②工程质量控制方面的主要问题分析及处理情况；③施工单位安全生产管理方面的主要问题分析及处理情况；④工程计量与工程款支付方面的主要问题分析及处理情况；⑤合同及其他事项管理方面的主要问题分析及处理情况。

4）下月监理工作重点：①工程管理方面的监理工作重点；②项目监理机构内部管理方面的工作重点。

（4）工程质量评估报告。

1）工程质量评估报告编制的基本要求：①工程质量评估报告的编制应文字简练、准确、重点突出、内容完整；②工程竣工预验收合格后，由总监理工程师组织专业监理工程师编制工程质量评估报告，编制完成后，由项目总监理工程师及监理单位技术负责人审核签认并加盖监理单位公章后报建设单位。工程质量评估报告应在正式竣工验收前提交给建设单位。

2）工程质量评估报告的主要内容：①工程概况；②工程参建单位；③工程质量验收情况；④工程质量事故及其处理情况；⑤竣工资料审查情况；⑥工程质量评估结论。

（5）监理工作总结。

当监理工作结束时，项目监理机构应进行监理工作总结。监理工作总结由总监理工程师组织专业监理工程师编写，编写完成后的监理工作总结经总监理工程师签字，并加盖项目监理机构印章后报送监理单位和建设单位。

监理工作总结应包括以下内容：

1）工程概况。包括：①工程名称、等级、建设地址、建设规模、结构形式以及主要设计参数；②工程建设单位、设计单位、勘察单位、施工单位（包括重点的专业分包单位）、检测单位等；③工程项目主要的分项、分部工程施工进度和质量情况；④监理工作的难点和特点。

2）项目监理机构。监理过程中如有变动情况，应予以说明。

3）建设工程监理合同履行情况。包括：监理合同目标控制情况，监理合同履行情况，监理合同纠纷的处理情况等。

4）监理工作成效。项目监理机构提出的合理化建议并被建设、设计、施工等单位采纳；发现施工中的差错，通过监理工作避免了工程质量事故、生产安全事故、累计核减工程款及为建设单位节约工程建设投资等事项的数据。

5）监理工作中发现的问题及其处理情况。监理过程中产生的监理通知单、监理报告、工作联系单及会议纪要等所提出问题的简要统计；由工程质量、安全生产等问题所引起的今后工程合理、有效使用的建议等。

6）说明与建议。

8.2.2 建设工程监理档案资料管理的对象

在进行建设工程监理的工作期间，建设单位委托监理工程师对建设工程实施过程中形成的与监理相关的文件和档案进行收集积累、加工整理、立卷归档和检索利用等一系列工作。建设工程监理档案资料管理的对象是监理文件档案资料，它们是建设工程监理信息的主要载体之一。监理文件档案资料是监理单位在工程项目实施监理过程中所形成的各种原始记录，它是监理工作中各项控制和管理工作的依据和凭证。通过对监理档案文件资料的管理也反映了监理人员的素质与项目监理机构的管理能力与管理水平。

8.2.3 监理档案资料管理的要求

监理文件档案资料的管理是监理工作中内业管理工作的最重要部分，各项监理机构应予以极大的重视，监理资料的管理应逐步走向科学化、程序化、计算机化。

（1）项目监理机构的监理资料管理工作由总监理工程师总负责，各专业监理工程师分工负责，由总监理工程师指定人员专任或兼任资料管理员负实际责任。监理单位的监理文件资料管理工作由技术总负责人负责，文件档案资料管理部门负责人负责具体管理工作，并对各项目监理机构的监理资料管理员负指导责任。

（2）完整、准确、真实、及时是对监理资料的4个重要要求；及时完整、真实有效、填写齐全、标识无误、交圈对口、归档有序是监理资料管理工作的基本要求。

（3）项目监理机构应于工程竣工后3个月内，由总监理工程师组织监理人员进行监理资料的整理、编审和装订工作，由总监理工程师签字后作为监理档案移交给所属监理单位的档案资料管理部门保管备查。

8.2.4 建设工程监理档案资料的传递过程

项目监理部的信息管理部门是专门负责建设工程项目信息管理工作的，在工程建设过程中所有的监理文件档案资料，都应统一归口传递到信息管理部门，进行加工、收发和管理，如图8.1所示。信息管理部门是监理文件和档案资料传递渠道的关键环节。

8.2.5 建设工程监理档案资料的内容

建设工程监理文件档案资料一方面是监理单位在开展监理工作过程中的资料，另一方面是在建设工程项目竣工后应交给建设单位以及地方城建档案管理部门备案的资

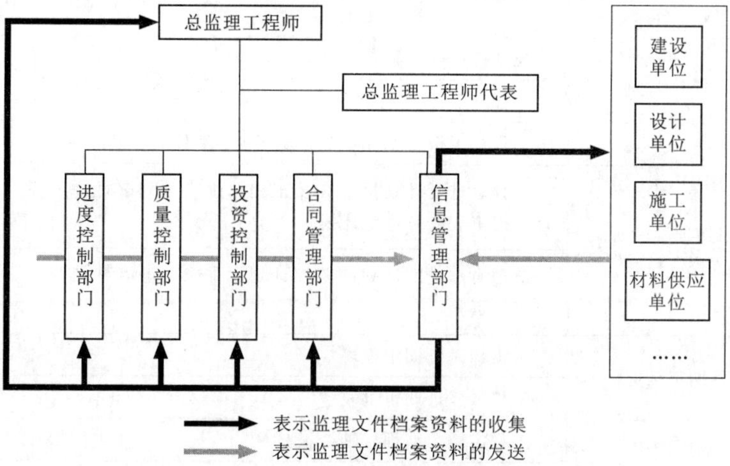

图 8.1 监理文件和档案资料传递流程图

料。对于在开展监理过程中的资料，监理单位的技术管理部门应根据本企业的管理情况制定本单位文件档案资料管理的原则，以便统一管理并体现出本企业的特色。在施工阶段，监理文件和档案的分类方法供监理单位在使用中参考，见表 8.1。

表 8.1 监理单位资料系统划分及编码参考表

分类	文件名称	文件主要内容	文件类型
合同文件 A	监理合同 A1	建设工程委托监理合同、补充协议	原件
	监理规划 A2	监理规划	原件
		监理实施细则（含安全文明实施细则）	原件
		旁站方案	原件
	项目监理机构人员资料 A3	总监理工程师任命书及监理机构设立文件	原件
		监理人员名单及岗位资格证书	复印件加盖公章
	勘察设计文件 A4	地质勘察报告	复印件
		图纸审查意见及对图纸审查意见的答复资料	复印件
		图纸会审记录、设计变更单	原件
	施工合同文件及施工组织设计（方案）报审资料 A5	施工招标文件（含施工招标答疑）、施工投标书	复印件
		建设工程施工承包合同及补充协议（含分包单位）	复印件
		建设单位资格报审（含分包单位，包括资质证书、营业执照、项目组织机构人员上岗证书等）	报审表原件其他复印件加盖公章
		进场设备报审表及合格证、鉴定证书（含分包单位）	报审表原件其他复印件
		施工组织设计报审表及施工组织设计	原件
		施工方案报审表及专项施工方案（含安全施工方案）	原件

续表

分类	文件名称	文件主要内容	文件类型
进度控制 B	工程开工/复工资料 B1	规划许可证、施工许可证	复印件
		工程开工/复工审批表	原件
		工程开工报告、开工令、复工令、暂停令	
	原件进度计划监控资料 B2	工程总进度计划报审表及工程总进度计划、月进度计划报审表及月进度计划	原件
		监理对总进度计划的监控计划、月施工进度计划调整审批资料	原件
	工程延期审批资料 B3	工程临时延期申报表	原件
		工程最终延期审批表	原件
质量控制 C	施工测量放线报验 C1	工程定位、高程、轴线报验	原件
		沉降观测记录资料	原件
	工程材料、构配件、设备出厂质量证明文件 C2	工程材料报验单及材料、构配件报验资料：包括出厂证明文件、出厂试验报告、准用证和相关质量证明文件	报审表原件、其他复印件
	工程报验资料 C3	工程报验单及内容：按单位、子单位、分部、子分部、分项、检验批（含隐蔽工程验收记录）	原件
	工程质量与安全评估报告 C4	单位工程安全评估报告、单位工程质量评估报告、主体分部质量评估报告、基础分部质量评估报告	原件
	质量检测报告及安全与功能检测报告 C5	结构实体检测报告、环境检测报告以及其他安全与功能检测报告	复印件
	见证取样试验报告 C6	原材料、焊接、砂浆试块、混凝土试块试验报告（含配合比单）、回填土	复印件
	质量问题 C7	质量问题（事故）报告单、质量问题（事故）处理方案报审表及处理资料等	原件
	相关记录 C8	旁站监理记录、平行检查记录、巡视记录	原件
投资控制 D	工程款支付控制资料 D1	工程款支付申请表、月度工程计量计价申报审核表、工程款支付证书、月度工程款支付审核汇总表	原件
	变更费用及索赔资料 D2	工程变更费用申请审批表、费用索赔申请表、费用索赔审批表	原件
	结算资料 D3	工程结算申报及审核意见书等相关资料	原件

续表

分类	文件名称	文件主要内容	文件类型
综合管理E	日常记录E1	监理日志、监理月报	原件
	会议记录E2	工地例会、专题会议记录	原件
	来往函件资料E3	监理工程师通知单及通知回复单、收（发）文登记簿、监理工作联系单、建设单位来函、承包单位来函	原件
	监理工作总结E4	监理工作总结（含建筑物外观及关键部位资料照片）、业务手册、工程质量验收监督综合表	原件

对于文件主要内容的编码可根据文件名称的编码相应编制，如A1、A2、A3等，以此类推。文件类型尽可能用原件，只能用复印件的材料，监理工程师在施工现场应查对原件。建设单位向城建档案馆（室）移交工程档案时，应办理移交手续，填写移交目录，双方签字、盖章后交接。根据《建设工程文件归档规范》（GB/T 50328—2014），监理单位文件的归档资料和保管期限见表8.2。

表8.2　监理单位文件归档资料和保管期限表

序号	归档文件	保存单位和保管期限				
		建设单位	施工单位	设计单位	监理单位	城建档案馆
一	监理委托合同	长期			长期	√
二	工程项目监理机构及负责人名单	长期			长期	√
三	监理规划					
1	监理规划	长期			短期	√
2	监理实施细则	长期			短期	√
3	监理部总控制计划等	长期			短期	
四	监理月报中的有关质量问题	长期			长期	√
五	监理会议纪要中的有关质量问题	长期			长期	√
六	进度控制					
1	工程开工/复工审批表	长期			长期	√
2	工程开工/复工暂停令	长期			长期	√
七	质量控制					
1	不合格项目通知	长期			长期	√
2	质量事故报告及处理意见	长期			长期	√
八	造价控制					
1	预付款报审与支付	短期				
2	月付款报审与支付	短期				
3	设计变更、洽商费用报审与签认	长期				
4	工程竣工决算审核意见书	长期				√
九	分包单位					

续表

序号	归档文件	保存单位和保管期限				
		建设单位	施工单位	设计单位	监理单位	城建档案馆
1	分包单位资质材料	长期				
2	供货单位资质材料	长期				
3	试验等单位资质材料	长期				
十	监理通知					
1	有关进度控制的监理通知	长期			长期	
2	有关质量控制的监理通知	长期			长期	
3	有关造价控制的监理通知	长期			长期	
十一	合同与其他事项管理					
1	工程延期报告及审批	永久			长期	√
2	费用索赔报告及审批	长期			长期	
3	合同争议、违约报告及处理意见	永久			长期	√
4	合同变更材料	长期			长期	√
十二	监理工作总结					
1	专题总结	长期			短期	
2	月报总结	长期			短期	
3	工程竣工总结	长期			长期	√
4	质量评价意见报告	长期			长期	√

8.2.6　工程档案验收与移交

(1) 建设工程档案验收时，应查验下列主要内容：

1) 工程档案齐全、系统、完整，全面反映工程建设活动和工程实际状况。

2) 工程档案已整理立卷，立卷符合本规范的规定。

3) 竣工图的绘制方法、图式及规格等符合专业技术要求，图面整洁，盖有竣工图章。

4) 文件的形成、来源符合实际，要求单位或个人签章的文件，其签章手续完备。

5) 文件的材质、幅面、书写、绘图、用墨、托裱等符合要求。

6) 电子档案格式、载体等符合要求。

7) 声像档案内容、质量、格式符合要求。

(2) 列入城建档案管理机构接收范围的工程，建设单位在工程竣工验收备案前，必须向城建档案管理机构移交一套符合规定的工程档案。

(3) 停建、缓建建设工程的档案，可暂由建设单位保管。

(4) 对改建、扩建和维修工程，建设单位应组织设计、施工单位对改变部位据实编制新的工程档案，并应在工程竣工验收备案前向城建档案管理机构移交。

(5) 当建设单位向城建档案管理机构移交工程档案时，应提交移交案卷目录，办理移交手续，双方签字、盖章后方可交接。

8.3 案例

【案例 8.1】

1. 背景材料

某工程，建设单位委托监理单位承担施工阶段的监理任务，总承包单位按照施工合同约定选择了设备安装分包单位。在合同履行过程中发生如下事件：

事件 1：专业监理工程师检查主体结构施工时，发现总承包单位在未向项目监理机构报审危险性较大的预制构件吊装起重专项方案的情况下已自行施工，且现场没有管理人员。于是，总监理工程师下达了《监理通知单》。

事件 2：专业监理工程师在现场巡视时，发现设备安装分包单位违章作业，有可能导致发生重大质量事故。总监理工程师口头要求总承包单位暂停分包单位施工，但总承包单位未予执行。总监理工程师随即向总承包单位下达了《工程暂停令》，总承包单位在向设备安装分包单位转发《工程暂停令》前，发生了设备安装质量事故。

2. 问答题

(1) 根据《建设工程安全生产管理条例》规定，事件 1 中起重吊装专项方案需经哪些人签字后方可实施？

(2) 指出事件 1 中总监理工程师的做法是否妥当，说明理由。

(3) 事件 2 中总监理工程师是否可以口头要求暂停施工？为什么？

(4) 就事件 2 中所发生的质量事故，指出建设单位、监理单位、总承包单位和设备安装分包单位各自应承担的责任，说明理由。

3. 问题解析

(1) 主要考核考生对专项施工方案编制和报审程序的掌握程度。

(2) 主要考核考生对专项施工方案的管理规定及专职安全生产管理人员要求的掌握程度。

(3) 主要考核考生对紧急事件发生时是否可口头要求暂停施工的掌握程度。

(4) 主要考核考生对工程建设各参与方（建设单位、施工单位、勘察设计单位、监理单位）质量责任的掌握程度。

启示：安全无小事，执行才是正道。

8.1

第 8 章案例答案

复习思考题

一、单选题

1. 数据是（　　）。

A. 资料　　B. 信息　　C. 客观实体属性的反映　　D. 数量

2. 信息是（　　）。

A. 情报　　B. 对数据的解释

C. 数据　　D. 载体

3. 按照建设工程项目目标划分，信息的分类有（　　）。

A. 项目内部信息和外部信息

B. 生产性、技术性、经济性和资源性信息

C. 固定信息和流动信息

D. 投资控制、进度控制、质量控制信息及合同管理信息

4. 建设工程项目信息分类基本方法有面分类法和（　　）

A. 系统分类法　　B. 标准分类法

C. 线分类法　　D. 综合分类法

5. 建设工程项目信息由文字图形信息、语言信息和（　　）构成。

A. 经济类信息　　B. 新技术信息

C. 固定信息　　D. 环境信息

6. 建设工程信息流由（　　）组成。

A. 建设各方的数据流　　B. 建设各方的信息流

C. 建设各方的数据流综合　　D. 建设各方各自的信息流综合

7. 建设工程文件是指（　　）。

A. 在工程建设过程中形成的各种形式的记录，包括监理文件

B. 在工程建设过程中形成的各种形式的记录，包括监理文件、施工文件、设计文件

C. 在工程建设活动中直接形成的具有保存价值的文字、图表、声像等各种形式的历史 记录

D. 在工程建设过程中形成的各种形式的信息记录，包括工程准备阶段文件、监理文件、施工文件、竣工图和竣工验收文件

8. 基于互联网的建设项目信息管理系统功能分为（　　）。

A. 电子商务功能　　B. 文档管理功能

C. 基本功能和扩展功能　　D. 通知与桌面管理功能

9. 基于互联网的建设工程信息管理系统的特点有（　　）等。

A. 用户是建设单位的承包单位

B. 用户包括政府、监理单位、材料供应商

C. 用户是建设工程的所有参与单位

D. 用户依靠政府建设主管部门的网站

10. 监理例会会议纪要由（　　）根据会议记录整理。

A. 会议主持人　　B. 记录员

C. 项目监理部　　D. 监理员

11. 建设工程文件档案资料是由（　　）组成。

A. 建设工程文件

B. 建设工程监理文件

C. 建设工程验收文件

D. 建设工程文件、建设工程档案和建设工程资料

12. 送建设单位永久保存的监理文件有工程延期报告及审批和（　　）共两大类。

A. 合同争议、违约报告及处理意见 B. 分包单位资质材料

C. 设计变更、洽商费用报审与签认 D. 建设工程项目监理工作总结

13. 监理主要文件档案中的监理工作总结：竣工总结、专题总结和（　　）三类。

A. 月报总结　　B. 单位工程监理工作总结

C. 分部、分项工程监理工作总结　　D. 建设工程项目监理工作总结

14. 按照《建设工程文件归档整理规范》，建设工程档案资料分为：监理文件、施工文件、竣工图、竣工验收文件和（　　）五大类。

A. 财务文件　　B. 建设用地规划许可证文件

C. 施工图设计文件　　D. 工程准备阶段文件

15. 建设工程档案资料中的施工文件分为建筑安装工程和（　　）两大类。

A. 建筑与结构工程　　B. 电气工程

C. 市政基础设施工程　　D. 室外工程

16. 根据《建设工程监理规范》的规定，监理报表体系有承包单位用表、监理单位用表和（　　）3 大类。

A. 工程款支付申请表　　B. 各方通用表

C. 报验申请表　　D. 费用索赔审批表

17. 常用的建设工程项目管理软件分为综合进度计划管理软件和（　　）两大类。

A. 面向大型、复杂工程项目的项目管理软件

B. 合同事务管理与费用控制管理软件

C. 对各阶段进行集成的管理软件

D. 多功能集成项目管理软件

18. 下列（　　）属于建设工程项目管理软件应用规划的主要内容之一。

A. 建立项目管理软件应用的管理办法和相关细则

B. 确定项目管理软件应用的范围

C. 确定项目管理软件应用的目标

D. 确定项目管理软件应用的需求

19. 从项目管理软件适用的工程对象来划分，有（　　）。

A. 适用于某个阶段的特殊用途的项目管理软件

B. 面向大中小型项目、复杂工程项目和企业事务管理项目的项目管理软件

C. 网络计划管理软件

D. 费用控制管理软件

20. 竣工验收前，监理单位应向建设单位提交（　　）。

A. 建设工程质量检查报告

B. 建设工程竣工验收监理评估报告

C. 施工单位建设工程质量验收报告

D. 建设工程竣工验收报告

二、多选题

1. 信息的特点有（　　）等。

A. 真实性　B. 系统性　C. 有效性　D. 不完全性　E. 时效性

F. 适用性

2. 信息分类编码的原则为（　　）等

A. 唯一性　B. 合理性　C. 可扩充性　D. 有效性　E. 可预见性

F. 规范性

3. 系统的特点有（　　）等。

A. 目的性　B. 环境适应性C. 真实性　D. 稳定性　E. 整体性

F. 相关性

4. 建设工程项目信息工作原则有（　　）等。

A. 适用性　B. 可扩充性　C. 标准化　D. 时效性　E. 定量化

F. 简单性

5. 建设工程信息管理的基本环节包括（　　）。

A. 信息的收集、传递

B. 信息的加工、整理

C. 信息的检索、存储

D. 数据和信息的收集、传递

E. 数据和信息的加工、整理

F. 数据和信息的检索、存储

三、问答题

8.2

第 8 章参考答案

1. 工程监理基本表式有哪几类？应用时应注意什么？

2. 主要的监理文件资料有哪些？编制时应注意什么？

3. 项目监理机构对监理文件资料的管理职责有哪些？

4. 监理文件资料的编制质量要求有哪些？

5. 根据《建设工程文件归档规范》(GB/T 50328 — 2014)，监理文件资料归档范围有哪些？保管期限分别为多长？

6. 需要归档的监理文件资料验收有哪些要求？

第 9 章
建设工程项目组织协调

学习重点

- 掌握监理机构组织协调的方法
- 掌握监理机构组织协调的内容

知识目标	技能素养	思政元素
了解建设工程监理组织协调的概念及原理	能够掌握监理组织协调的概念和原理	职业自豪感 终身学习 科技发展
掌握组织设计的原则	能够运用组织设计的原则解决实际问题	诚实守信 职业素养
了解监理机构组织协调的工作内容，掌握监理机构组织协调的工作方法	能够运用组织协调的方法处理日常监理事务	社会责任 实战能力

引　例

上海环球金融中心（Shanghai World Financial Center），位于上海市浦东新区世纪大道 100 号，为地处陆家嘴金融贸易区的一栋摩天大楼，东临浦东新区腹地，西眺浦西及黄浦江，南向张杨路商业贸易区，北临陆家嘴中心绿地。

上海环球金融中心占地面积 14400m^2，总建筑面积 381600m^2，拥有地上 101 层、地下 3 层，楼高 492m，外观为正方形柱体。裙房为地上 4 层，高度约为 15.8m。上海环球金融中心 B2 层、B1 层、2 层和 3 层为商场、餐厅；7～77 层为办公区域（其中 29 层为环球金融文化传播中心）；79～93 层为酒店；94 层、97 层和 100 层为观光厅。

2008 年，上海环球金融中心被世界高层建筑与都市人居学会评为“年度最佳高层建筑”；2018 年，上海环球金融中心获得世界高层建筑与都市人居学会颁发的“第 16 届全球高层建筑奖之‘十年特别奖’”。

上海环球金融中心建立之初，各方协调工作量相当大。正是由于广大建设项目管理人员的无私付出、不厌其烦、精益求精的敬业精神，才造就了今天的宏伟工程！

9.1　建设工程组织协调概述

建设工程监理目标的实现，需要依靠监理工程师扎实的专业知识和对监理程序的有效执行，此外，还要求监理工程师有较强的组织协调能力。通过组织协调，使影响监理目标实现的各方主体有机配合，使监理工作实施和运行过程顺利。

9.1.1　组织的基本原理

组织是管理中的一项重要职能。建立精干、高效的项目监理机构并使之正常运行，是实现建设工程监理目标的前提条件。因此，组织的基本原理是监理工程师必备的理论知识。

组织理论的研究分为两个相互联系的分支学科，即组织结构学和组织行为学。组织结构学侧重于组织的静态研究，即组织是什么，其研究目的是建立一种精干、合理、高效的组织结构；组织行为学则侧重组织的动态研究，即组织如何才能够达到其最佳效果，其研究目的是建立良好的组织关系。本节重点介绍组织结构学部分。

9.1.1.1　组织和组织结构

1. 组织

所谓组织，就是为了使系统达到它特定的目标，使全体参加者经分工与协作以及设置不同层次的权力和责任制度而构成的一种人的组合体。它含有 3 层意思：①目标是组织存在的前提；②没有分工与协作就不是组织；③没有不同层次的权力和责任制度就不能实现组织活动和组织目标。

作为生产要素之一，组织有如下特点：其他要素可以相互替代，如增加机器设备可以替代劳动力，而组织不能替代其他要素，也不能被其他要素所替代。但是，组织可以使其他要素合理配合而增值，即可以提高其他要素的使用效益。随着现代化社会大生产的发展，以及其他生产要素复杂程度的提高，组织在提高经济效益方面的作用也愈益显著。

2. 组织结构

组织内部构成和各部分间所确立的较为稳定的相互关系和联系方式，称为组织结构。以下几种提法反映了组织结构的基本内涵：①确定正式关系与职责的形式；②向组织各个部门或个人分派任务和各种活动的方式；③协调各个分离活动和任务的方式；④组织中权力、地位和等级关系。

（1）组织结构与职权的关系。

组织结构与职权形态之间存在着一种直接的相互关系，这是因为组织结构与职位以及职位间关系的确立密切相关，因而组织结构为职权关系提供了一定的格局。组织中的职权指的就是组织中成员间的关系，而不是某一个人的属性。职权的概念是与合法地行使某一职位的权力紧密相关的，而且是以下级服从上级的命令为基础的。

（2）组织结构与职责的关系。

组织结构与组织中各部门、各成员的职责分派有直接关系。在组织中，只要有职位就有职权，而只要有职权也就有职责。组织结构为职责的分配和确定奠定了基础，而组织的管理则是以机构和人员职责的分派和确定为基础的，利用组织结构可以评价组织各个成员的功绩与过错，从而使组织中的各项活动有效地开展起来。

（3）组织结构图。

组织结构图是组织结构简化了的抽象模型，它不能准确、完整地表达组织结构。如它不能说明一个上级对其下级所具有的职权的程度以及平级职位之间相互作用的横向关系。尽管如此，它仍不失为一种表示组织结构的好方法。

9.1.1.2 组织设计

组织设计就是对组织活动和组织结构的设计过程，有效的组织设计在提高组织活动效能方面起着重大的作用。组织设计有以下要点：①组织设计是管理者在系统中建立最有效相互关系的一种合理化的、有意识的过程；②该过程既要考虑系统的外部要素，又要考虑系统的内部要素；③组织设计的结果是形成组织结构。

1. 组织构成因素

组织构成一般是上小下大的形式，由管理层次、管理跨度、管理部门、管理职能四大因素组成。各因素是密切相关、相互制约的。

（1）管理层次。

管理层次是指从组织的最高管理者到最基层的实际工作人员之间的等级层次的数量。管理层次可分为3个层次，即决策层、协调层和执行层、操作层。决策层的任务是确定管理组织的目标和大政方针以及实施计划，它必须精干、高效；协调层的任务主要是参谋、咨询职能，其人员应有较高的业务工作能力，执行层的任务是直接调动和组织人力、财力、物力等具体活动内容，其人员应有实干精神并能坚决贯彻管理指令；操作层的任务是从事操作和完成具体任务，其人员应有熟练的作业技能。这3个层次的职能和要求不同，标志着不同的职责和权限，同时也反映出组织机构中的人数变化规律。组织的最高管理者到最基层的实际工作人员权责逐层递减，而人数却逐层递增。

如果组织缺乏足够的管理层次将使其运行陷于无序的状态。因此，组织必须形成必要的管理层次。不过，管理层次也不宜过多，否则会造成资源和人力的浪费，也会使信息传递慢、指令走样、协调困难。

（2）管理跨度。

管理跨度是指一名上级管理人员所直接管理的下级人数。在组织中，某级管理人员的管理跨度的大小直接取决于这一级管理人员所需要协调的工作量。管理跨度越大，领导者需要协调的工作量越大，管理的难度也越大。因此，为了使组织能够高效地运行，必须确定合理的管理跨度。

管理跨度的大小受很多因素影响，它与管理人员性格、才能、个人精力、授权程度以及被管理者的素质有关。此外，还与职能的难易程度、工作的相似程度、工作制度和程序等客观因素有关。确定适当的管理跨度，需有一定的管理经验并在实践中进行必要的调整。

（3）管理部门。

组织中各部门的合理划分对发挥组织效应是十分重要的。如果部门划分不合理，会造成控制、协调困难，也会造成人浮于事，浪费人力、物力、财力。管理部门的划分要根据组织目标与工作内容确定，形成既有相互分工又有相互配合的组织机构。

（4）管理职能。

组织设计确定各部门的职能，应使纵向的领导、检查、指挥灵活，达到指令传递快、信息反馈及时；使横向各部门间相互联系、协调一致，使各部门有职有责、尽职尽责。

2. 组织设计原则

项目监理机构的组织设计一般需考虑以下几项基本原则：

（1）集权与分权统一的原则。

在任何组织中都不存在绝对的集权和分权。在项目监理机构设计中，所谓集权，就是总监理工程师掌握所有监理大权，各专业监理工程师只是其命令的执行者；所谓分权，是指在总监理工程师的授权下，各专业监理工程师在各自管理的范围内有足够的决策权，总监理工程师主要起协调作用。

项目监理机构是采取集权形式还是分权形式，要根据建设工程的特点，监理工作的重要性，总监理工程师的能力、精力及各专业监理工程师的工作经验、工作能力、工作态度等因素进行综合考虑。

（2）专业分工与协作统一的原则。

对于项目监理机构来说，分工就是将监理目标，特别是投资控制、进度控制、质量控制三大目标分成各部门以及各监理工作人员的目标、任务，明确干什么、怎么干。在分工中特别要注意以下 3 点：①尽可能按照专业化的要求来设置组织机构；②工作上要有严密分工，每个人所承担的工作，应力求达到较熟悉的程度；③注意分工的经济效益。

在组织机构中还必须强调协作。所谓协作，就是明确组织机构内部各部门之间和各部门内部的协调关系与配合方法。在协作中应该特别注意以下两点：①主动协作。要明确各部门之间的工作关系，找出易出矛盾之点，加以协调。②有具体可行的协作配合办法。对协作中的各项关系，应逐步规范化、程序化。

（3）管理跨度与管理层次统一的原则。

在组织机构的设计过程中，管理跨度与管理层次成反比例关系。这就是说，当组织机构中的人数一定时，如果管理跨度加大，管理层次就可以适当减少；反之，如果管理跨度缩小，管理层次肯定就会增多。一般来说，项目监理机构的设计过程中，应该在通盘考虑影响管理跨度的各种因素后，在实际运用中根据具体情况确定管理层次。

（4）权责一致的原则。

在项目监理机构中应明确划分职责、权力范围，做到责任和权力相一致。从组织结构的规律来看，一定的人总是在一定的岗位上担任一定的职务，这样就产生了与岗位职务相适应的权力和责任，只有做到有职、有权、有责，才能使组织机构正常运行。由此可见，组织的权责是相对预定的岗位职务来说的，不同的岗位职务应有不同的权责。权责不一致对组织的效能损害是很大的。权大于责就容易产生瞎指挥、滥用权力的官僚主义；责大于权就会影响管理人员的积极性、主动性、创造性，使组织缺乏活力。

(5) 才职相称的原则。

每项工作都应该明确完成该工作所需要的知识和技能，这样可以通过考察个人的学历与经历，进行测验及面谈等，了解其知识、经验、才能、兴趣等，并进行评审比较。职务设计和人员评审都可以采用科学的方法，使每个人现有的和可能有的才能与其职务上的要求相适应，做到才职相称、人尽其才、才得其用、用得其所。

(6) 经济效率原则。

项目监理机构设计必须将经济性和高效率放在重要地位。组织结构中的每个部门、每个人为了一个统一的目标，应组合成最适宜的结构形式，实行最有效的内部协调，使事情办得简洁而正确，减少重复和扯皮。

(7) 弹性原则。

组织机构既要有相对的稳定性，不要总是轻易变动，又要随组织内部和外部条件的变化，根据长远目标作出相应的调整与变化，使组织机构具有一定的适应性。

9.1.1.3 组织机构活动基本原理

组织机构的目标必须通过组织机构活动来实现。组织活动应遵循如下基本原理：

1. 要素有用性原理

一个组织机构中的基本要素有人力、物力、财力、信息、时间等。运用要素有用性原理，首先应看到人力、物力、财力等要素在组织活动中的有用性，充分发挥各要素的作用，根据各要素作用的大小、主次、好坏进行合理安排、组合和使用，做到人尽其才、财尽其利、物尽其用，尽最大可能提高各要素的有用率。

一切要素都有作用，这是要素的共性，然而要素不仅有共性，而且还有个性。例如，同样是监理工程师，由于专业、知识、能力、经验等水平的差异，所起的作用也就不同。因此，管理者在组织活动过程中不但要看到一切要素都有作用，还要具体分析各要素的特殊性，以便充分发挥每一要素的作用。

2. 动态相关性原理

组织机构处在静止状态是相对的，处在运动状态则是绝对的。组织机构内部各要素之间既相互联系，又相互制约；既相互依存，又相互排斥，这种相互作用推动组织活动的进行与发展。这种相互作用的因子，叫做相关因子。充分发挥相关因子的作用，是提高组织管理效应的有效途径。事物在组合过程中，由于相关因子的作用，可以发生质变。一加一可以等于二，也可以大于二，还可以小于二。整体效应不等于其各局部效应的简单相加，这就是动态相关性原理。组织管理者的重要任务就在于使组织机构活动的整体效应大于其局部效应之和，否则，组织就失去了存在的意义。

3. 主观能动性原理

人和宇宙中的各种事物，运动是其共有的根本属性，它们都是客观存在的物质。

不同的是，人是有生命、有思想、有感情、有创造力的。人会制造工具，并使用工具进行劳动；在劳动中改造世界，同时也改造自己；能继承并在劳动中运用和发展前人的知识。人是生产力中最活跃的因素，组织管理者的重要任务就是要把人的主观能动性发挥出来。

4. 规律效应性原理

组织管理者在管理过程中要掌握规律，按规律办事，把注意力放在抓事物内部的、本质的、必然的联系上，以达到预期的目标，取得良好效应。规律与效应的关系非常密切，一个成功的管理者懂得只有努力揭示规律，才有取得效应的可能，而要取得好的效应，就要主动研究规律，坚决按规律办事。

9.1.2　组织协调的概念

协调就是联结、联合、调和所有的活动及力量，使各方配合得当，其目的是促使各方协同一致，以实现预定目标。协调工作应贯穿于整个建设工程实施及其管理过程中。

建设工程系统就是一个由人员、物质、信息等构成的人为组织系统。用系统方法分析，建设工程的协调一般有三大类：一是“人员/人员界面”；二是“系统/系统界面”；三是“系统/环境界面”。

建设工程组织是由各类人员组成的工作班子，由于每个人的性格、习惯、能力、岗位、任务、作用的不同，即使只有两个人在一起工作，也有潜在的人员矛盾或危机。这种人和人之间的间隔，就是所谓的“人员/人员界面”。

建设工程系统是由若干个子项目组成的完整体系，子项目即子系统。由于子系统的功能、目标不同，容易产生各自为政的趋势和相互推诿的现象。这种子系统和子系统之间的间隔，就是所谓的“系统/系统界面”。

建设工程系统是一个典型的开放系统。它具有环境适应性，能主动从外部世界取得必要的能量、物质和信息。在取得的过程中，不可能没有障碍和阻力。这种系统与环境之间的间隔，就是所谓的“系统/环境界面”。

项目监理机构的协调管理就是在“人员/人员界面”“系统/系统界面”“系统/环境界面”之间，对所有的活动及力量进行连接、联合、调和的工作。系统方法强调，要把系统作为一个整体来研究和处理，因为总体的作用规模要比各子系统的作用规模之和大。为了顺利实现建设工程系统目标，必须重视协调管理，发挥系统整体功能。在建设工程监理中，要保证项目的参与各方围绕建设工程开展工作，使项目目标顺利实现。组织协调工作最为重要，也最为困难，是监理工作能否成功的关键，只有通过积极地组织协调才能实现整个系统全面协调控制的目的。

9.1.3　组织协调的范围和层次

从系统方法的角度看，项目监理机构协调的范围分为系统内部的协调和系统外部的协调，系统外部协调又分为近外层协调和远外层协调。近外层和远外层的主要区别是，建设工程与近外层关联单位一般有合同关系，与远外层关联单位一般没有合同关系。

9.2 项目监理机构组织协调的工作内容

9.2.1 项目监理机构内部的协调

9.2.1.1 项目监理机构内部人际关系的协调

项目监理机构是由人组成的工作体系，工作效率很大程度上取决于人际关系的协调程度，总监理工程师应首先抓好人际关系的协调，激励项目监理机构成员。

1. *在人员安排上要量才录用*

对项目监理机构各种人员，要根据每个人的专长进行安排，做到人尽其才。人员的搭配应注意能力互补和性格互补，人员配置应尽可能少而精，防止力不胜任和忙闲不均现象。

2. *在工作委任上要职责分明*

对项目监理机构内的每一个岗位，都应订立明确的目标和岗位责任制，应通过职能清理，使管理职能不重不漏，做到事事有人管，人人有专责，同时明确岗位职权。

3. *在成绩评价上要实事求是*

谁都希望自己的工作做出成绩，并得到肯定。但工作成绩的取得，不仅需要主观努力，而且需要一定的工作条件和相互配合。要发扬民主作风、实事求是的精神，以免人员无功自傲或有功受屈，使每个人热爱自己的工作，并对工作充满信心和希望。

4. *在矛盾调解上要恰到好处*

人员之间的矛盾总是存在的，一旦出现矛盾就应进行调解，要多听取项目监理机构成员的意见和建议，及时沟通，使人员始终处于团结、和谐、热情高涨的工作气氛之中。

9.2.1.2 项日监理机构内部组织关系的协调

项目监理机构是由若干部门（专业组）组成的工作体系。每个专业组都有自己的目标和任务。如果每个子系统都从建设工程的整体利益出发，理解和履行自己的职责，则整个系统就会处于有序的良性状态，否则，整个系统便处于无序的紊乱状态，导致功能失调，效率下降。

项目监理机构内部组织关系的协调可从以下几方面进行：

（1）在目标分解的基础上设置组织机构，根据工程对象及委托监理合同所规定的工作内容，设置配套的管理部门。

（2）明确规定每个部门的目标、职责和权限，最好以规章制度的形式作出明文规定。

（3）事先约定各个部门在工作中的相互关系。在工程建设中许多工作是由多个部门共同完成的，其中有主办、牵头和协作、配合之分，事先约定，才不会出现误事、脱节等贻误工作的现象。

（4）建立信息沟通制度，如采用工作例会、业务碰头会、发会议纪要、工作流程图或信息传递卡等方式来沟通信息，这样可使局部了解全局，服从并适应全局需要。

（5）及时消除工作中的矛盾或冲突。总监理工程师应采用民主的作风，注意从心理学、行为科学的角度激励各个成员的工作积极性；采用公开的信息政策，让大家了解建设工程实施情况、遇到的问题或危机；经常性地指导工作，和成员一起商讨遇到的问题，多倾听他们的意见、建议，鼓励大家同舟共济。

9.2.1.3　项目监理机构内部需求关系的协调

建设工程监理实施中有人员需求、试验设备需求、材料需求等，而资源是有限的，因此，内部需求平衡至关重要。需求关系的协调可从以下环节进行：

1. 对监理设备、材料的平衡

建设工程监理开始时，要做好监理规划和监理实施细则的编写工作，提出合理的监理资源配置，要注意抓住期限上的及时性、规格上的明确性、数量上的准确性、质量上的规定性。

2. 对监理人员的平衡

要抓住调度环节，注意各专业监理工程师的配合。一个工程包括多个分部分项工程，复杂性和技术要求各不相同，这就存在监理人员配备、衔接和调度问题。如土建工程的主体阶段，主要是钢筋混凝土工程或预应力钢筋混凝土工程；设备安装阶段，材料、工艺和测试手段就不同；还有配套、辅助工程等。监理力量的安排必须考虑到工程进展情况，做出合理的安排，以保证工程监理目标的实现。

9.2.2　与业主的协调

监理实践证明，监理目标的顺利实现和与业主协调的好坏有很大的关系。

我国长期的计划经济体制使得业主合同意识差、随意性大，主要体现在：一是沿袭计划经济时期的基建管理模式，搞“大业主，小监理”，在一个建设工程上，业主的管理人员要比监理人员多或管理层次多，对监理工作干涉多，并插手监理人员应做的具体工作；二是不把合同中规定的权力交给监理单位，致使监理工程师有职无权，发挥不了作用；三是科学管理意识差，在建设工程目标确定上压工期、压造价，在建设工程实施过程中变更多或不按要求，给监理工作的质量、进度、投资控制带来困难。因此，与业主的协调是监理工作的重点和难点。监理工程师应从以下几方面加强与业主的协调：

（1）监理工程师首先要理解建设工程总目标、理解业主的意图。对于未能参加项目决策过程的监理工程师，必须了解项目构思的基础、起因、出发点，否则可能对监理目标及完成任务有不完整的理解，会给他的工作造成很大的困难。

（2）利用工作之便做好监理宣传工作，增进业主对监理工作的理解，特别是对建设工程管理各方职责及监理程序的理解；主动帮助业主处理建设工程中的事务性工作，以自己规范化、标准化、制度化的工作去影响和促进双方工作的协调一致。

（3）尊重业主，让业主一起投入建设工程全过程。尽管有预定的目标，但建设工程实施必须执行业主的指令，使业主满意。对业主提出的某些不适当的要求，只要不属于原则问题，都可先执行，然后利用适当时机、采取适当方式加以说明或解释；对于原则性问题，可采取书面报告等方式说明原委，尽量避免发生误解，以使建设工程顺利实施。

9.2.3 与承包商的协调

监理工程师对质量、进度和投资的控制都是通过承包商的工作来实现的，所以做好与承包商的协调工作是监理工程师组织协调工作的重要内容。

坚持原则，实事求是，严格按规范、规程办事，讲究科学态度。监理工程师在监理工作中应强调各方面利益的一致性和建设工程总目标；监理工程师应鼓励承包商将建设工程实施状况、实施结果和遇到的困难和意见向他汇报，以寻找对目标控制可能的干扰。双方了解得越多越深刻，监理工作中的对抗和争执就越少。

协调不仅是方法、技术问题，更多的是语言艺术、感情交流和用权适度问题。有时尽管协调意见是正确的，但由于方式或表达不妥，反而会激化矛盾。而高超的协调能力则往往能起到事半功倍的效果，令各方都满意。

9.2.3.1 与承包商项目经理关系的协调

从承包商项目经理及其工地工程师的角度来说，他们最希望监理工程师是公正、通情达理并容易理解别人的；希望从监理工程师处得到明确而不是含糊的指示，并且能够对他们所询问的问题给予及时的答复；希望监理工程师的指示能够在他们工作之前发出。他们可能对本本主义者以及工作方法僵硬的监理工程师最为反感。这些心理现象，作为监理工程师来说，应该非常清楚。一个既懂得坚持原则，又善于理解承包商项目经理的意见，工作方法灵活，随时可能提出或愿意接受变通办法的监理工程师肯定是受欢迎的。

9.2.3.2 进度问题的协调

由于影响进度的因素错综复杂，因而进度问题的协调工作也十分烦琐。实践证明，有两项协调工作很有效：一是业主和承包商双方共同商定一级网络计划，并由双方主要负责人签字，作为工程施工合同的附件；二是设立提前竣工奖，由监理工程师按一级网络计划节点考核，分期支付阶段工期奖，如果整个工程最终不能保证工期，则由业主从工程款中将已付的阶段工期奖扣回并按合同规定予以罚款。

9.2.3.3 质量问题的协调

在质量控制方面应实行监理工程师质量签字认可制度。对没有出厂证明、不符合使用要求的原材料、设备和构件，不准使用；对工序交接实行报验签证；对不合格的工程部位不予验收签字，也不予计算工程量，不予支付工程款。在建设工程实施过程中，设计变更或工程内容的增减是经常出现的，有些是合同签订时无法预料和明确规定的。对于这种变更，监理工程师要认真研究，合理计算价格，与有关方面充分协商，达成一致意见，并实行监理工程师签证制度。

9.2.3.4 对承包商违约行为的处理

在施工过程中，监理工程师对承包商的某些违约行为进行处理是一件很慎重而又难免的事情。当发现承包商采用一种不适当的方法进行施工，或是用了不符合合同规定的材料时，监理工程师除了立即制止外，可能还要采取相应的处理措施。遇到这种情况，监理工程师应该考虑的是自己的处理意见是否是监理权限以内的，以及根据合同要求，自己应该怎么做等。在发现质量缺陷并需要采取措施时，监理工程师必须立即通知承包商。监理工程师要有时间期限的概念，否则承包商有权认为监理工程师对已完成的工程内容是满意或认可的。

监理工程师最担心的是工程总进度和质量受到影响。有时，监理工程师会发现，承包商的项目经理或某个工地工程师不称职。此时明智的做法是继续观察一段时间，待掌握足够的证据后，总监理工程师可以正式向承包商发出警告。万不得已时，总监理工程师有权要求撤换承包商的项目经理或工地工程师。

9.2.3.5 合同争议的协调

对于工程中的合同争议，监理工程师应首先采用协商解决的方式，协商不成时才由当事人向合同管理机关申请调解。只有当对方严重违约而使自己的利益受到重大损失且不能得到补偿时才采用仲裁或诉讼手段。如果遇到非常棘手的合同争议问题，不妨暂时搁置等待时机，另谋良策。

9.2.3.6 对分包单位的管理

主要是对分包单位明确合同管理范围，分层次管理。将总包合同作为一个独立的合同单元进行投资、进度、质量控制和合同管理，不直接和分包合同发生关系。对分包合同中的工程质量、进度进行直接跟踪监控，通过总包商进行调控、纠偏。分包商在施工中发生的问题，由总包商负责协调处理，必要时，监理工程师帮助协调。当分包合同条款与总包合同发生抵触，以总包合同条款为准。此外，分包合同不能解除总包商对总包合同所承担的任何责任和义务。分包合同发生的索赔问题，一般由总包商负责，涉及总包合同中业主义务和责任时，由总包商通过监理工程师向业主提出索赔，由监理工程师进行协调。

9.2.3.7 处理好人际关系

在监理过程中，监理工程师处于一种十分特殊的位置。业主希望得到独立、专业的高质量服务，而承包商则希望监理单位能对合同条件有一个公正的解释。因此，监理工程师必须善于处理各种人际关系，既要严格遵守职业道德，礼貌而坚决地拒收任何礼物，以保证行为的公正性，也要利用各种机会增进与各方人员的友谊与合作，以利于工程的进展。人际关系处理不好的话，便有可能引起业主或承包商对其可信赖程度的怀疑。

9.2.4 与设计单位的协调

监理单位必须协调与设计单位的工作，以加快工程进度，确保质量，降低消耗。

（1）真诚尊重设计单位的意见。在设计单位向承包商介绍工程概况、设计意图、技术要求、施工难点等时，注意标准过高、设计遗漏、图纸差错等问题，并将其解决在施工之前；施工阶段，严格按图施工；结构工程验收、专业工程验收、竣工验收等工作，约请设计代表参加；若发生质量事故，认真听取设计单位的处理意见等。

（2）施工中发现设计问题，应及时按工作程序向设计单位提出，以免造成大的直接损失；若监理单位掌握比原设计更先进的新技术、新工艺、新材料、新结构、新设备时，可主动与设计单位沟通。为使设计单位有修改设计的余地而不影响施工进度，应协调各方达成协议，约定一个期限，争取设计单位、承包商的理解和配合。

(3) 注意信息传递的及时性和程序性。监理工作联系单、工程变更单传递，要按规定的程序进行传递。

这里要注意的是，在施工监理的条件下，监理单位与设计单位都是受业主委托进行工作的，两者之间并没有合同关系，所以监理单位主要是和设计单位做好交流工作，协调要靠业主的支持。设计单位应就其设计质量对建设单位负责，因此《中华人民共和国建筑法》指出：工程监理人员发现工程设计不符合建筑工程质量标准或者合同约定的质量要求的，应当报告建设单位要求设计单位改正。

9.2.5 与政府部门及其他单位的协调

一个建设工程的开展还受到政府部门及其他单位的影响，如政府部门、金融组织、社会团体、新闻媒介等，它们对建设工程起着一定的控制、监督、支持、帮助作用，这些关系若协调不好，建设工程实施也可能严重受阻。

9.2.5.1 与政府部门的协调

(1) 工程质量监督站是由政府授权的工程质量监督的实施机构，对委托监理的工程，质量监督站主要是核查勘察设计单位、施工单位和监理单位的资质，监督这些单位的质量行为和工程质量。监理单位在进行工程质量控制和质量问题处理时，要做好与工程质量监督站的交流和协调。

(2) 重大质量、安全事故，在承包商采取急救、补救措施的同时，应敦促承包商立即向政府有关部门报告情况，接受检查和处理。

(3) 建设工程合同应送公证机关公证，并报政府建设管理部门备案；协助业主的征地、拆迁、移民等工作要争取政府有关部门支持和协作；现场消防设施的配置，宜请消防部门检查认可；要敦促承包商在施工中注意防止环境污染，坚持做到文明施工。

9.2.5.2 协调与社会团体的关系

一些大中型建设工程建成后，不仅会给业主带来效益，还会给该地区的经济发展带来好处，同时给当地人民生活带来方便，因此必然会引起社会各界关注。业主和监理单位应把握机会，争取社会各界对建设工程的关心和支持，这是一种争取良好社会环境的协调。对本部分的协调工作，从组织协调的范围看是属于远外层的管理。根据目前的工程监理实践，对远外层关系的协调，应由业主主持，监理单位主要是协调近外层关系。如业主将部分或全部远外层关系协调工作委托监理单位承担，则应在委托监理合同专用条件中明确委托的工作和相应的报酬。

9.3 项目监理机构组织协调的方法

监理工程师组织协调可采用如下方法：

9.3.1 会议协调法

会议协调法是建设工程监理中最常用的一种协调方法，实践中常用的会议协调法包括第一次工地会议、监理例会、专业性监理会议等。

9.3.1.1 第一次工地会议

第一次工地会议是建设工程尚未全面展开前，履约各方相互认识、确定联络方式的会议，也是检查开工前各项准备工作是否就绪并明确监理程序的会议。第一次工地会议应在项目总监理工程师下达开工令之前举行，会议由建设单位主持召开，监理单位、总承包单位的授权代表参加，也可邀请分包单位参加，必要时邀请有关设计单位人员参加。

9.3.1.2 监理例会

（1）监理例会是由总监理工程师主持，按一定程序召开的，研究施工中出现的计划、进度、质量及工程款支付等问题的工地会议。

（2）监理例会应当定期召开，宜每周召开一次。

（3）参加人包括：项目总监理工程师（也可为总监理工程师代表）、其他有关监理人员、承包商项目经理、承包单位其他有关人员。需要时，还可邀请其他有关单位代表参加。

（4）会议的主要议题如下：①对上次会议存在问题的解决和纪要的执行情况进行检查；②工程进展情况；③对下月（或下周）的进度预测及其落实措施；④施工质量、加工订货、材料的质量与供应情况；⑤质量改进措施；⑥有关技术问题；⑦索赔及工程款支付情况；⑧需要协调的有关事宜。

（5）会议纪要。会议纪要由项目监理机构起草，经与会各方代表会签，然后分发给有关单位。会议纪要内容如下：①会议地点及时间；②出席者姓名、职务及其代表的单位；③会议中发言者的姓名及所发表的主要内容；④决定事项；⑤诸事项分别由何人何时执行。

9.3.1.3 专业性监理会议

除定期召开工地监理例会以外，还应根据需要组织召开一些专业性协调会议。例如，加工订货会、承包单位与总包单位之间的协调会、专业性较强的分包单位进场协调会等，均由监理工程师主持会议。

9.3.2 交谈协调法

在实践中，并不是所有问题都需要开会来解决，有时可采用“交谈”这一方法。交谈包括面对面的交谈和电话交谈两种形式。

无论是内部协调还是外部协调，这种方法使用频率都是相当高的。其作用在于：

（1）保持信息畅通。由于交谈本身没有合同效力，但是具有方便性和及时性，所以建设工程参与各方之间及监理机构内部都愿意采用这一方法进行。

（2）寻求协作和帮助。在寻求别人协作和帮助时，往往要及时了解对方的反应和意见，以便采取相应的对策。另外，相对于书面寻求协作，人们更难于拒绝面对面的请求。因此，采用交谈方式请求协作和帮助比采用书面方法实现的可能性要大。

（3）及时发布工程指令。在实践中，监理工程师一般都采用交谈方式先发布口头指令。这样，一方面可以使对方及时地执行指令，另一方面可以和对方进行交流，了解对方是否已正确理解指令。随后，再以书面形式加以确认。

9.3.3 书面协调法

当会议或者交谈不方便或不需要时，或者双方需要精确地表达自己的意见时，就会用到书面协调的方法。书面协调方法的特点是具有合同效力，一般常用于以下几种情况：

（1）不需双方直接交流的书面报告、报表、指令和通知等。

（2）需要以书面形式向各方提供详细信息和情况通报的报告、信函和备忘录等。

（3）事后对会议记录、交谈内容或口头指令的书面确认。

9.3.4 访问协调法

访问协调法主要用于外部协调中，有走访和邀访两种形式。走访是指监理工程师在建设工程施工前或施工过程中，对与工程施工有关的各政府部门、公共事业机构、新闻媒介或工程毗邻单位等进行访问，向他们解释工程的情况，了解他们的意见。邀访是指监理工程师邀请上述各单位（包括业主）代表到施工现场对工程进行指导性巡视，了解现场工作。因为在多数情况下，这些有关方面并不了解工程，不清楚现场的实际情况，如果进行一些不恰当的干预，会对工程产生不利影响。这个时候，采用访问协调法可能是一个相当有效的协调方法。

9.3.5 情况介绍法

情况介绍法通常是与其他协调方法紧密结合在一起的，它可能是在一次会议前，或是一次交谈前，或是一次走访或邀访前向对方进行的情况介绍。形式上主要是口头的，有时也伴有书面的。介绍往往作为其他协调的引导，目的是使别人首先了解情况。因此，监理工程师应重视任何场合下的每一次介绍，要使别人能够理解介绍的内容、问题和困难，及想得到的协助等。

总之，组织协调是一种管理艺术和技巧，监理工程师尤其是总监理工程师需要掌握领导科学、心理学、行为科学方面的知识和技能。例如，激励、交际、表扬和批评的艺术、开会的艺术、谈话的艺术、谈判的技巧等。只有这样，监理工程师才能进行有效的协调。

9.4 案例

【案例 9.1】

1. 背景材料

某工程，实施过程中发生如下事件：

事件 1：监理合同签订后，监理单位按照下列步骤组建项目监理机构：①确定项目监理机构目标；②确定监理工作内容；③制定监理工作流程和信息流程；④进行项目监理机构组织设计。根据项目特点，决定采用矩阵制组织形式组建项目监理机构。

事件 2：总监理工程师对项目监理机构的部分工作安排如下：

造价控制组：①研究制定预防索赔措施；②审查确认分包单位资格；③审查施工组织设计与施工方案。

质量控制组：①检查成品保护措施；②审查分包单位资格；③审批工程延期。

事件 3：为有效控制建设工程质量、进度、投资目标，项目监理机构拟采取下列措施开展工作：

(1) 明确施工单位及材料设备供应单位的权利和义务。

(2) 拟定合理的承发包模式和合同计价方式。

(3) 建立健全实施动态控制的监理工作制度。

(4) 审查施工组织设计。

(5) 对工程变更进行技术经济分析。

(6) 编制资金使用计划。

(7) 采用工程网络计划技术实施动态控制。

(8) 明确各级监理人员职责分工。

(9) 优化建设工程目标控制工作流程。

(10) 加强各单位（部门）之间的沟通协作。

事件 4：采用新技术的某专业分包工程开始施工后，专业监理工程师编制了相应的监理实施细则。总监理工程师审查了其中的监理工作方法和措施等主要内容。

2. 问答题

(1) 指出事件 1 中项目监理机构组建步骤的不妥之处和采用矩阵制组织形式的优点。

(2) 逐项指出事件 2 中总监理工程师对造价控制组和质量控制组的工作安排是否妥当。

(3) 逐项指出事件 3 中各项措施分别属于组织措施、技术措施、经济措施和合同措施中的哪一项。

(4) 指出事件 4 中专业监理工程师做法的不妥之处。总监理工程师还应审查监理实施细则中的哪些内容？

启示：以精良装备，靠精干力量，凭精细管理，铸精品工程。

【案例 9.2】

1. 背景材料

某工程，参照定额工期确定的合理工期为 1 年，建设单位与施工单位按此签订了施工合同。工程实施过程中发生如下事件：

事件1：建设单位提出如下要求：①总监理工程师代表负责增加和调配监理人员；②施工单位将本月工程款支付申请直接报送建设单位，建设单位审核后拨付工程款；③项目监理机构增加平行检验项目。

事件2：在基础工程施工中，项目监理机构发现有部分构件出现较大裂缝。为此，总监理工程师签发《工程暂停令》；经检测及设计验算，需进行加固补强；施工单位向项目监理机构报送了质量事故调查报告和加固补强方案；项目监理机构按工作程序进行处置后，签发《工程复工令》。

事件3：为使工程提前完工投入使用，建设单位要求施工单位提前3个月竣工。于是，施工单位在主体结构施工中未执行原施工方案，提前拆除混凝土结构模板。专业监理工程师为此发出《监理通知单》，要求施工单位整改。施工单位以工期紧、气温高和混凝土能达到拆模强度为由回复，专业监理工程师不再坚持整改要求。后因气温骤降，导致施工单位在拆除第五层结构模板时混凝土强度不足，发生了结构坍塌安全事故，造成2人死亡、9人重伤和1100万元的直接经济损失。

2. 问答题

(1) 指出事件1中建设单位所提要求的不妥之处，写出正确做法。

(2) 针对事件2，写出项目监理机构在签发《工程复工令》之前需要进行的工作程序。

(3) 针对事件3，分别从死亡人数、重伤人数和直接经济损失三方面分析事故等级，并综合判断该事故的最终等级。

(4) 针对事件3的安全事故，分别指出建设单位、监理单位、施工单位是否有责任，并说明理由。

启示：宁可千日不松无事，不可一日不防酿祸。抓基础从大处着眼，防隐患从小处着手。

【案例9.3】

1. 背景材料

某建设工程项目采用的是预制钢筋混凝土管桩基础。项目业主委托某监理单位承担该建设工程项目施工招标及施工阶段的监理任务。因该工程涉及土建施工、沉桩施工和管桩预制工作，业主对工程发包提出了两种方案：一种是采用平行发包模式，即对土建、沉桩、管桩制作进行分别发包；另一种是采用总分包模式，即由土建施工单位总承包，沉桩施工及管桩制作列入总承包范围再进行分包。

2. 问答题

(1) 施工招标阶段，监理单位的主要工作内容有哪些?

(2) 如果采取施工总分包模式，监理工程师应从哪些方面对分包单位进行管理?其主要手段是什么?

(3) 在上述两种发包模式下，对管桩生产企业的资质考核各应在何时进行?考核的主要内容是什么？

（4）在平行发包模式下，沉桩施工单位对管桩运抵施工现场是否视为“甲供构件”？为什么？如何组织检查验收？

（5）如果现场检查出管桩不合格或管桩生产企业延期供货，对正常施工进度造成影响，试分析上述两种发包模式下，可能会出现哪些主体之间的索赔。

9.1

第 9 章案例答案

启示：质量是企业的生命，质量是企业的效益，质量是企业发展的动力，质量靠全体员工去保证。

复 习 思 考 题

一、单选题

1. 下列提法中能反映组织结构基本内涵的是（　　）。

A. 主要解决组织中的工作流程设计

B. 协调各个分离活动和任务的形式

C. 管理层次与管理跨度协调统一

D. 组织结构要适合项目的特点

2. 建设工程监理组织设计是对（　　）的设计过程。

A. 组织活动

B. 组织结构

C. 组织活动或组织结构

D. 组织活动和组织结构

3. 建设工程监理组织设计中，（　　）是指一名上级管理人员所直接管理的下级人数。

A. 管理层次

B. 管理跨度

C. 管理部门

D. 管理职能

4. 在组织机构的设计过程中，当人数一定时，管理跨度与管理层次的关系是（　　）。

A. 职能关系

B. 正比关系

C. 反比关系

D. 直线关系

5. 监理单位在进行项目监理机构组织设计时，应根据工程的特点、监理工作的重要程度、总监理工程师的能力和各专业监理工程师的工作经验等，决定项目监理机构（　　）。

A. 采取集权形式还是分权形式

B. 内部的协作关系

C. 管理层次的数量

D. 与外部环境的适应性

6. 监理机构的组织活动效应并不等于机构内单个监理人员工作效应的简单相加，这体现了组织机构活动的（　　）原理。

A. 动态相关性

B. 要素有用性

C. 主观能动性

D. 规律效应性

7. 平行承发包模式的优点不包括（　　）。

A. 有利于缩短工期

B. 有利于质量控制

C. 有利于提高利润

D. 有利于业主选择承建单位

8. 与施工总分包模式相比，建设工程平行承发包模式的优点是（　　）。

A. 有利于提高利润

B. 有利于投资控制

C. 有利于缩短工期

D. 有利于合同管理

9. 下列属于项目总承包模式和项目总承包管理模式的共同优点的是（　　）。

A. 有利于投资控制

B. 合同关系简单

C. 有利于缩短建设周期

D. 合同价格较低

10. 对建设单位而言，项目总承包模式的主要缺点是（　　）。

A. 招标发包工作难度大

B. 不利于缩短建设工期

C. 组织协调工作量大

D. 不利于投资控制

11. 项目总承包模式具有的优点之一是（　　）。

A. 合同关系简单，组织协调工作量小

B. 业主择优选择承包商的范围较大

C. 有利于进度控制

D. 有利于质量控制

12. 同时适用于平行承发包、设计或施工总分包、项目总承包模式的委托监理模式是业主（　　）。

A. 按不同合同标段委托多家监理单位

B. 按不同建设阶段委托监理单位

C. 委托一家监理单位

D. 委托多家监理单位

13. 下列要求中，不属于监理工作规范化要求的是（　　）。

A. 工作的时序性

B. 职责分工的严密性

C. 完成目标的准确性

D. 工作目标的确定性

14. 某工程项目的建设单位通过招标与某监理单位签订了施工阶段委托监理合同，总监理工程师应根据（　　）组建项目监理机构。

A. 监理大纲和监理实施细则

B. 监理大纲和签订的委托监理合同

C. 签订的委托监理合同和监理规划

D. 监理规划和监理实施细则

15. 在建设工程监理实施中，总监理工程师代表监理单位全面履行建设工程委托监理合同，承担合同中监理单位与业主方约定的监理责任与义务，因此，监理单位应给总监理工程师充分授权，这体现了（　　）的监理实施原则。

A. 公平、公正

B. 权责一致

C. 总监理工程师是责任主体

D. 总监理工程师是权力主体

16. 建立项目监理机构的基本程序是（　　）。

A. 任命总监理工程师，编制监理规划，制定工作流程

B. 签订监理合同，任命总监理工程师，确定监理机构目标，制定工作流程

C. 确定监理机构目标，确定监理工作内容，组织结构设计，制定工作流程和信息流程

D. 选择组织结构形式，确定管理层次与跨度，划分监理机构部门，制定考核标准

17. 进行项目监理机构的组织结构设计时，首先是选择组织结构形式，然后是（　　）。

A. 划分项目监理机构部门

B. 确定管理层次和管理跨度

C. 制定岗位职责和考核标准

D. 安排监理人员

18. 我国《建设工程监理规范》（GB/T 50319—2013）规定，项目总监理工程师应由具有（　　）年以上同类工程监理工作经验的人员担任。

A. 1

B. 2

C. 3

D. 4

19. 直线制监理组织形式的主要特点是（　　）。

A. 接受职能部门多头指挥、指令矛盾时，将使直线指挥部门人员无所适从

B. 统一指挥、直线领导，但职能部门与指挥部门易产生矛盾

C. 具有较大的机动性和适应性，但纵横向协调工作量大

D. 组织机构简单、权力集中、命令统一、职责分明、隶属关系明确

20. 某工程项目监理机构具有统一指挥、职责分明、目标管理专业化的特点，则该项目监理机构的组织形式为（　　）。

A. 直线制

B. 曲线制

C. 直线职能制

D. 矩阵职能制

21. 矩阵式监理组织形式的优点是（　　）。

A. 目标控制职能分工明确

B. 权力集中、隶属关系明确

C. 加强了各职能部门横向联系

D. 纵横向协调工作量小

22. 某监理单位承担了某项目土建工程的施工监理任务，已知该项目相关资料见下表，该监理单位配备监理人员时所依据的工程建设强度应（　　）。

内容	计划工期	合同价格	合计
土建工程	12个月	6000万元	
设备安装	4个月（与土建工程搭接一个月）	3000万元	

A. 750

B. 600

C. 500

D. 400

23. 某工程的复杂程度等级评定如下：该工程复杂程度等级的评分应是（　　）分。影响因素权重评分 F1＝0.47，F2＝0.39，F3＝0.27，F4＝0.18，F5＝0.28，F6＝0.34，F7＝0.45，F8＝0.56，F9＝0.78，F10＝0.88。

A. 4.6

B. 7.3

C. 7.5

D. 9.0

24. 施工阶段，按照《建设工程监理规范》（GB/T 50319—2013）的规定，项目总监理工程师可将（　　）工作委托总监理工程师代表。

A. 工程暂停令

B. 审核签认竣工结算

C. 调配监理人员

D. 主持或参与工程质量事故的调查

25. 按设计图及有关标准，对承包单位的工艺过程或施工工序进行检查和记录，对加工制作及工序施工质量检查结果进行记录，是（　　）的职责。

A. 总监理工程师

B. 总监理工程师代表

C. 专业监理工程师

D. 监理员

26. 下列职责中，属于总监理工程师职责的是（　　）。

A. 核查进场材料的质量证明文件及质量情况，并对合格者予以签认

B. 在专业监理工程师的指导下开展现场监理工作

C. 负责编制本专业的监理实施细则

D. 审查分包单位的资质，并提出审查意见

27. 在建设工程监理实施过程中，监理人员的配备、衔接和调度等事宜属于项目监理机构内部（　　）关系的协调。

A. 人际

B. 组织

C. 需求

D. 计划

28. 建设工程监理组织协调中，主要用于外部协调的方法是（　　）。

A. 会议协调法

B. 交谈协调法

C. 书面协调法

D. 访问协调法

二、多选题

1. 组织应具有的基本含义为（　　）。

A. 目标是组织存在的前提

B. 组织中人员应分工协作

C. 组织是生产要素之一

D. 组织中的人员应明确权力层次

E. 组织可用组织结构图表示

2. 建设工程监理组织设计中，组织构成的要素一般包括（　　）四个方面。

A. 管理层次

B. 管理跨度

C. 管理部门

D. 管理职能

E. 管理系统

3. 建设工程监理在组织设计中，管理层次过多会造成（　　）。

A. 人力浪费

B. 资源浪费

C. 指令走样

D. 指令失效

E. 信息传递慢

4. 项目监理机构的组织设计应遵循（　　）等基本原则。

A. 集权与分权统一

B. 专业分工与协作统一

C. 管理跨度与管理层次统一

D. 严格监理与热情服务

E. 总监理工程师负责制

5. 建设工程监理中，组织机构活动应遵循的原理是（　　）。

A. 权责一致原理

B. 要素有用性原理

C. 主观能动性原理

D. 规律效应性原理

E. 动态相关性原理

6. 平行发包模式下，进行任务分解与确定合同数量、内容时应考虑以下哪些因素（　　）。

A. 工程情况

B. 市场情况

C. 资金状况

D. 贷款协议要求

E. 工人素质

7. 施工总分包模式的优点之一是有利于质量控制，其原因在于（　　）。（2011年真题）

A. 有分包单位的自控

B. 有总包单位的监督

C. 有监理单位的检查认可

D. 有合同约束与分包单位之间相互制约

E. 有监理单位监督与分包单位之间相互制约

8. 下列各种建设工程组织管理模式的优点中，合同关系简单的模式有（　　）。

A. 项目总承包模式

B. 项目总承包管理模式

C. 设计总分包模式

D. 施工总分包模式

E. 平行承发包模式

9. 建设工程的监理模式中，只能委托一家监理单位进行监理的是（　　）模式条件下的监理模式。

A. 平行承发包

B. 设计总分包

C. 施工总分包

D. 项目总承包

E. 项目总承包管理

10. 建设工程实行施工总分包时，被监理的单位可能包括（　　）。

A. 设计总承包单位

B. 施工总承包单位

C. 材料设备供应单位

D. 设计分包单位

E. 施工分包单位

11. 建设工程监理实施的原则之一是严格监理，热情服务。这一原则的基本内涵有（　　）。

A. 严格按照国家政策、法规、规范和标准控制建设工程目标

B. 对工程建设承包单位严格监理、为业主提供热情服务

C. 认真履行职责，不超越业主授予的权限

D. 按委托监理合同的要求，多方位为业主提供服务

E. 维护业主的正当权益

12. 建设工程监理的实施原则包括（　　）。

A. 守法、诚信、公正、科学的原则

B. 公正、独立、自主的原则

C. 严格监理、热情服务的原则

D. 管理跨度与管理层次统一的原则

E. 综合效益的原则

13. 项目监理机构的组织结构设计的内容是（　　）。

A. 制定信息流程

B. 选择组织结构形式

C. 确定管理层次

D. 制定岗位职责

E. 确定监理工作内容

14. 建设工程监理组织应选择适宜的结构形式，以适应监理工作的需要。组织结构形式选择的基本原则有（　　）。

A. 有利于项目决策

B. 有利于目标规划

C. 有利于合同管理

D. 有利于目标控制

E. 有利于信息沟通

15. 影响项目监理机构人员数量的主要因素有（　　）。

A. 工程复杂程度

B. 监理单位业务范围

C. 监理人员专业结构

D. 监理人员技术职称结构

E. 监理机构组织结构和任务职能分工

16. 确定项目监理机构人员数量的步骤包括（　　）。

A. 确定工程建设强度和工程复杂程度

B. 根据实际情况确定监理人员数量

C. 确定项目监理机构的管理层次及管理跨度

D. 测定、编制项目监理机构监理人员需要量定额

E. 套用监理人员需要量定额

17. 总监理工程师在项目监理工作中的职责包括（　　）。

A. 审查和处理工程变更

B. 审批项目监理实施细则

C. 负责隐蔽工程验收

D. 主持整理工程项目的监理资料

E. 当人员需要调整时，向监理公司提出建议

18.《建设工程监理规范》（GB/T 50319—2013）规定，在施工阶段，专业监理工程师的职责是（　　）。

A. 组织、指导、检查和监督本专业监理员的工作

B. 审核分部工程的质量检验评定资料

C. 负责编制本专业的监理实施细则

D. 对重大问题及时向承包单位作出指示

E. 负责本专业监理工作的具体实施

19. 项目监理机构内部需求关系的协调主要包括对（　　）的平衡。

A. 监理设备

B. 监理资金

C. 监理资料

D. 监理时间

E. 监理人员

三、问答题

1. 什么是组织和组织结构？

2. 组织设计应该遵循什么原则？

3. 组织活动的基本原理是什么？

4. 建设工程监理实施的程序是什么？

5. 建设工程监理实施的基本原则有哪些？

9.2

第9章参考答案

6. 简述建立项目监理机构的步骤。
7. 项目监理机构中的人员如何配备？
8. 项目监理机构中各类人员的基本职责是什么？
9. 项目监理机构协调的工作内容有哪些？
10. 建设工程监理组织协调的常用方法有哪些？

第 10 章
建设工程监理规划与监理实施细则

学习重点

- 掌握建设工程监理规划与监理实施细则的作用
- 掌握建设工程监理规划与监理实施细则的编写要求与内容

知识目标	技能素养	思政元素
了解监理大纲、监理规划与监理实施细则的基本定义	能够理清监理大纲、监理规划与监理实施细则三者之间的关系	职业自豪感 自主学习 科学精神
熟悉监理规划与监理实施细则的作用	能够完成简单监理规划与监理实施细则编写	职业精神 职业素养 责任与使命
掌握监理规划、监理实施细则的编写与审核要求	能够在实际建设工程中独立编写监理规划与监理实施细则并通过审核后实施	团队合作 职业规划 人生价值观

引　例

引江济淮工程连通长江、淮河两大水系，是跨流域、跨省重大战略性水资源配置和综合利用工程。该工程以城乡供水和发展江淮航运为主，结合灌溉补水和改善巢湖及淮河水生态环境的目的，是国务院确定的全国 172 项节水供水重大水利工程的标志性工程，也是润泽安徽、惠及河南、造福淮河、辐射中原、功在当代、利在千秋的重大基础设施和重要民生工程。

2014 年 2 月 17—19 日，水利部水规总院在北京召开引江济淮工程规划复审会议，审查通过了引江济淮工程规划并形成审查意见。随着引江济淮工程规划通过审查，正式拉开了引江济淮工程建设的帷幕。

目前，引江济淮工程一期项目已进入尾声，它的顺利建设离不开广大建设者包括监理人的支持与付出，监理人为能够参与这样一个重点水利工程建设而感到骄傲和自豪。

正如引江济淮工程首先要进行工程规划一样，一个具体项目的监理工作也应首先编制监理规划。

监理规划是用来指导项目监理机构全面开展监理工作的指导性文件。工程项目的建设离不开监理单位，而监理单位签订监理合同后首先应编制监理规划。然而，我国各级主管部门在对监理资料检查时，“监理规划没有针对性、监理实施细则没有操作性”这种问题频频出现，为什么会出现这种问题呢？归根结底应该是专业监理人员没有实事求是，或者知识储备不足，又或者责任心不强等原因导致编写的《监理规划》和《监理实施细则》都是规范化、格式化的内容，没有针对性。这就要求监理人员一定要有自主学习的能力、良好的职业道德、实事求是的职业精神，在学习和工作中不断完善知识结构，及时更新知识储备，实时掌握新技术、新工艺，为做一个合格的监理工程师而时刻准备着！

10.1　建设工程监理规划系列文件

建设工程监理规划系列文件是指监理大纲、监理规划和监理实施细则。从编制的时间来看，监理大纲是监理企业投标时编制的，监理规划是在监理合同签订以后在监理大纲的基础上编制的，而监理实施细则是各专业监理工程师在监理规划指导下编制的。

10.1.1　建设工程监理大纲

建设工程监理大纲又称建设工程监理方案，它是监理单位在业主开始委托监理之前，特别是在业主进行监理招标过程中，为承揽到监理业务而编写的监理方案性文件。

10.1.1.1　监理单位编制监理大纲的作用

（1）在监理招标过程中，监理企业为承揽到监理业务而编制的方案性文件。

（2）为监理单位对所承揽的监理项目在以后开展监理工作制定基本方案，是制定监理规划的基础。

10.1.1.2　监理大纲的内容

监理大纲的内容应当根据业主所发布的监理招标文件的要求而制定，一般包括：

（1）工程项目概述。

（2）工程项目特点、难点。

（3）拟派往项目监理机构的监理人员情况介绍。其中，应该重点介绍拟派往投标工程的项目总监理工程师的情况，这往往决定承揽监理业务的成败。

（4）监理人员岗位职责。

（5）拟采用的监理组织管理方案。指监理单位根据业主提供的工程信息，并结合自己为投标所初步掌握的工程资料，制定出拟采用的监理方案。监理方案的具体内容包括：项目监理机构的方案、建设工程三大目标的具体控制方案、工程建设各种合同的管理方案、项目监理机构在监理过程中进行组织协调的方案等。

（6）拟投入的监理办公生活设施。

（7）提供给建设单位的阶段性监理文件。阶段性监理文件有助于满足建设单位掌握工程建设过程的需要，有利于监理单位顺利承揽该建设工程的监理业务。

10.1.2 建设工程监理规划

建设工程监理规划是监理单位接受业主委托并签订委托监理合同之后，在项目总监理工程师的主持下，根据委托监理合同，在建设工程监理大纲的基础上，结合工程的具体情况，广泛收集工程信息和资料的情况下制定的，经监理单位技术负责人批准的，用来指导项目监理机构全面开展监理工作的指导性文件。从内容范围上讲，建设工程监理大纲与监理规划都是围绕着整个项目监理机构所开展的监理工作来编写的，但监理规划的内容要比建设工程监理大纲更翔实、更全面。

10.1.3 建设工程监理实施细则

建设工程监理实施细则又称监理细则，其与监理规划的关系可以比作施工图设计与初步设计的关系。也就是说，监理实施细则是在监理规划的基础上，由项目监理机构的专业监理工程师针对建设工程中某一专业或某一方面的监理工作编写的，并经总监理工程师批准实施的操作性文件。监理实施细则的作用是指导本专业或本子项目具体监理业务的开展。

10.1.4 三者之间的关系

建设工程监理大纲、监理规划、监理实施细则是相互关联的，都是建设工程监理工作文件的组成部分，它们之间存在着明显的依据性关系。在编写监理规划时，一定要严格根据建设工程监理大纲的有关内容来编写；在制定监理实施细则时，一定要在监理规划的指导下进行。

一般来说，监理单位开展监理活动应当编制以上工作文件，但这也不是一成不变的。对于简单的监理活动而言，只编写监理实施细则即可，而有些建设工程也可以制定较详细的监理规划，而不再编写监理实施细则。

10.2 建设工程监理规划

10.2.1 建设工程监理规划的作用

10.2.1.1 指导监理单位项目监理组织全面开展监理工作

监理规划的基本作用就是指导项目监理机构全面开展监理工作。建设工程监理的中心目的是协助业主实现建设工程的总目标。实现建设工程总目标是一个系统的过程，它需要制订计划，建立组织，配备合适的监理人员，进行有效的领导，实施工程的目标控制。在实施监理的过程中，监理单位要集中精力做好目标控制工作。

监理规划要真正能够起到指导项目监理机构进行该项目监理工作的作用，监理规划需要对项目监理机构开展的各项监理工作作出全面、系统的组织和安排。它包括确定监理工作目标，制定监理工作程序，确定目标控制、合同管理、信息管理、组织协调等各项措施和确定各项工作的方法和手段。

10.2.1.2　监理规划是业主确认监理单位是否全面、认真履行工程建设监理委托合同的主要依据

监理单位如何履行监理合同，如何落实业主委托监理单位所承担的各项监理服务工作，作为监理的委托方，业主需要而且有权对监理单位履行工程建设监理合同的情况进行了解、确认和监督。监理规划是业主确认监理单位是否全面履行监理合同的主要说明性文件，监理规划应当全面地体现监理单位如何落实业主所委托的各项监理工作，是业主了解、确认和监督监理单位履行监理合同的重要资料。

10.2.1.3　监理规划是监理单位内部考核的依据和重要的存档资料

从监理单位内部管理制度化、规范化、科学化的要求出发，需要对各项目监理机构（包括总监理工程师和专业监理工程师）的工作进行考核，其主要依据就是经过内部主管负责人审批的监理规划。通过考核可以对有关监理人员的监理工作水平和能力作出客观、正确的评价，有利于今后更合理地安排监理人员，提高监理工作效率。监理规划的内容必然随着工程的进展而逐步调整、补充和完善；真实地反映一个建设工程监理工作的全貌，是最好的监理工作过程记录。因此，它是每一家监理单位的重要存档资料。

10.2.1.4　监理规划是工程建设监理主管机构监督、管理和指导监理单位开展监理活动的重要依据

国家法律规定，建设行政管理部门依法对工程监理单位实施监督、管理和指导，对其管理水平、人员素质、监理业绩、专业配套和技术装备等进行核查和考评，以确认它的资质和资质等级，同时建设行政管理部门还对工程监理单位实行资质年检制度。这些检验、考评都要针对工程监理单位已完成的和正在监理的工程建设项目进行，其中一项重要的内容就是通过对工程监理单位的监理规划和它在工程监理过程中的实施效果检查，来核定工程监理单位的监理资质。因此，监理规划是工程建设监理主管机构监督、管理和指导监理单位开展监理活动的重要依据。

10.2.2　建设工程监理规划的编写

监理规划应在签订委托监理合同及收到设计文件后开始编制，并应在召开第一次工地会议前报送建设单位。

10.2.2.1　监理规划编写依据

1. 工程建设的相关法律法规和标准

（1）国家层面工程建设有关法律法规及政策。无论在任何地区或任何部门进行的工程建设，都必须遵守国家层面工程建设相关法律法规及政策。

（2）工程所在地或所属部门颁布的工程建设相关法规、规章及政策。建设工程必然是在某一地区实施的，有时也由某一部门归口管理，这就要求工程建设必须遵守工程所在地或所属部门颁布的工程建设相关法规、规章及政策。

（3）工程建设标准。工程建设必须遵守相关标准、规范及规程等工程建设技术标准和管理标准。

2. 建设工程外部环境调查研究资料

（1）自然条件方面的资料。包括：建设工程所在地的地质、水文、气象、地形以及自然灾害发生情况。

（2）社会和经济条件方面的资料。包括：建设工程所在地人文环境、社会治安、建筑市场状况、相关单位（政府主管部门、勘查和设计单位、施工单位、材料设备供应单位、工程咨询和工程监理单位）、基础设施（交通设施、通信设施、公用设施、能源设施）、金融市场情况等方面的资料。

3. 政府批准的工程建设文件

（1）政府发展改革部门批准的可行性研究报告、立项批文。

（2）政府规划土地、环保等部门确定的规划条件、土地使用条件、环境保护要求、市政管理规定等。

4. 建设工程监理合同文件

建设工程监理合同文件的相关条款和内容是编写监理规划的重要依据，主要包括：监理工作范围和内容，监理与相关服务依据，工程监理单位的义务和责任，建设单位的义务和责任等。

建设工程监理投标书是建设工程监理合同文件的重要组成部分，工程监理单位在监理大纲中明确的内容均是监理规划的编制依据，主要包括项目监理组织计划，拟投入主要监理人员，工程质量、进度、控制方案，安全生产管理的监理工作，信息管理和合同管理方案，与工程建设相关单位之间关系协调方法等。

5. 建设工程有关合同

在编写监理规划时，要考虑到建设工程合同（特别是施工合同）中关于建设单位和施工单位义务和责任的内容，以及建设单位对工程监理单位的授权。

6. 建设单位要求

工程监理单位应竭诚为客户服务，在不超出合同职责范围的前提下，工程监理单位应最大限度地满足建设单位的合理要求。

7. 工程实施过程中输出的有关工程信息

主要包括：方案设计、初步设计、施工图设计、工程实施状况、工程招标投标情况、重大工程变更、外部环境变化等。

10.2.2.2 监理规划编写要求

1. 监理规划的基本内容构成应当力求统一

监理规划是指导监理组织全面开展监理工作的指导性文件，监理规划在总体内容组成上应力求统一。这是监理工作规范化、制度化、科学化的要求。

监理规划的基本内容一般应由以下内容组成：工程概况；监理工作的范围、内容、目标；监理工作依据；监理组织形式、人员配备及进退场计划、监理人员岗位职责；监理工作制度；工程质量控制；工程投资控制；工程进度控制；安全生产管理的监理工作；合同与信息管理；组织协调；监理工作设施。施工阶段监理规划统一的内容要求应当在建设监理法规文件或监理合同中明确下来。

2. 监理规划的内容应具有针对性、指导性和可操作性

监理规划作为指导项目监理机构全面开展监理工作的纲领性文件，其内容应具有很强的针对性、指导性和可操作性。每个项目的监理规划既要考虑项目自身特点，也要根据项目监理机构的实际状况，在监理规划中应明确规定项目监理机构在工程实施过程中各个阶段的工作内容、工作人员、工作时间和地点、工作的具体方式方法等。只有这样，监理规划才能起到有效的指导作用，真正成为项目监理机构进行各项工作的依据。监理规划只要能够对有效实施建设工程监理做好指导工作，使项目监理机构能圆满完成所承担的建设工程监理任务，就是一个合格的监理规划。

3. 监理规划应由总监理工程师组织编制

《建设工程监理规范》(GB/T 50319—2013) 明确规定，总监理工程师应组织编制监理规划。当然，真正要编制一份合格的监理规划，还要充分调动整个项目监理机构中专业监理工程师的积极性，广泛征求各专业监理工程师和其他监理人员的意见，并吸收水平较高的专业监理工程师共同参与编写。

监理规划的编写还应听取建设单位的意见，以便能最大限度满足其合理要求，使监理工作得到有关各方的理解和支持，为进一步做好监理服务奠定基础。

4. 监理规划应把握工程项目运行脉搏

监理规划是针对具体工程项目编写的，而工程项目的动态性决定了监理规划的具体可变性。监理规划要把握工程项目运行脉搏，是指其可能随着工程进展进行不断的补充、修改和完善。在工程项目运行过程中，内外因素和条件不可避免地要发生变化，造成工程实际情况偏离计划，往往需要调整计划乃至目标，这就可能造成监理规划在内容上也要进行相应调整。

5. 监理规划应有利于建设工程监理合同的履行

监理规划是针对特定的一个工程的监理范围和内容来编写的，而建设工程监理范围和内容是由工程监理合同来明确的。项目监理机构应充分了解工程监理合同中建设单位、工程监理单位的义务和责任，对完成工程监理合同目标控制任务的主要影响因素进行分析，制定具体的措施和方法，确保工程监理合同的履行。

6. 监理规划的表达方式应当标准化、格式化

监理规划的内容需要选择最有效的方式和方法来表示，图、表和简单的文字说明应当是基本方法。规范化、标准化是科学管理的标志之一。所以，编写监理规划采用的表格、图示形式以及具体内容，都需要采用简单的文字说明并作出统一规定。

7. 监理规划的编制应充分考虑时效性

监理规划应在签订建设工程监理合同及收到工程设计文件后由总监理工程师组织编制，并应在召开第一次工地会议 7 天前报建设单位。监理规划报送前还应由监理单位技术负责人审核签字。因此，监理规划的编写还要留出必要的审查和修改时间。为此，应当对监理规划的编写时间事先做出明确规定，以免编写时间过长，从而耽误监理规划对监理工作的指导，使监理工作陷于被动和无序。

8. 监理规划经审核批准后方可实施

监理规划在编写完成后需进行审核并经批准。监理单位的技术管理部门是内部审核单位，技术负责人应当签认，同时，还应当按工程监理合同约定提交给建设单位，由建设单位确认。

10.2.3 建设工程监理规划的内容

《建设工程监理规范》（GB/T 50319—2013）明确规定，监理规划的内容包括：工程概况；监理工作的范围、内容、目标；监理工作依据；监理组织形式、人员配备及进退场计划、监理人员岗位职责；监理工作制度；工程质量控制；工程投资控制；工程进度控制；安全生产管理的监理工作；合同与信息管理；组织协调；监理工作设施。

10.2.3.1 建设工程项目概况

（1）建设工程项目名称。

（2）建设工程项目建设地点。

（3）建设工程项目组成及建筑规模，见表10.1。

表10.1 建设工程项目组成及建设规模

序号	工程名称	承建单位	工程数量

（4）主要建筑结构类型，见表10.2。

表10.2 主要建筑结构类型

工程名称	基础	主体结构	设备	……	装修

（5）预计工程投资总额，预计工程投资总额可以按以下两种费用编列：①建设工程投资总额；②建设工程投资组成简表。

（6）建设工程计划工期。可以以建设工程的计划持续时间或以建设工程开工、竣工的具体日历时间表示。

（7）工程质量要求。应具体提出建设工程的质量目标要求。

（8）建设工程设计单位及施工单位名称和项目负责人，见表10.3和表10.4。

表10.3 设计单位情况

设计单位	设计内容	负责人

表10.4　　施工单位情况

施工单位	工程施工内容	负责人

(9) 建设工程项目结构图、组织关系图和合同结构图。

(10) 工程项目特点。

(11) 其他说明。

10.2.3.2　建设工程监理工作范围

工程项目监理范围是指监理单位所承担的工程项目建设监理的范围。如果监理单位承担全部工程项目的工程建设监理任务，那么监理范围可能是全部工程，也可能是某一单位工程或者某一专业工程，无论何种情况都需要在监理规划中列明并进一步说明。

10.2.3.3　建设工程监理工作内容

建设工程监理基本工作内容包括：工程质量、投资、进度三大目标控制，合同管理和信息管理，组织协调，以及履行建设工程安全生产管理的法定职责。监理规划中需要根据建设工程监理合同约定进一步细化监理工作内容。

1. 立项阶段监理工作的主要内容

(1) 协助业主准备工程报建手续。

(2) 可行性研究咨询/监理。

(3) 技术经济论证。

(4) 编制建设工程投资匡算。

2. 设计阶段监理工作的主要内容

(1) 结合建设工程特点，收集设计所需的技术经济资料。

(2) 编写设计要求文件。

(3) 组织建设工程设计方案竞赛或设计招标，协助业主选择好勘察设计单位。

(4) 拟定和商谈设计委托合同内容。

(5) 向设计单位提供设计所需的基础资料。

(6) 配合设计单位开展技术经济分析，做好设计方案的比选，优化设计。

(7) 配合设计进度，组织设计单位与有关部门，如消防、环保、土地、人防、防汛、园林以及供水、供电、供气、供热、电信等部门的协调工作。

(8) 组织各设计单位之间的协调工作。

(9) 参与主要设备、材料的选型。

(10) 审核工程估算、概算、施工图预算。

(11) 审核主要设备、材料清单。

(12) 审核工程设计图纸，检查设计文件是否符合设计规范及标准，检查施工图纸是否满足施工需要。

（13）检查和控制设计进度。

（14）组织设计文件的报批。

3. 施工招标阶段监理工作的主要内容

（1）拟定建设工程施工招标方案并征得业主同意。

（2）准备建设工程施工招标条件。

（3）办理施工招标申请。

（4）协助业主编写施工招标文件。

（5）标底经业主认可后，报送所在地方建设主管部门审核。

（6）协助业主组织建设工程施工招标工作。

（7）组织现场勘查与答疑会，回答投标人提出的问题。

（8）协助业主组织开标、评标及定标工作。

（9）协助业主与中标单位商签施工合同。

4. 材料、设备采购供应监理工作的主要内容

对于由业主负责采购供应的材料、设备等物资，监理工程师应负责制订计划，监督合同的执行和供应工作。具体内容包括：

（1）制订材料、设备供应计划和相应的资金需求计划。

（2）通过质量、价格、供货期、售后服务等条件的分析和比选，确定材料、设备等物资的供应单位。重要设备还应访问现有使用用户，并考察生产单位的质量保证体系。

（3）拟定并商签材料、设备的订货合同。

（4）监督合同的实施，确保材料、设备的及时供应。

5. 施工准备阶段监理工作的主要内容

（1）审查施工单位选择的分包单位的资质。

（2）监督检查施工单位质量保证体系及安全技术措施，完善质量管理程序与制度。

（3）参加设计单位向施工单位的技术交底。

（4）审查施工单位上报的实施性施工组织设计，重点对施工方案、劳动力、材料、机械设备的组织及保证工程质量、安全、工期和投资控制等方面的措施进行监督，并向业主提出监理意见。

（5）在单位工程开工前检查施工单位的复测资料，特别是两个相邻施工单位之间的测量资料、控制桩是否交接清楚，手续是否完善，质量有无问题，并对贯通测量、中线及水准桩的设置、固桩情况进行审查。

（6）对重点工程部位的中线、水平控制进行复查。

（7）监督落实各项施工条件，审批一般单项工程、单位工程的开工报告，并报业主备查。

6. 施工阶段监理工作的主要内容

（1）施工阶段的质量控制。

1）对所有的隐蔽工程在隐蔽之前进行检查和办理签证，对重点工程要派监理人

员驻点跟踪监理，签署重要的分项工程、分部工程和单位工程质量评定表。

2）对施工测量、放样等进行检查，对发现的质量问题应及时通知施工单位纠正，并做好监理记录。

3）检查确认运到现场的工程材料、构件和设备质量，并应查验试验、化验报告单、出厂合格证是否齐全、合格，监理工程师有权禁止不符合质量要求的材料、设备进入工地和投入使用。

4）监督施工单位严格按照施工规范、设计图纸要求进行施工，严格执行施工合同。

5）对工程主要部位、主要环节及技术复杂工程加强检查。

6）检查施工单位的工程自检工作，如数据是否齐全，填写是否正确，并对施工单位质量评定自检工作作出综合评价。

7）对施工单位的检验测试仪器、设备、度量衡定期检验，不定期地进行抽验，保证度量资料的准确。

8）监督施工单位对各类土木和混凝土试件按规定进行检查和抽查。

9）监督施工单位认真处理施工中发生的一般质量事故，并认真做好监理记录。

10）发现特大、重大质量事故以及其他紧急情况，应及时报告业主。

（2）施工阶段的进度控制。

1）监督施工单位严格按施工合同规定的工期组织施工。

2）对控制工期的重点工程，审查施工单位提出的保证进度的具体措施，如发生延误，应及时分析原因，采取对策。

3）建立工程进度台账，核对工程进度，按月、季向业主报告施工计划执行情况、工程进度及存在的问题。

（3）施工阶段的投资控制。

1）审查施工单位申报的月、季度计量报表，认真核对其工程数量，不超计、不漏计，严格按合同规定进行计量支付签证。

2）保证支付签证的各项工程质量合格、数量准确。

3）建立计量支付签证台账，定期与施工单位核对清算。

4）按业主授权和施工合同的规定审核变更设计。

（4）施工阶段的安全监理。

1）发现存在安全事故隐患的，要求施工单位整改或停工处理。

2）施工单位不整改或不停止施工的，及时向有关部门报告。

7. 施工验收阶段建设监理工作的主要内容

（1）督促、检查施工单位及时整理竣工文件和验收资料，受理单位工程竣工验收报告，提出监理意见。

（2）根据施工单位的竣工报告，提出工程质量检验报告。

（3）组织工程预验收，参加业主组织的竣工验收。

8. 合同管理工作的主要内容

（1）拟定本建设工程合同体系及合同管理制度，包括合同草案的拟定、会签、协商、修改、审批、签署、保管等工作制度及流程。

（2）协助业主拟定工程的各类合同条款，并参与各类合同的商谈。

（3）合同执行情况的分析和跟踪管理。

（4）协助业主处理与工程有关的索赔事宜及合同争议事宜。

9．委托的其他服务

监理单位及其监理工程师受业主委托，还可承担以下几方面的服务：

（1）协助业主准备工程条件，办理供水、供电、供气、电信线路等申请或签订协议。

（2）协助业主制定产品营销方案。

（3）为业主培训技术人员。

10.2.3.4 建设工程监理工作目标

建设工程监理目标是指监理单位预期达到的目标。通常以建设工程的质量、投资、进度三大目标的控制值来表示。

（1）工程质量控制目标：工程质量合格及建设单位的其他要求。

（2）工程投资控制目标：以____年预算为基价，静态投资为____万元（或合同价为____万元）。

（3）工程进度控制目标：____个月或自____年____月____日至____年____月____日。

10.2.3.5 建设工程监理工作依据

依据《建设工程监理规范》（GB/T 50319—2013），实施建设工程监理的依据主要包括法律法规及工程建设标准、建设工程勘察设计文件、建设工程监理合同及其他合同文件等。编制特定工程的监理规划，不仅要以上述内容为依据，而且还要收集有关资料作为编制依据，见表10.5。

表10.5　　监理规划的编制依据

<table>
<tr><th>编制依据</th><th colspan="2">文件资料名称</th></tr>
<tr><td rowspan="2">反映工程特征的资料</td><td>勘察设计阶段监理相关服务</td><td>可行性研究报告或设计任务书项目立项批文；
规划红线范围；
用地许可证；
设计条件通知书；
地形图</td></tr>
<tr><td>施工阶段监理</td><td>设计图纸和施工说明书；
地形图；
施工合同及其他建设工程合同</td></tr>
<tr><td>反映建设单位对项目监理要求的资料</td><td colspan="2">监理合同：反映监理工作范围和内容；
监理大纲、建设工程监理投标文件</td></tr>
<tr><td>反映工程建设条件的资料</td><td colspan="2">当地气象资料和工程地质及水文资料；
当地建筑材料供应状况的资料；
当地勘察设计和土建安装力量的资料；
当地交通、能源和市政公用设施的资料；
检测、监测、设备租赁等其他工程参建方的资料</td></tr>
</table>

续表

编制依据	文 件 资 料 名 称
反映当地工程建设法规及政策方面的资料	工程建设程序； 招标投标和工程监理制度； 工程管理制度等； 有关法律法规及政策
工程建设法律、法规及标准	法律法规，部门规章，建设工程监理规范，勘察、设计、施工、质量评定、工程验收等方面的规范、规程、标准等

10.2.3.6　项目监理机构的组织形式

项目监理机构的组织形式应根据建设工程监理合同规定的内容、工程类别、规模、工程环境等确定。

项目监理机构可用组织结构图表示，如图 10.1 所示。

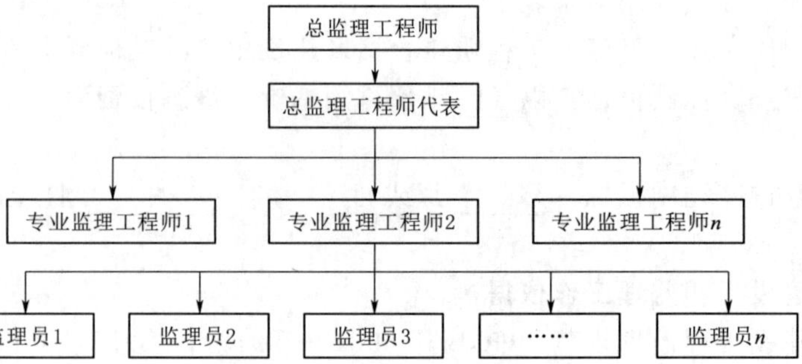

图 10.1　某项目监理机构组织结构图示例

10.2.3.7　项目监理机构的人员配备及进退场计划

项目监理机构监理人员应由总监理工程师、专业监理工程师和监理员组成，且专业配套、数量应满足建设工程监理工作需要，必要时可设总监理工程师代表。

项目监理机构配备的监理人员应与监理投标文件或监理项目建议书的内容一致，并详细注明职称及专业等，可根据建设工程监理的进程合理安排并按表 10.6 格式填报。要求填入真实到位人数，对于某些兼职监理人员，要说明参加本建设工程监理的确切时间，以便核查，以免名单开列数与实际数不相符而发生纠纷，这是监理工作中易出现的问题，必须避免。

表 10.6　　项目监理机构人员配备计划表

序号	姓名	性别	年龄	职称或职务	本工程拟担任岗位	专业特长	以往承担过的主要工程及岗位	进场时间	退场时间

10.2.3.8　项目监理机构的人员岗位职责

项目监理机构监理人员分工及岗位职责应根据监理合同约定的监理工作范围和内容以及《建设工程监理规范》(GB/T 50319—2013)规定，由总监理工程师安排和明确。总监理工程师应督促和考核监理人员职责的履行。必要时，可设总监理工程师代表，行使部分总监理工程师的岗位职责。

总监理工程师应根据项目监理机构监理人员的专业、技术水平、工作能力、实践经验等细化和落实相应的岗位职责。

根据《建设工程监理规范》(GB/T 50319—2013)规定，监理机构的人员岗位职责包括：

(1) 总监理工程师岗位职责。

(2) 总监理工程师代表岗位职责(若设置总监理工程师代表)。

(3) 专业监理工程师的岗位职责。

(4) 监理员岗位职责。

10.2.3.9　监理工作程序

监理工程程序比较简单明了的表达方式是监理工作流程图。

10.2.3.10　监理工作方法及措施

1. 工程质量目标控制方法与措施

工程质量目标控制重点在于预防，即在既定目标的前提下，遵循质量控制原则，制定总体质量控制措施、专项工程预控方案，以及质量事故处理方案，具体包括：

(1) 工程质量控制目标的描述。

1) 施工质量控制目标。

2) 材料质量控制目标。

3) 设备质量控制目标。

4) 设备安装质量控制目标。

5) 质量目标实现的风险分析。项目监理机构宜根据工程特点、施工合同、工程设计文件及经过批准的施工组织设计对工程质量目标控制进行风险分析，并提出防范性对策。

6) 其他说明。

(2) 工程质量目标控制主要工作内容。

1) 审查施工单位现场的质量保证体系，包括：质量管理组织机构、管理制度及专职管理人员和特种作业人员的资格。

2) 审查施工组织设计、(专项)施工方案。

3) 审查工程使用的新材料、新工艺、新技术、新设备的质量认证材料和相关验收标准的适用性。

4) 检查、复核施工控制测量成果及保护措施。

5) 审核分包单位资格，检查施工单位为本工程提供服务的实验室。

6) 审查施工单位用于工程的材料、构配件、设备的质量证明文件，并按要求对用于工程的材料进行见证取样、平行检验，对施工质量进行平行检验。

7）审查影响工程质量的计量设备的检查和检定报告。

8）采用旁站、巡视检查、平行检验等方式对施工过程进行检查监督。

9）对隐蔽工程、检验批、分项工程和分部工程进行验收。

10）对质量缺陷、质量问题、质量事故及时进行处置和检查验收。

11）对单位工程进行竣工验收，并组织工程竣工预验收。

12）参加工程竣工验收，签署工程监理意见。

（3）工程质量目标控制的工作流程与措施。

1）工作流程图。

2）工程质量控制的具体措施。

a. 组织措施。建立健全项目监理机构，完善职责分工，制定有关工程质量监督制度，落实质量控制责任。

b. 技术措施。协助完善质量保证体系；严格事前、事中和事后的质量检查监督。

c. 经济措施及合同措施。严格质检和验收，不符合合同规定质量要求的拒付工程款；达到业主特定质量目标要求的，按合同支付质量补偿金或奖金。

（4）旁站方案。

旁站方案应结合工程实际，明确需要旁站的主要施工过程及关键工序，以确保主要施工过程及关键工序施工质量处于受控状态。旁站方案的具体内容可包括：旁站基本工作范围、旁站人员主要职责、旁站基本工作要求、旁站流程等。

（5）工程质量目标状况的动态分析。

工程质量目标控制范围应包括影响工程质量的 5 个要素，即要对人、材料、机械、方法和环境进行全面控制。工程质量是建设工程监理工作的核心，项目监理机构应根据建设工程施工的不同阶段进行工程质量控制目标状况动态分析，发现问题尽早采取措施予以解决，确保实现工程质量目标。

（6）工程质量控制表格（略）。

2. 工程投资目标控制的方法和措施

项目监理机构应全面了解工程施工合同文件、工程设计文件、施工进度计划等内容，熟悉合同价款的计价方式、施工投标报价及组成、工程预算等情况，明确工程投资控制的目标和要求，制定工程控制工作流程、方法和措施，以及针对工程特点确定工程投资控制的重点和目标值，将工程实际控制在计划范围内。

（1）工程投资控制目标分解。

1）按建设工程的费用组成分解。

2）按年度、季度分解。

3）按建设工程实施阶段分解。

4）按建设工程组成分解。

（2）工程投资目标控制主要工作内容。

1）熟悉施工合同及约定的计价规则，复核、审查施工图预算。

2）定期进行工程计量、复核工程进度款申请，签署进度款付款签证。

3）建立月完成工程量统计表、对实际完成量与计划完成量进行比较分析，发现偏差的，应提出调整建议，并报告建设单位。

4）按程序进行竣工结算款审核，签署竣工结算款支付证书。

（3）工程投资目标控制的主要方法。

在工程投资目标分解的基础上，依据施工进度计划、施工合同等文件，编制资金使用计划，可列表编制（表10.7），并运用动态控制原理，对工程进行动态分析、比较和控制。

表10.7　　资金使用计划表

工程名称	××××年度				××××年度				××××年度				总额
	一	二	三	四	一	二	三	四	一	二	三	四	

工程投资动态比较的内容包括：

1）工程投资目标分解值与实际值的比较。

2）工程投资目标值的预测分析。

（4）工程投资目标实现的风险分析。

工程投资受诸多因素影响，尤其是工程变更、材料市场价格变化等因素。为有效控制工程投资，对工程投资目标实现的风险进行分析并采取相应防范性对策是十分必要的。项目监理机构宜根据工程特点、施工合同、工程设计文件及经过批准的施工组织设计对工程投资目标控制进行风险分析，从而提出防范性对策。

（5）工程投资控制的工作流程与措施。

1）工程投资控制工作流程。依据工程投资目标分解编制工程投资控制工作流程图（略）。

2）工程投资控制的具体措施。

a. 组织措施。建立健全项目监理机构，完善职能分工及有关制度，落实投资控制责任。

b. 技术措施。对材料、设备采购，通过质量价格比选，合理确定生产供应单位；在施工阶段，通过审核施工组织设计和施工方案，使组织施工合理化。

c. 经济措施。及时进行计划费用与实际费用的分析比较。对原设计或施工方案提出合理化建议并被采用，由此产生的投资节约按合同规定予以奖励。

d. 合同措施。按合同条款支付工程款，防止过早、过量支付。减少施工单位的索赔，正确处理索赔事宜等。

（6）工程投资控制表格（略）。

3. 工程进度目标控制方法和措施

项目监理机构应全面了解工程施工合同文件、施工进度计划等内容，明确施工进度控制的目标和要求，制定施工进度控制工作流程、方法和措施，以及针对工程特点确定工程进度控制的重点和目标值，将工程实际进度控制在计划工期范围内。

（1）工程总进度计划。

（2）总进度目标分解。

1）年度、季度进度目标。

2）各阶段的进度目标。

3）各子项目进度目标。

（3）工程进度目标控制主要工作内容。

1）审查施工总进度计划和阶段性施工进度计划。

2）检查、督促施工进度计划的实施。

3）进行进度目标实现的风险分析，制定进度控制的方法和措施。

4）预测实际进度对工程总工期的影响，分析工期延误原因，制定对策和措施，并报告工程实际进展情况。

（4）工程进度目标控制方法。

1）加强施工进度计划的审查，督促施工单位制订和履行切实可行的施工计划。

2）运用动态控制原理进行进度控制。施工进度计划在实施过程中受各种因素的影响可能会出现偏差，项目监理机构应对施工进度计划的实施情况进行动态检查，对照施工实际进度和计划进度，判定实际进度是否出现偏差。发现实际进度严重滞后且影响合同工期时，应签发监理通知单，召开专题会议，要求施工单位采取调整措施加快施工进度，并督促施工单位按调整后批准的施工进度计划实施。

工程进度动态比较的内容包括：①工程进度目标分解值与进度实际值的比较；②工程进度目标值的预测分析。

（5）工程进度目标控制的工作流程与措施。

1）工程进度控制的工作流程图。

2）工程进度控制的具体措施。

a. 组织措施。落实进度控制责任，建立进度控制协调制度。

b. 技术措施。建立多级网络计划体系，监控承建单位的作业实施计划。

c. 经济措施。对工期提前者实行奖励，对应急工程实行较高的计件单价，确保资金的及时供应等。

d. 合同措施。按合同要求及时协调各方的进度，以确保建设工程的进度。

（6）进度控制表格（略）。

4. 合同管理的方法与措施

合同管理主要是对建设单位与施工单位、材料设备供应单位等签订的合同，从合同执行等各个环节进行管理，督促合同双方履行合同，并维护合同订立双方的正当权益。

（1）合同结构。可以以合同结构图的形式表示。

（2）合同目录一览表，见表10.8。

（3）合同管理的工作流程与措施。

1）工作流程图。

2）合同管理的具体措施。

表 10.8　　项目合同目录一览表

序号	合同编号	合同名称	施工单位	合同价	合同工期	质量要求

（4）合同执行状况的动态分析。

（5）合同争议调解与索赔处理程序。

（6）合同管理表格（略）。

5. 信息管理的方法与措施

信息管理是建设工程监理的基础性工作，通过对建设工程形成的信息进行收集、整理、处理、存储、传递与运用，保证能够及时、准确地获取所需要的信息。具体工作包括监理文件资料的管理内容，监理文件资料的管理原则和要求，监理文件资料的管理制度和程序，监理文件资料的主要内容，监理文件资料的归档和移交等。

（1）信息分类表，见表 10.9。

表 10.9　　信 息 分 类 表

序　号	信息类别	信息名称	信息管理要求	责任人

（2）机构内部信息流程图。

（3）信息管理的工作流程与措施。

1）工作流程图。

2）信息管理的具体措施。

（4）信息管理表格（略）。

6. 组织协调的方法与措施

组织协调工作是指监理人员通过对项目监理机构内部人与人之间、机构与机构之间，以及监理组织与外部环境组织之间的工作进行调和与联结，从而使工程参建各方相互理解、步调一致。具体包括编制工程项目组织管理框架、明确组织协调的范围和层次，制订项目监理机构内、外协调的范围、对象和内容，制订监理组织协调的原则、方法和措施，明确处理危机关系的基本要求等。

（1）组织协调的范围和层次。

1）组织协调的范围：包括建设单位、工程建设参与各方（政府管理部门）之间的关系。

2）组织协调的层次，包括协调工程参与各方之间的关系，工程技术协调。

（2）组织协调的主要工作内容。

1）项目监理机构的内部协调。

a. 总监理工程师牵头，做好项目监理机构内部人员之间的工作关系协调。

b. 明确监理人员分工及各自的岗位职责。

c. 建立信息沟通制度。

d. 及时交流信息、处理矛盾，建立良好的人际关系。

2）与工程建设有关单位的外部协调。

a. 建设工程系统内的单位：进行建设工程系统内的单位协调重点分析，主要包括建设单位、设计单位、施工单位、材料和设备供应单位、资金提供单位等。

b. 建设工程系统外的单位：进行建设工程系统外的单位协调重点分析，主要包括政府建设行政主管机构、政府其他有关部门、工程毗邻单位、社会团体等。

（3）组织协调方法和措施。

1）组织协调方法。

a. 会议协调：监理例会、专题会议等方式。

b. 交谈协调：面谈、电话、网络等方式。

c. 书面协调：通知书、联系单、月报等方式。

d. 访问协调：走访或约见等方式。

2）不同阶段组织协调措施。

a. 开工前的协调：如第一次工地会议等。

b. 施工过程中协调。

c. 竣工验收阶段协调。

（4）协调工作程序。

1）控制协调程序。

2）进度控制协调程序。

3）质量控制协调程序。

4）其他方面工作协调程序。

（5）协调工作表格（略）。

7. 安全生产管理的监理方法与措施

项目监理机构应根据法律法规、工程建设强制性标准，履行建设工程安全生产管理的监理职责。项目监理机构应根据工程项目的实际情况，加强对施工组织设计中涉及安全技术措施的审核，加强对专项施工方案的审查和监督，加强对现场安全事故隐患的检查，发现问题及时处理，防止和避免安全事故的发生。

（1）安全生产管理的监理工作目标。

履行法律法规赋予工程监理单位的法定职责，尽可能防止和避免施工安全事故的发生。

（2）安全生产管理的监理主要工作内容。

1）编制工程监理实施细则，落实相关监理人员。

2）审查施工单位现场安全生产规章制度的建立和实施情况。

3）审查施工单位安全生产许可证及施工单位项目经理、专职安全生产管理人员和特种作业人员的资格，核查施工机械和设施的安全许可验收手续。

4）审查施工单位提交的施工组织设计，重点审查其中的质量安全技术措施、专项施工方案与工程建设强制性标准的符合性。

5）审查包括施工起重机械和整体提升脚手架、模板等自升式架设设施等在内的施工机械和设施的安全许可验收手续情况。

6）巡视检查危险性较大的分部分项工程专项施工方案实施情况。

7）对施工单位拒不整改或不停止施工时，应及时向有关主管部门报送监理报告。

（3）专项施工方案的编制、审查和实施的监理要求。

1）专项施工方案编制要求。实行施工总承包的，专项施工方案应当由施工总承包单位组织编制，其中，起重机械安装拆卸工程、深基坑工程、附着式升降脚手架等专业工程实行分包的，其专项施工方案可由专业分包单位组织编制。实行施工总承包的，专项施工方案应当由施工总承包单位技术负责人及相关专业分包单位技术负责人签字。对于超过一定规模的危险性较大的分部分项工程专项方案应当由施工单位组织召开专家论证会。

2）专项施工方案监理审查要求：对编审程序进行符合性审查；对实质性内容进行符合性审查。

（4）安全生产管理的监理方法和措施。

1）通过审查施工单位现场安全生产规章制度的建立和实施情况，督促施工单位落实安全技术措施和应急救援预案，加强风险防范意识，预防和避免安全事故发生。

2）通过项目监理机构安全管理责任风险分析，制订监理实施细则，落实监理人员加强日常巡视和安全检查，发现安全事故隐患时，项目监理机构应当履行监理职责，采取会议、告知、通知、停工、报告等措施向施工单位管理人员指出，预防和避免安全事故发生。

（5）安全生产管理的监理工作表格（略）。

10.2.3.11　建设工程监理工作制度

为全面履行建设工程监理职责，确保建设工程监理服务质量，监理规划中应根据工程特点和工作重点明确相应的监理工作制度。主要包括：项目监理机构现场监理工作制度、项目监理机构内部工作制度及相关服务工作制度（必要时）。

1. 施工阶段项目监理机构现场监理工作制度

（1）图纸会审及设计交底制度。

（2）施工组织设计审核制度。

（3）工程开工、复工审批制度。

（4）整改制度，包括签发监理通知单和工程暂停令等。

（5）平行检验、见证取样、巡视检查和旁站制度。

(6) 工程材料、半成品质量检验制度。

(7) 隐蔽工程验收、分项（部）工程质量验收制度。

(8) 单位工程验收、单项工程验收制度。

(9) 监理工作报告制度。

(10) 安全生产监督检查制度。

(11) 质量安全事故报告和处理制度。

(12) 技术经济签证制度。

(13) 工程变更处理制度。

(14) 现场协调会及会议纪要签发制度。

(15) 施工备忘录签发制度。

(16) 工程款支付审核、签认制度。

(17) 工程索赔审核、签认制度等。

2. 项目监理机构内部工作制度

(1) 项目监理机构工作会议制度，包括监理交底会议、监理例会、监理专题会、监理工作会议等。

(2) 项目监理机构人员岗位职责制度。

(3) 对外行文审批制度。

(4) 监理工作日志制度。

(5) 监理周报、月报制度。

(6) 技术、经济资料及档案管理制度。

(7) 监理人员教育培训制度。

(8) 监理人员考勤、业绩考核及奖惩制度。

3. 相关服务工作制度

如果提供相关服务时，还需要建立以下制度：

(1) 项目立项阶段：包括可行性研究报告评审制度和工程估算审核制度等。

(2) 设计阶段：包括设计大纲、设计要求编写及审核制度，设计合同管理制度，设计方案评审办法，工程概算审核制度，施工图纸审核制度，设计费用支付签认制度，设计协调会制度等。

(3) 施工招标阶段：包括招标管理制度，标底或招标控制价编制及审核制度、合同条件拟订及审核制度，组织招标事务有关规定等。

10.2.3.12　建设工程监理设施

(1) 制定监理设施管理制度。

(2) 根据建设工程类别、规模、技术复杂程度、建设工程所在地的环境条件，按建设工程监理合同约定，配备满足监理工作需要的常规检测设备和工具。

(3) 落实场地、办公、交通、通信、生活等设施，配备必要的影像设备。

(4) 项目监理机构应将拥有的监理设备和工具（如计算机、设备、仪器、工具、照相机、摄像机等）列表，注明数量、型号和使用时间，并指定专人负责管理，见表10.10。

表 10.10 常规检测设备和工具配备表

序号	仪器设备名称	型号	数量	使用时间	备注
1					
2					
3					
4					
……					

10.2.4 建设工程监理规划的审核

10.2.4.1 监理规划报审程序

依据《建设工程监理规范》(GB/T 50319—2013)，监理规划应在签订建设工程监理合同及收到工程设计文件后编制，在召开第一次工地会议前报送建设单位。监理规划报审程序的时间节点安排、各节点工作内容及负责人见表 10.11。

表 10.11 监理规划报审程序

序号	时间节点安排	工作内容	负责人
1	签订监理合同及收到工程设计文件后	编制监理规划	总监理工程师组织专业监理工程师参与
2	编制完成、总监理工程师签字后	监理规划审批	监理单位技术负责人审批
3	第一次工地会议 7 天前	报送建设单位	总监理工程师报送
4	设计文件、施工组织设计和施工方案等发生重大变化时	调整监理规划	总监理工程师组织专业监理工程师参与
		重新审批监理规划	监理单位技术负责人审批

10.2.4.2 监理规划的审核内容

监理规划在编写完成后需要进行审核并经报批。监理单位的技术主管部门是内部审核单位，其负责人应当签认。监理规划审核的内容主要包括以下内容。

1. 监理范围、工作内容及监理目标的审核

依据监理招标文件和委托监理合同，审核是否理解了建设单位对该工程的建设意图，监理范围、监理工作内容是否已包括全部委托的工作任务，监理目标是否与建设工程监理合同要求和建设意图相一致。

2. 项目监理机构的审核

(1) 组织机构方面。组织形式、管理模式等是否合理，是否已结合工程实施特点，是否能够与建设单位的组织关系和施工单位的组织关系相协调等。

(2) 人员配备方面。人员配备方案应从以下几个方面审查：

1) 派驻监理人员的专业满足程度。应根据工程特点和建设工程监理任务的工作范围，不仅考虑专业监理工程师如土建监理工程师、安装监理工程师等是否能够满足开展监理工作的需要，而且还要看其专业监理人员是否覆盖了工程实施过程中的各种

专业要求，以及高、中级职称和年龄结构的组成。

2）人员数量的满足程度。主要审核从事监理工作人员在数量和结构上的合理性。按照我国已完成监理工作的工程资料统计测算，在施工阶段，大中型建设工程每年完成 100 万元的工程量所需的监理人员为 0.6～1 人，专业监理工程师、一般监理人员和行政文秘人员的结构比例为 0.2∶0.6∶0.2。专业类别较多的工程的监理人员数量应适当增加。

3）专业人员不足时采取的措施是否恰当。大中型建设工程由于技术复杂、涉及的专业面宽，当工程监理单位的技术人员不足以满足全部监理工作要求时，对拟临时聘用的监理人员的综合素质应认真审核。

4）派驻现场人员计划表。对于大中型建设工程，不同阶段对所需要的监理人员在人数和专业等方面的要求不同，应对各阶段所派驻现场监理人员的专业、数量计划是否与建设工程进度计划相适应进行审核。还应平衡正在其他工程上执行监理业务的人员，是否能按照预定计划进入本工程参加监理工作。

3. 工作计划的审核

在工程进展中各个阶段的工作实施计划是否合理、可行，审查其在每个阶段中如何控制建设工程目标以及组织协调方法。

4. 工程质量、投资、进度控制方法的审核

对三大目标控制方法和措施应重点审查，看其如何应用组织、技术、经济、合同措施保证目标的实现，方法是否科学、合理、有效。

5. 对安全生产管理监理工作内容的审核

主要是审核安全生产管理的监理工作内容是否明确；是否制定了相应的安全生产管理实施细则；是否建立了对施工组织设计、专项施工方案的审查制度；是否建立了对现场安全隐患的巡视检查制度；是否建立了安全生产管理状况的监理报告制度；是否制定了安全生产事故的应急预案等。

6. 监理工作制度的审核

主要审查项目监理机构内、外工作制度是否健全、有效。

10.3　建设工程监理实施细则

10.3.1　建设工程监理实施细则概述

监理实施细则又称建设工程监理（工作）实施细则。监理实施细则是在监理规划基础上，由建设工程项目监理组织的各有关部门，根据监理规划的要求，在部门负责人主持下，针对所分担的具体监理任务和工作，结合建设工程项目具体情况和掌握的工程信息制定的指导具体监理业务实施的文件。监理实施细则在编写时间上总是滞后于监理规划。编写主持人一般是建设工程项目监理组织的某个部门的负责人。其内容具有局部性，是围绕着某个部门的主要工作来编写的。监理实施细则应符合监理规划的要求，并应结合工程项目的专业特点，做到详细具体，具有可操作性。它的作用是

指导具体监理业务的开展。

建设工程监理大纲、监理规划、监理实施细则是相互关联的，它们都是构成监理规划系列文件的组成部分，它们之间存在着明显的依据性关系；在编写项目监理规划时，一定要严格根据建设工程监理大纲的有关内容来编写；在制定监理实施细则时，一定要在监理规划的指导下进行。

10.3.2 建设工程监理实施细则的作用

监理实施细则是在监理规划的基础上，根据建设工程实际情况对各项监理工作的具体实施和操作要求的具体化、详细化。它是根据工程建设项目特点，由项目总监理工程师组织各专业监理工程师编制，并经总监理工程师批准后执行。监理实施细则一般应重点写明控制目标、关键工序、特殊工序、重点部位、质量控制点及相应的控制措施等。对于技术资料不全或新的施工工艺、新材料应用等，应在充分调查基础上，单独列出章节予以细化明确。监理实施细则对工程建设项目的监理工作具有以下作用：

10.3.2.1 建设工程监理工作实施的技术依据

在建设工程监理工作实施过程中，由于工程建设项目的单件性、一次性及周围内外环境条件变化，即使同一施工工序在不同的项目上也存在影响工程质量、投资、进度的各种因素。因此，为了做到防患于未然，专业监理工程师必须依据相关的标准、规范、规程及施工检验评定标准，对可能出现偏差的工序写出监理实施细则，以便做到事前控制，防止可能出现偏差。

10.3.2.2 落实实施建设工程计划，规范建设工程施工行为

在建设工程施工过程中，不同专业间有不同的施工方案。作为专业监理工程师，要想使各项施工工序做到规范化、标准化，如果没有一个详细的监督实施方案，那么要想达到预期的监理规划目标是难以做到的。因此，对于较复杂和大型工程，专业监理工程师必须编制各专业的监理实施细则，以规范专业施工过程。

10.3.2.3 明确专业分工和职责，协调各类施工过程中的矛盾

对于专业工种较多的工程建设项目团队合作意识尤为重要，各个专业间相互影响的问题往往在施工过程中逐渐出现，如施工面相互交叉、施工顺序相互影响等，产生这些问题当然是在所难免的，但若专业监理工程师在编制监理实施细则时就考虑到可能影响不同专业工种之间的各种问题，那么在施工中协调各专业间团队合作就会尽可能减少或避免，使各项施工活动能够连续不断地进行，减少停工、窝工等事件的发生。

10.3.3 建设工程监理实施细则的编写

10.3.3.1 监理实施细则编写范围

中型及以上工程项目或专业性较强的项目，项目监理机构应编制监理实施细则，以达到规范监理工作行为的目的。中型工程项目对应于《工程建设监理单位资质管理试行办法》（建设部令第16号）附表中的二等工程项目。当项目规模较小、技术不复

杂且管理有成熟经验和措施，并且监理规划可以起到监理实施细则的作用时，可不必另行编写监理实施细则。

《建设工程监理规范》（GB/T 50319—2013）规定：采用新材料、新工艺、新技术、新设备的工程，以及专业性较强、危险性较大的分部分项工程，应编制监理实施细则。

10.3.3.2　监理实施细则编写依据

《建设工程监理规范》（GB/T 50319—2013）规定了监理实施细则编写的依据：

（1）已批准的监理规划。

（2）工程建设标准、设计等技术文件。

（3）施工组织设计、（专项）施工方案。

除《建设工程监理规范》（GB/T 50319—2013）中规定的相关依据，监理实施细则在制作过程中，还可以融入工程监理单位的规章制度和经认证发布的质量体系，以实现监理内容的全面、完整，有效提高工程监理自身的工作质量。

10.3.3.3　监理实施细则编写要求

监理实施细则是在监理规划的基础上，当落实了各专业监理责任和工作内容后，由专业监理工程师针对工程具体情况制定出更具实施性和操作性的业务文件，其作用是具体指导监理业务的实施。

监理实施细则应符合监理规划的要求，并应结合工程专业特点，做到详细具体、具有可操作性。监理实施细则可随工程进展编制，但应在相应工程开始前由专业监理工程师编制完成，并经总监理工程师审批后实施。可根据建设工程实际情况及项目监理机构工作需要增加其他内容。当工程发生变化导致监理实施细则所确定的工作流程、方法和措施需要调整时，专业监理工程师应对监理实施细则进行补充、修改。

1. 严格执行国家的规范、规程并考虑项目的自身特点

国家的标准、规范、规程及施工技术文件等，是开展监理工作的主要依据。但是对于国家非强制性的规范、规程可以结合项目当地专业施工的自身特点和监理目标，有选择地采纳部分适合项目当地自身特点的部分，决不能照抄、照搬。

2. 内容全面

监理工作包括“三控两管一协调”与安全生产管理的监理工作，监理实施细则作为指导监理工作的操作性文件应涵盖这些内容。在编制监理实施细则前，专业监理工程师应依据建设工程监理合同和监理规划确定的监理范围和内容，结合需要编制监理实施细则的专业工程特点，对工程质量、投资、进度主要影响因素以及安全生产管理的监理工作的要求，制定内容细致、翔实的监理实施细则，确保建设工程监理目标的实现。

3. 针对性强

独特性是工程项目的本质特征之一，没有两个完全一样的项目。因此，监理实施细则应在相关依据的基础上，结合工程项目实际建设条件、环境、技术、设计、功能等进行编制，确保监理实施细则的针对性。为此，在编制监理实施细则前，各专业监理工程师应组织本专业监理人员熟悉本专业的设计文件、施工图纸和施工方案，应结

合工程特点，分析本专业监理工作的难点、重点及其主要影响因素，制定有针对性的组织、技术、经济和合同措施。同时，在监理工作实施过程中，监理实施细则要根据实际情况进行补充、修改和完善。

4. 可操作性

监理实施细则应有可行的操作方法、措施，详细、明确的控制目标值和全面的监理工作计划。

10.3.4 建设工程监理实施细则的主要内容

监理实施细则的编写应突出专业监理工作的特点和目标控制的重点，《建设工程监理规范》（GB/T 50319—2013）明确规定了监理实施细则应包含的内容，即：专业工程特点、监理工作流程、监理工作要点、监理工作方法及措施。

10.3.4.1 专业工程特点

专业工程特点是指需要编制监理实施细则的工程专业特点，而不是简单的工程概述。专业工程特点应根据专业工程施工的重点和难点、施工范围和施工顺序、施工工艺、施工工序等内容进行有针对性的阐述，体现为工程施工的特殊性、技术的复杂性，与其他专业的交叉和衔接以及各种环境约束条件。除专业工程外，新材料、新工艺、新技术以及对工程质量、进度应加以重点控制等特殊要求也需要在监理实施细则中体现。

10.3.4.2 监理工作流程

监理工作流程是结合工程相应专业制定的具有可操作性和可实施性的流程图，不仅涉及最终产品的检查验收，更多地涉及施工中各个环节及中间产品的监督检查与验收。

监理工作涉及的流程包括：开工审核工作流程、施工质量控制流程、进度控制流程、（工程量计量）控制流程、安全生产和文明施工监理流程、测量监理流程、施工组织设计审核工作流程、分包单位资格审核流程、建筑材料审核流程、技术审核流程、工程质量问题处理审核流程、旁站检查工作流程、隐蔽工程验收流程、工程变更处理流程、信息资料管理流程等，图 10.2 为某项目监理工作进度控制工作流程图。

10.3.4.3 监理工作要点

监理工作控制要点及目标值是对监理工作流程中工作内容的增加和补充，应将流程图设置的相关监理控制点和判断点进行详细而全面的描述，将监理工作目标和检查点的控制指标、数据和频率等阐明清楚。

10.3.4.4 监理工作方法及措施

监理规划中的方法是针对工程总体概括要求的方法和措施，监理实施细则中的监理工作方法和措施是针对专业工程而言，应更具体、更具有可操作性和可实施性。

1. 监理工作方法

监理工程师通过旁站、巡视、见证取样、平行检测等监理方法，对专业工程作全面监控，对每一个专业工程的监理实施细则而言，其工作方法必须加以详尽阐明。

除上述四种常规方法外，监理工程师还可采用指令文件、监理通知、支付控制手段等方法实施监理。

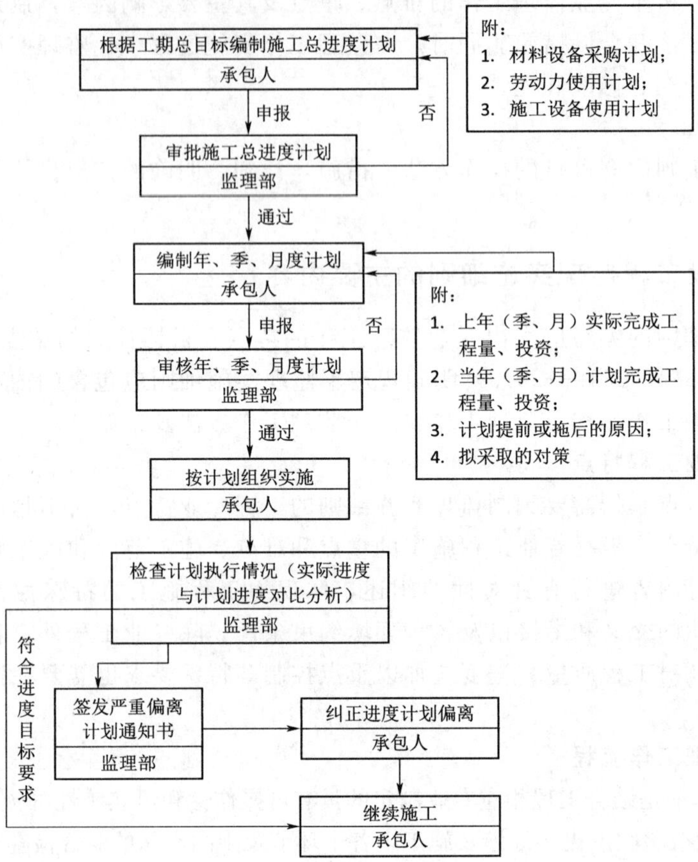

图 10.2　某项目监理工作进度控制工作流程图

2. 监理工作措施

各专业工程的控制目标要有相应的监理措施以保证控制目标的实现。制定监理工作措施通常有两种方式。

(1) 根据措施实施内容不同，可将监理工作措施分为技术措施、经济措施、组织措施和合同措施。例如，某建筑工程的某一分项工程监理工作组织措施和技术措施如下：

1) 组织措施：根据该分项工程工艺和施工特点，对项目监理机构人员进行合理分工，现场专业监理人员分 2 班（8：00 至 20：00 和 20：00 至次日 8：00，每班 1 人），进行全程巡视、旁站、检查和验收。

2) 技术措施：组织所有监理人员全面阅读图纸等技术文件，提出书面意见，参加设计交底，制定详细的监理实施细则。详细审核施工单位提交的施工组织设计；严格审查施工单位现场质量管理体系的建立和实施。研究分析该分项工程施工质量风险点，合理确定质量控制关键点。

(2) 根据措施实施时间不同，可将监理工作措施分为事前控制措施、事中控制措施及事后控制措施。

事前控制措施是指为预防发生差错或问题而提前采取的措施。

事中控制措施是指监理工作过程中，及时获取工程实际状况信息，以供及时发现问题、解决问题而采取的措施。

事后控制措施是指发现工程相关指标与控制目标或标准之间出现差异后而采取的纠偏措施。

例如，某工程预制混凝土空心管桩工程监理工作措施包括：

1）工程质量事前控制：

a. 认真学习和审查工程地质勘察报告，掌握工程地质情况。

b. 认真学习和审查桩基设计施工图纸，并进行图纸会审，组织或协助建设单位组织技术交底（技术交底主要内容为：地质情况，设计要求，操作规程，安全措施和监理工作程序及要求等）。

c. 审查施工单位的施工组织设计、技术保障措施、施工机械配置的合理性及完好率、施工人员到位情况、施工前期情况、材料供应情况并提出整改意见。

d. 审查预制桩生产厂家的资质情况、生产工艺、质量保证体系、生产能力产品合格证、各种原材料的试验报告、企业信誉，并提出审查意见（若条件许可，监理人员应到生产厂家进行实地考察）。

e. 审查桩机备案情况，检查桩机的显著位置标注单位名称、机械备案编号。进入施工现场时机长及操作人员必须备齐基础施工机械备案卡及上岗证，供项目监理机构、安全监管机构、质量监督机构检查。未经备案的桩机不得进入施工现场施工。

f. 要求施工单位在桩基平面布置图上对每根桩进行编号。

g. 要求施工单位设专职测量人员，按桩基平面布置图测放轴线及桩位，其尺寸允许偏差应符合基础工程施工质量验收标准要求。

h. 建筑物四大角轴线必须引测到建筑物外并设置龙门桩或采用其他固定措施，压桩前应复核测量轴线、桩位及水准点，确保无误，且须经签验收证明后方可压桩。

i. 要求施工单位提出书面技术交底资料，出具预制桩的配合比、钢筋、水泥出厂合格证及试验报告，提供现场相关人员操作上岗证资料供监理审查，并留存复印件备案，各种操作人员均须持证上岗。

j. 检查预制桩的标志、产品合格证书等。

k. 施工现场准备情况的检查：施工场地平整情况；场区测量检查；检查压桩设备及起重工具；铺设水电管网，进行设备架立组装、调试和试压；在桩架上设置标尺，以便观测桩身入土深度；检查桩质量。

2）工程质量事中控制：

a. 确定合理的压桩程序。按尽量避免各工程桩相互挤压而造成桩位偏差的原则，根据地基土质情况、桩基平面布置、桩的尺寸、密集程度、深度、桩机移动方向以及施工现场情况等因素确定合理的压桩程序。定期复查轴线控制桩、水准点是否有变化，应使其不受压桩及运输的影响。复查周期每 10 天不少于 1 次。

b. 管桩数量及位置应严格按照设计图纸要求确定，施工单位应详细记录试桩施工过程中沉降速度及最后压桩力等重要数据，作为工程桩施工过程中的重要数据，并借此校验压桩设备、施工工艺以及技术措施是否适宜。

c. 经常检查各工程桩定位是否准确。

d. 开始沉桩时应注意观察桩身、桩架等是否垂直一致，确认垂直后，方可转入正常压桩。桩插入时的垂直度偏差不得超过 0.5%。在施工过程中，应密切注意桩身的垂直度，如发现桩身不垂直要督促施工单位设法纠正，但不得采用移动桩架的方法纠正（因为这样做会造成桩身弯曲，继续施压会发生桩身断裂）。

e. 按设计图纸要求，进行工程桩标高和压力桩的控制。

f. 在沉桩过程中，若遇桩身突然下沉且速度较快及桩身回弹时，应立即通知设计人员及有关各方人员到场，确定处理方案。

g. 当桩顶标高较低，须送桩入土时应用钢制送桩器放于桩头上，将桩送入土中。

h. 若需接桩时，常用接头方式有焊接、法兰盘连接及硫磺胶泥铆接。前两种可用于各类土层，硫磺胶泥铆接适用于软土层

i. 接桩用焊条或半成品硫磺胶泥应有产品质量合格证书，或送有关部门检验，半成品硫磺胶泥应每 100kg 做一组试件（3 件）；重要工程应对焊接接头做 10% 的探伤检查。

j. 应经常检查压力、桩垂直度、接桩间歇时间、桩的连接质量及压入深度；检查已施压的工程桩有无异常情况，如桩顶水平位移或桩身上升等，如有异常情况应通知有关各方人员到场确定处理意见。

k. 工程桩应按设计要求和基础工程施工质量验收标准进行承载力和桩身完整性检验，检验标准应按《建筑基桩检测技术规范》（JGJ 106—2014）的规定执行。

l. 预制桩质量检验标准应符合基础工程施工质量验收标准要求。

m. 认真做好压桩记录。

3）工程质量事后控制（验收）。工程质量验收，均应在施工单位自检合格的基础上进行。施工单位确认自检合格后提出工程验收申请，由项目监理机构进行验收。

10.3.5　建设工程监理实施细则报审

10.3.5.1　监理实施细则报审程序

《建设工程监理规范》（GB/T 50319—2013）规定，监理实施细则可随工程进展编制，但必须在相应工程施工前完成，并经总监理工程师审批后实施。监理实施细则报审程序见表 10.12。

表 10.12　　监理实施细则报审程序

序号	节　点	工　作　内　容	负　责　人
1	相应工程施工前	编制监理实施细则	专业监理工程师编制
2	相应工程施工前	监理实施细则审核、批准	专业监理工程师送审总监理工程师批准
3	工程施工过程中	若发生变化，监理实施细则中的工作流程与方法措施调整	专业监理工程师调整总监理工程师批准

10.3.5.2 监理实施细则的审核内容

监理实施细则由专业监理工程师编制完成后，需要报总监理工程师批准后方能实施。监理实施细则审核的内容主要包括以下几方面：

1. 编制依据、内容的审核

监理实施细则的编制是否符合监理规划的要求，是否符合专业工程相关的标准，是否符合设计文件的内容，是否与提供的技术资料相符合，是否与施工组织设计、（专项）施工方案使用的规范、标准、技术要求相一致。监理的目标、范围和内容是否与监理合同和监理规划相一致，编制的内容是否涵盖专业工程的特点、重点和难点，内容是否全面、翔实、可行，是否能确保监理工作质量等。

2. 项目监理人员的审核

（1）组织方面。组织方式、管理模式是否合理，是否结合了专业工程的具体特点，是否便于监理工作的实施，制度、流程上是否能保证监理工作，是否与建设单位和施工单位相协调等。

（2）人员配备方面。人员配备的专业满足程度、数量等是否满足监理工作的需要、专业人员不足时采取的措施是否恰当、是否有操作性较强的现场人员计划安排表等。

3. 监理工作流程、监理工作要点的审核

监理工作流程是否完整、翔实，节点检查验收的内容和要求是否明确，监理工作流程是否与施工流程相衔接，监理工作要点是否明确、清晰，目标值控制点设置是否合理、可控等。

4. 监理工作方法和措施的审核

监理工作方法是否科学、合理、有效，监理工作措施是否具有针对性、可操作性、安全可靠，是否能确保监理目标的实现等.

5. 监理工作制度的审核

针对专业工程监理，其内、外监理工作制度是否能有效保证监理工作的实施，监理记录、检查表格是否完备等。

10.4 案例

【案例 10.1】

1. 背景材料

某工程，实施过程中发生如下事件：

事件 1：总监理工程师组织编写监理规划时，明确监理工作的部分内容如下：①审核分包单位资格；②核查施工机械和设施的安全许可验收手续；③检查实验室资质；④审核费用索赔；⑤审查施工总进度计划；⑥工程计量和付款签证；⑦审查施工单位提交的工程款支付报审表；⑧参与工程竣工验收。

事件 2：在第一次工地会议上，总监理工程师明确签发《工程暂停令》的情形包括：①隐蔽工程验收不合格的；②施工单位拒绝项目监理机构管理的；③施工存在重大质量、安全事故隐患的；④发生质量、安全事故的；⑤调整工程施工进度计划的。

事件3：某专业工程施工前，总监理工程师指派监理员依据监理规划、工程设计文件和施工组织设计组织编制监理实施细则，并报送建设单位审批。

事件4：工程竣工验收阶段，建设单位要求项目监理机构将整理完成的归档监理文件资料直接移交城建档案管理机构存档。

2. 问答题

(1) 针对事件3，总监理工程师的做法有什么不妥？写出正确做法。监理实施细则的编制依据还有哪些？

(2) 请列举监理规划中施工阶段项目监理机构现场监理工作制度（不少于10项）。

启示：1. 各司其职，各安其位，各尽其责，各得其所。

2. 欲知平直，则必准绳；欲知方圆，则必规矩。

做任何事情都应本着认真负责的态度，万事先弄清楚自己的职责所在，搞清楚流程，制定好制度，然后按着既定的目标去完成，唯有这样才能得心应手，手到擒来。

【案例10.2】

1. 背景材料

某监理单位与建设单位签订了委托监理合同后，建设单位将编制监理规划的有关文件交给监理单位，要求监理单位报送监理规划，监理单位收到有关文件后，总监理工程师派负责合同管理的专业监理工程师组织有关人员进行编制，经过50天的编制，完成了监理规划。经监理单位负责人审核批准后，在监理交底会后报送建设单位。编制的部分内容摘抄如下：

一、监理规划编写依据

1. 工程建设法律法规和标准。

2. 建设工程外部环境调查研究资料。

3. 政府批准的工程建设文件。

4. 建设工程监理合同文件。

5. 建设单位的合理要求。

二、监理规划应包括下列主要内容

1. 工程概况。

2. 监理工作的范围、内容、目标。

3. 监理工作依据。

4. 监理组织形式、人员配备及进退场计划、监理人员岗位职责。

5. 建设工程合同。

6. 工程质量控制。

7. 工程实施过程中输出的有关信息。

8. 工程进度控制。

9. 安全生产管理的监理工作。

10. 合同与信息管理。

11. 组织协调。

12. 监理工作设施。

13. 监理工作制度。

14. 工程控制。

三、监理规划报审

1. 依据《建设工程监理规范》GB/T 50319—2013 监理规划应在签订建设工程监理合同及收到工程设计文件后编制，在召开第一次工地会议7天前报送建设单位。

2. 监理规划在编写完成后需要进行审核并经批准。监理单位技术管理部门是内部审核单位，技术负责人应签认。

3. 监理规划审核的内容主要包括以下几个方面：

(1) 监理范围、工作内容及监理目标的审核。

(2) 项目监理机构的审核。包括：组织机构、人员配备。

(3) 工作计划的审核。

(4) 工程质量、进度控制方法的审核。

(5) 安全生产管理监理工作内容的审核。

(6) 监理工作制度的审核。

4. 在实施建设工程监理过程中，实际情况或条件发生变化而需要调整监理规划时，应由总监理工程师组织专业监理工程师修改，并应经工程监理单位技术负责人批准后报建设单位。

2. 问答题

(1) 以上关于监理规划的编制有何不妥之处？正确的做法是什么？

(2) 监理规划内容的时效性要求是什么？

(3) 项目监理部的监理工作制度包括哪些？

(4) 建设单位应将哪些文件交给监理单位作为编制监理规划的依据？

10.1

第10章案例答案

启示：1. 态度决定一切，细节决定成败。

2. 做正确的事情，然后把事情做正确。

复习思考题

一、单选题

1. 编制监理规划的总负责人是（　　）。

A. 注册监理工程师
B. 专业监理工程师
C. 总监理工程师
D. 技术负责人

2. 监理规划编制完成后应由（　　）审批后实施。
A. 注册监理工程师
B. 专业监理工程师
C. 总监理工程师
D. 公司技术负责人

3. 监理实施细则由（　　）编写。
A. 注册监理工程师
B. 专业监理工程师
C. 总监理工程师
D. 监理人员

4. 监理实施细则编写完成后由（　　）审批后实施。
A. 注册监理工程师
B. 专业监理工程师
C. 总监理工程师
D. 监理人员

5. 工程建设监理主管机构监督、管理和指导监理单位开展监理活动的重要依据是（　　）。
A. 监理规划
B. 监理实施细则
C. 监理大纲
D. 监理文件

6. 为项目监理机构今后开展监理工作制定基本的方案是（　　）的作用。
A. 监理大纲
B. 监理规划
C. 监理实施细则
D. 监理月报

7. 监理规划是在（　　）由监理单位编制的。
A. 监理大纲编制后
B. 监理大纲编制前
C. 监理合同签订后
D. 监理合同签订前

8. 下列表述中不正确的一项为（　　）。
A. 监理单位编制监理大纲目的之一是承揽到监理工作
B. 监理单位编制监理大纲目的之一是为今后开展监理工作制定基本的方案

C. 监理实施细则的作用是指导本专业或本项目具体监理业务的开展

D. 建设工程监理大纲，监理规划，监理实施细则互相关联，必须齐全，缺一不可，都是建设工程监理工作文件的组成部分

9. 监理规划在（　　）由总监理工程师报送给建设单位。

A. 第一次工地会议前

B. 第一次工地会议后

C. 监理合同签订后

D. 监理合同签订前

10. 对监理规划的编制应把握工程项目运行脉搏的要求是指（　　）。

A. 监理规划的内容构成应当力求统一

B. 监理规划的内容应当具有可操作性

C. 监理规划的内容应随工程进展不断地补充完善

D. 监理规划的编制应充分考虑其时效性

二、多选题

1. 监理规划中应明确的工程进度控制措施有（　　）。

A. 建立多级网络计划体系

B. 严格审核施工组织设计

C. 建立进度控制协调制度

D. 按施工合同及时支付合同款

E. 监控施工单位实施作业计划

2. 根据《建设工程监理规范》(GB/T 50319－2013)，监理实施细则应包含的内容有（　　）。

A. 监理组织形式

B. 监理工作流程

C. 监理工作方法及措施

D. 监理工作要点

E. 专业工程特点

3. 下列工作流程中，监理工作涉及的有（　　）。

A. 分包单位招标选择流程

B. 质量三检制度落实流程

C. 隐蔽工程验收流程

D. 质量问题处理审核流程

E. 开工审核工作流程

4. 下列制度中，属于项目监理机构内部工作制度的有（　　）。

A. 施工备忘录签发制度

B. 施工组织设计审核制度

C. 工程变更处理制度

D. 监理工作日志制度

E. 监理业绩考核制度

5. 根据《建设工程监理规范》（GB/T 50319—2013），属于监理规划主要内容的有（　　）。

A. 安全生产管理制度

B. 监理工作制度

C. 监理工作设施

D. 工程控制

E. 工程进度计划

6. 建设工程监理工作文件是指（　　）。

A. 监理合同签订以后编制的监理规划

B. 监理单位投标时编制的建设工程监理大纲

C. 监理过程中形成的监理月报

D. 专业监理工程师编制的监理实施细则

E. 监理通知

7. 根据措施实施内容不同，可将监理工作措施分为（　　）。

A. 技术措施

B. 组织措施

C. 经济措施

D. 预防性措施

E. 合同措施

8. 下面属于监理规划审核内容的有（　　）

A. 监理范围、工作内容及监理目标的审核

B. 项目监理机构的审核

C. 工作计划的审核

D. 工程质量、进度控制方法的审核

E. 监理工作流程、监理工作要点的审核

9. 下面关于监理规划与监理实施细则说法正确的是（　　）。

A. 监理规划由专业监理工程师编写，总监批准后实施

B. 监理规划由总监理工程师编写后实施

C. 建设工程监理细则由总监理工程师批准后实施

D. 建设工程监理细则由专业监理工程师编写

E. 监理规划由中标监理企业技术负责人批准后实施

10. 下面关于监理规划与监理实施细则说法正确的是（　　）。

A. 监理规划编写要求监理规划的基本内容构成应当力求统一

B. 监理规划应由总监理工程师组织编制

C. 监督施工单位严格按照施工规范、设计图纸要求进行施工，严格执行施工合同是施工阶段监理工作的主要内容

D.《建设工程监理规范》（GB/T 50319—2013）明确规定了监理实施细则应包含

的内容，即：监理工程特点、监理工作要点、监理工作方法及措施

E. 监理实施细则由专业监理工程师编制完成后，需要报总监理工程师批准后方能实施

三、问答题

10.2

第 10 章参考答案

1. 监理规划、监理实施细则的作用分别是什么？
2. 监理规划、监理实施细则两者之间的关系是什么？
3. 监理规划、监理实施细则的编制依据和要求分别是什么？
4. 监理规划、监理实施细则的主要内容有哪些？
5. 项目监理机构需要制定哪些工作制度？
6. 项目监理机构建设工程三大目标控制的主要工作内容有哪些？
7. 建设工程安全生产管理的监理工作内容有哪些？
8. 监理规划、监理实施细则的报审程序和审核内容分别是什么？

参 考 文 献

［1］ 魏应乐，乔守江. 建筑工程管理［M］. 北京：中国水利水电出版社，2014.

［2］ 徐锡权，毛风华，申淑荣. 建筑工程管理概论［M］. 3版. 北京：北京大学出版社，2018.

［3］ 中国建设监理协会. 建设工程监理概论［M］. 北京：中国建筑工业出版社，2021.

［4］ 中国建设监理协会. 建设工程质量控制（土木建筑工程）［M］. 北京：中国建筑工业出版社，2021.

［5］ 中国建设监理协会. 建设工程进度控制（土木建筑工程）［M］. 北京：中国建筑工业出版社，2021.

［6］ 中国建设监理协会. 建筑工程投资控制［M］. 北京：中国建筑工业出版社，2021.

［7］ 张程. BIM技术在建筑工程进度管理中的应用［J］. 新材料·新装饰，2022，4（6）：166-168.

［8］ 钟汉华，张希中. 建筑工程监理［M］. 2版. 北京：中国水利水电出版社，2014.

［9］ 沈万岳. 建筑工程安全监理［M］. 北京：北京大学出版社，2017.

［10］ GB 50319—2013 建设工程监理规范［S］.

［11］ 中国建设管理协会. 建设工程监理案例分析（土木建筑工程）［M］. 北京：中国建筑工业出版社，2021.

［12］ GB/T 50328—2014 建设工程文件归档规范［S］.